大和川付替えと流域環境の変遷

西田一彦 監修
山野寿男・玉野富雄・北川 央 編

古今書院

摂津河内国絵図 （本書223頁参照，図7.2.2）

（石川家蔵，写真提供　大阪城天守閣）

淀川大和川筋之絵図 （本書234頁参照，図7.4.1）

（大阪歴史博物館蔵）

大和川付替え地点：築留付近 （本書105頁参照，図 4.2.2）

（柏原市提供）

まえがき

　大和川は，その性状，歴史から見て，わが国のもっとも重要な河川の一つと考えられる。そして，その特徴の一つは，自然科学的立場から見ると，地質構造や地形形成とのかかわりが明瞭でよく保存されていることである。その二つ目は，この河川の流域にある河内平野には遺跡や古い構造物が多く残されており，地形の復元から河川の歴史的挙動を長期にわたり把握しうるという好都合な条件を備えていることである。また，その三つ目は，この河川が付替えという人的加工によって大幅に改変されていることである。そして，それに関する文字による記録が多く残されていて，当時の社会，経済や人々とのかかわりが把握しやすいことである。

　このような事情から，大和川は関西のみならず全国的に歴史，地理，土木史などの研究者の注目されるところとなり，多くの研究が行われてきた。しかし，そのわりに自然科学的，技術的観点からの研究は少なく，この視点からの研究が期待されていた。また，従来から，河川や溜池などは文化遺産や自然遺産とみなされることが少なく，また仮にみなされたとしても，建物や遺物と異なり規模が大きすぎるため，保存科学の対象とはなりにくかった。しかし，遺産という立場に立てばこのような対象物もそれにふさわしい扱いがされなければならず，そのためには，歴史学に加えて土木工学や地盤工学の立場からの研究が不可欠になる。

　同じ大阪平野にあって，大和川と深いかかわりをもつ狭山池については，平成の大改修の機会に文化遺産としての歴史学的，考古学的立場に加えて，自然科学的，地盤工学的視点からの研究手法が大幅に取り入れられ，このような大型遺構の研究に新たな方向を開くことになり，格段の進歩が見られた。このような状況の中で，狭山池や大和川に関心をもつ大学，官庁，各種調査機関に所属し，歴史学，地理学，考古学，地質学，土木工学，水理学，地盤工学を専門とする研究者が集まり，自然発生的に研究会が結成され，1999年に第1回の研究会を開催した。その後12回開催した。この研究会は，専門と立場を異にする研究者がそれぞれの立場から，まったく自由に，大和川と河内平野の形成，付替えに至る歴史的経緯，旧大和川の河川様態，付替えの技術，付替えと河内平野の環境変化などについて多面的な濃密な議論を重ねてきた。

　その結果，種々の新しい資料の発見と，それによるあたらしい知見が得られた。おりしも，2004年は大和川付替え300年の記念すべき年にあたることもあって，この機会に成果を本書の形にまとめる運びとなった。

　したがって本書は，このような大型遺産の研究のあり方を示すという意味でこの分野の研究者，実務家の役に立つことができれば喜びこれに過ぎるものはない。最後に，本書をまとめるに当たり貴重な資料を提供していただいた各種の機関に厚く謝意を表する次第である。

目　次

まえがき　*i*

第1章　序　論 …………………………………………………………………1

1.1　本書の目的と意義　*1*

1.2　大和川流路の概要　*3*

　　1.2.1　大和川の今昔　*3*

　　　　　現在の大和川／近世の大和川付替え／古代の大和川

　　1.2.2　奈良盆地と大和川支流　*14*

　　　　　奈良盆地と河川／大和川左岸の支流／大和川右岸の支流

1.3　従来の研究とその特徴　*26*

　　1.3.1　歴史学的視点からの研究　*26*

　　　　　付替え250周年以前の研究／付替え250周年以後の研究／近年の研究

　　1.3.2　土木工学的視点からの研究　*30*

第2章　旧大和川と河内平野 ……………………………………………32

2.1　はじめに　*32*

2.2　河内平野の地形と地盤構成　*33*

　　2.2.1　大和川と河内平野　*33*

　　2.2.2　標高・地形起伏　*34*

　　2.2.3　微地形区分　*35*

　　2.2.4　地下地質からみた河内平野の地質史　*37*

　　2.2.5　遺跡・地盤情報から読み取る河内平野の形成史　*40*

　　2.2.6　まとめ　*40*

2.3　河内平野の地盤構造と土質特性　*43*

　　2.3.1　河内平野の地盤構造　*44*

　　2.3.2　河内平野の土質特性　*45*

2.4　河内平野における河川形成と流路変遷　*49*

　　2.4.1　はじめに　*49*

　　2.4.2　発掘調査による河川流路の検出　*50*

　　　　　　八尾市二俣での久宝寺川・玉櫛川の分流について／八尾市植松での古久宝寺川と古平野川の分流について／東大阪市吉田での吉田川と菱江川の分流について

　　2.4.3　流路の変遷　*54*

　　　　　　弥生時代前・中期／弥生時代後期／古墳時代前期／古墳時代中期／古墳時代後期／飛鳥時代／奈良時代／9世紀／10世紀後半／13世紀／17世紀／玉櫛川の流路形成について

　　2.4.4　ま　と　め　*65*

2.5　河内平野における治水事業の概観　*68*

　　2.5.1　難波の堀江開削から河村瑞賢による治水事業　*68*

　　　　　　茨田堤の築堤と難波堀江の開削／和気清麻呂による三国川の分水と大和川の分水工事／太閤および文禄堤の築堤／河村瑞賢の河川事業

2.6　付替え以前の河内平野の用水形態　*70*

　　2.6.1　付替え以前の用水形態の類型　*70*

　　2.6.2　旧大和川流域の用水形態　*71*

　　2.6.3　生駒山系沿い地域の用水形態　*73*

　　2.6.4　石川流域の用水形態　*74*

　　2.6.5　狭山池流域の用水形態　*74*

2.7　ま　と　め　*76*

第3章　大和川付替えに至る歴史経緯 …………………………………………… 77

3.1　は　じ　め　に　*77*

3.2　洪水被害の歴史経緯　*78*

　　3.2.1　洪水被害の記録　*78*

　　3.2.2　延宝2年の「寅年洪水」　*80*

　　3.2.3　法善寺村付近の「弐重堤」の流失　*82*

　　3.2.4　大和川の天井川化　*83*

　　3.2.5　洪水被害の原因　*85*

3.3　付替え促進と反対運動　*86*

　　3.3.1　付替え運動の始まり　*86*

　　3.3.2　万治3年・寛文11年の幕府検分　*87*

　　3.3.3　延宝4年の幕府検分と反対派諸村の主張　*87*

　　3.3.4　天和3年の幕府検分　*91*

　　3.3.5　河村瑞賢による治水工事と促進派諸村の嘆願　*91*

　　3.3.6　元禄16年の幕府検分と反対派諸村の主張　*93*

　　3.3.7　付替えの決定　*95*

3.4 付替え決定に至るまでの歴史的考察　*98*
       3.4.1 河村瑞賢の改修と新地・新田開発　*98*
       3.4.2 大和川付替えの決断　*100*
    3.5 ま と め　*102*

第4章 旧大和川と周辺河川の河川様態 ……………………………………………… *103*

    4.1 は じ め に　*103*
    4.2 旧大和川の河川様態　*103*
       4.2.1 大和川付替え直前の旧大和川の河川様態　*103*
       4.2.2 旧大和川の河川勾配と河川敷長さ　*105*
       4.2.3 河村瑞賢の旧大和川の治水事業　*114*
    4.3 流域諸河川の様態　*116*
       4.3.1 恩 智 川　*117*
       4.3.2 楠 根 川　*117*
       4.3.3 平 野 川　*118*
    4.4 旧大和川の堤体の構造と土質特性　*120*
       4.4.1 位置と概要　*120*
       4.4.2 ボーリング調査　*121*
       4.4.3 試料の土質特性　*123*
       4.4.4 深度方向の土質特性の特徴　*125*
       4.4.5 旧堤体の土構造の推定　*125*
       4.4.6 狐山築造時の周辺地盤環境　*125*
    4.5 ま と め　*128*

第5章 大和川付替えの技術 ……………………………………………………………… *129*

    5.1 は じ め に　*129*
    5.2 大和川付替え時の河川技術　*129*
    5.3 付替え工事の設計と施工　*130*
       5.3.1 付替えのための要件　*130*
              考慮すべき条件／付替えルートの選定
       5.3.2 付替えの設計　*132*
              新川の規模／新川の河床勾配／新川堤防の構造／水制工／付帯工事
       5.3.3 付替え工事の施工　*139*
              工事の施工内容／工事用具／築堤工事／付帯工事の施工／工事の施工結果

5.4　大和川の堤体構造　*146*

　　5.4.1　付替え地点の位置決定　*147*

　　5.4.2　発掘調査成果からみた堤体構造　*149*

　　　　　小山平塚遺跡の調査／船橋遺跡の調査／長原遺跡の調査／八尾市若林地区の調査

　　5.4.3　堤体の構造・構築方法　*151*

　　　　　堤体の規模／堤体の構造／堤体の構築方法／堤体の修築

5.5　ま と め　*155*

第6章　大和川付替えによる河内平野の環境変化 ………………………*156*

6.1　は じ め に　*156*

6.2　新田開発の展開　*157*

6.3　排水形態の変化　*158*

　　6.3.1　新旧大和川と排水形態　*158*

　　　　　河内平野と旧大和川／新大和川と流域の排水

　　6.3.2　新大和川右岸地域における流路変化　*167*

　　　　　久宝寺川（長瀬川）／玉櫛川（玉串川）／平野川／恩智川／楠根川／寝屋川と徳庵川／六郷井路（六郷川）／鯰江川／二つの大池

　　6.3.3　新大和川左岸地域における流路変化　*177*

　　　　　東除川／西除川／石川／大乗川／落堀川／今井戸川／狭間川

6.4　用水形態の変化　*185*

　　6.4.1　旧大和川流域の変化　*185*

　　6.4.2　生駒山系沿い地域の変化　*188*

　　6.4.3　石川流域の変化　*188*

　　6.4.4　狭山池流域の変化　*190*

6.5　交通形態の変化　*193*

　　6.5.1　大和川付替えによる街道の変化　*193*

　　6.5.2　平野川と柏原船　*195*

　　6.5.3　剣 先 船　*196*

6.6　堺港の港湾機能の変化　*198*

　　6.6.1　堺 と 堺 港　*198*

　　　　　堺の地形と海岸線／自治都市・堺／堺の発展と圧迫

　　6.6.2　大和川付替えと堺港　*202*

　　　　　堺と大坂／大和川付替えによる堺港への影響／堺港の機能変化

　　6.6.3　新田開発と堺港の修築　*206*

　　　　　河口新田の開発／堺港の修築と発展

6.7　旧大和川跡の地形と土地利用の現況　　210
        6.7.1　はじめに　210
        6.7.2　旧大和川の面積と現住人口　210
        6.7.3　旧大和川の都市計画　213
        6.7.4　各川池の歴史と現況　214
                長瀬川／玉串川／吉田川／新開池／深野池／平野川
        6.7.5　おわりに　220
    6.8　まとめ　221

第7章　大和川関連絵図　……………………………………………………223

    7.1　はじめに　223
    7.2　旧大和川の流域　223
    7.3　付替え運動と工事　229
    7.4　新大和川の流域　234
    7.5　まとめ　248

第8章　大和川関連歴史年表　………………………………………………249

あ と が き　267
索　　引　270

凡　例

・大和川は，宝永元（1704）年に現在の流路に付替えられるまで，河内国志紀郡の二俣で久宝寺川と玉櫛川に分流していた。このうち久宝寺川については，別に長瀬川という呼称もあるが，本書においては原則として久宝寺川で統一し，現在の河川名については長瀬川と表記した。

・また，玉櫛川についても，別に玉串川という表記もあるが，本書においては原則として玉櫛川で統一し，現在の河川名は玉串川とした。

・恩智川についても，恩知川・恩地川といった表記が見られるが，本書においては現在の河川名も含めて恩智川で統一した。

・その他，大阪の地名表記に関しては，原則として江戸時代については大坂とし，明示以降現在に至るまでは大阪とした。

・なお，以上いずれの名称についても，原史料の引用部分については上記の限りではない。

図 版 目 次

図1.2.1	大和川の流域	4
図1.2.2	大和川流域の市町村	5
図1.2.3	亀の瀬峡谷	7
図1.2.4	大和国の15郡	12
図1.2.5	河内国の16郡	13
図1.2.6	新大和川（『河内名所図会』）	15
図1.2.7	奈良盆地と河川	17
図1.2.8	大和川左岸の支流	19
図1.2.9	大和川右岸の支流	24
図2.2.1	神戸上空から大和川流域をのぞむ	33
図2.2.2	河内平野および周辺の等高線図	34
図2.2.3	河内平野の地形分類図	35
図2.2.4	河内平野の微地形	36
図2.2.5	河内平野および周辺の地質分布	38
図2.2.6	河内平野を中心とする東西地質断面	38
図2.2.7	大阪堆積盆地の基盤深度分布	39
図2.2.8	河内平野の変遷	41
図2.2.9	河内平野の表層地盤	42
図2.2.10	河内平野の表層地盤	42
図2.3.1	河内平野の地質断面図	44
図2.3.2	粘土試料採取地点	46
図2.3.3	試料採取地点の地盤柱状図	46
図2.3.4	中浜，深野，野崎地点の塩分濃度と強熱減量の深度分布	47
図2.3.5	河内平野地盤の一軸圧縮強度の深度分布	48
図2.3.6	河内平野地盤の qu/p と塩分濃度の関係	48
図2.3.7	河内平野地盤の鋭敏比の深度分布	48
図2.4.1	地形と発掘調査位置図	51
図2.4.2	弥生時代の河川分布	54
図2.4.3	古墳時代前期の河川分布	56
図2.4.4	古墳時代中期の河川分布	57
図2.4.5	古墳時代後期の河川分布	58
図2.4.6	飛鳥時代の河川分布	59
図2.4.7	奈良時代の河川分布	60
図2.4.8	9世紀の河川分布	61
図2.4.9	10世紀の河川分布	62
図2.4.10	13世紀の河川分布	63
図2.4.11	久宝寺川右岸堤防断面図	64
図2.4.12	古墳時代前期吉備系土器が出土した集落分布	66

図2.4.13	木材を用いた護岸構造	66
図2.5.1	河内平野における治水事業	69
図2.6.1	付替え以前の用水源	71
図2.6.2	「八尾八ケ村用水悪水井路図」	72
図2.6.3	「久宝寺村絵図」	73
図2.6.4	「上之島村福万寺村池嶋村市場村領恩智川井関図」	74
図3.2.1	付替え前の大和川	78
図3.2.2	「堤切所付箋図」に記された内容	80
図3.2.3	「堤防比較調査図」	84
図3.3.1	延宝5年（1677）〜6年頃描かれたと考えられる「大和川付替え予定地絵図」に記された新川予定ルート	89
図3.3.2	元禄16年（1703）5月付「乍恐川違迷惑之御訴訟」に署名し，付替えに反対した村々と促進派の郡域	94
図3.3.3	元禄17年（1704）2月27日付「河内堺新川絵図」	96
図3.4.1	「新撰増補　大坂絵図」	99
図4.2.1	明治18年（1885）作製の仮製2万分の1地形図，東大阪地域部分	104
図4.2.2	大和川付替え地点：築留付近	105
図4.2.3	旧大和川水系の河川勾配	106
図4.2.4	旧大和川水系の河川勾配の説明図	107
図4.2.5	久宝寺川の堤体高さ	107
図4.2.6	新大和川船橋地点の堤体構造	109
図4.2.7	旧大和川水系の河川敷長	109
図4.2.8	久宝寺川佐堂地点および玉櫛川都留美嶋神社地点位置図	110
図4.2.9	久宝寺川佐堂地点の河川敷跡およびトレンチ掘削位置図説明図	110
図4.2.10	「摂津河内国絵図」部分の二俣地点拡大図	110
図4.2.11	久宝寺川佐堂地点の河川断面図	111
図4.2.12	新大和川の河川断面図	112
図4.2.13	玉櫛川都留美嶋神社地点の実測地盤断面図	113
図4.2.14	玉櫛川都留美嶋神社地点の河川断面図	113
図4.2.15	石川玉手橋付近の河川断面の現況図	114
図4.2.16	明治18年（1885）作製の仮製2万分の1地形図，東大阪地域部分拡大図	115
図4.2.17	河村瑞賢工事施工地点図	115
図4.2.18	「摂津河内国絵図」の久宝寺川の流入部付近拡大図	116
図4.3.1	絵図に描かれた平野川流域	119
図4.4.1	現在の狐山の位置	121
図4.4.2	明治時代の狐山の位置	121
図4.4.3	ボーリング位置	121
図4.4.4	採取試料の全景	122
図4.4.5	標高7.48mより掘出された古釘	123
図4.4.6	狐山と新大和川堤体の粒度特性	124
図4.4.7	土質調査の結果と層の変わり目	124
図4.4.8	狐山付近の地層区分の推定	126

図4.4.9	狐山付近の地層区分に用いたボーリング孔の位置関係	127
図5.3.1	大和川付替えルート案	132
図5.3.2	新川と等高線	135
図5.3.3	地盤高と新川の縦断面	135
図5.3.4	堤防の構造と法勾配	137
図5.3.5	付替え工事の施工位置	139
図5.3.6	新大和川施工分担図	145
図5.4.1	大和川堤体調査地点	147
図5.4.2	築留東側の古代地形復元図	148
図5.4.3	大和川堤体断面	149
図5.4.4	「川違新川普請大積り」	152
図6.3.1	現代の河内平野の河川	161
図6.3.2	昭和57年8月の豪雨による浸水状況	165
図6.3.3	狭山池ダムの洪水調節機能	167
図6.3.4	新大和川右岸の河川	168
図6.3.5	寝屋川の改修	174
図6.3.6	旧大和川と鯰江川最下流部	176
図6.3.7	新大和川左岸の河川	178
図6.3.8	西除川の付替え	179
図6.3.9	旧大乗川の流路	182
図6.4.1	大和川付替え予定地絵図	186
図6.5.1	「摂津河内国絵図」に描かれた主要街道	194
図6.5.2	付替え前後の大和川の舟運	196
図6.6.1	堺の海岸線と新大和川河口	199
図6.6.2	大和川付替え直前の堺港	200
図6.6.3	堺港と大坂の二大河口	203
図6.6.4	新大和川河口における開発新田	207
図6.6.5	幕末の堺港	208
図6.6.6	堺泉北港と旧堺港	209
図6.7.1	旧大和川跡地の範囲と用途地域	212
図6.7.2	旧平野川の位置図	220
図7.2.1	「河内国絵図」	224
図7.2.2	「摂津河内国絵図」	225
図7.2.3	「八尾八ヶ村外島絵図」	226
図7.2.4	「久宝寺村絵図」	227
図7.2.5	「河州高安郡恩智村堤切所絵図」	227
図7.2.6	「太子堂村領平野川筋絵図」	228
図7.2.6	「亀井村領平野川筋絵図」	228
図7.3.1	「堤切所付箋図」	230
図7.3.2	「堤防比較調査図」	231〜232
図7.3.3	「大和川違積り図」	233
図7.4.1	「淀川大和川筋之絵図」	234

図7.4.2	「石川并築留切レ所絵図」	235
図7.4.3	「新大和川筋高井田村堤頭から大和橋海表まで堤高下水盛絵図」	236〜237
図7.4.4	「新大和川引取樋絵図」	238
図7.4.5	「大和川筋図巻」	240〜245
図7.4.6	「河内国大和川石川築留用水掛七拾八ケ村・平野川用水掛弐拾壱ケ村絵図」	246
図7.4.7	「平野川筋絵図」	247

表3.4.1	第二期工事による新田開発	98
表4.2.1	旧大和川水系の河川名・地点と河川勾配	107
表5.3.1	築堤の内容	143
表6.4.1	築留用水の樋と関係村	187
表6.4.2	「大和川筋図巻」に描かれた樋一覧表	189
表6.4.3	狭山池用水の加入村の推移	191
表6.7.1	旧大和川跡における面積・用途・人口	211

写真2.4.1	佐堂遺跡の久宝寺川右岸堤防断面	64
写真2.4.2	久宝寺遺跡の準構造船出土状況	64
写真2.4.3〜2.4.5	久宝寺遺跡	67
写真3.4.1	椿海の水抜き水路	101
写真4.2.1	旧大和川の堤体跡：柏原霊園	108
写真4.2.2	久宝寺川の堤体跡：稲生神社	108
写真4.2.3	旧大和川の堤体跡：八尾高校内の狐山	109
写真4.2.4	玉櫛川都留美嶋神社地点付近	112
写真4.2.5	玉櫛川堤体跡：都留美嶋神社	112
写真6.7.1	3川分離構造の長瀬川	214
写真6.7.2	アクアロードかしわら	214
写真6.7.3	いきいき水路モデル事業	214
写真6.7.4	安中公園	214
写真6.7.5	金岡公園	214
写真6.7.6	二俣分水状況	216
写真6.7.7	玉串川改修事業	216
写真6.7.8	荒本に残る玉串川の面影	216
写真6.7.9	玉串川跡地の遊歩道	216
写真6.7.10	第二寝屋川水路橋	216
写真6.7.11	山本球場前の玉串川	216
写真6.7.12	昔の面影を残す玉串川	216
写真6.7.13	吉田川の跡	217
写真6.7.14	川中屋敷	217
写真6.7.15	五個水路・六郷水路	218
写真6.7.16	鴻池の四季彩々とおり	218
写真6.7.17	深北緑地	219
写真6.7.18	深野ポンプ場	219

第1章

序　論

1.1　本書の目的と意義

　一般に，古くから存在する自然物や構造物は，その歴史的，芸術的，学術的価値はもちろん，それが形成され，存続していること自身に価値があるものと考えられる。そして，これらの対象物を調べることの意義の一つは，対象物が形成され，あるいは築造されたときの原理や技術を読み解くことができることであり，他の一つは，現在まで安定して存続している，あるいは不安定化する原因の解明ができることである。そして，これらは，すなわち，古い構造物に内在する技術の遺伝子を解明することを意味する。また，この技術の遺伝子は，言い換えると遺存技術情報ということもできるが，これを用いると，歴史的記述を科学的に検証することができ，歴史学，考古学への貢献しうることはもちろんであるが，一方では，古い構造物を保存修復する場合の拠を与え，さらには，現代技術の改良へも活用しうる可能性ももっている。

　最近の文化遺産，自然遺産の保全，修復の重要性の認識の高まりの中で，このような，古い構造物，歴史をもつ自然物を科学的視点から調べることの意義は大変重要であると考える。

　本書で取り上げた大和川は，長い時間の経過の中で，河内平野を形成し，潤し，その営みの中でそこに住む人々との長いかかわりの歴史を記録し保存している。特に宝永元年（1704）の大和川の付替えは歴史的にも特筆すべき大事業であり，自然と人々のかかわりを明らかにする上で重要な研究対象であったため，歴史学，地理学，地質学，土木工学，土木史などの各分野から多くの研究が行われてきている。

　まず，河川の研究としては，自然河川に注目する，いわゆる河川学的研究が必要であり，その主役をなすものは地形学や地質学的観点からの研究である。その中には大阪平野の地質構造と平野の形成に関するものから，地形の中で大和川を取扱い，考古学的データと合わせて大阪湾と河内平野の形成発展を古代史レベルまでにわたって明らかにしたものなどがある。

　一方，歴史学的研究は付替えを忠実に記述したもの，あるいは一つのドラマとして付替えの事業を描いたものなど内容の幅と奥行きに多様性が見られるが，この事業は，わが国の土木史上その重要性が注目され，関西に在住する研究者にとっては興味の尽きない研究対象であった。しかし，付替え工事は大和川の長い歴史に比べれば，たかだか300年前の出来事であるため，かなり多くの資料が存在しており，付替え事業の経過についてもくわしく解明されている。そして，これらの研究はいずれも優れたものであり各分野で注目されている。

このように，関連資料の数から見ても，また，その範囲から見ても大和川の研究はかなり進んでいるかのように見える。しかし，その割に，土木史的観点からの研究はどちらかというと少なく，また，仮にあっても，技術論的考証はあまりなされていなかった感がある。

一方，わが国の各地の河川については土木史的，土木技術論的研究が多くなされており，近世における河川堤防の設計基準に関するものや，過去の洪水の推定などに関するものが多く存在する。しかし，どちらかというと技術についての古い記録の発掘とそれに基づく考察がほとんどを占めている。最近になって天井川の形成過程など，河川の比較的長期にわたる挙動についての定量的，技術的研究も始められつつある。

また一方では，歴史地理学的側面から遺物，文献，地図，絵図，地盤情報などを総合した河川の挙動についての研究が精力的に進められ，より具体的に時間，空間の中で河川の挙動を把握することが可能になっている。

このような状況の中で，狭山池や大和川に関心をもつ大学，官庁，各種調査機関に所属し，歴史学，地理学，考古学，地質学，土木工学，水理学，地盤工学を専門とする研究者が集まり，「徳川期大和川付替えに関する歴史的・地盤工学的研究会」が結成された。本研究会では，現存する研究資料や，新たに発見された資料を分析し，これらの情報と現代の科学技術とを融合させ，河川の挙動をより正確に定量的に把握して付替えなどの人為作用の効果や影響について議論を進めてきた。

研究の手法の一つ目は，従来の手法である既存資料を徹底的に吟味し，考証を深めるものである。その二つ目は，幅広く調査を行い新たな資料の発掘を行い，それによる従来からの定説の吟味と新しい視点からの考証を行うことである。その三つ目は，研究手法そのものに新規性を求めるものである。これは，古文書などの記録に示された事象を，河川の発掘調査，測量ならびに堤体，河床の土層構造や土性試験の結果と関連させ，解析には現代科学技術を適用する方法である。このような手法を「地盤考古学的手法」と呼んでいる。この「地盤考古学」という用語は，筆者がかつて土木学会で「物証土木史」という名称で提案したものであるが，その後，「土木考古学」とすべきという意見もあり，ここでは「地盤考古学」という名称を用いている。この手法を用いることにより事象の理解や解釈に格段の進歩が得られるものと考えられる。

また，このような文系学問と理系学問の両方にまたがる境界領域の問題解決には，両者を融合させる仕組，あるいは技が必要である。そこで，本研究会では，次のようなアプローチを用いた。

1）自然河川の1,000年単位での長期挙動まで視野を拡大する。長期挙動に着目するのは，河川の特性や性格をより明確に把握することができること，また，地盤変動などの自然の営力の中での河川の姿をとらえることができるからである。
2）古い河川の三次元空間における位置，形状の把握と河川構造物，堆積物の構造と土性の調査によって科学技術的情報を取得することである。
3）定量的情報による河川の挙動と，付替えのような人為的負荷の河川と流域に及ぼす影響，効果を把握することである。

大和川は，上記のような新しい視点からの研究対象としては好条件を備えており，本研究会は，この対象に意欲的に取り組んできた。本書はその結果をまとめたものであるが，河川の性格が具体的，定量的に把握でき，その変遷を克明に描き出すことによって，歴史学や土木史学に寄与するのみならず，今後の河川計画や防災計画の上でも役立てることができることを期待するものである。

1.2 大和川流路の概要

1.2.1 大和川の今昔

(1) 現在の大和川
① 大和川の流れ

日本の河川の中で大和川ほど歴史を感じさせる河川はない。古代に大和王権が奈良盆地の南部に誕生し，大和川を通じて難波へとつながり，そこを外港として瀬戸内海から大陸へと世界を広げた。このように古代の大和と難波は政治と文化の中心地として重きをなし，これを実現させたのが大和川であり，いわば大和川は古代文化の生みの河川ともいえる。また，大和川は農耕用水として貴重な水源ともなり，近世までは古都・奈良と商都・大阪とを結ぶ舟運の場ともなった。

現代の大和川は，源流を奈良県の大和高原に発し，奈良盆地を横断して奈良と大阪の府県境にある亀の瀬峡谷を通過して大阪平野に出ると，近世に付替えられた流路を通って大阪湾に流れ込む。このように大和川は古代と姿をかえて大阪平野を300年の間，流れ続けてきた。

大和川の流域は奈良県から大阪府にまたがり，その流域面積は 1,070km² である。このうち，奈良県が712km²，大阪府が358km² となっている。幹川流路の延長は68kmであって，奈良県内が43km，大阪府内が25kmであり，水系には178本の一級河川がある。

大和川の源流は奈良盆地の東部にある大和高原の天理市福住付近にあり，ここから発して初瀬の渓谷を南に下り，ボタンで有名な長谷寺の地点で西に流れを変え，三輪山の南を流れて盆地に流出する。ここからは地形の傾斜にしたがって西流し，途中に左右岸から多くの支流を受けて府県境にある亀の瀬峡谷を通ると大阪平野に出る。ここからは左岸側からのみ支流を受けて大阪湾へと流れる。

なお，「河川法」による大和川は，上流端を奈良県桜井市大字小夫地先の県道・笛吹橋とし，下流端を大阪湾とする。日常的には上流から佐保川の合流地点までを初瀬川といい，そこから下流を大和川と呼ぶことがある。つまり，上流から佐保川合流点までは大和川でもあり，初瀬川でもあるため，地図によっては「大和川（初瀬川）」と記されている。

図 1.2.1 に示したように，初瀬の渓谷から奈良盆地に出た大和川は北西へと流路を変え，川西町吐田の地点で佐保川と合流する。つづいて左岸から寺川・飛鳥川・曽我川を合流し，さら

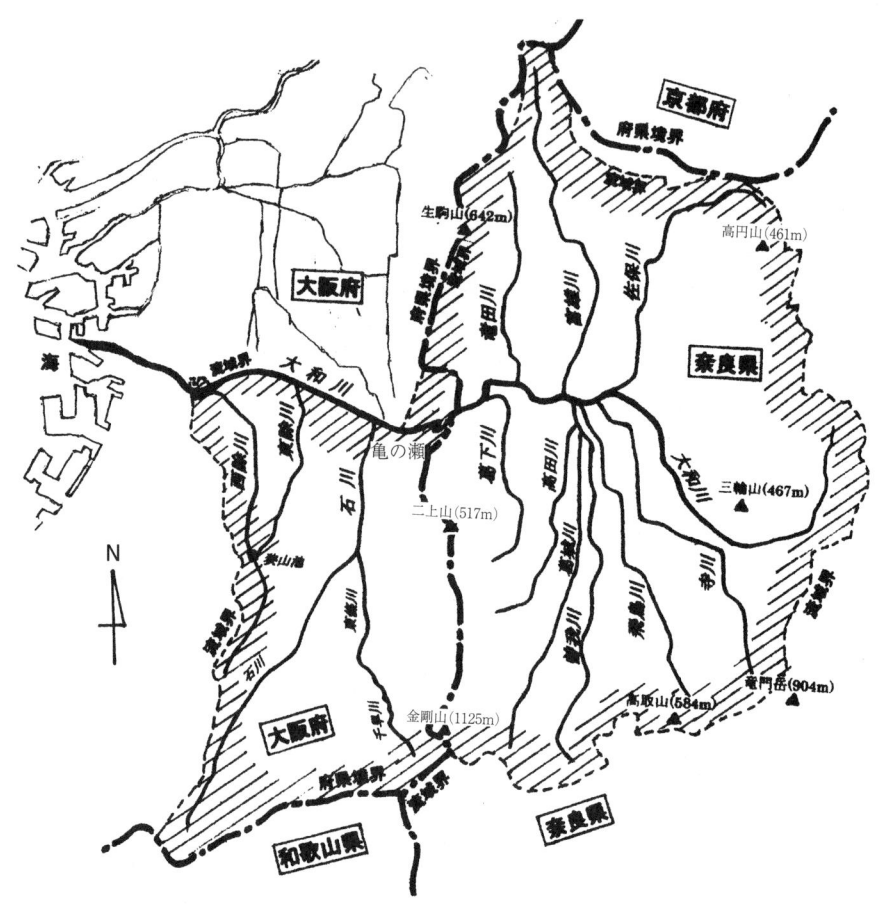

図 1.2.1　大和川の流域

に右岸から富雄川と竜田川を受けて王寺町に至る。このあたりは標高40mほどの盆地底になっており，大和川は半円形に湾曲して左岸から葛下川を入れると，奈良盆地の水をすべて受けることになる。ここから亀の瀬の峡谷へと向かう。

　峡谷は生駒山地と金剛山地の間にあり，奈良県と大阪府の境界をなしている。ここに大和川断層が東西に走り，峡谷の区間が約7km続く大和川本流で唯一の急流である上に，日本最大の地すべり地帯でもある。亀の形をした岩石があるので亀の瀬と名づけられた峡谷は，大和川の流況にもっとも大きな特徴をなしている。すなわち，奈良盆地の水は一気に流下できずに，狭窄部によって上流部に滞留するという現象を生じる。

　峡谷を通過した大和川は大阪平野に出て，南河内から来る石川と合流する。この地点にあたる柏原市と王寺町の区間は約10kmあり，大和川は一本の流路をとって西流する。

　大阪平野の大和川は自然の地形を横切る形で流れ，途中で和泉山脈から流下する東除川と西除川を左岸側から受け，河泉丘陵の麓を曲流しながら上町台地を横断して大阪湾へと注ぐ。このように大阪平野における大和川は左岸側からのみ支流を受け，右岸側から受けないのは，その流路が宝永元年（1704）に完全に付替えられたからである。それ以前の大和川は石川を合流

すると直ちに河内平野に入り，幾筋かに分流しながら上町台地の北端へと向かい，淀川に合流していた。

　大和川水系は奈良盆地の全域と大阪府の大和川以南の地域にまたがる。この流域にある市町村は，奈良県11市13町1村（25市町村），大阪府10市2町1村（13市町村）であり，合計21市15町2村（38市町村）となる（図1.2.2）。

- ・奈良県…桜井市・天理市・橿原市・大和高田市・御所市・奈良市・大和郡山市・生駒市・香芝市・葛城市・宇陀市（11市），高取町・大淀町・田原本町・三宅町・川西町・広陵町・河合町・上牧町・王寺町・安堵町・斑鳩町・三郷町・平群町（13町），明日香村（1村）の25市町村。
- ・大阪府…柏原市・藤井寺市・羽曳野市・富田林市・八尾市・松原市・堺市・大阪狭山市・河内長野市・大阪市（10市），太子町・河南町（2町），千早赤阪村（1村）の13市町村。

　大和川流域の奈良県と大阪府は，ともに昭和40年代から都市化が進展し，居住する人口は，昭和30年84万人，40年106万人，50年163万人，60年197万人，平成7年217万人と激増してきた。昭和30年からの増加率は実に2.6倍となり，土地利用の変化が河川の流況にも大きく影響するところとなった。

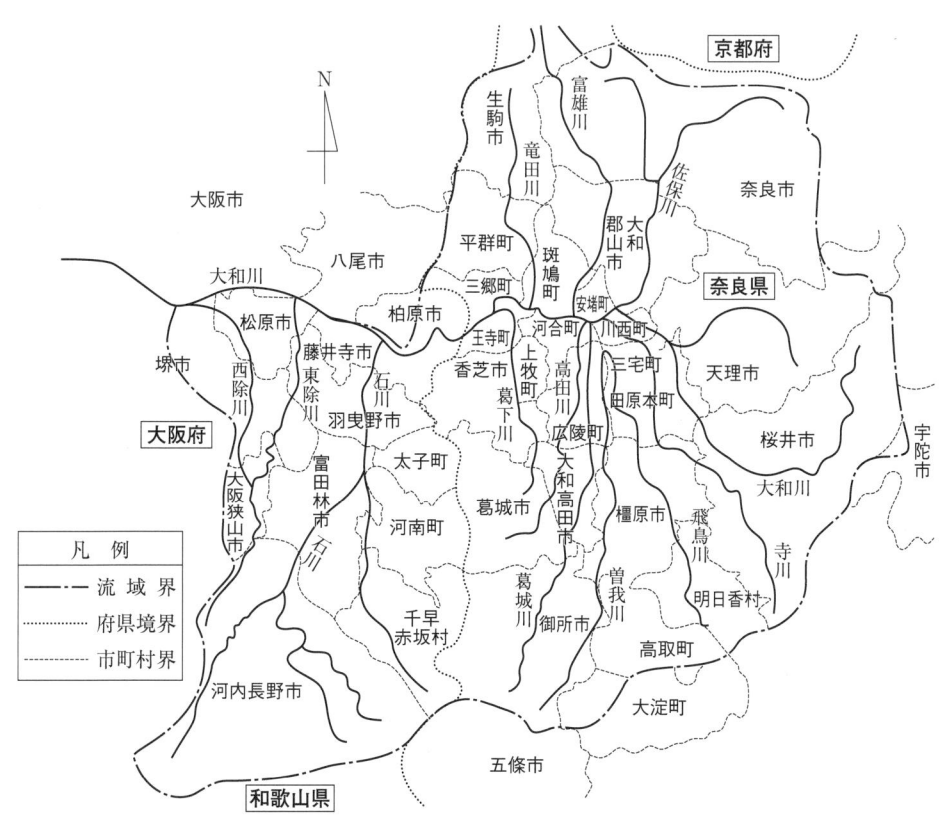

図1.2.2　大和川流域の市町村

② 大和川水系の水

　日本の河川は，上流域にかなりの山地をもっており，流域面積に対する山地の比率は平均70％といわれる。しかし，大和川流域では44％となっており，これが流況にも反映されている。しかも，大阪から奈良にかけては瀬戸内海気候に属しており，年間の降水量は全国平均の1,750mmに対して1,300～1,400mmと少ない。

　奈良盆地の降水量は奈良市中心部を観測点として1971～2000年までの30年間における年間の平均値は1,333.2mmである。また，1954年以来の降水量は，多い年で1,790.3mm（1959年），1,693.0mm（1998年），1,647.6mm（1965年）であるが，少ない年では715.5mm（1994年），911.5mm（1978年），992.6mm（1964年）となっている。

　奈良県には淀川・大和川・紀の川・新宮川の四つの水系があり，その流域面積は，それぞれ617km²，712km²，833km²，1,485km²となっている。このうち奈良盆地における河川は，すべて大和川水系に属しており，県面積3,691km²に対して大和川流域は712km²であるから，その比率は19％となる。この流域に127万人が生活し，これは県人口141万人の90％にあたる。

　大和川が石川と合流する地点のすぐ下流に柏原基準点がある。ここでの流量は，豊水22.61m³/s，平水13.57m³/s，低水9.98m³/s，渇水6.39m³/sであり，年間の総流出量は8.1億m³（0.81km³）となっている（大和川河川事務所ホームページより）。これは大阪湾の容量42km³の1.9％に当たる。なお，大阪湾への河川流入量は年間13km³といわれる（『大阪湾の自然』大阪市立自然博物館，1986年）から，大和川の占める割合は6％となる。

　現在，大和川の水利用の大部分は農業用水である。許可水利権量としては農業用水が全体で41件あるが，大半が慣行的に取水されている。上水道としては，奈良県側に8件あり許可水量0.9m³/s，工業用水道は大阪府側で3件あり許可水量0.44m³/sとなっている（『水質年鑑，1997年』）。

　一方，大和川の河川水質は昭和40年代から悪化し，水質指標となるBOD 75％値が20mg/lにもなった。50年代になると全国の一級河川の水質ワースト1位となり，大和川は汚れた河川の代表となった。その後，平成5年から10年にかけて水質ワースト1は大和川が3回，綾瀬川が3回となっている。平成6年に水環境改善緊急行動計画として「大和川清流ルネッサンス21計画」が策定され，つづいて平成17年に国，奈良県と大阪府，36市町村を構成メンバーとする「大和川水環境協議会」が発足し，着々と大和川の水環境改善に取り組まれている。

③ 大和川本流の地形

　二上山の麓にあった大和川断層が300万年前から活動し，山地が隆起し始めた。その頃，奈良盆地から京都盆地の南部にかけて古奈良湖が現れ，ここへ古琵琶湖の水が流れ込んでいた。その後，150～100万年前の地殻変動によって近畿南東部が上昇し，逆に北西部が低くなったために古琵琶湖の水は淀川へ流れ込むことになった。それによって奈良盆地は内海の状態となり，西側にある峡谷によって海水の出入りが行われるようになった。その後，生駒山地と金剛山地の隆起もあって海水の流れが途絶え，原始の大和川が形成された。

　奈良盆地をとりまく山地は隆起準平原であり，その表層は数十mのマサと呼ばれる砂質の

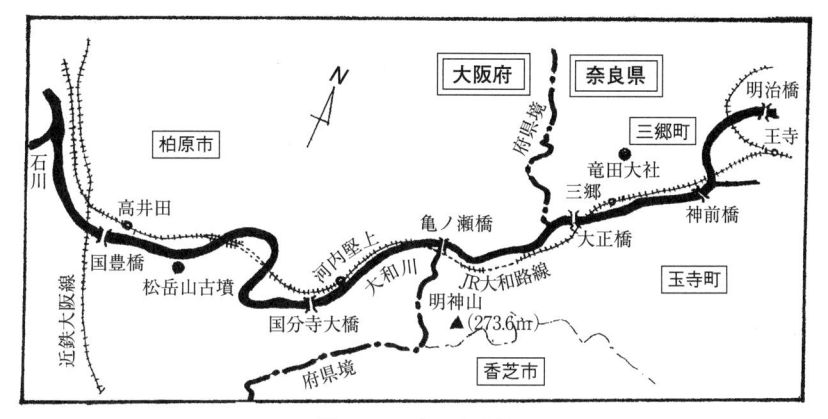

図 1.2.3　亀の瀬峡谷

風化花崗岩で覆われている。大和川の本流をはじめ，支流もここに源流をもち，のちに土砂流出の起因ともなる。

　大和川が奈良盆地から大阪平野に出る途中にV字形の谷があり，「亀の瀬」と呼ばれる。この狭窄部があるために，河川水は奈良盆地でいったん滞留してから峡谷部を通過することになる（図1.2.3）。

　海水が出入りしていた峡谷の地盤は断層によって破壊され，岩盤が削られやすくなり，そのルートを選んで大和川が流れた。流水によって斜面下部が削り取られ，上部がずり落ちやすくなった。また，岩盤の上に火山岩が覆い，その中に薄くて柔らかい粘土層が挟まり，この層を境にして上部の土砂が大和川に向かって滑り落ちる地層ともなり，亀の瀬は日本でも最大の地すべり地帯となっている。

　明治36年（1903）の地滑りでは，河道の隆起によって奈良盆地で45haが浸水し，昭和6～7年（1931～32）にはさらに大規模な地滑りが発生した。柏原市峠地区が32ha滑動し，累計の水平移動量は53m，河道の隆起量は36mとなった。この地滑りによって河道が閉塞されたため改修が行われ，また，大和川右岸にあった鉄道トンネルが破壊されたために現在のように左岸側に移された。

　峡谷を出た大和川は河内平野を横切って流れ，大阪湾に注ぐ。すなわち，羽曳野丘陵の麓を回って瓜破台地の先端を通り，上町台地を横断して砂堆の中を海に通じる。ただし，この流路は近世に付替えられたものであり，それまでの大和川は河内平野の入口である柏原地点から西北の方向に流れて淀川と合流していた。

(2)　近世の大和川付替え
① 付替え活動

　現在の大和川は流域の人々にすっかり身近な存在となった。そのため自然にできた河川だと思われている。これが人工的に作られたものであることは，説明を受けるまで分からない。

　古代から近世の初期にかけて，河内平野をゆっくりと流れていた大和川は大雨のたびに氾濫し，洪水を発生させた。そのため水害をうけた流域の村々にとって河川を付替えることは長年

の悲願となった。付替えを促進するための運動が始められ、幕府に訴願したが、付替えによって生活の場を失う村々の強い反対にあって容易に事は決しなかった。嘆願から50年ほどの歳月が経った元禄16年（1703）10月になって幕府は「川違えの令」を発して、工事の担当役を任命した。

　近世において日本の沖積平野で各種の治水対策が立てられ、洪水被害の絶えない地域では河川改修が行われた。大和川も洪水によって繰り返し堤防が破損し、水害が多発した。しかし、当時の幕府財政事情から推して水害で困っている人々を救済するためだけの理由で、あのような大規模工事が行われたとは考えにくい。

　当時、日本各地で新田の開発が盛んに行われていた。財政の強化を図りたい幕府は、大坂に蓄積された民間資金の活用と開発される新田から得られる収入を勘案した。つまり、大和川付替えによって旧河道や旧池沼が開発されることになり、その入札地代金と新田石高を見込むことができた。これによって大和川付替えの理由として、洪水対策を直接の契機とするが河川付替えに伴う幕府財政への貢献が大きな引き金になったと考えられる。

② 付替え工事

　新しい大和川は石川との合流点から堺浦にかけて延長14.3km（131町、7,860間）、川幅182m（100間）でもって開削された。その流路は南高北低の地形にあって横向きに掘られたため「横川」となった。築かれた堤防は、盛土による区間が8.8km、掘削による区間が5.5kmで、全体の土量は250万m^3にのぼった。

　付替え工事は、当初、幕府による公儀普請のほかに助役として姫路藩主が任命され、宝永元年（1704）2月27日に着工された。しかし、3月に藩主が死亡したため、新たに御手伝普請として3名の藩主が指名された。工事の分担は新川筋の川辺村（現大阪市平野区長吉川辺）で区分され、ここから上流側の5.7kmは幕府の普請、下流側の8.6kmは大名の御手伝普請となった。また、6月には付帯工事などの施工のために御手伝の大名が新たに2名追加され、10月13日に新大和川へ切替えられた。これほど大規模な工事をわずか8か月余で完成したのである。

　新大和川の川幅は、ちょうど百間（182m）であった。旧大和川は河内平野を緩い勾配で流れ、堤防も低かったので川幅は大きかった。たとえば、久宝寺川（のちの長瀬川）中流では旧川跡図によると170～350mの幅があった。これから考えると新川の幅は百間では小さいのであるが、その代わり堤防が高くされたために流水断面積が大きくなった。しかも、旧水系では洪水時に淀川の水位上昇によって影響を受けたが、海を河口とする新川ではその心配はなくなった。

③ 河内平野の変貌

　大和川の付替えによって河内平野の地理が一変した。旧大和川水系の河川跡には新田が開発され、また深野池と新開池も干拓されて農地となった。のちに河内木綿が栽培されて地域の産業が発展した。かつて低湿地でありデルタ地帯であった河内低地が現在のように上町台地から生駒山地にかけて市街地が連続し、大きく変貌することになった。

一方，用水と排水の状況も大きく変化した。用水は久宝寺川と玉櫛川（のちの玉串川）の中に用水路が設けられたほか新川の右岸堤に23の樋門が作られた。排水の状況は右岸側の河内平野では大きく改善されたが，左岸側では旧来の河川や水路が新川によって遮断されたため悪化し，左岸堤防下に排水路として落堀川が開削されたが，総じて不利な条件下におかれることとなった。

(3) 古代の大和川
① 大和川と古代文明

古墳と古代船 弥生時代に稲作が始まって人々は水辺の近くに進出した。奈良盆地の初瀬川と寺川の間にある「唐古・鍵遺跡」はこの時代の遺構である。その後，古墳時代へと移行し，初瀬川や寺川の流域にも多くの古墳群が分布する。そのほとんどは3世紀後半から4世紀中葉にかけて築かれたものであり，これらの中には纏向古墳群や箸墓古墳があり，ここに初期の王権が誕生した。また，大和川が河内平野に出た所にも古市古墳群がある。このように大和川流域に分布する遺跡や古墳から，次のような通船にかかる名残がみられる。

奈良盆地の「唐古・鍵遺跡」（奈良県田原本町）は弥生時代を通じての最大規模の遺跡であり，初瀬川左岸側の標高50mほどの微高地にある。ここからは多数の絵画土器が出土し，その中に壺に船を描いたものがある。また，4世紀初めの「東殿塚古墳」（天理市）からはゴンドラ形の船をヘラで描いた埴輪が三点出土し，外洋を航海する準構造船が描かれている。

5世紀前後の「長原古墳群」（大阪市平野区）からは船形埴輪が3個出土した。この地域は大和川の主流であった平野川に近く，長さ128.5cm，幅26.5cmの埴輪は実物を模して作られたと思われる。これは丸木をくり抜いた船底の上に舷側板を組んだ準構造船であり，舷側には櫂の支点となる突起が4つあるところから8人で漕がれたものと推測されている。これを実物大に拡大すると長さ15m，幅3mになり，総トン数で20～30トンというから数十人を乗せることができた。このような船によって朝鮮半島や中国大陸に渡ったのであった（『新修大阪市史 第一巻』）。これと同じ時代の「久宝寺遺跡」（八尾市）からも船底部を丸木でくりぬき，舷側板らしい板材をもつ準構造船の一部が発掘された。また，大和川右岸に接した丘にある「高井田横穴群」（柏原市）は6世紀中ごろから7世紀前半にかけて作られた墓であり，ここにゴンドラ風の船に乗っている人物が線刻壁画に描かれている。

大和王権 倭国初期の王朝として大和王権が三輪山の麓に誕生した。ここは初瀬川の流域であった。宮都はここから飛鳥地方へと移された。

飛鳥川の中流にある祝戸（いわいど）から豊浦（とようら）にかけて飛鳥の宮跡が点在している。この地に推古2年（594）に初めて本格的な宮殿として推古天皇の豊浦宮（とゆらのみや）が造営された。つづいて推古11年（603）に小墾田宮（おはりだのみや）が造られて宮が移居された。皇極2年（643）に完成した飛鳥板蓋宮（いたぶきのみや）は大化の改新の舞台となった。この宮は斉明元年（655）に焼失したので飛鳥川原宮へ移った。『日本書紀』斉明2年（656）の条に雷丘付近に岡本宮が造られて，「水工（みづたくみ）をして渠（みぞ）穿（ほ）らしむ。香山（かぐやま）の西より，石上山（いそのかみのやま）に至る。舟二百隻を以て，石上山の石を載みて，流の順に控引き，宮の東の山に石を累ねて垣とす。時の人の誚りて曰はく，『狂心の渠（たぶれこころのみぞ）。功夫（ひとちから）を損し費すこと，三万余。垣

造る功夫を費し損すこと，七万余。宮材爛れ，山椒埋れたり』といふ」という記事がある。香具山から12kmも離れた石上神宮付近まで水路を掘り，河川の流れによって200隻の船で石を運んで石垣を作ったというのである。

その後，天武元年（673）に天武天皇によって飛鳥浄御原宮へ移り，持統8年（694）には藤原京が造営されて遷都された。この地にあって16年の間，持統・文武・元明の各天皇の旧都として栄えた。藤原京は東西8坊が2.1km，南北12条が3.2kmの広さを持ち，東に中ツ道，西に下ツ道，北に横大路があった。宮城は東南から西北の方向へ傾斜し，その高低差は約12mであるから地表勾配は1/110ほどになる。宮城の西側を西北に流れる飛鳥川も1/130ほどの河川勾配をもっており，この地域での水運は容易でなかったと考えられる。

藤原京から平城京へ遷都されたのは和銅3年（710）である。ここは盆地の北部にあって9条8坊からなり，東西4.2km，南北4.8kmの広さをもつ。また，北高南低の地形にあり，地表勾配はおよそ1/200となる。ここに河川として佐保川のほかに西堀河（秋篠川）と開削された東堀河が流下していた。二つの堀河に面して東西の市が設けられた。

大和から難波への交通は陸路の官道と水路の大和川によったが，そのほかの地域と結ぶ交通網もあった。北方へは奈良丘陵を越えて木津川に至り，淀川水系によって大阪や京都に通じた。南方へは盆地南部の山越えをすると吉野川があり，それにそって水陸ともに紀伊国へと通じていた。この吉野川は河川法では「紀ノ川」を正式名称とするが，奈良県内では吉野川の呼称で親しまれている。東方へは，大和高原と南部山地の間に伊勢街道があり，伊賀から伊勢へと通じていた。

河内国府　大和川の流域にあって羽曳野丘陵の北端がちょうど大和と難波の中間にあたる。亀の瀬峡谷を出た大和川はここで石川を合わせて河内平野に入る。この地点は現在の藤井寺市・羽曳野市・柏原市にかけての地域であり，一帯に古市古墳群などが広がり，先史から古代における文化の拠点となっていた。

『日本書紀』の仁徳紀に「是の歳，大道を作り京中に置く，南の門より直に指して丹比邑に至る」と記され，難波京を南に下った先に東西に丹比道（のちの竹内街道）が通じていた。すでに推古朝には大和の豊浦宮と難波を結ぶ道路として存在しており，この北1.9kmのところに大津道（のちの長尾街道）が並行していた。宮都が飛鳥から平城京に移ってからは大和川右岸に沿った竜田道が利用された。このように大和川と石川の合流地点は陸上交通の要衝であるとともに大和川水運の拠点でもあった。

白雉2年（651），難波長柄豊碕宮に遷都され，その後に河内国府が現在の藤井寺市国府付近に設けられた。『和名抄』では河内国は14郡あり，のちに丹比郡が丹北・丹南・八上に分かれて16郡となった。国府のある丘陵の先端からは大和川を航行する船舶が見えたであろうし，また，船上からは丘陵に広がる巨大な古市古墳群が眺められたであろう。この古墳群を古代の官道に沿って西に向かうと百舌鳥古墳群に至り，官道の両端に巨大古墳群が配置されたことになる。

このように河内国府の一帯は大和と難波の中間にあって大和への出入り口ともなり，また，水陸交通の要衝でもあったので，大和川流域に発達した文化に果たした役割は大きい。

遣隋使と遣唐使　大和王権は難波を門戸として外国への使節団を送り，また外国からの賓客を迎えた。大和と難波との往来には主に大和川水運によったであろうが，どの経路をたどったのかは史料に明らかでない。いずれの河川を往来するにしても難波堀江から難波津にかけての地域が発着場になった。

　初めての遣隋使は，推古8年（600）に派遣され，その後，推古15年（607），同16年（608），同22年（614）と続き，合計4回の往来があった。第二回目の遣隋使は小野妹子を大礼として推古15年（607）7月に出発し，翌年4月に帰国した。この時の隋使として裴世清が来朝し，難波に着いたときの様子が『日本書紀』に出ている。難波では「飾船三十艘を以て，客等を江口に迎へて，新しき館に安置らしむ」といい，大和では「是の日に飾騎七十五匹を遣して，唐の客を海石榴市の街に迎ふ」と記されている。

　一方，遣唐使は舒明2年（630）に派遣されてから寛平6年（894）に廃止されるまでの間に合計20回の発令があった。しかし，停止となったものが3回あり，最後は廃止となったから，出発したのは16回となる。遣唐船は難波津で船飾りをし，住吉大社に航海の安全を祈ってから出航した。万葉集には天平5年（733）に出立する遣唐使に対して，山上憶良の詠んだ歌がある。

　初期の頃の遣唐使船は1～2隻であり，白雉4年（653）の記事に2隻の船に121人と120人ずつ乗ったと記されている。中期の頃からは4隻が一組となったので，1隻120人くらいの編成であったから4隻ともなると500人近くにもなった。各船には水夫として50人前後が乗り，風のない時は船の両側の櫓を漕いで進めた。

　なお，遣隋使や遣唐使のほかに遣新羅使として47回の派遣があり，このように海外との交易が盛んであった。

② 奈良盆地における河川状況

　律令制国家のもとで，中央の宮都には条坊制がしかれ，地方の国では条里制がしかれた。なお，大和国には『延喜式』によれば15郡が置かれた（図1.2.4）。

　条坊制というのは，都城内を朱雀大路を基準として東西南北に一定の間隔で大路が配置されて整然と区画されることをいい，唐の長安を模して持統8年（694）に建設されたのが藤原京であった。この構想は平城京と平安京にも採用された。東西の大路を「条」，南北の大路を「坊」といい，これらに囲まれた区画を「坊」といった。その中を三本の小路によって16に分割し，その一つを「坪」または「町」と呼び，その一辺は，平城京では120m（大尺換算で338尺），平安京では120m（40丈）であり，この街区が地割りの基本となった。

　一方，条里制とは，古代の耕地整理法であり，大化改新以後，7世紀後半から8世紀にかけて行われた。これは条里呼称法と条里地割からなる土地管理システムであり，郡を単位として編成されるのが通常であった。郡ごとに耕作地を6町（645m）の間隔で区切り，その列を「条」，区画を「里」と呼んだ。さらに1里（6町四方）を1町（109m）ごとに区切って36に分割し，その一つを「坪」と呼び，地割りの基本とした。これによって土地の地番は「○国○郡○条○里○坪」と表示された。

奈良盆地では条坊制とともに条里制が全体にわたって施行され，盆地の南北を縦貫する道路として，東から上ツ道，中ツ道，下ツ道が設けられた。

奈良盆地の地形は周辺の山地や丘陵から大和川本流に向かって傾斜している。そのため盆地内にある河川は山地から流出すると地表勾配にしたがって本来の流路をとることになる。しかし，現在の河川の中には地形条件からみると流路が不自然な線形をしているものがあり，とくに盆地南部の河川は地表勾配とは違った流路をたどる。すなわち，本来であれば盆地中央部へと斜めに流下するはずの河川が，東西と南北の方向に曲折している。これは古代の土地区画割である条里制が施行された後で流路が人為的に変えられたことを物語る。また，条坊制によって平城京の中でも流路の改変が行われたといわれる。

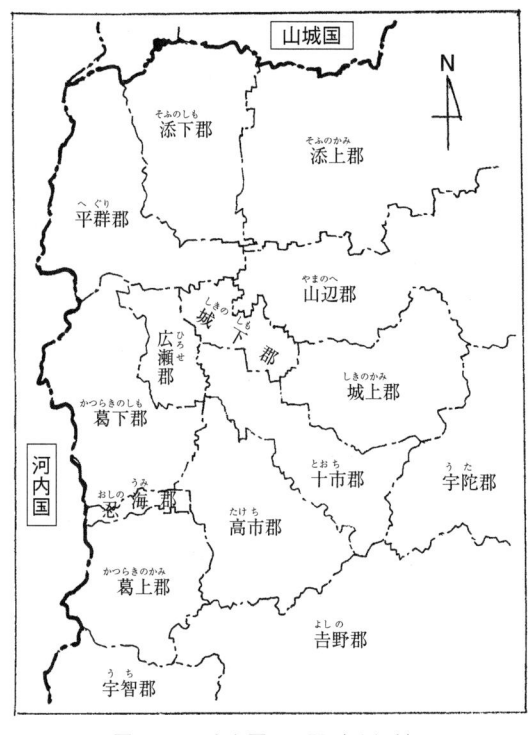

図 1.2.4　大和国の15郡（延喜式）

一方，河川に土砂が堆積して天井川になれば河川の改修が行われた。土砂の堆積は奈良時代から激しくなり平安時代には急速に進み，そのため河川としての機能を失うものもあった。河川の付替えは12世紀を中心とされるが，その時期にはかなりの幅がある。これらのほかに近世になって築城時に河川が付替えられたものがある。例えば，秋篠川の下流は城の惣構えのために郡山城主によって付替えられた。すなわち，南流していた秋篠川を文禄5年（1596）に奈良口（現大和郡山市）のところで直角に東へ曲げ，佐保川へ合流させ，旧河道を郡山城惣構えの東堀として利用した例がある。

奈良では藤原京と平城京の造営あるいは東大寺などの建立が次々と行われ，そのために膨大な木材を必要とし，また，瓦の製造に多量の薪炭が使われた。その上，平城京の面積は右京と左京および外京を含めて24km^{2}であり，当時の人口は10万人とも推定されているから，これらの人々の生活用材も盆地周辺の森林に求められ，多くの樹木が伐採された。そのために多くの山地や丘陵が裸地と化した。

一方，盆地周辺の山地は，ほとんど花崗岩から成り，長年の風化作用によって基盤岩が変質して破砕され，マサ化していた。このマサは雨水の浸透や地下水の貯留には有利であるが，反面，侵食速度が大きく，土壌が流出して裸地となりやすい。したがって植生が発達せず，さらに多量の土砂が流出することになる。

奈良盆地における河川は，このような状況下におかれていた。

③ 河内平野における河川状況

大阪平野は，北に北摂山地，東に生駒山地と金剛山地，南に河泉丘陵，西に大阪湾によって囲まれている。その大きさは北東から南西の長軸が55km，北西から南東の短軸が28kmの楕円形をなし，その面積は1,600km²であり，大阪湾とほぼ同じ大きさである。平野の中にあって上町台地だけが南から北へと伸び，地形上の大きな特徴をなしている。この台地と生駒山地との間が河内平野であり，現在では，北に淀川，南に大和川が流れる。この二大河川はいずれも人工河川であることも特徴の一つである。

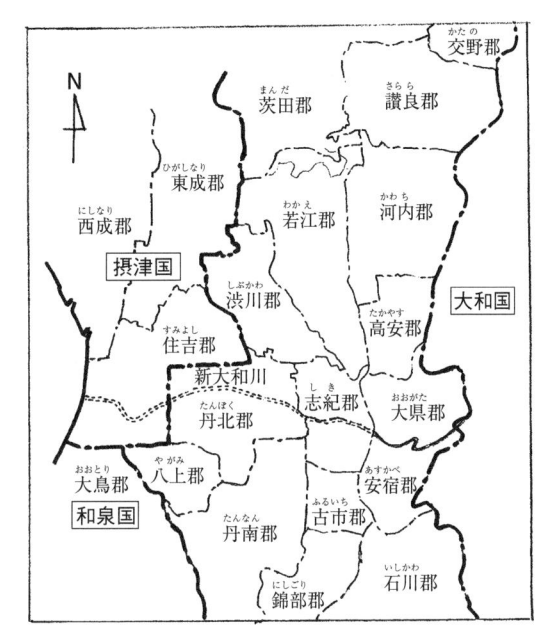

図1.2.5　河内国の16郡（延喜式）

河内平野は，かつて河内湾であったものが河川の土砂堆積によって河内潟となり河内湖へと移行した。5世紀の頃には陸化がすすみ，河内湖の汀線がかなり前進した。こういった所に河内国が誕生した（図1.2.5）。河内平野における大和川水系の諸川については，平野の形成と深くかかわっていることを理解する必要がある。

上町台地の西縁から北部にかけて砂堆が伸びていた。ここに東西方向に開削されたのが難波堀江であり，東に入江をもち西に難波津を有していた。この堀江の東側で大和川は淀川に合流しており，古代の大和川舟運は堀江を通過して難波津とつながっていた。

『日本書紀』仁徳11年の条に「宮の北の郊原を掘りて，南の水を引きて西の海に入る。因りて其の水を号けて堀江と曰ふ」と記され，これは高津宮の北にある砂堆を掘り割って大和川の水を海へ排出させるために堀江を掘ったというものである。堀江の開削は5世紀末から6世紀初頭に完成されたといわれ，この堀江が古代から明治後期までの淀川の流路であり，現在は大川と称されている。なお，古代の難波津の位置については堀江ぞいにあったという説と海岸線に面していたという説とがある。

上町台地の東側に摂津と河内の国境があり，一帯は低地のため洪水の発生地であった。そのため延暦7年（788）に和気清麻呂によって新川の開削が試みられた。『続日本紀』延暦7年3月条に「河内攝津兩國之堺，堀ㇾ川築ㇾ堤，自二荒陵南一，導二河内川一，西通二於海一。然即沃壊益廣，可二以墾闢一矣」とあり，また，「和氣清麻呂傳」（『日本後紀』延暦18年2月条）には「鑿二河内川一，直通二西海一，擬ㇾ除二水害一，所ㇾ費巨多，功遂不ㇾ成」と記されている。河内川を開く目的は，前者では田地を開墾するための用水を引くためであり，後者では水害を除くためとなっている。しかし，巨額の費用がかかり工事は中断された。現在，大阪市天王寺区にある「河底池・堀越・河堀」などの名前はその名残といわれる。

④ 大和川の呼称

古代から大和と難波を結んだ川は，いつ頃から「大和川」と呼ばれたのであろうか。

「大和」は，もともと倭国に由来し，律令国家が成立した頃に畿内の国名として，倭（大和）・川内（河内）・山代（山背）が現れた。天平宝字と改元された757年から「大和国」と表記されて，大和が一般化した。しかし，古代には，記紀をはじめとした文書に大和川の名前はみえない。

『万葉集』では，大和川の上流を泊瀬川（初瀬川）といい，亀の瀬峡谷を流れる大和川を「瀧」と詠んでいる。当時は河川の急流や激流のところは滝と呼ばれていた。河内国に入ると「弓削の川原」と詠われるのみで，大和川の名は出てこない。

平安時代になると，大和国の大和川を「龍田川」と和歌に詠まれている。「ちはやぶる 神代もきかず 龍田川 からくれないに 水くくるとは」（在原業平）や「嵐ふく みむろの山の もみじばは たつたの川の 錦なりけり」（能因法師）である。現在の竜田川は，当時は上流が生駒川，下流が平群川といわれた。大和川が和歌に登場するのは，延慶3年（1310）頃にできた『夫木和歌抄』の「やまと川 櫻みだれて 流れきぬ はつせのかたに あらし吹くらし」であり，また，至徳元年（1384）頃に成立した『梵灯庵袖下集』にも何首か出ている。

近世に入ると大和国では大和川が使われたようで，延宝9年（1681）の『大和名所記』（林宗甫）には，大和川を「大和國中の川落合て亀瀬越の南葛下郡の北のはづれを西にながれすゑは河内國に入」と記される。また，享保21年（1736）に刊行された『大和志』（並河誠所ほか）には，「城上郡より流れ，倭恩智神社（現天理市海知町）の西南を経ると大和川という。……広瀬郡に入ると広瀬川となる」（意訳）とあり，さらに「初瀬川・百済川・葛城川・鳥見川の四河川は河合（現北葛城郡河合町）で合流して広瀬川となり，葛下・平群の郡界に至ると竜田川となる」（意訳）と記されている。すなわち，大和川から広瀬川となり竜田川となっている。この下流の亀の瀬峡谷からは亀瀬川ともいう，と『河内名所図会』に記される。なお，同書の絵図（図1.2.6）は大和川付替え後のものであるが，中央に「亀瀬越」とみえる。

一方，河内平野では，大和川は二俣地点（現八尾市二俣）から分流して久宝寺川と玉櫛川となり，森河内地点（現東大阪市森河内西）で再び合わさって西流し，淀川へと合流する。そのため，大和川の呼称は，上流から二俣までの区間と森河内から下流の区間で用いられた。なお，森河内は放出村の南に当たるため，大和川は「放出通川」とも呼ばれた。この付近の流路は東方から流下する寝屋川の呼称も使われた。しかし，宝永元年（1704）の大和川付替えをもって河内平野から大和川の名称は消滅に向かい，その後の呼称については，「6.3 排水形態の変化」の「6.3.1(1)河内平野と旧大和川」で記述する。

1.2.2 奈良盆地と大和川支流

(1) 奈良盆地と河川

① 奈良盆地

奈良盆地は周辺をなだらかな山地と丘陵に取り囲まれ，古代からその美しさが詠われてきた。

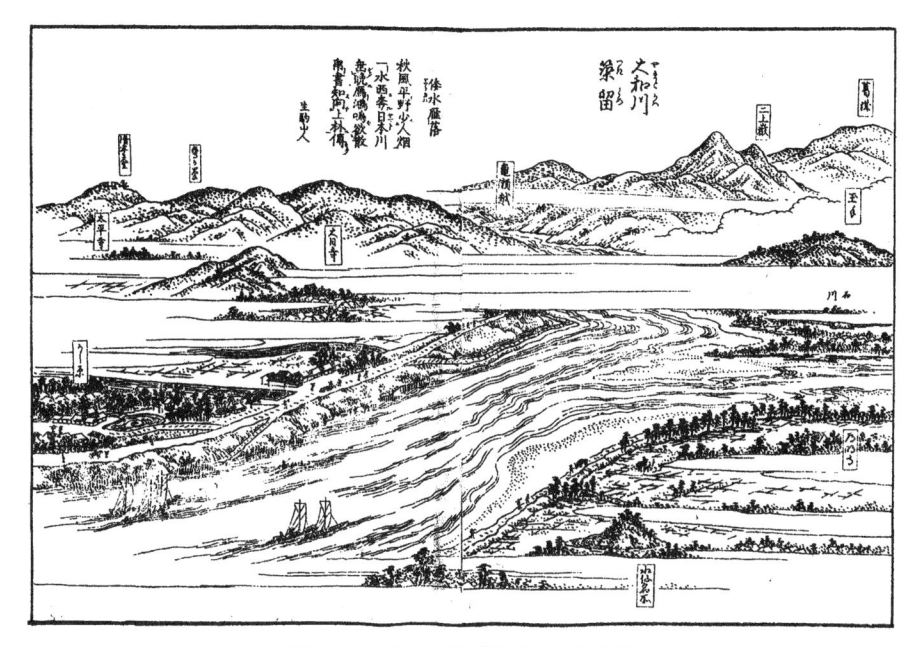

図 1.2.6 新大和川（『河内名所図会』）

「倭は 國のまほろば たたなづく 青垣 山隠れる 倭しうるはし」という歌は，倭建命が三重県鈴鹿郡に到着したときに故郷を偲んで詠んだ歌であり，『古事記』景行天皇の条に記されている。同じように舒明天皇が天香具山に上って国見をしたときに詠んだ歌，「大和には 群山あれど とりよろふ 天の香具山 登り立ち 國見をすれば 國原は 煙立ち立つ 海原は かまめ立ち立つ うまし國ぞ あきづ島 大和の國は」が『万葉集』巻一に出ている。このように青々とした山々となだらかな美しい山々に取り囲まれた大和の国を多くの古代人がほめたたえてきた。

奈良盆地は大和盆地ともいわれ，東西の幅 16km，南北の長さ 30km，面積約 300km² をもつ。その地形は山地と丘陵に取り囲まれて盆地中央に向かって傾斜している。そのため，降水は標高 50～40m の中央部の沖積地にすべて流集する。大和川の諸流が集まる河合町付近では標高が 40m となり，そこから少し下流の王寺町では 36m へと低下している。このように盆地の周囲に山地・高原・丘陵があり，その麓に扇状地や小丘が形成されて低地の沖積地へ連続するのが奈良盆地である。

盆地の北部には，比高 20～30m のなだらかな丘陵がひろがり，佐保・佐紀丘陵ともいわれ，京都府との境界をなす。東側にある奈良丘陵は大和から山城への古代からの通路となり，木津川から淀川への舟運もこの道が利用された。途中にある洲見山の標高は 106m であり，西ノ京丘陵でも 130m くらいの高さとなっている。

東部には，笠置山地の南部にあたる大和高原がある。高原の山々の標高は，北方の春日山原始林で 498m，南方の三輪山で 467m であるから総じて低い。高原と盆地の間には春日断層崖が南北に走っており，この下に比高 20～30m の台地が帯状に連なっている。ここは高原と盆地との中間帯となっており，山麓に山の辺の道が通じている。この道に沿った天理市から桜井市にかけては多くの古墳や陵墓が分布しており，ここに初期の大和王権が誕生した。

南部には，大和三山として畝傍山・耳成山・天香久山がほぼ三角形の配置にあり，その標高は 199.2m，139.7m，152.4m と丘陵なみの高さである。この南方には竜門山地があるが，盆地に面した山々の高さは多武峰の東にある経ケ塚山で 889m，高取山で 584m となっている。

　西部には，生駒山地と金剛山地が連なる。生駒山地の麓を南流する竜田川の東側に高さ 200～300m の矢田丘陵があり，標高 316m の松尾山を南端とする。金剛山地の麓には高田川と葛下川に挟まれた馬見丘陵があり，東西 3km，南北 7km の楕円形をなしている。盆地との比高は 20～30m であり，多くの細谷をもち，奈良盆地のなかでも溜池のもっとも多い地域である。なお，生駒・金剛の両山地に挟まれて渓谷があり，奈良盆地の水はここから排出されており，渓谷の南側にある標高 517m の二上山は奈良県・大阪府の両側から眺められ，大和川のシンボル的な存在となっている。

② 盆地河川の特徴

　大和川の流域面積 1,070km² のうち奈良県の面積は 712km² であり，その割合は 67% となっている。そのうち奈良盆地の面積は 300km²（うち平地 43%）であるから県流域の 42% を占める。図 1.2.7 に示すように，盆地内の諸河川は中央部の低地にむかって流集し，その特徴として次のことが挙げられる。

- 盆地の周囲にある山地や丘陵の標高が低いので，山地から流出した河川は盆地に入ると急に流れが緩やかとなり，土砂の堆積が起こって天井川となりやすい。
- 山地や丘陵の地質は，花崗岩が風化してマサ化しており，その上，古代から開発が盛んに行われて土砂の流出しやすい状況にある。
- 盆地内の諸流は，周囲から大和川本流へ集中する配置になっており，その上，短小河川である上に勾配が急である。例えば，初瀬川と佐保川の合流点（標高 42.5m）を基点にして河川勾配をとると，初瀬川は 1/208，佐保川は 1/150 となっている。したがって，大雨のときには，出水する時間が短い上に洪水ピーク流量が大きくなる。
- 盆地からの出口にあたる大和川に狭窄部があり，ここで洪水が塞き止められて，一時的に盆地側へ滞留する。すなわち，奈良盆地と大阪平野の境界に亀の瀬峡谷のあることが大和川の大きな特徴となっている。

③ 奈良盆地の農業用水

　古来，奈良県の農業にとって最大の問題は水不足であった。奈良盆地には「日照り一番，水つき一番」という言い伝えがある。これは雨が降らなければ河川が枯渇して干ばつとなり，反対に雨が降ると河川が氾濫して洪水となることを表している。

　大和国では農業用水の不足は古代からの問題であった。そのため，応神期から仁徳期にかけて河内国とともに多くの池溝の築造されたことが『日本書紀』に記されている。

- 応神 7 年に「…諸の韓人等を領（ひき）ゐて池を作らしむ。因りて，池を名けて韓人池と号（い）ふ」，また，同 11 年に「剣池・軽池・鹿垣池・厩坂池を作る」とある。
- 仁徳 13 年に「和珥池を造る」とある。

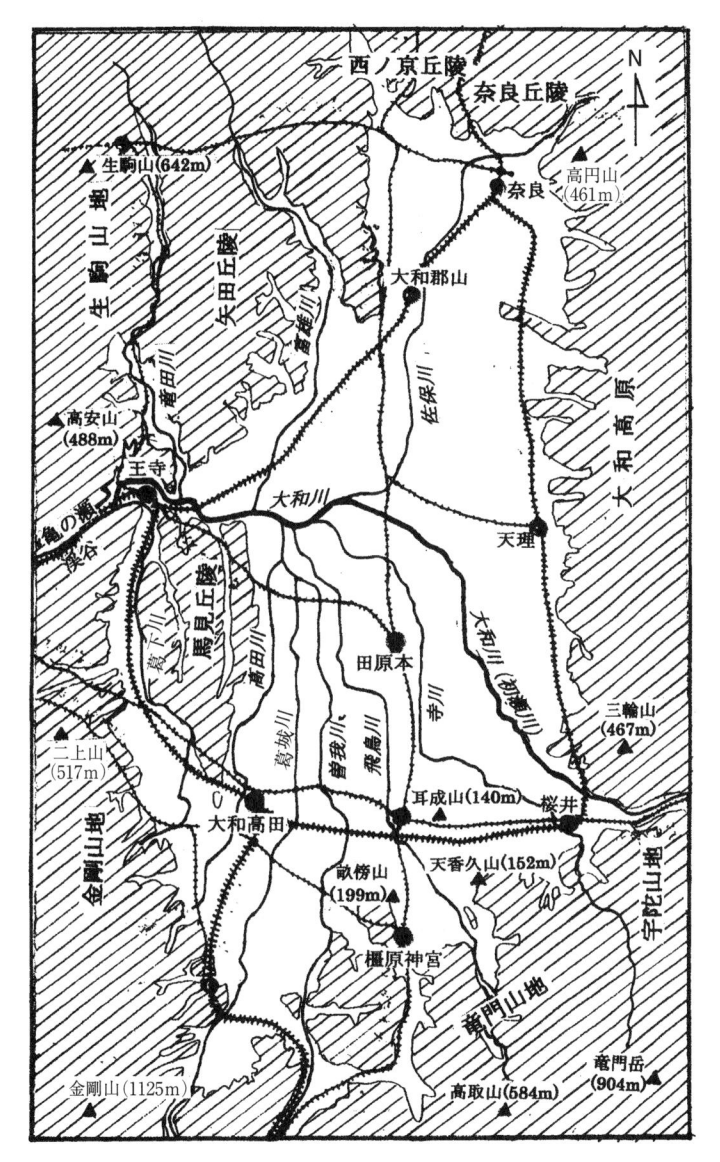

図 1.2.7 奈良盆地と河川

・履中2年に「磐余池を作る」，また，同4年に「石上溝を掘る」とある。この溝は用水路のことである。
・推古15年に「高市池・藤原池・肩岡池・菅原池を作る」，また，同21年に「掖上池・畝傍池・和珥池を作る」とある。

　一般に農業用水の水源は河川や池沼あるいは湧水に求められる。しかし，大和川水系の河川は流量が少なく，かつ不安定であり，とくに盆地南部における諸河川は水量が乏しく，肝心の用水期に利用することができなかった。そのため多くの溜池が作られた。丘陵下の傾斜地に谷池が設けられ，また，地表面勾配の小さい低平地には皿池が設けられた。とりわけ17世紀から水田開発が進んで多くの溜池が設けられた。

盆地南部地域における水不足に対して，山地の向こうに水量の豊かな吉野川の流れていることが，すでに元禄年間に着目されていた。文久3年（1863）には具体的な計画が出願されたが，費用と施工技術上の問題のほかに，水利権を主張する下流の和歌山藩の反対があって実現できなかった。

　昭和22年（1947）に「十津川・紀ノ川総合開発」の調査が始まって，同25年に「十津川・紀の川総合開発事業」が奈良・和歌山両県で協定され，長年の悲願であった吉野川分水への道が開かれた。これによって奈良県吉野郡大淀町下渕の吉野川右岸に頭首工が設置され，トンネルを掘って盆地南部へ導水されることになった。工事は27年の津風呂湖ダム建設から始まり，31年7月に大淀町下渕から御所市樋野にいたる約5kmの導水路が完成して，吉野川の水が奈良盆地（大和平野）へ導かれた。それとともに東西に配した幹線水路によって最大9.91m³/sの用水が導入され，耕作地10,320ha（うち畑地846ha）に灌漑されるようになった。また，分水は19市町村の上水道にも使用されている。

④ 奈良盆地における洪水

　盆地内の河川が氾濫したときは，古くは霞堤や無堤部から洪水をとり入れ，請堤によって受け止められた。あるいは，堤防の一部が低く作られて，河川が一定水位に上昇すると越流する所もあった。遊水地に入った洪水は下流への負荷を軽減し，のちに河川水位の低下にともなって自然に排水された。水田の多い盆地では，このようにして洪水に対処してきた。

　近代に入ってから初瀬川で一日100mm以上の降雨があった年に，洪水が発生したのは明治30年から昭和34年にかけて15回を数える（大和川河川事務所資料による）。その後，昭和40年代からの急激な都市化によって，多くの遊水地が開発されて従来の雨水流出形態が大きく変化した。一つは遊水地が失われたために洪水が滞留することなく即時に流出してきたこと，もう一つは洪水の流出量が大きくなり，流出時間が小さくなったことである。つまり，二重の意味で洪水処理が難しくなった。

　最近の50年間における大和川流域の洪水で，奈良県と大阪府にまたがる浸水被害の大きなものは次の通りである。なお，柏原（大阪府柏原市）とは大和川が石川を受ける地点をいう。

- 昭和28年（1953）9月……台風による出水で，浸水戸数10万戸以上。柏原より上流域における2日間最大雨量の平均値は158.3mmであった。
- 昭和31年（1956）9月……台風による出水で，浸水戸数1万2千戸以上（うち床上700戸，床下11,717戸）。柏原より上流域における2日間最大雨量の平均値は206.8mmであり，大和川上流域の累積雨量は210mmであった。
- 昭和34年（1959）3月……前線と台風による出水で，浸水戸数1万4千戸以上。柏原より上流域における2日間最大雨量の平均値は210.2mmであった。なお，奈良市内の一日雨量の最大は182.3mmとなった。
- 昭和40年（1965）9月……台風による出水で，浸水戸数4万3千戸以上。
- 昭和41年（1966）6月……梅雨前線による出水で，浸水戸数3万4千戸以上。大和川上流の北窪田（安堵町）での2日間雨量は200mmであった。

・昭和47年（1972）7月……梅雨前線による出水で，浸水戸数4万戸以上。
・昭和57年（1982）8月……台風による出水で，浸水戸数8万6千戸以上。柏原より上流における2日間最大雨量の平均値は285.9mmであり，大和川流域の全域で7月31日から8月3日にかけての総雨量は300mmを超えた。この洪水による浸水戸数は，奈良盆地で1万戸以上，大和川左岸の今井戸川流域で約1万戸，河内平野の寝屋川流域で約5万戸であった。

(2) 大和川左岸の支流（図1.2.8）

① 初瀬川（大和川）

初瀬川という名称は「河川法」による大和川水系の一級河川指定表にはない。これは大和川の上流端である桜井市大字小夫から下流を大和川と指定しているからである。しかし，ここでは古くから使われてきた佐保川の合流点から上流を初瀬川（大和川）として記述した。

初瀬川（大和川）の源流は天理市福住町付近にあり，桜井市小夫地先の県道・笛吹橋を上流

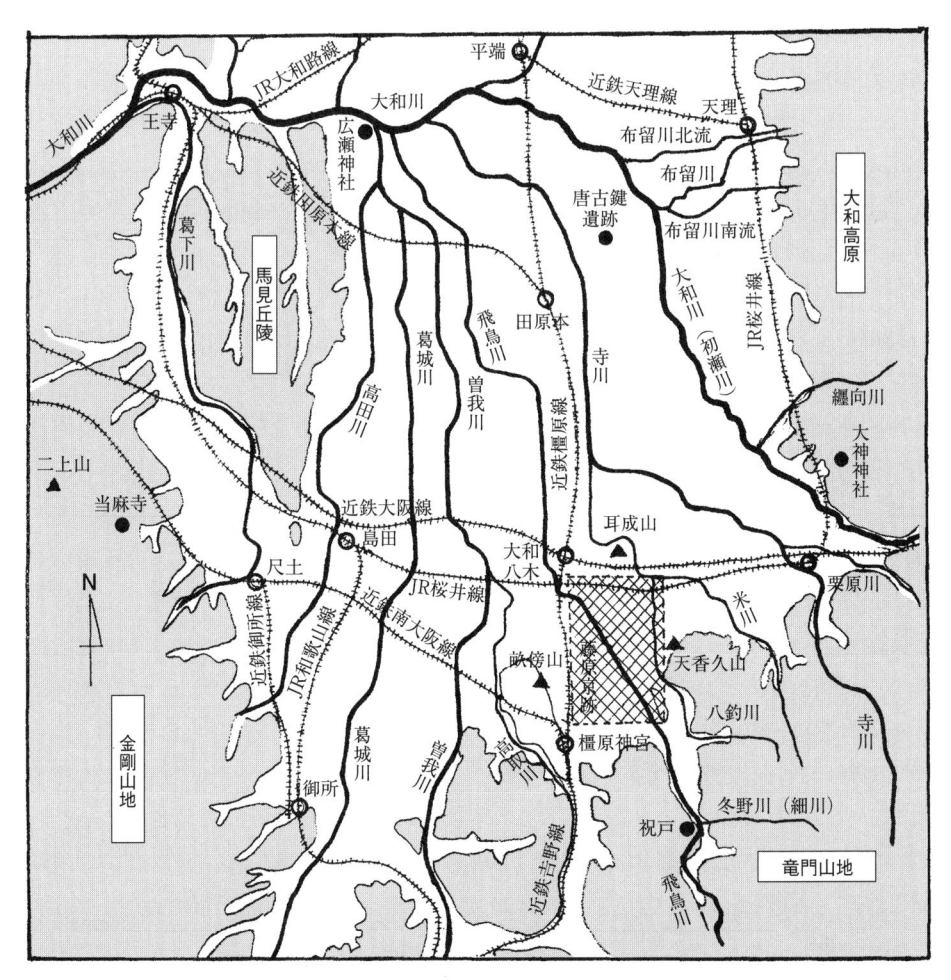

図1.2.8　大和川左岸の支流

点として初瀬の渓谷を下り，長谷寺で西へと曲がって三輪山の南麓を流れ，桜井市慈恩寺から奈良盆地に出る。そこから流れを北西に転じ，右岸から纏向川と布留川を受けて天井川を形成しながら川西町吐田で佐保川と合流する。その流域面積は75km²であり，延長31kmをもつ。

自然の地形では大泉（桜井市）から吉田町（天理市）にかけて地表が東南から西北にかけて傾斜している。したがって初瀬川は西北に流下するのが普通であるのに，北への流路をとっているのは過去に人工的に手を加えられたからといわれる。とりわけ，大泉から庵治町（天理市）にかけての屈曲は甚だしい。現代の地図を見てもわかるように，距離にして約8kmの間に12か所の直角かそれに近い曲折がある。このようなところから，『万葉集』巻一に「泊瀬の川に 船浮けて わが行く川の 川隈の 八十隈おちず 萬度 かへりみしつつ」（初瀬川を船で下り，数多くの川の曲がり角ごとにいくども返り見ながら）と詠まれている。「川隈の八十隈」というのは，河川が蛇行していて曲がり角が数多くあることをいう。

纏向川は巻向川とも書かれ，巻向山（標高567m）より発して三輪山（標高467m）の山麓を西に流れ，桜井市の箸中を通って初瀬川に入る。『万葉集』には痛足川と出ている。一方，布留川は竜王山（標高586m）から発して天理ダムを通過して天理市布留町から天理市役所の北を通って同市吉田町で初瀬川に入る。天理ダムは布留川の洪水調節・河川維持用水の確保・天理市上水道の水源として昭和54年に完成したもので，日雨量が200mmのとき基本高水流量170m³/sのうち160m³/sをダムに貯留し，10m³/sを放流する。

初瀬川の上流にある初瀬ダムは，大和川の洪水対策・河川維持用水の確保・桜井市上水道の水源として昭和62年に本体工事が完成した。ここでは日雨量が209mmのとき基本高水流量300m³/sのうち220m³/sをダムに貯留し，80m³/sを放流する。

初瀬川は古くは「はつせがわ」といわれ，「泊瀬川」と書かれた。上流の初瀬山から流れる川に百瀬川があり，『和州舊跡幽考序』に「長谷寺にまうでぬるにわたる所は最初の瀬なる故に初瀬といふなるべし」と記されている。

初瀬川の上流は渓谷をなした景勝地であって，『万葉集』には「隠口の泊瀬」とよく出てくる。隠口は泊瀬にかかる枕詞であるが，コモルは物に取り囲まれている状態を意味し，山が周囲から迫っているので泊瀬はコモリクといわれた。さきの倭建命の歌にある「山隠れる」と同じ意味である。『万葉集』には泊瀬川のほかに泊淵川や長谷川と出ており，また三輪山の南では三輪川と呼ばれて，早瀬，たぎつ瀬，さざれ波などを題材として数多く詠まれている。

長谷寺はボタンの寺として知られている。寺伝によると神亀4年（727）に十一面観音像を安置したのに始まる。平安時代になると観音信仰が盛んになり，初瀬詣でとして賑わい，源氏物語や更級日記などの文学作品にも取り上げられた。

初瀬川が谷口を出ると川幅が広くなり，現在のJR桜井線の東に，かつて遣隋使の使者が上陸した海石榴市があった。『日本書紀』推古16年の条に小野妹子に従った裴世清の一行が大和川を遡ってここで下りた。海石榴市から大和高原の麓に沿って北方の春日や佐保への道路があった。これが『古事記』に記されている崇神・景行両天皇を「山辺道上陵に葬りまつる」とある「山の辺古道」である。

大和高原の南部にある標高467mの三輪山は，大神神社のご神体であり，この近くにある

石上神宮は物部氏ゆかりの古社で，付近一帯には多くの古墳群と陵墓が点在する。

② 寺川

　寺川は桜井市大字鹿路から発し，多武峰を経て桜井市戒重で粟原川を入れ，西流して耳成山の北方で米川を受ける。この地点の橿原市十市町からは下ツ道に並んで田原本町鍵までの約4kmを北流する。このあたりの地形は東南から西北の方向に傾斜しているのに対して寺川の流れがまっすぐに北流している。鍵の地点から流れを北西に変えて途中で3か所直角に曲折し，川西町吐田で大和川に合流する。その流域面積は70km²，延長は23kmである。

　寺川の流路は地形にしたがうと西北の方向へと斜めに流れるはずであるが，東西と南北に曲折しているのは古代に改修されたからであり，近くに中ツ道・下ツ道・横大路がある。この寺川は東側からの流水を受け，西側からの流入がないのはそのためである。

　粟原川は，桜井市粟原の東端に発して西流してJR桜井駅の北西で寺川に入る。また，米川は桜井市高家に発し，橿原市出合町で八釣川を受け，耳成山の東を直角に迂回して北流して寺川に入る。『万葉集』に詠まれている八釣川は明日香村八釣から流れて天香久山の西を北流して米川に注ぐ。

　寺川と初瀬川の間に「唐古・鍵遺跡」があり，寺川と飛鳥川の間には保津の環濠集落が残っている。また，田原本町は大和川水運を利用して発達し，「大和の小大坂」とよばれる賑わいをみせた。寺川右岸の今里浜（現田原本町今里）は近世の寺川舟運の終点であった。

③ 飛鳥川

　飛鳥川は高取山（標高584m）の東北から発して明日香村の栢森を流下し，祝戸で冬野川（細川）を入れ，大和三山の間を西北に流れて安堵町窪田で大和川に合流する。山地から盆地に出た飛鳥川は，もっとも低い地帯を流れており両側に集水区域をもち，その流域面積は41km²，延長は22kmである。

　現在の飛鳥川は全区間の河川を指すが，古代の飛鳥川は明日香村祝戸付近から飛鳥盆地の北西部あたりまでをいい，祝戸から上流は南渕川（稲渕川）と呼ばれた。飛鳥川は『万葉集』にもっとも多く読まれた河川で，長歌と短歌に30首を数える。歌の中に河川名が詠みこまれているのは21首あり，万葉仮名では明日香川・明日香河などが19首，飛鳥川が2首となっている。古来，飛鳥川は瀬と渕の転変が激しいので，「世の中は 何か常なる 飛鳥川 きのふの淵ぞ 今日は瀬になる」（『古今集』）あるいは「河は飛鳥川，淵瀬もさだめなく，いかならんとあはれなり」（『枕草子』）と無常流転の比喩に用いられた。

　現在の飛鳥川は藤原京跡を斜めに横切るが，これは廃都後に掘削されたもので，それ以前の流路は飛鳥寺あたりから北流していたと推測されている。古代の水運では飛鳥川をさかのぼって松本浜（現田原本町松本）まで往来した。その下流にある但馬（現三宅町但馬）の船着場近くには明治時代まで綿実油をとるための水車があったというから飛鳥川の流れは早かったのであろう。

　飛鳥という名前の由来には，鳥の群棲地という説や接頭語のアに州処のスカをつけたという

説がある。古代の飛鳥の地は天香具山から南にあり，現在の明日香村大字飛鳥・岡・島庄の飛鳥川右岸の狭い地域を指す。ここには飛鳥寺・飛鳥坐神社・飛鳥浄御原宮など飛鳥の名前を冠する旧跡が集中しており，上流の祝戸には石舞台がある。

この飛鳥の地は日本のふるさととも称され，古代の宮跡が集中している。初期の大和王権が盆地東南部の山麓に形成されたが，推古2年（594）に飛鳥の地に宮が移されて以来，藤原京から平城京へ遷都された和銅3年（710）までの110年余も日本の宮都となった。なお，飛鳥にたいして近飛鳥があった。『古事記』履中天皇の条に「其地を號けて近飛鳥と謂ふ。……遠飛鳥と謂ふ」と記され，河内国の丹比柴籬宮（現松原市）からみて，近いほうを近飛鳥，遠いほうを遠飛鳥と称された。

飛鳥の地である現在の明日香村は面積24km²をもち，三方を山と丘陵に囲まれ，北方だけが盆地にむかって開く。

明日香村祝戸で飛鳥川に合流する冬野川は細川ともいい，明日香村上に発する。ここは傾斜が急であり水流も激しい。現在は飛鳥川と呼ばれる稲渕川は古代では南渕川とも呼ばれ，沿岸には大化改新に影響を与えた南渕請安の墓がある。

④ 曽我川

御所市大字重坂は五条市に近く，曽我川はここから発してJR和歌山線に沿って巨勢谷を経て，掖上付近から北流して橿原市に入る。盆地に出ると曲流しながら，途中で葛城川と高田川とを合わせて大和川へ合流する。その流域面積は159km²，延長は27kmである。

曽我川の上流は重阪川や巨勢川といわれ，橿原市曽我町で高取川（檜前川）を合わせて曽我川となる。古くは百済川とも記されたが，明治以降に曽我川という名称が一般化した。明治時代は百済（現広陵町）あたりで蛇行が著しかったが，昭和24年（1949）の地図では屈曲部がカットされ，河道が拡張されて現在の流路となっている。

曽我川の中流から下流にかけての河道は自然の地形に反しており，人為的に改変されたところがある。つまり，地表面が南西から北東にかけて傾斜しているのに対して曽我川の河道は条里地割にしたがって直線状に北流しており，その集水地域は河道の西側のみとなっている。なお，曽我川は橿原市曽我町と曲川町のあたりで著しく曲流し，そのため近世の曲川村，現在の曲川町という地名が出てきた。

盆地南部の河川のうち，飛鳥川・曽我川・葛城川・高田川の四河川が東西2kmの間を並行して北流している。このうち，葛城川・高田川および高取川が曽我川の主な支流である。

高取川は高取山（標高584m）から北西に流れて曽我川に入り，上流は檜前川と『万葉集』に詠われている。葛城川は御所市大字鴨神から発し，流域面積43.6km²，延長23.2kmをもつ。河川は北流しているが地形は東北に傾斜している。現在の葛城川は，条里制地割が施行された後で河川が付替えられた人工河川であり，旧河道は大和高田市根成柿から橿原市新堂町をへて曲川町の東方まで水田の間を曲流していたといわれる。また，高田川は葛城市（旧新庄町）から流れて，流域面積28.8km²，延長14.7kmをもつ。

葛城川と高田川が曽我川に流入する地点に箸尾遺跡（広陵町萱野）がある。ここは標高40

mの盆地底であり，ここから河川跡が検出された。河川としての機能は12世紀に失ったものとみられており，他の遺跡からも旧河道と思われる跡が検出されている。

『万葉集』に「眞菅よし，山菅の，背向(そがひ)」と「そが」が出ており，これは菅＝「すげ，すが」と通じる。飛鳥時代には蘇我氏の本貫地される地名に蘇我があり，中世には皇室領の荘園に曽我荘があった。江戸期には，現在の曽我川と高取川の合流点近くにあった横大路に沿って曽我村があり，明治22年（1889）まで続いた。こんなところに曽我川の名前の由来があると思われる。

曽我川と葛城川が合流するあたりは広瀬川とも称され，左岸に広瀬神社がある。この神社は，通称，川合神社ともいわれ，水の守り神を主神とし，現在でも治水と農耕の神として崇敬されている。現在の河合町川合は文字通り，大和川本流へ佐保川・飛鳥川・曽我川・富雄川が集まる地点である。

⑤ 葛下(かつげ)川

この川は岩橋山（標高659m）の東麓の葛城市（旧当麻町）南部から発し，多くの小流を入れながら平地に出て，馬見丘陵の麓を走るJR和歌山線に沿って北流し，王寺町で大和川に合流する。流域面積は48km²，延長は15kmである。

古代の奈良盆地に倭(やまと)国造と葛城(かつらき)国造がいた。葛城は曽我川から金剛山麓までの地域をいったが，律令制によって大倭(やまと)国（のちに大和国）が成立すると葛上郡(かつらきのかみ)・葛下郡(かつらきのしも)・忍海郡(おしのみ)に分割された。葛下郡は葛城下郡(かづらきのしものこほり)（『日本書紀』）とも呼ばれたが，後世に葛下(かつげ)が一般化した。ここには竹内(たけのうち)街道という古代の官道が通り，大和高田市から竹内峠を越えて羽曳野市古市(ふるいち)を経て堺市に至った。この街道の南方を走る国道309号線には，水越(みずこし)峠をはさんで大和国の葛木(かつらぎ)水分(みくまり)神社（現御所市）と河内国の建水分(たけみくまり)神社（現千早赤阪村）がある。

生駒山地と金剛山地の山並みが大きく切れるところを大和川が流れ，その南側に双子の山がある。これが二上(にじょう)山であり，大和川に沿って奈良県側からも大阪府側からも眺められるので，古代から大和川のシンボルのような存在となった。また，先史時代には石器として利用されたサヌカイトの産地としても知られる。双子の山の高さは，雄岳が517m，雌岳が474mであり，雄岳の山頂には大津皇子の墓がある。『万葉集』巻二に「大津皇子の屍を葛城の二上山に移し葬し時，大来皇女哀傷みて作りませる御製二首」の一つとして，「うつそみの　人なる吾や　明日よりは　二上山（ふたかみやま）を　兄弟（いろせ）とわが見む」と詠まれている。

二上山の北麓にあるのが當麻寺であり，中将姫にまつわる曼荼羅で知られる。これは平安時代の浄土信仰の広まりによって極楽浄土を表したものである。この南に飛鳥と難波を結んだ最古の官道である竹内街道が通る。

(3) 大和川右岸の支流（図1.2.9）

① 佐保川

源流は春日山原始林の花山（標高498m）の東にあり，奈良市中ノ川町を上流端とする。春日断層崖の北縁から盆地に流出し，奈良坂の東から市内を流下して途中で秋篠川を入れて大和

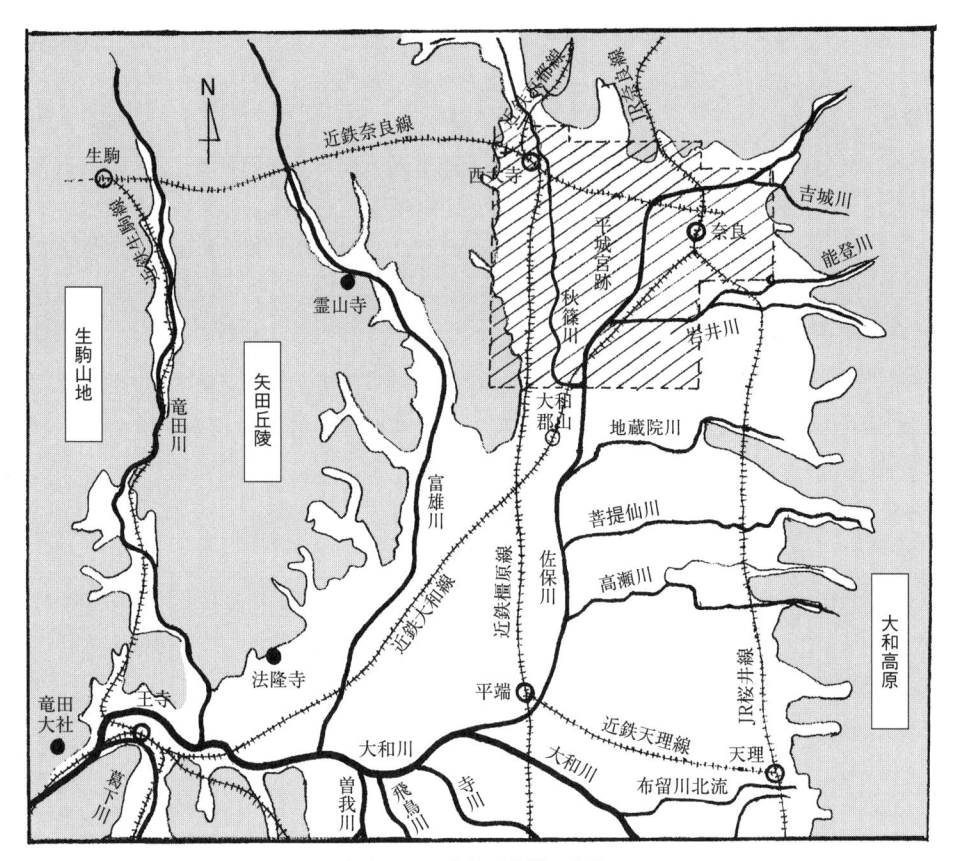

図1.2.9　大和川右岸の支流

郡山市の南端で大和川へ合流する。流域面積は131km²，延長は15kmである。この流域は平地率が高いため，常時の佐保川の流量は少なく，また，条坊制の中にあるため古代に河道の改修が行われた。

『万葉集』などに詠まれた佐保川は，主に春日野の北西から佐保丘陵の南麓にかけての地域である。当時の佐保川は，平城京を南流し，これを挟んで東西に堀河が設けられた。東堀河は人工的に掘られたが西堀河は秋篠川が使われた。『大和志』には添上郡で佐保川といい，添下郡では奈良川とある。古くは添上郡内から上流のみを佐保川と称したらしい。また，明治27年（1894）の地誌に，秋篠川の合流点から下流は奈良川と記されている。

支流はいずれも春日山原始林から発し，『万葉集』には吉城川・率川・能登川と詠われている。吉城川（宜寸川）は「よしきがわ」と読み，春日大社の北を西流し東大寺をめぐって佐保川に入る。現在の吉城園は吉城川にちなむ。率川は猿沢池の傍を流れて佐保川に入ったが今はなく，率川神社に名残をとどめる。能登川は若草山（三笠山）と高円山の間を流れて新薬師寺の南を西流して佐保川に入る。

秋篠川は奈良市押熊町付近より発して，秋篠谷を南流し，大和郡山市観音寺町に至って佐保川に入る。ここで90度流路を変えるのは，「奈良口の川違」が行われたからである。文禄5年（1596）に郡山城の惣構えとして外堀が必要になった。そのため南流していた秋篠川を奈良口

のところで東へ直角に曲げて佐保川に合流させ，旧河道は惣構えの外堀として使われた。

　藤原京に飛鳥川があるように，平城京には佐保川があった。これらの川は「みそぎ川」として身を清めるための水垢離が行われた。平城京を流れる佐保川は万葉集に明日香川に次いで多く詠われている。また，佐保川の清流は江戸時代に奈良晒として利用され，白くさらした麻布が河原に広がっていた。

　佐保というのは春日野の北西域から佐保丘陵の南麓あたりをいい，今でいえば近鉄奈良線の奈良駅から新大宮駅にかけての北側の地域を指す。この西側に平城宮跡があり，その北側に佐保路が東西に走る。奈良盆地の北辺にある丘陵は京都府との境界であり，標高100m前後の高さのところに平城山(ならやま)があって麓を佐保川が流れる。このあたりの情景は名曲「平城山」(北見志保子作詞・平井康三郎作曲)に「人恋うは　悲しきものと　平城山に　もとほり来つつ　堪え難かりき」と詠われている。

② 富雄川

　この川は生駒市北部にある高山町傍示付近から発して矢田丘陵の東を南流して奈良市に入り，さらに南流して安堵町で大和川に合流する。流域面積は47km²，延長は22kmである。

　かつての富雄川は現在の大和郡山市内で佐保川の方向へ流れていた。ここに秋篠川も南流しており，環濠集落で有名な同市稗田町あたりで三川が合流していた。この付近の道路と水路は条里制によって整然と配置されており，溜池も正方形か長方形の形状となっている。

　昭和54年(1979)に大和郡山市の本庄遺跡から旧河道が検出された。川幅は50〜60mにおよぶもので，中から奈良時代から15世紀までの遺物が出土し，これ以前の富雄川はここから佐保川に合流していたと想定されている。また，現在の富雄川は盆地に出ると直ちに西方の丘陵側へ寄せられるという不自然な流路をとっており，これも過去に河川の付替えが行われたものと考えられている。これによって富雄川左岸地域への灌漑が可能となった。

　富雄の由来は聖徳太子の頃にさかのぼるといわれ，問答歌，「いかるがや　富の小川の　たえばこそ　わがおほきみの　みなはわすれめ」に出る「富の小川」にちなみ，「富小川」と称された。『大和名所図会』には左岸に富小川村のあったことが記されている。

　近鉄奈良線の富雄駅の南北は古くから開けた土地であった。富雄川ぞいに北に長弓寺があり，南の矢田丘陵の北端に霊山寺(りょうぜんじ)がある。いずれも聖武天皇ゆかりの寺である。

③ 竜田川

　この川は生駒市俵口町から流れ，生駒山地と矢田丘陵に挟まれた谷間を南流して斑鳩町神南(じんなん)で大和川へ合流する。山地比率が91％を占め，盆地内の河川では山地の割合がもっとも大きい。流域面積は54km²，延長は13kmである。

　竜田川は，古くは上流部を生駒川，下流部を平群川(へぐりがわ)と呼ばれた。古代に河川を挟んで竜田神社と竜田大社が並び建ち，近世になって竜田川と呼ばれるようになった。斑鳩町にある竜田神社は聖徳太子が法隆寺の建立後，寺の地主神として風を司る神を祀ったといわれ，一方，三郷町にある竜田大社は崇神天皇の時代に凶作が続いたため神に祈ったところ，社を創建するよう

神告があったことに由来するといわれる。

　竜田川という名前は『万葉集』には登場しない。当時，竜田山の方が有名であり，『万葉集』巻十二に「龍田山　見つつ越え来し　櫻花　散りか過ぎなむ　歸るとに」と山越えや桜花を題材として16首の歌が詠まれている。中世になると竜田川が登場するが，現在の流路を指すのではなく竜田大社から亀の瀬峡谷までの大和川を指した。「ちはやぶる　神代もきかず　龍田川　からくれないに　水くくるとは」（『古今集』在原業平）や「嵐ふく　みむろの山の　もみじばは　たつたの川の　錦なりけり」（『後拾遺集』能因法師）に詠われた竜田川は大和川本流とされる。

　現在，竜田山は奈良県三郷町の大和川北岸にある山々の総称であり，単独の山として，この名前はない。かつて，ここには大和と難波を結ぶ竜田道があった。大和川北岸ぞいの山越えの道であり，亀の瀬越えともいわれた狭く険しい難路であった。

　この近くに三室山として，一つは竜田川右岸の斑鳩町神南にある小丘（高さ82m）があり，一つは大和と河内の境界にある三室山（高さ137m）がある。能因法師に歌われた「たつた川　もみぢばながる　神なびの　みむろの山に　時雨ふるらし」（『古今集』）にある三室山は神南山ともいい，竜田川右岸の山であった。

参考文献
『日本歴史地名大系第30巻　奈良県の地名』平凡社，1981年。
『角川日本地名大辞典29　奈良県』角川書店，1990年。
並河誠所ら著『五畿内志（日本輿地通志畿内部）』享保19年（1734）脱稿。
大和川工事事務所（現・大和川河川事務所）『わたしたちの大和川資料集』
藤岡謙二郎『大和川　古代史の謎を秘める大和川を再現』学生社，1977年。
和田　萃ほか『奈良県の歴史』山川出版社，2003年。
鈴木　良ほか『奈良県の百年』山川出版社，1985年。
宮本　誠『奈良盆地の水土史』農山漁村文化協会，1994年。
堀井甚一郎『奈良県地誌』大和史蹟研究会，1972年。
奈良県・大和平野土地改良区『吉野川分水——十津川・紀の川土地改良事業——』
奈良県土木部河川課『河川管理事務必携』1989年。
松浦茂樹著『国土の開発と河川——条里制からダム開発まで——』鹿島出版会，1989年。
大和川右岸水防事務組合『水防計画　平成16年度』2004年。

1.3　従来の研究とその特徴

1.3.1　歴史学的視点からの研究

(1)　はじめに

　大和川の付替えはいうまでもなくわが国の土木史における一大エポックであり，また大阪の地域史にとっても重要なできごとであった。付替えについてはこれまで多くの書物に記されてきたが，その研究史を振り返ると，意外にも歴史学的な立場からの学術研究が少ないことに驚

かざるをえない。もちろん流域のさまざまな自治体史などには付替えについての記載があるものの，中好幸が指摘するように，過去の文献の誤った記載がそれ以後の文献にそのまま継承されてきたという点がみられることも，あながち否定できない。

平成16年（2004）の付替え300年を契機として，本書をはじめとするいくつかの学術文献が刊行されているが，このような付替え研究史の状況を勘案すると，将来研究史を振り返るときには平成16年の持つ意味は大きなものになることが予想されるだろう。本項においては歴史学的視点から付替えを中心とした大和川の研究史を振り返ることとしたいが，一応付替え250周年（昭和29年〈1954〉）以前と以後のものにわけ，さらに付替え300年を契機とした最近の研究についても触れることとしたい。

(2) 付替え250周年以前の研究

初期の付替えに関する文献において，大きな比重を占めていたのは付替えにいたる運動の歴史であった。『大阪府誌』には鷹合村の仁右衛門が付替え運動に奔走したが投獄されてついには依網池に投身して命を絶った話が，また『中河内郡誌』には乙川三郎兵衛が狭山池に投身した話が載せられている。これらは多分に伝承的な要素を含んだものであり，また工事の具体的な様子や技術的側面にはほとんどページは割かれていない。

昭和29年（1954）の付替え250周年に際しては，その前年の28年10月に八尾市が主催し大和川土地改良区事務所において中甚兵衛の慰霊祭が行われ，また30年には築留に記念碑が建てられその除幕式が行われている。その時に記念出版物として『治水の誇里』と『大和川付替工事史』が刊行されている。後者は畑中友次氏の著作であり，また前者の内容にも畑中氏が深く関わっていると思われる。ことに『大和川付替工事史』は付替え運動や工事の具体的内容，付替え後の新大和川について詳細に説明を加えたものであり，その後の自治体史の内容はこれに依拠したものが多くなっていく。

なお，付替え運動の経過については，中好幸『大和川の付替 改流ノート』(1992)が詳細に各文献を比較し，史料批判を行っているので参照されたい。また大和川に関する研究の中心はいうまでもなく付替えであったが，戦前に肥後和男は大和川の舟運についてすぐれた研究を残している。

【この時期の研究】

大阪府『大阪府誌』第4編，1903年。
井上正雄『大阪府全志』巻之四，1923年。
大阪市参事会『大阪市史』第1，1913年。
中河内郡役所『中河内郡誌』1923年。
堺市役所『堺市史』第3巻，1930年。
肥後和男「近世に於ける大和川の舟運」大和王寺文化史論，1937年。
畑中友次『大和川付替工事史』大和川付替二百五十年記念顕彰事業委員会，1955年。
『治水の誇里』1955年。
柏原市役所『柏原町史』1955年。

(3) 付替え250周年以後の研究

　昭和30年代以降，自治体史が次々に刊行され，流域の市町村についてはかならず大和川付替えについての記述がみられるようになった。また，この時期から，市町村史の本文篇とは別に史料編が設けられることがはじまり，ことに『八尾市史』史料編には中家文書をはじめとする関係史料が収録されており，それ以後の研究に資するところが大きかった。また『布施市史』には新田開発や旧大和川筋の舟運について非常に詳しい記載があり，戦後の社会経済史の成果を自治体史に投影したものとして高く評価できる。『松原市史』は付替え反対地域の自治体史で，本文編に付替えについての詳しい記載があり，史料編にも反対運動側の史料が収められている。

　また昭和40年代後半以降には専門的な論文が学会誌に発表されるようになる。山口之夫論文は社会経済史的に付替えの意義を評価したものであり，また村田路人論文は付替え工事そのものを在地の史料を馳使して解明した論文である。

　これまでは主に付替え関係の研究について触れてきたが，古代以来の大和川について触れたものとして，山本博『竜田越』，藤岡謙二郎『大和川』などがあり，また近世の大和川筋の舟運については布施市史編纂のために書かれた黒羽兵次郎の諸研究がある。

　【この時期の研究】

　　八尾市役所『八尾市史』1958年。

　　八尾市役所『八尾市史』史料編，1960年。

　　黒羽兵次郎「剣先船仲間成立の事情」布施市史研究紀要，7，1960年。

　　黒羽兵次郎「剣先船に関する諸紛争」布施市史研究紀要，8，1961年。

　　黒羽兵次郎「近世河内の舟運と剣先船」布施市史研究紀要，13，1961年。

　　東住吉区役所『東住吉区史』1961年。

　　古田良一『河村瑞賢』吉川弘文館，1964年。

　　布施市役所『布施市史』第1巻，1967年。

　　布施市役所『布施市史』第2巻，1967年。

　　山口之夫「大和川川違えの社会経済史的意義」ヒストリア，55，1970年。

　　山本　博『竜田越』学生社，1971年。

　　藤岡謙二郎『大和川』学生社，1972年。

　　柏原市役所『柏原市史』第3巻，1972年。

　　大東市役所『大東市史』1973年。

　　藤原秀憲『大和川付替工事史』1981年。

　　福山　昭「河村瑞賢と大坂」大阪の歴史，4，1981年。

　　三田　章「柏原船」大阪春秋，40，1984年。

　　宮本又次「大和川付替え跡地の町人請負新田」大阪春秋，40，1984年。

　　彼谷利彬「地図にみる大和川付替え（川違え）」大阪春秋，40，1984年。

　　尼見清市「大和川付替えの堺」大阪春秋，40，1984年。

　　大阪府『大阪府史』第5巻，1985年。

松原市役所『松原市史』第1巻，1985年。

村田路人「宝永元年大和川付替手伝普請について」待兼山論叢史学篇，20，1986年。

(4) 近年の研究

　平成以後に刊行された市町村史では付替えに伴う特色のある記述が見られるようになる。『新修　大阪市史』では都市大坂の治水との関連で付替えが述べられ，『羽曳野市史』では付替えに関連して行われた大乗川の付替えについての詳しい記載がある。これまでの研究では考古学的に大和川にアプローチしたものはみられなかったが，阪田育功論文は河内平野の発掘データをもとに考古学の立場から古代中世の大和川の流路を復元した研究である。このような研究の重要性は今後さらに増すことと思われる。また，中甚兵衛の子孫である中好幸（九兵衛）は所蔵の文書をもとに付替え運動や工事の詳細な検討をおこなった『大和川の付替　改流ノート』を刊行し，さらに付替え300年にあたって『甚兵衛と大和川』を刊行している。前者には付替え関係の文書や絵図が多く収められ，その後の研究の貴重な史料となっている。その他，長く大和川の歴史的研究を続けてきた山口之夫の遺稿が『河内木綿と大和川』として刊行されている。

　中好幸にみられるように付替え300周年は，大和川の歴史的研究にとって大きな画期となった。新旧大和川流域の七つの博物館は，300周年を契機に大和川水系ミュージアムネットワークを結成し，付替えに関連する展示を行い，また記念シンポジウムを開催している。各館の図録には，これまで知られていなかった史料も多く掲載されており，今後の研究の貴重な史料となるだろう。このシンポジウムの成果は『大和川付け替え三〇〇年』として刊行された。

　これまでの付替えに関する研究では，付替え運動の分析が中心であったが，近年は考古学や土木工学などとの協業によって，付替え工事に関する技術的な視点も見られるようになっている。さしずめ本書はその協業の代表とすることができるだろう。またミュージアムネットワークでの記念シンポジウムでは付替えを政治史的にとらえた研究や，都市大坂との関連でみた研究，付替えと地域社会との関連についての研究などが発表されており，今後はさらに多様な視点から付替えをはじめとする大和川にアプローチする研究が展開されていくことが予想されるだろう。

【この時期の研究】

　大阪市役所『新修　大阪市史』第3巻，1989年。

　中　好幸『大和川の付替　改流ノート』1992年。

　阪田育功「河内平野低地部における河川流路の変遷」河内古文化研究論集，1997年。

　羽曳野市役所『羽曳野市史』第2巻，1998年。

　大東市立歴史民俗資料館『近世大東の新田開発』1999年。

　中　九兵衛（好幸）『甚兵衛と大和川』2004年。

　八尾市立歴史民俗資料館『大和川つけかえと八尾』2004年。

　柏原市立歴史資料館『大和川——その永遠の流れ——』2004年。

　堺市博物館『大和川筋図巻をよむ』2004年。

大阪府立狭山池博物館『近世を拓いた土木技術』2004年。
山口之夫『河内木綿と大和川』2007年。
大和川水系ミュージアムネットワーク編『大和川付け替え三〇〇年』2007年。

1.3.2　土木工学的視点からの研究

　大和川付替え事業を，土木工学的視点からの研究としてみれば，①旧大和川と河内平野地盤に関する研究，②旧大和川の河川様態に関する研究，③大和川付替えの施工技術に関する研究，④大和川付替えによる流域環境の変化に関する研究，がある。これらについて，体系化された文献資料といえるものは少ないが，以下に概観してみる。

　まず，新井白石の『畿内治河記』を見落とすことはできない[1]。『畿内治河記』では，河村瑞賢による大和川治水事業について述べられており，貴重な歴史資料としてだけではなく，大和川付替え事業の全体像を把握するうえで，また，土木工学的視点からの大和川付替え研究の資料として多大の意味を持つものである。

　土木工学的視点からの大和川付替え研究の資料の近代・現代における研究の先駆けとして，土木学会では，明治44年（1911）に田邊朔朗を編者として『明治以前日本土木史』を刊行し，昭和40年（1965）に復刻版が発刊されている[2]。概論としての大和川付替え事業の紹介が行われている。その中で，大和川（pp. 115-117），鴻池新田（pp. 379-385），吉田新田開発（pp. 696-607），堺港・大坂港・安治川・新大和川（pp. 1463-1565），測量・度量衡（pp. 1463-1565），土木行政の中で治水諸令達・治水法規及び令達・國役金賦課法・砂防事業・山川掟・土砂留令（1616-1658），工事用用具・施工技術（pp. 1659-1745）の項が記述されている。平成元年（1989）発刊の『第4版　土木工学ハンドブック』[3]では，土木工学概論─土木の歴史の中で，大和川付替え（pp. 29-30），資料編Ⅰ─土木史年表（pp. 36-41）が示されている。

　次に，大和川付替えの土木工学的記述を含めた総括資料として，畑中『大和川付替工事史』[4]，中『改流ノート』[5]，中『甚兵衛と大和川』[6]，長尾『物語日本の土木史』[7]，渡辺『大和川川違え』[8]などがあり参考となる。

　本格的な土木工学的研究として，まず，松浦による昭和58年（1983）の「古代大和盆地における開発と河川処理」があげられる。この論文の中で，大和川の付替えについて土木史的な考察を行っている[9,10]。その後，土木学会での土木史研究が昭和55年（1980）に本格的に始まり，本書におけるような土木工学的な視点から大和川付替え事業を実証的に検証して行こうという流れができてきた。たとえば，知野の「近世文書に見る河川堤防の変遷に関する研究」[11]，西田らの「江戸期大和川付替え経緯と旧大和川の河川様態」[12]の研究がある。また，昭和56年（1983）の土木学会学術講演会で大和川付替えに関し，知野により「大和川左岸堤部発掘調査に関する考察」の研究発表が行われている[13]。また，河村瑞賢に関する概論として，土木学会土木史研究会・河村瑞賢小委員会編の平成13年（2001）『河村瑞賢』[14]，があり，その中で大和川付替え事業についての考察が行われている。

　大和川付替えに関連する研究として，平成11年（1999）の狭山池調査事務所『狭山池』全

巻／論考編がある。西田は『狭山池』論考編の中で、「狭山池の地盤特性と地盤考古学的考察」と題する研究成果を示し、狭山池の堤体構造を地盤考古学的に解明している。土木工学的、すなわち実証的に取り組んだ貴重な研究事例であり、その後の土木工学的視点からの大和川付替え研究に多大な影響を与えた[15]。

旧大和川や大和川のある東大阪平野の地史的研究として、梶山と市原による『大阪平野の発達史』[16]の研究があり、その研究系譜の中で研究が進められている[17]。また、東大阪平野の地盤構造や土質特性を総合的にまとめた日本建築学会近畿支部・土質工学会関西支部編の『大阪地盤図』[18]、土質工学会関西支部・関西地質調査業協会編の『新編 大阪地盤図』[19]、地盤工学会関西支部編の『関西地盤』[20]がある。

また、近年、阪田は、平成11年（1997）に「河内平野低地部における河川流路の変遷」[21]という論文を表した。詳細な発掘調査時の地盤記録から調べ、旧大和川の河川形成を実証的に調べた貴重な研究成果である。土質特性に関しても、松川らにより平成16年（2004）「東大阪地盤沖積粘土の土質特性に関する一考察」[22]、井上らにより平成20年（2008）「東大阪鋭敏粘土の堆積環境がその土質特性に与える影響」[23]が発表された。東大阪平野の地盤構造や土質特性も詳細な検討が行われつつあるが、今後の研究課題も少なくない。

参考文献

1）新井白石『畿内治河記』大阪府中央図書館蔵。
2）土木学会編『明治以前日本土木史』岩波書店、1911年。
3）土木学会『第4版 土木工学ハンドブック』技報堂出版、pp. 29-30、資料編、pp. 36-41、1989年。
4）畑中友次『大和川付替工事史』大和川付替250年記念謙彰事業委員会、1955年。
5）中 好幸『大和川の付替 改流ノート』1992年。
6）中 九兵衛『甚兵衛と大和川』大阪書籍、2004年。
7）長尾義三『物語 日本の土木史』鹿島出版会、1983年。
8）渡辺 栄「大和川川違え」土木施工、27-4、pp. 76-79、27-5、pp. 94-100、27-6、pp. 87-92、1986年。
9）松浦茂樹『国土の開発と河川』鹿島出版会、1989年。
10）松浦茂樹「古代大和盆地における開発と河川処理」水利科学、27-2、pp. 13-37、1983年。
11）知野秦明「近世文書に見る河川堤防の変遷に関する研究」土木史研究、9、pp. 123-131、1989年。
12）西田一彦・玉野富雄・金岡正信・阪田育功・中山潔・市川秀之・北川央・松井竜司「江戸期大和川付替えの経緯と旧大和川の河川様態」土木史研究講演集（土木学会）、24、pp. 375-384、2004年。
13）知野秦明・大熊孝「大和川左岸堤部発掘調査に関する考察」土木学会学術講演会、pp.510-511、1991年。
14）土木学会土木史研究会・河村瑞賢小委員会編『河村瑞賢』2001年。
15）西田一彦「狭山池の地盤特性と地盤工学的考察」『狭山池』論考編、pp. 245-277、1999年。
16）梶山彦太郎・市原 実「大阪平野の発達史」地質学論集、7、pp. 101-112、1972年。
17）梶山彦太郎・市原 実『大阪平野のおいたち』青木書店、1986年。
18）日本建築学会近畿支部・土質工学会関西支部編『大阪地盤図』コロナ社、1966年。
19）土質工学会関西支部・関西地質調査業協会『新編大阪地盤図』コロナ社、1987年。
20）地盤工学会関西支部『関西地盤』1992年。
21）阪田育功「河内平野低地部における河川流路の変遷」河内古文化研究論集、pp. 99-122、1997年。
22）松川尚史・井上啓司・中山義久・金岡正信・玉野富雄「東大阪地盤沖積粘土の土質特性に関する一考察」第39回地盤工学研究発表会、pp. 47-48、2004年。
23）井上啓司・澤 孝平・中山義久・松川尚史・西田一彦・玉野富雄・金岡正信・西形達明「東大阪鋭敏粘土の堆積環境がその土質特性に与える影響」材料、57-1、pp. 2-7、2008年。

第 2 章

旧大和川と河内平野

2.1 はじめに

　河内平野は，一般的概念として，北は淀川，南は羽曳野丘陵，西は上町台地，東は生駒山地の囲まれた地域を意味する．旧大和川付替え事業を考える際，旧大和川と河内平野の関係を明らかにしておく必要がある．本章では，河内平野の地形と地盤形成について，河内平野の土質特性について，河内平野における河川形成と流路変遷について，河内平野の治水事業（難波堀江から河村瑞賢まで）について，および付替え以前の河内平野の用水形態の観点から述べる．

　地形と地盤形成では，河内平野の概観，大和川と河内平野，河内平野の地形，標高・地形起伏，河内平野における微高地，微地形区分，河内平野の地質史および地下地質からみた河内平野の地質史について示す．

　土質特性では，河内平野には旧大和川水系の堆積作用による沖積低地が広く分布し，その西側には上町台地が出口を封鎖する形で存在するために，河内平野の大部分は含水比の高い低湿地状態にある．ここでは沖積粘土の試料採取を実施し調査を行った結果を基にして，河内平野の土質特性を概観する．

　河川形成と流路変遷では，河川に対して人間が積極的に働きかけるようになった後，すなわち水稲耕作を受け入れて河川を灌漑に利用しはじめる弥生時代以降を対象とし，巨大な自然的営為に対し，人間がどのようにかかわってきたかという視点から，河川形成と流路変遷を多くの文化財調査結果より検証する．

　河内平野における治水事業（難波堀江から河村瑞賢まで）では，難波の堀江の開削による大和川の疎通，茨田堤，三国川の分水工事（現在の神崎川）が，太閤堤・文禄堤中津川改修，安治川の開削と大和川低水工事について紹介する．

　最後に，大和川付替え以前の河内平野の用水形態について示す．大和川付替えによって河内平野の水利用には大きな変化が生じたが，旧大和川流域の地域が，付替え以前にいかなる用水形態であったのか，また狭山池流域の用水形態についても各種資料より考察する．

2.2 河内平野の地形と地盤構成

2.2.1 大和川と河内平野

　大和川は，笠置山地（大和高原）南部を源流とし，奈良盆地で盆地周辺から流入した多くの中小河川と合流した後，生駒山地南端に位置する亀の瀬渓谷を経て河内平野に流下し，柏原付

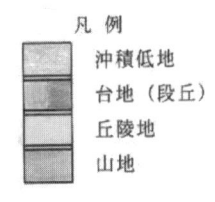

図 2.2.1　神戸上空から大和川流域をのぞむ（毎日新聞社撮影，昭和30年代）
　大和川は付替え以前，旧本流とされる久宝寺川，玉串川などに分流し，河内低地を北流していた。現在の大和川は河内低地南端から河内台地北端部をとおっている。

近で石川と合流後，かつては北ないし北北西に流路を変えて久宝寺川，玉串川などに分流し，上町台地の北端で淀川と合流し大阪湾へと注いでいた。一方，宝永元年（1704）の付替え後の大和川（新大和川）は，柏原市築留地点からほぼ西方に流路が開削され，上町台地の南側を経て堺市北方で大阪湾に注ぐようになった（図2.2.1）。

大和川の下流域を占める河内平野は，西を上町台地，東を生駒山地に挟まれており，北東から流れ込む淀川と大和川の堆積作用によって形成された沖積平野である。河内平野は，国土地理院の地域地形区分[1]で河内低地，淀川低地，河内台地に区分された範囲が含まれるが，ここでは，大和川と密接に関係する「河内低地」を中心に述べる。

2.2.2 標高・地形起伏

河内平野の標高は，大和川の渓口（すなわち上流側）にあたる柏原付近から同心円状に低く

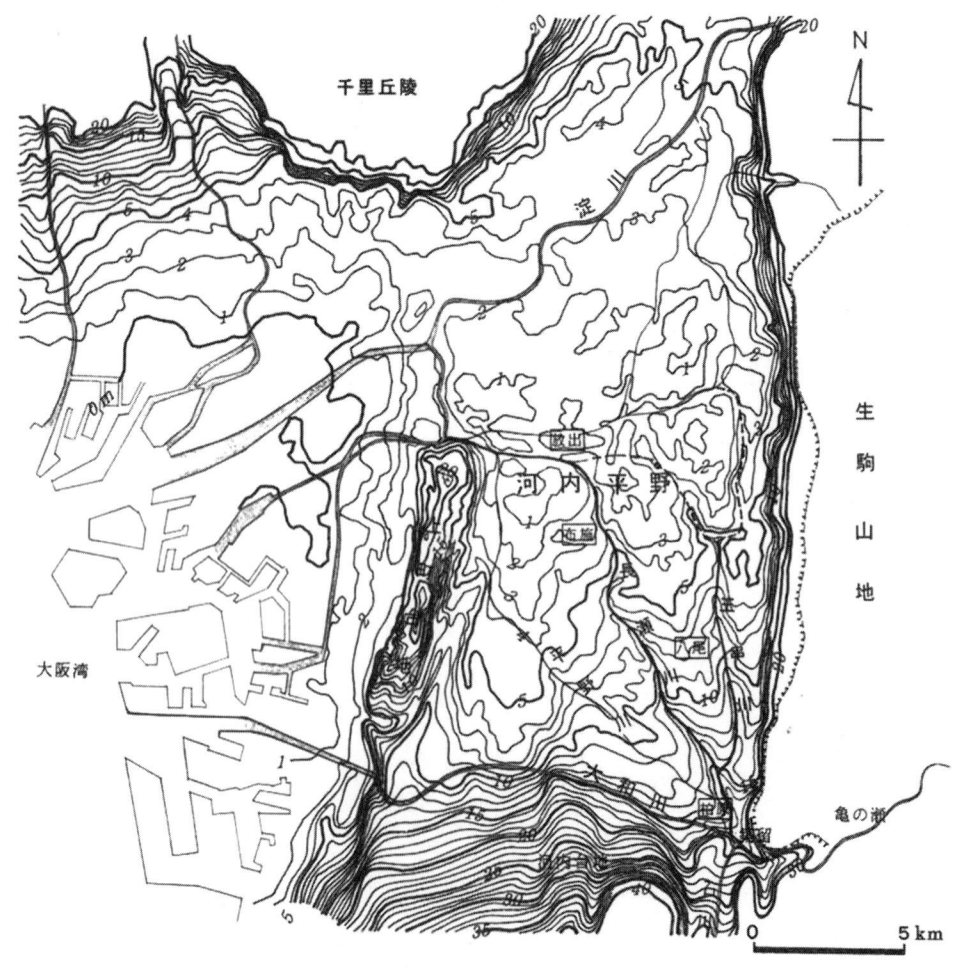

図2.2.2 河内平野および周辺の等高線図
カッコ内名称は国土地理院[1]による。

なる。河内平野への入口にあたる柏原付近では標高は20〜15mであり，八尾付近では標高10〜5m程度，東大阪市域では，標高5m〜1m程度となっている（図2.2.2）。

なお，平野の中には周囲より標高が1〜3m程度高くなっている所が帯状に認められる。これは，旧河川沿いに形成された微高地（自然堤防および天井川沿いの微高地）であり，特に旧大和川本流にあたる久宝寺川と玉串川に沿って顕著である。

2.2.3 微地形区分

河内平野のような沖積平野は，全般的に平坦で起伏にとぼしいが，図2.2.2の等高線図に示したように1mピッチの等高線を描いてみると，場所により等高線の間隔が異なっていたり，

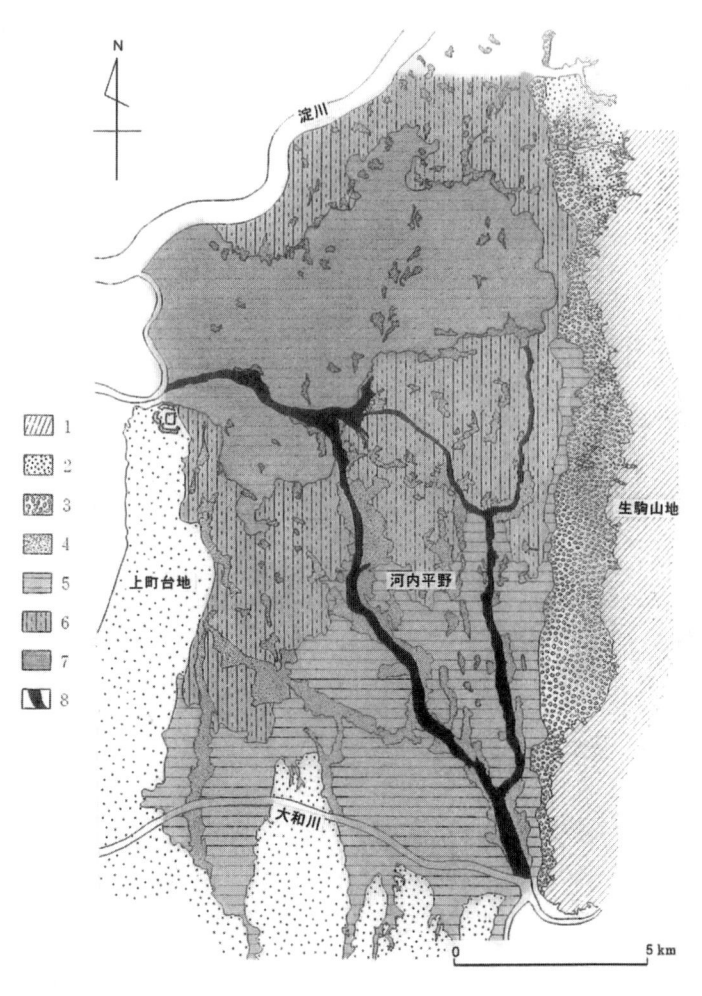

図2.2.3 河内平野の地形分類図

原(1981)[1]による。低地は扇状地性低地，三角州性低地，潟湖性低地に区分されている。
1；山地，2；段丘，3；扇状地，4；自然堤防，5；扇状地性低地，
6；三角州性低地，7；潟湖性低地，8；旧河道

周囲より1〜3m程度高くなった所が帯状に認められたりする。このような微地形は，河川の堆積作用の違いなどによって形成されたものであり，成因により以下の地形要素に分類される[1]（図2.2.3, 2.2.4）。

山麓扇状地：生駒山麓の狭い範囲に認められる。山腹斜面からの土砂供給により形成された

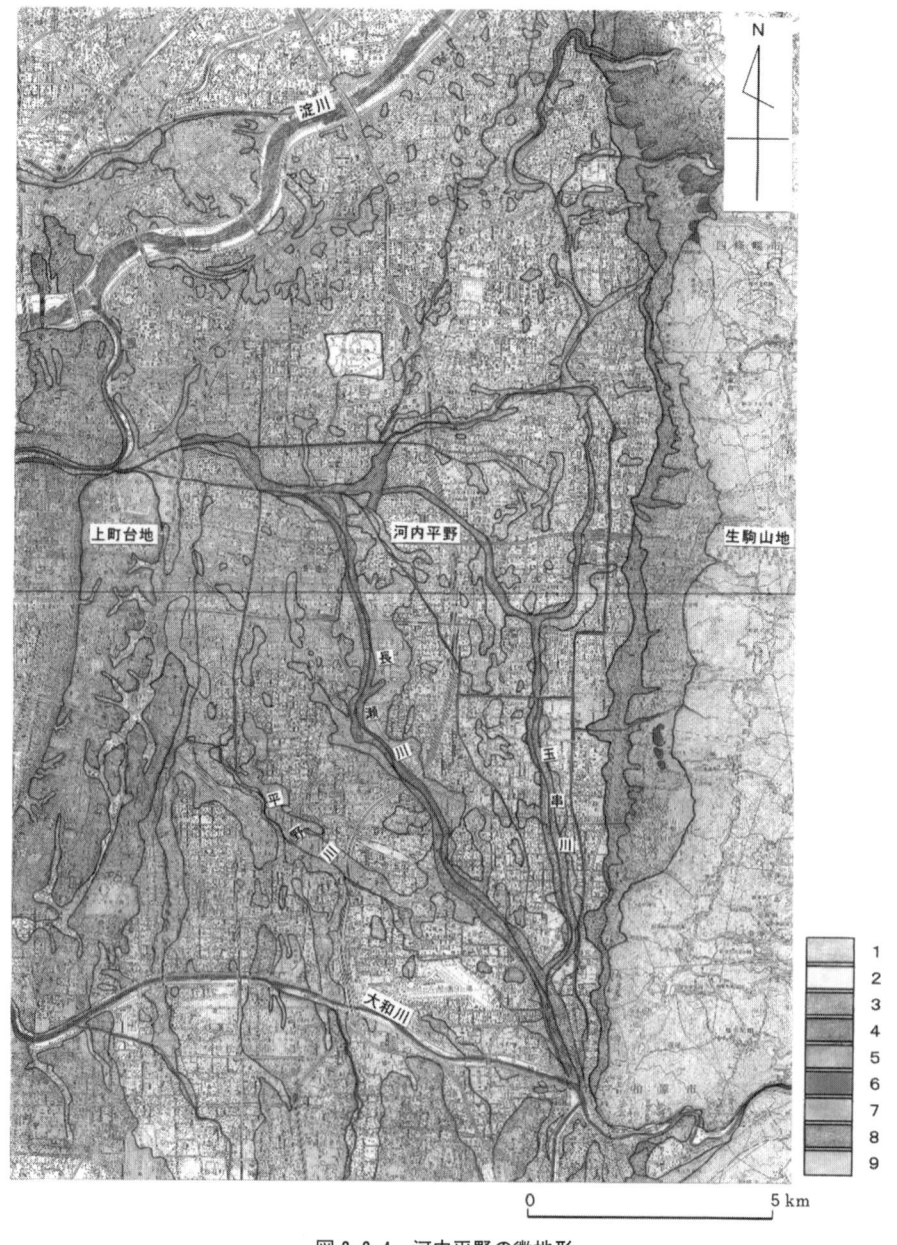

図 2.2.4　河内平野の微地形

国土地理院（1983）[2]に修正・加筆。薄い盛土を除いた地形を表現している。
1；氾濫平野（後背低地），2；自然堤防，3；天井川沿いの微高地，4；砂州・砂堆，5；台地，6；山麓扇状地，7；山麓扇状地（段丘化したもの），8；丘陵地，9；山地

と考えられる。

扇状地性低地：大和川の河内平野への出口から北西に広がる河内平野南部を占める低地。水平距離1kmにつき1.2〜1.3m程度の勾配を持っている。後背湿地と自然堤防に分かれる。

三角州性低地：扇状地性低地の北側に広がる水平距離1kmにつき1.0m未満の平均勾配を持つ低地。後背湿地と自然堤防に分かれる。

潟湖性低地：河内平野の最も低い地域を占める。標高3m以下で、極めて平坦である。

自然堤防：扇状地性低地や三角州性低地上を流れる河川が、洪水時に比較的粗粒な物質（主に砂）を堆積して形成され、周囲の地盤より1〜2m程度高くなった微高地。久宝寺川、玉串川をはじめ、平野川などの河川沿いによく発達するが、それ以外にも点々と分布することから、河川流路が固定される以前に形成されたものとみられる。

天井川沿いの微高地：自然堤防に挟まれた河川が流路固定（築堤）により天井川となったところ（大和川付替後の新田開発のため堤防を崩し整地され自然堤防よりさらに1〜2m高くなっている）。久宝寺川、玉串川、菱屋川、吉田川に沿って発達している。

なお、河内平野は、古代より人の手が加わり、自然の地形が大きく変えられている。江戸時代以降の新田開発にともない河川周辺や低湿地帯の景観が一変するとともに、昭和30年代以降の都市化（特に宅地化）にともない、氾濫平野の大半が盛土・埋土地帯となっている[2]。

2.2.4 地下地質からみた河内平野の地質史

河内平野の地下には、未固結の堆積層（海や湖沼、河川などにより運ばれた土砂が堆積した地層）が厚く分布している。これらの地層は「大阪層群」と呼ばれており、大阪湾・大阪平野を中心に、西は播磨平野から淡路島、東は奈良盆地、北は京都盆地から亀岡盆地にかけて広く分布する鮮新・更新統（第三紀鮮新世から第四紀更新世に形成された地層）である[3]。大阪層群の一部は、これら地域の丘陵地に露出しているが、その大部分は河内平野と同じく平野の地下に伏在分布している（図2.2.5、2.2.6）。

河内平野を東西に横断する地質断面（図2.2.6）は、ボーリング調査[4]や反射法地震探査結果[5),6)]などに基づいて作成したものであり、本図により以下のことが読み取れる。

- 河内平野には最大1,700mに達する大阪層群（およそ300万年前から20万年前の地層）上部洪積層（20万年前から1万年前の地層）、沖積層（1万年前以降の地層）にいたる一連の堆積層が伏在している。

- 大阪層群の下半分は、淡水性（陸成）の砂礫・砂・シルト・粘土から構成されているのに対し、上半分は、海成層と陸成層の互層となる（海成層の堆積環境は、現在の大阪湾に近い内湾や浅海の環境で堆積したものと推定されている[2]）。海成層は下位からMa-1、0、1、2、3……と命名されており、Ma10までが大阪層群、Ma11、12が上部洪積層、最上位の沖積層に挟まれる海成層がMa13である。最下位の海成層であるMa-1はおよそ110〜120万年前、Ma1は約100万年前、Ma12は約10万年前に形成された地層であることから、海成層はおよそ10万年サイクルで繰り返し堆積していることがわかる。

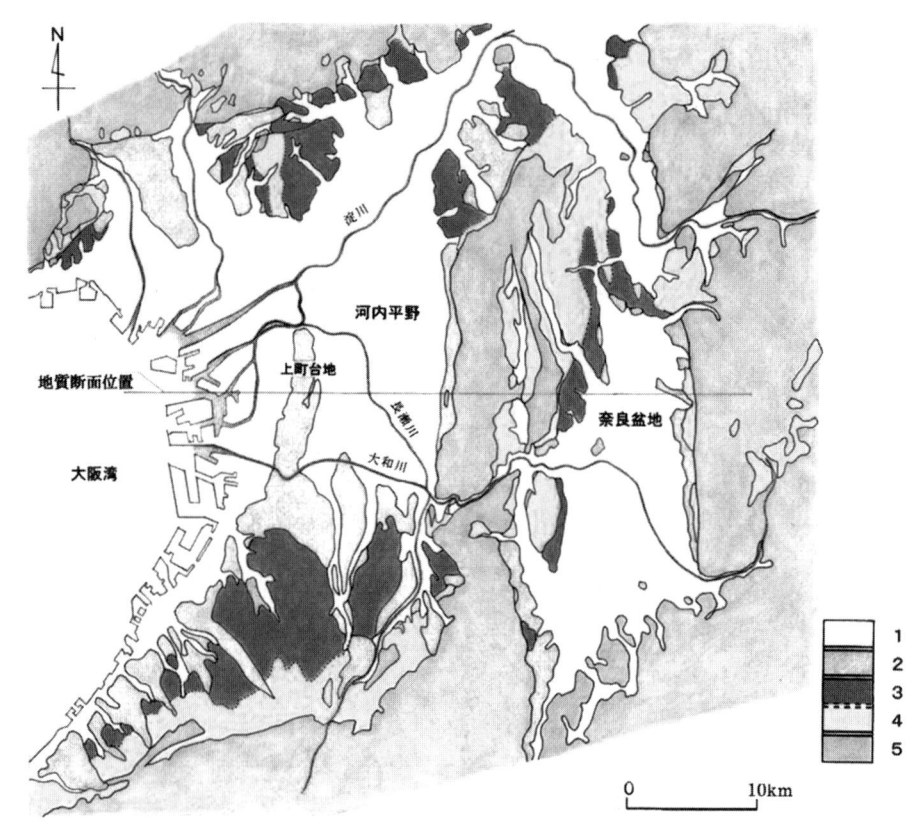

図 2.2.5　河内平野および周辺の地質分布

市原（1993）³⁾に修正・加筆。
1；沖積層（埋立地を含む），2；段丘層（上部洪積層），3；大阪層群（海成層を挟む層準），
4；大阪層群（非海成層のみの層準），5；基盤（中新世以前の地層・岩体）

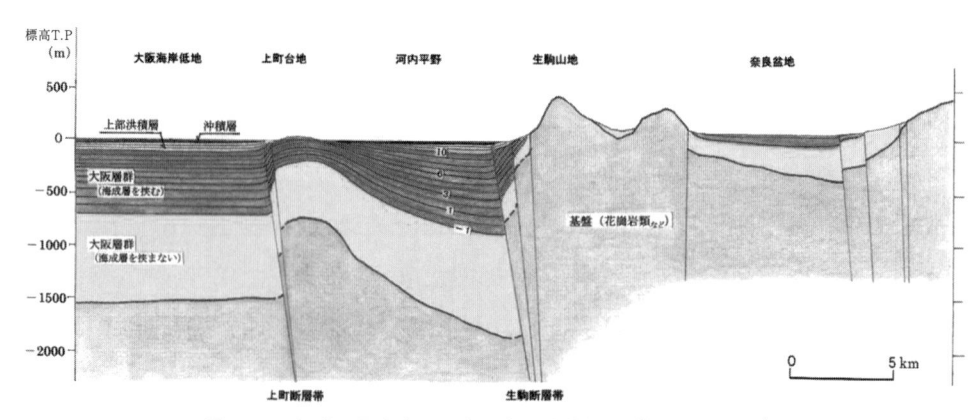

図 2.2.6　河内平野を中心とする東西地質断面（佐野正人原図）

河内平野は隆起帯である生駒山地と上町台地に挟まれた沈降地帯であり，最大1,700mに達する堆積層（大阪層群，上部洪積層，沖積層）が平野地下に伏在している。図中の数字は海成層の番号。Ma1の堆積年代は約100万年前，Ma6は約60万年前。

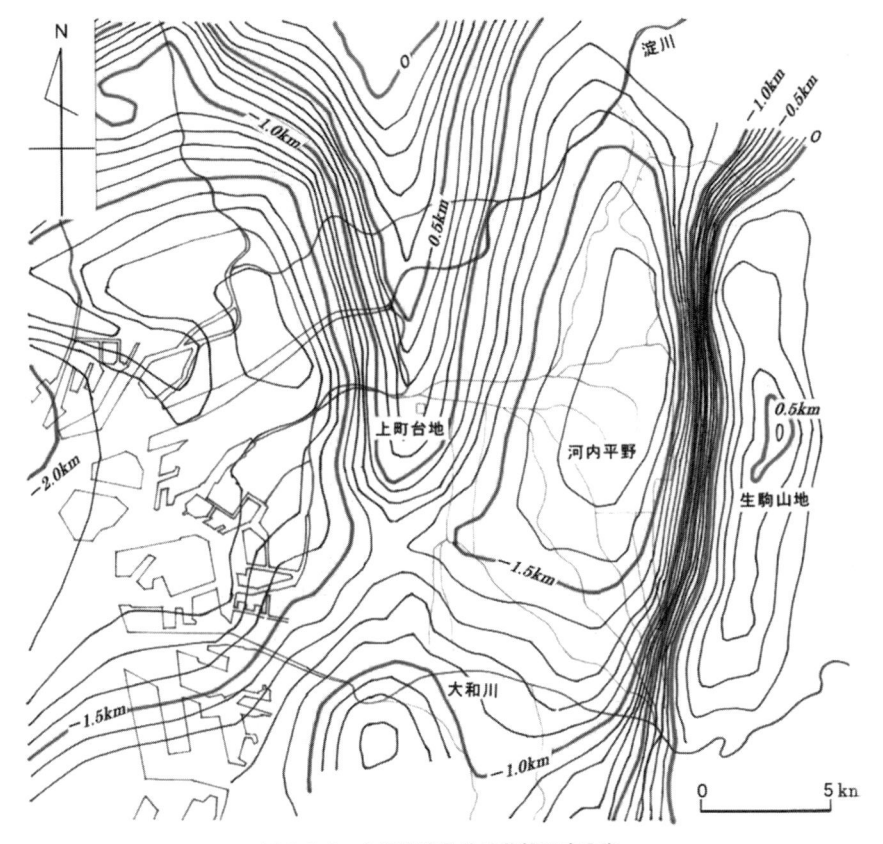

図 2.2.7　大阪堆積盆地の基盤深度分布
中川 (1998)[7] を引用して作成したもの。等高線の間隔は 0.1km。河内平野の中央部では基盤深度は −1500m 以上に達する。

・大阪層群中の海成層は，河内平野の中心付近では連続的に堆積しているが，上町台地に近づくと Ma7 層以上の海成層が欠如するようになる。また生駒山地側では，ほぼ外環状線付近から山麓にかけて伏在する生駒断層帯により大きく変位・変形しているようすがうかがえる。

　一方，河内平野などの地下に伏在する大阪層群を剥ぎ取った基盤（生駒山地に露出する花崗岩などの硬い岩盤）表面の起伏も，同じように盆地状を呈していることもわかってきた[7]（図 2.2.7）。

　これらの情報から，河内平野は過去300万年前以降沈降し続け，厚い堆積層が形成されてきたと考えられる。そのうち，120〜110万年前頃から，海が浸入しはじめ，海水準変動と陸域からの土砂供給の影響のもとに，海（内湾），汽水（潟湖），淡水（湖沼），陸域（河川）の異なった環境が何度も繰り返され，それぞれの堆積環境下で埋積されてきたことがわかる。

　なお，上町台地には Ma6（約60万年前の海成層）より下位の地層はほぼ連続分布しているのに対し，これより上位の地層がほとんど欠如していることから，この頃から河内平野が上町台地を境に西大阪地域と分かれたものと推察される。

2.2.5 遺跡・地盤情報から読み取る河内平野の形成史

河内平野および周辺には多くの縄文時代から古墳時代にいたる遺跡が分布している。遺跡（分布や発掘調査結果）は，ボーリングデータとともに完新世以降の河内平野の変遷を知る上で貴重な情報を提供してくれる。

梶山彦太郎・市原実（1986）は，これらのデータに基づいて著書『大阪平野のおいたち』（図2.2.8）[8]で，第四紀後半で最も海水面が低下したとされる最終氷期極相期（現在の海水面より100m以上低かったとされる2万年前前後）以降の，河内平野の変遷史を著している。

本書による河内平野の変遷史を要約すると以下のようになる。

① 約2万年前の最終氷期極相期には，海水面低下にともない海は紀伊水道沖まで後退し，河内平野をはじめ大阪湾も完全に陸化していた。河内平野は浸食域となり浅い谷筋が形成されていた。

② 1.8万年前以降，海水面の上昇にともない河川の浸食力が弱まり，河川性ないし湖沼性の地層が堆積をはじめた。

③ 急激な海水面の上昇にともない河内平野に広く海が進入し，河内平野の大部分は内湾となった。海面は6,000年前頃に最も高くなり（縄文海進）海域も広がった（河内湾Ⅰの時代：約7,000～6,000年前）が，その後，大和川や淀川の堆積作用により次第に海域は縮小していった（河内湾Ⅱの時代：約5,000～4,000年前）。

④ 河内湾の埋積が進行するとともに，上町台地の北側に砂州が発達してきたため，大阪湾からの海水の侵入が少なくなり，河内湾の奥は淡水化，湾口付近も汽水域となった（河内潟の時代：約3,000～2,000年前）。

⑤ 上町台地から延びる砂州がさらに発達し，大阪湾と切り離された河内潟は淡水化し，ヨシの生い茂るような浅い湖沼になった（河内湖の時代：約1,800年前以降）。河内湖は，大和川と淀川の運び込む土砂により三角州が発達し，次第に狭くなっていった。江戸時代初期までは，新開池や深野池として淡水域が残っていた。

このような古地理の変遷や現在の微地形区分は，表層の地盤構成にも良く表れている。河内湾の時代に堆積した地層は，粘土・シルトを主体とした海成層（Ma13層）として広く河内平野の地下に分布しており，その後の潟湖や三角州性低地の氾濫区域にはシルト・粘土を主体とした地層が，扇状地性低地には砂礫・砂層など粗粒堆積物を主体とした地層が分布している。また自然堤防の分布地域は，周辺の氾濫区域が粘土・シルトが優勢であるのに対し，主に砂層から構成されていることがわかる（図2.2.9，2.2.10）。

2.2.6 まとめ

河内平野の北側を流れる淀川は，上町台地から千里丘陵につながる隆起帯（上町隆起帯）を横断する格好で大阪湾に流れ込んでいるのに対し，付替え前の旧大和川は，上町台地に阻まれ

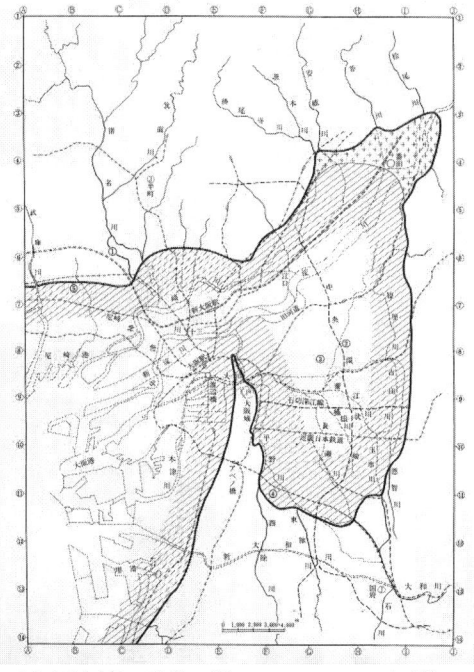

(a) 河内湾の時代（約7,000〜8,000年前）

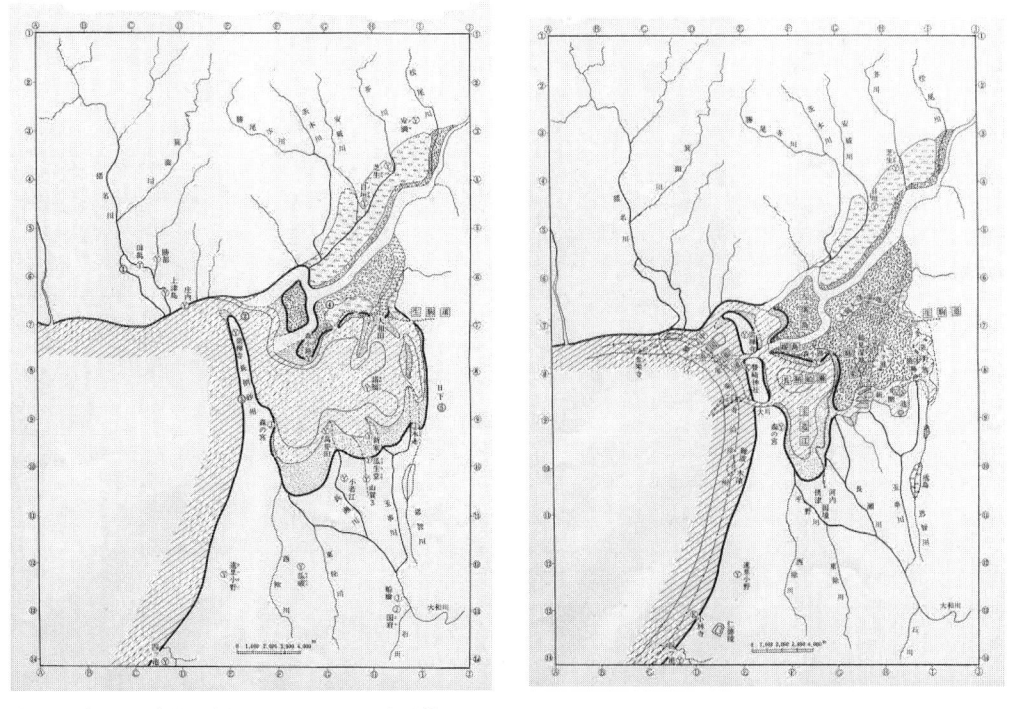

(b) 河内潟の時代（約3,000〜2,000年前）　　　(c) 河内湖の時代（5世紀の頃）

図 2.2.8　河内平野の変遷[8]

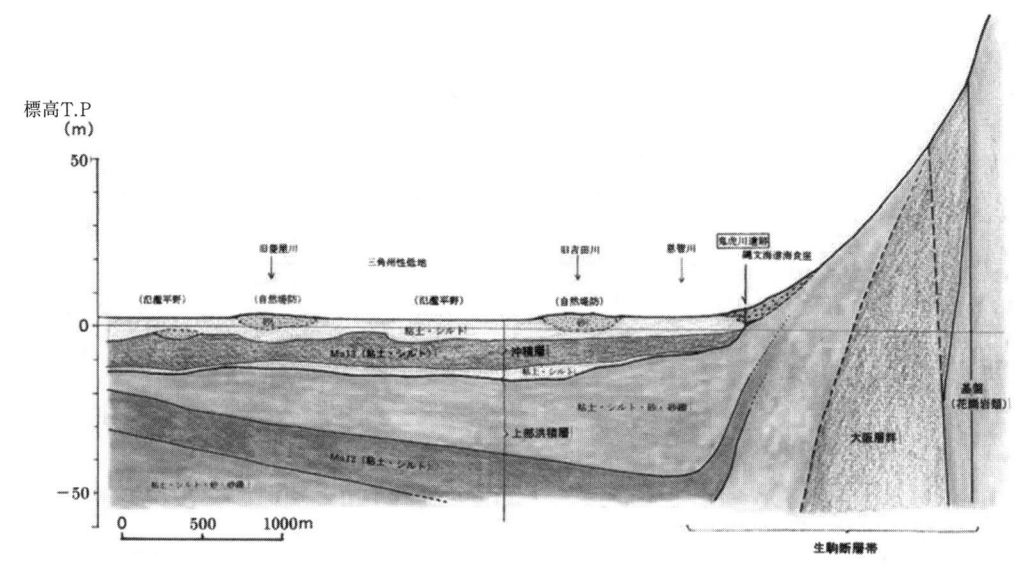

図 2.2.9 河内平野の表層地盤（東西断面）[4) 9)]

河内湾に堆積した粘土・シルト（Ma13層）は，生駒山麓付近にまで分布している。東大阪の鬼虎川遺跡（外環状線付近）では縄文海進時の海食崖が見つかっていることからも縄文海進の範囲がわかる[10)]。Ma13層の上位には，湖沼あるいは河川の氾濫原に堆積した淡水性の粘土・シルトに混じって自然堤防を構成する砂質土が分布している。なお，Ma12層（約10万年前の海成層）が生駒山麓に向かって緩やかに傾斜し山麓部で急傾斜するのは，生駒断層の活動により変位・変形したためである。

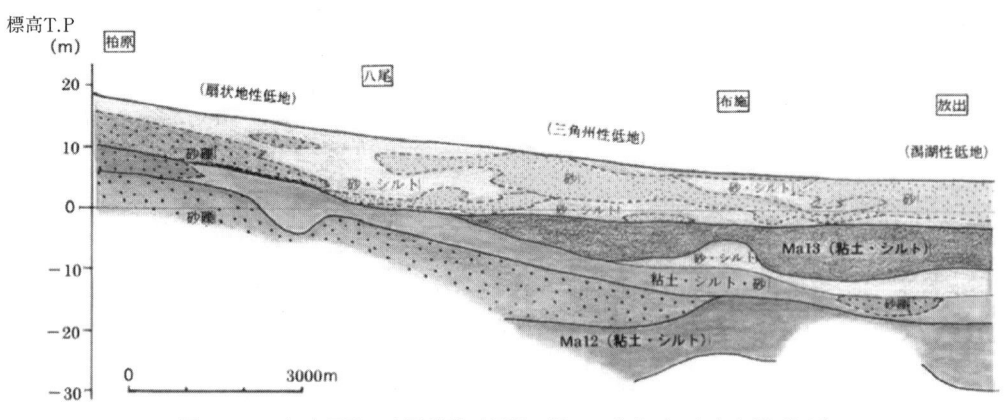

図 2.2.10 河内平野の表層地盤（長瀬川沿いの北北西―南南東断面）[4) 9)]

河内湾に堆積した粘土・シルト（Ma13層）は，八尾付近まで分布しているが柏原付近には分布しない。これより上位の地層については，扇状地性低地にあたる柏原から八尾にかけては砂礫・砂層が優勢であり，これに対して三角州性低地に区分される八尾から布施や潟湖性低地にあたる放出付近では，シルト・砂層が優勢となる。東西断面に比べ砂が多いのは，長瀬川に沿う自然堤防地帯にあたっているためと考えられる。

るように付替え地点（柏原市築留地点）から北ないし北西方向に流れていた。

　大和川流路が河内平野内にとどまっていたのは，淀川に比べ流域面積，流量とも小さいことが原因のひとつと考えられるが，地質構造からみて，現在も引き続く地殻変動（生駒山地，上町台地が隆起しその間に挟まれた河内平野が沈降する運動）にコントロールされてきたことが大きいと推察される。当地域の現在の地殻変動には，南北方向に延びる生駒断層帯や上町断層帯などの活動が大きくかかわっており，これらの活断層は，数千年に一度大地震を引き起こし，そのつど上下方向に2～3m程度ずれ動くと考えられている（1,000年あたりの変位量に換算すると数10cm～1m程度になる）。

　このように，河内平野は継続的に沈降し続ける一方，サイクリックに現れる海水面変動の影響を受け堆積環境を変えながらも，大和川が運んできた土砂で埋め立てられ今ある姿が形成されてきたと考えられる。

文　献
1) 原　秀禎「自然地理的背景」，『亀井遺跡』大阪文化財センター，pp.3-6，1981年。
2) 建設省国土地理院『土地条件調査報告書（大阪地区）』国土地理院技術資料D・2，No.37，1983年。
3) 市原　実編著『大阪層群』創元社，1993年。
4) 土質工学会関西支部関西の大深度地盤の地質構造とその特性の研究委員会・地下空間の活用と技術に関する研究協議会編『関西地盤』1992年。
5) 堀家正則・竹内吉弘・鳥海　勲・藤田　崇・横田　裕・野田利一ほか「生駒山地と大阪平野境界部における反射法地震探査」地震第2輯，48, pp.37-49，1995年。
6) 下川浩一・苅谷愛彦・宮地良典・寒川　旭「生駒断層系の活動性調査」，『平成8年度活断層研究調査概要報告書』地質調査所研究資料集，303, pp.37-49，1997年。
7) 中川康一「大阪堆積盆地基盤構造特性」阪神・淡路大震災調査報告編集委員会編，『阪神・淡路大震災調査報告』共通編2，2編 地盤・地質，pp.361-372，1998年。
8) 梶山彦太郎・市原　実『大阪平野のおいたち』青木書店，1986年。
9) 土質工学会関西支部・関西地質調査業協会『新編　大阪地盤図』コロナ社，1987年。
10) 東大阪市文化財協会『鬼虎川遺跡　第35―1次発掘調査報告』1997年。

2.3　河内平野の地盤構造と土質特性

　大阪の平野部は上町台地を境にして，その西側の大阪平野と東側の河内平野に分けられる。かつて旧大和川が北上して流れ，地盤構造が構成された河内平野はそれ自体が旧大和川流域の歴史であり，大和川の変遷を語る上で重要な資料を提供してくれる。

　河内平野の発達については，前述の2.2.5において述べている。その中で河内湾～河内潟～河内湖への移り変わりによる水域の縮小過程で，玉串川，長瀬川，平野川などの旧大和川流域の流路が形成され，これらの河川が運ぶ土砂の堆積によって三角州や沖積低地が拡大し，現在の河内平野が形成されたものと考えられている。

(a) 東西方向断面

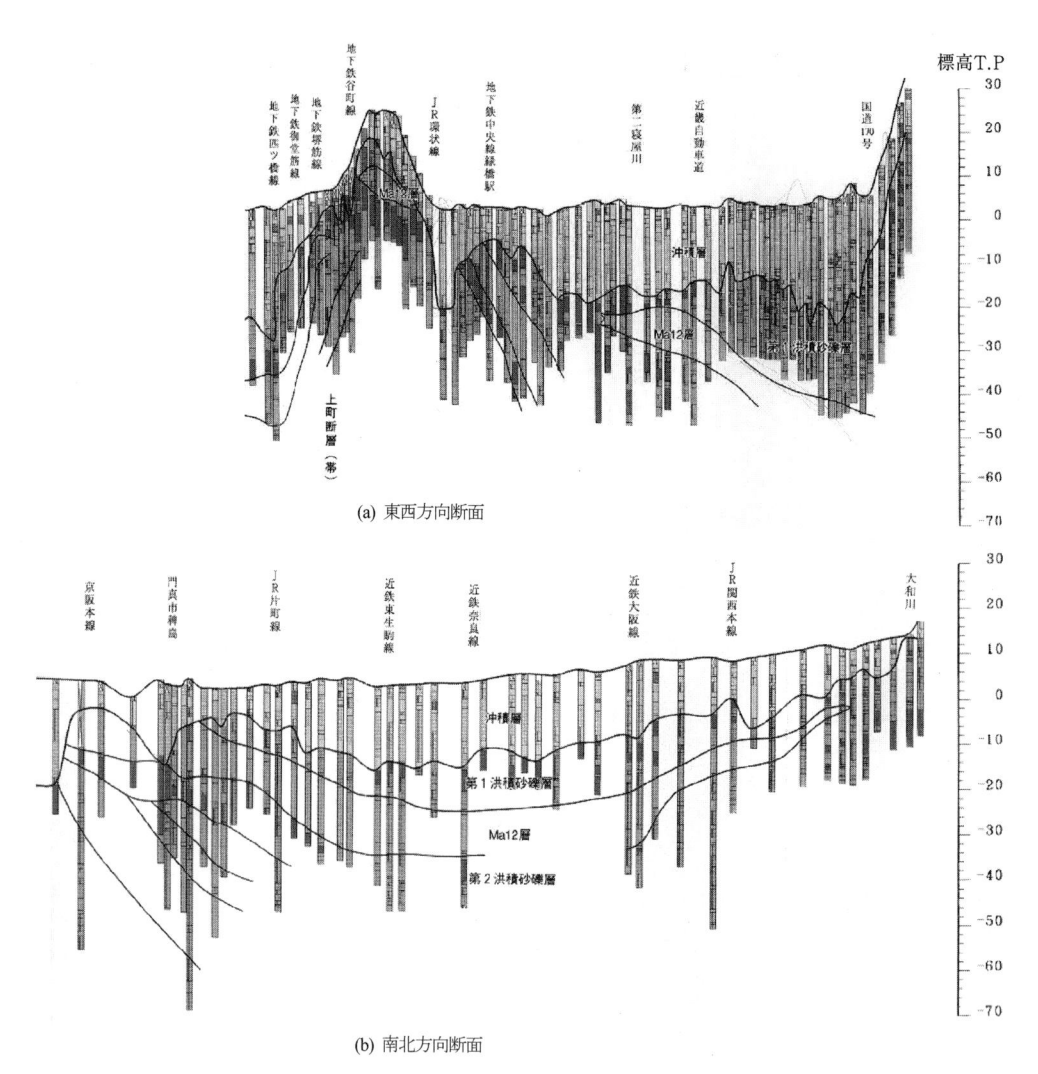

(b) 南北方向断面

図 2.3.1　河内平野の地質断面図[1]

2.3.1　河内平野の地盤構造

　前述の図2.2.3「河内平野の地形分類図」に示したように，旧の大和川によって形成された氾濫原，三角州低地，潟湖性低地の地形が河内平野の南から北に向かって順に存在している。その東側は生駒山地から流入する小河川による扇状地地形をなしている。南から北に向かって枝状に伸びている3本の微高地は，東から玉串川，長瀬川，平野川の3河川が天井川化したことによる自然堤防であろうと考えられている。

　図2.3.1は河内平野の東西方向と南北方向の地質断面図[3]である。同図(a)を見ると，河内平野が位置する上町台地の東側では，地表面より，沖積層，第1洪積砂礫層（一般に天満砂礫層

と呼ばれる），Ma12層（海成の洪積粘土層）の順に分布している。沖積層は河内湾から河内湖へと移り変わり，陸化する過程で，旧大和川（玉串川，長瀬川，平野川）による土砂が堆積したものである。この沖積層は，ほぼ20m程度の厚さで河内平野一帯を覆っている。現在の国道170号線より以東になると，沖積層と第1洪積砂礫層が急傾斜をなして，生駒山地からの扇状地に続いている。

　図2.3.1(b)は，現在の近畿自動車道沿いの南北方向の地質断面図である。沖積層と第一洪積砂礫層の境界面は，南から北に向かって緩やかな下降勾配（平均勾配は約0.5％）を有している。とくに近鉄奈良線以南の沖積層では，土と砂礫層が互層状をなしており，旧大和川流域の氾濫原の痕跡がうかがえる。さらに現大和川に近づくにしたがって，沖積層，第一洪積砂礫層ともに，より複雑な互層状を示しているが，これは旧大和川流域の扇状地層であると考えられる。

2.3.2　河内平野の土質特性

　河内平野には旧大和川水系の堆積作用による沖積低地が広く分布し，その西側には上町台地が出口を封鎖する形で存在している。このため，河内平野の大部分は含水比の高い低湿地状態にある。とくに潟湖性低地の地形を示す河内平野の北部では，この湿地を利用した蓮根栽培が行われていた。一方で，土木工事を行う立場から見れば，この軟弱な地盤は，非常に高い技術と，より確実な安全性が要求される場所でもあった。このため，河内平野の地盤と土質調査が以前から数多くなされており，その土質特性については諸論数多くあるが[3]，ここでは沖積層粘土の試料採取を実施し調査を行った結果[4]を基にして，河内平野の土質特性を概観することにする。

　図2.3.2は河内平野の中央部において，試料採取を実施した場所（西側より大阪市中浜，大東市深野，大東市野崎の3カ所）を示している。図2.3.1(a)を参照すると，中浜は上町台地の東側に隣接し，第一洪積砂礫層を深く削り込んでいる沖積層の埋没谷を形成している場所に相当する。また，深野は約20m程度の一様な厚さの沖積層が堆積する場所であり，野崎は生駒山地の扇状地形内に含まれ，沖積層厚がかなり薄くなる場所に位置している。

　図2.3.3は試料採取地点におけるボーリングによる地盤柱状図を示したものである。なお，中浜と深野の間については，他で実施されたボーリングデータを用いて補完している。図には沖積粘土層の下限ライン（推定）が記入されているが，この結果は図2.3.1(a)に示される沖積層と第一洪積砂礫層の境界線にほぼ一致している。また，河内平野の沖積層のN値はいずれも1～5以下の範囲にあり，非常に軟弱な地盤であることがわかる。

　次に，3地点における採取粘土試料の塩分濃度と強熱減量を測定し，それぞれの地盤深さ方向の分布を描いたものが図2.3.4である。塩分濃度は，深野・野崎地点では標高−1.4m～−6.4mで2.0g/l程度となっており，西大阪平野の海成粘土の塩分濃度が3.2g/l程度[5]であることを考えると，低い値を示している。これは，旧大和川流域の沖積粘土中の塩分溶脱現象（リーチング）が原因の一つに挙げられる。小野ら[6]は，河内平野のボーリング調査資料を用

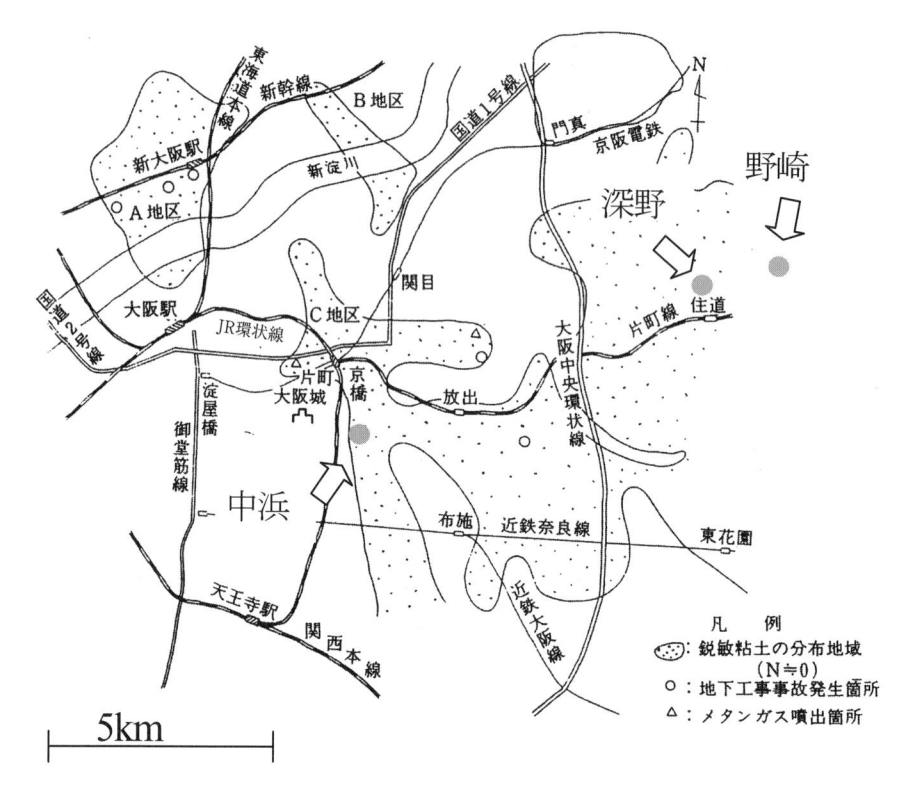

図 2.3.2 粘土試料採取地点[5]

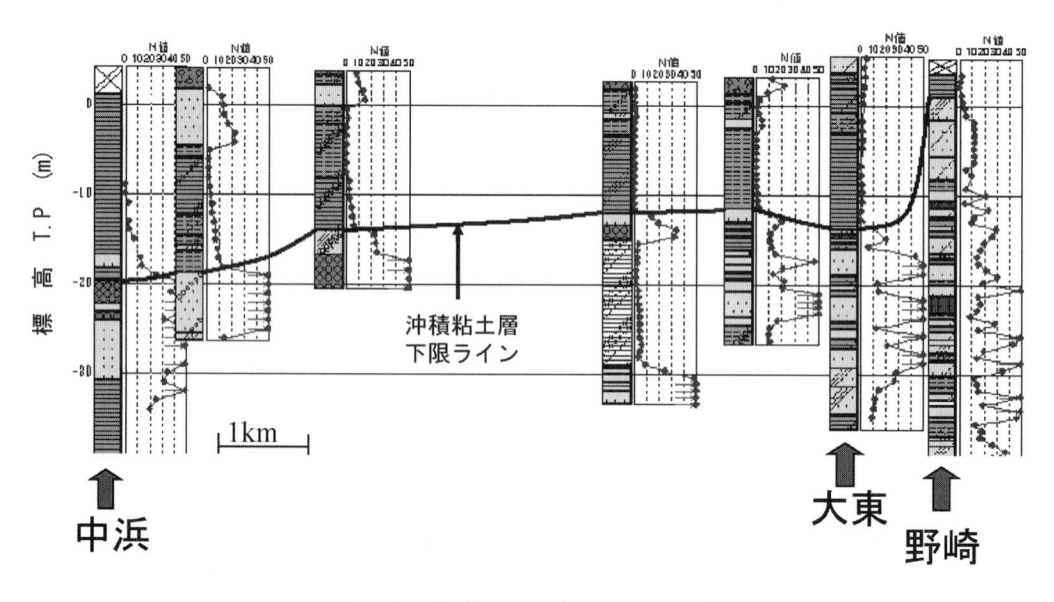

図 2.3.3 試料採取地点の地盤柱状図

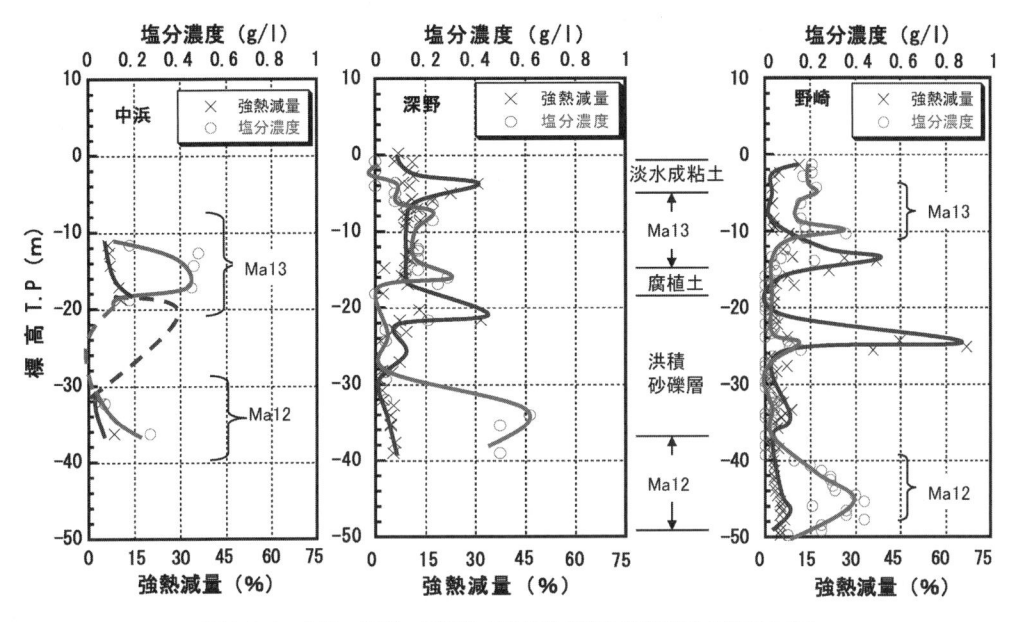

図 2.3.4 中浜，深野，野崎地点の塩分濃度と強熱減量の深度分布[4]

いて微化石分析を行い，標高 −3.7m～−5.7m を境に下部が海成粘土，上部が非海水成粘土に区別でき，両者とも比較的水深の浅い堆積面であったと推定している。また，この淡水化は上町台地の北端部に砂層（天満砂礫層）が堆積することで，河内湾が閉塞されて河内湖へと遷移したことが原因であろうとしている。図 2.3.4 でも，浅い部分の塩分濃度が低くなっていることから，この部分の塩分濃度の低下は淡水化による塩分溶脱が主要因であったと考えられる。

有機物含有量を表す強熱減量の測定結果についてみると，塩分濃度が低い場所で強熱減量が増加し，反対に，塩分濃度の高い場所では強熱減量値が低くなる傾向が見て取れる。沖積土層中の有機物含有量はその堆積時の植物育成量に影響を受けることを考え合わせると，これは河内湖の淡水化による植物の繁茂と，海水化による植物の消滅が原因ではないかと推察できる。もしそうであれば，近接する深野と野崎地点の強熱減量が共に標高 −17.4m 付近で局所的に大きくなる場所が存在することは，この地域の沖積層の堆積時には河内湖の淡水化が進行していたか，水位低下によって陸地化していたものと推定することができる。

次に，河内平野の地盤の強度について見てみよう。一般に地盤の強度は，乱さないように採取した土試料の一軸圧縮強度（q_u）によって評価される。そこで，上記の 3 地点で採取した土試料の一軸圧縮強度を示したものが図 2.3.5 である。どの深さに置いても q_u は一様に増加しており，この図からは海成，淡水成による違いは見られない。そこで，一軸圧縮強度と有効土被り圧の比（q_u/p）と塩分濃度の関係を調べたものが図 2.3.6 である。わずかであるが，塩分濃度が大きくなると一軸圧縮強度が大きくなっていることがわかる。既往の研究[7]でも同様の結果が示されており，とくに河内平野の土質特性の評価においては，その堆積環境を十分考慮すべきであると考えられる。

図 2.3.7 は鋭敏比の深度分布を示したものである。鋭敏比とは，土試料の乱さない状態で測

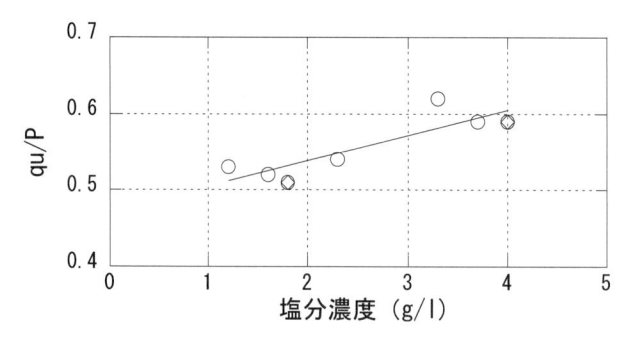

図2.3.6 河内平野地盤のqu／pと塩分濃度の関係[4]

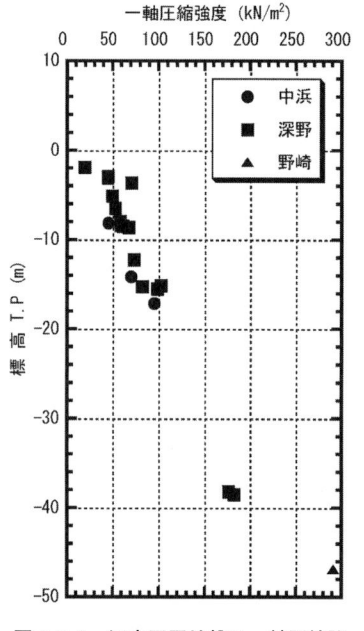

図2.3.5 河内平野地盤の一軸圧縮強度の深度分布[4]

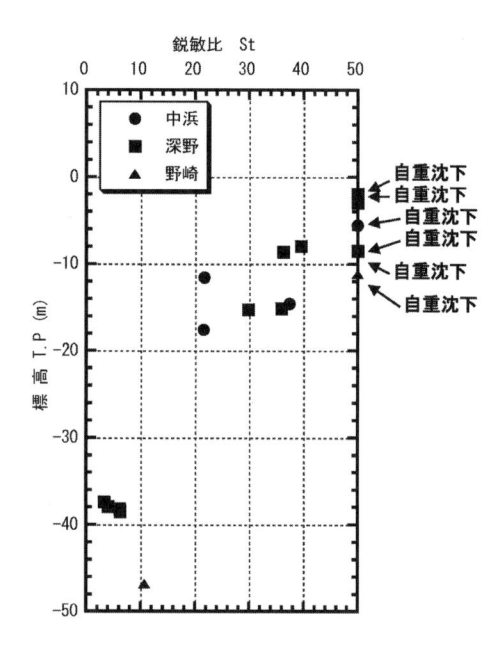

図2.3.7 河内平野地盤の鋭敏比の深度分布[4]

定した一軸圧縮強度（q_u）と，練り返して乱した後に測定した一軸圧縮強度（q_{ur}）の比（q_u/q_{ur}）のことで，土木工学では重要な指標となっている。鋭敏比が大きい土は，乱すことによる強度低下の大きい土であることを示しており，鋭敏粘土と呼ばれている。以前より，東大阪地盤粘土は鋭敏粘土として一括されてきたが，図2.3.7を見ると，淡水成粘土と考えられる浅い部分（標高−7.4m以浅）の鋭敏比が非常に高くなっていることがわかる。これも，河内潟から河内湖への変遷過程における淡水化によるリーチングが主要因であると考えることができる。また，河内平野の海成粘土は粘土が主であり，非海成部ではシルト分が多いことなど，粒度組成に違いがあることも示されている[8]。

以上のことから，塩分濃度，強熱減量，粒度特性などの土質試験や，一軸圧縮強度や鋭敏比などの強度特性を詳しく調べることで，河内平野地盤の形成過程をある程度推定することができる。と同時に，このことは旧大和川の流域環境を推定する上で非常に有効な科学的手段であ

参考文献
1) 梶山彦太郎・市原　実『大阪平野のおいたち』青木書店，1986年。
2) 高木勇夫『条里地域の自然環境』古今書院，1985年。
3) 地盤工学会関西支部『関西地盤』1992年。
4) 松川尚史・井上啓司・中山義久・金岡正信・玉野富雄「東大阪地盤沖積粘土の土質特性に関する一考察」第39回地盤工学研究発表会，pp.47-48，2004年。
5) 土質工学会関西支部・関西地質調査業協会『新編大阪地盤図』コロナ社，1987年。
6) 小野　諭・安藤喜明・山本保則「東大阪平野の河内湾から潟，湖への形成過程の一考察」第34回地盤工学研究発表会，pp.259-260，1999年。
7) 仲井信雄・譽田孝宏・小野　諭・野尻誠二「東大阪平野における堆積環境からみた鋭敏粘土の力学特性」第34回地盤工学研究発表会，pp.255-256，1999年。
8) 太田擴・橋本　正・吉田芳彦・荒木繁幸「東大阪平野における堆積環境からみた鋭敏粘土の力学特性」第34回地盤工学研究発表会，pp.253-254，1999年。

2.4　河内平野における河川形成と流路変遷

2.4.1　はじめに

　本節で検討する河内平野の河川形成と流路変遷は，河川に対して人間が積極的に働きかけるようになった後，すなわち水稲耕作を受け入れて河川を灌漑に利用し始める弥生時代以降を対象とする。完新世以降の河内平野における河川形成は縄文海進最高潮時以来の河内湾の埋積過程と内容的には同一の自然的営為であるといえる。本節では，この巨大な自然的営為に対し，人間がどのようにかかわってきたかという視点から，河川形成と流路変遷を検証しようとするものである。

　河川流路の復元の方法は，発掘調査によって検出されている河川を抽出し，現地表に河川痕跡をとどめる地割や地形，航空写真の判読による現地表の河川痕跡を照合して連続した流路を復元し，時代ごとの変化を追跡してその変遷を叙述するものである。

　河川流路の変遷の研究史については，別稿で概略を示した[1]。このなかでも服部昌之が歴史地理学的方法によって復原した大阪平野低地の旧河道は，その後の調査研究によっても追証されており，このテーマの先駆的研究となっている[2]。

　筆者（阪田育功）は，1984年に近畿自動車道建設に伴う佐堂（さどう）遺跡の発掘調査において，旧大和川の本流である旧長瀬川の調査成果から旧長瀬川流域を中心として河川流路の変遷を検討した[3]。そして，その後，新たな調査研究成果によって，玉櫛川流路の形成についても検討し河内平野における流路変遷の概要を示した[4]。この検討の結果，帰納的に結論付けられたのは次の6点である。

　① 弥生時代後期以前の流路は現地表に痕跡をとどめていない。

② 古墳時代以降，本流と呼ぶべき大規模流路が形成されはじめる。
③ 本流となる流路の下層には前時代の流路がある。
④ 新しい本流の形成は旧流路の廃絶に対応する。
⑤ 本流からの用水路は河川旧流路の位置を踏襲することが多い。
⑥ 村落は旧流路が形成した自然堤防上に立地することが多い（歴史地理学の常識ではあるが）。

また，河川流路の変遷について，時代ごとの変化の様相を復元提示した。

本節では，その後の調査研究成果をふまえて，上記の結論を再検討するとともに，流路変遷について叙述する。なお，以下本節で「久宝寺川」および「玉櫛川」と表記する場合は付替え直前の河川を指し，「古」をつける場合は，それ以前の各時期の流路を呼称する。また，本書の記述は近世の文献や絵図の河川名称である「久宝寺川」「玉櫛川」に統一されているので，本節中の「久宝寺川」は，筆者旧稿の「旧長瀬川」を指すものである。

2.4.2 発掘調査による河川流路の検出

大阪府と奈良県境の亀の瀬の峡谷から河内平野に出て石川を合わせた古大和川は，北西方向に開く三角州を形成しながら河内湾を埋積していった。発掘調査で検出される河川の廃絶時期は，これら河川の堆積に含まれる遺物の最新のものをもってその上限を，堆積層を切り込んで形成される遺構の時期をもってその下限を特定できる。しかし，河川流路の形成初源時期の特定は考古学的方法によっても困難な場合が多い。なぜなら，流路中の堆積物のうち層位学的に古い最下層の遺物も，その河川がもっとも深く河床を侵食した際の堆積を示すのであって，それ以前にあったかもしれない流路はその痕跡をとどめないからである。下層にあって面的に連続する遺構面を浸食して流路を形成している場合などは上限を特定することができるが，多くの場合，発掘調査の成果は河川の廃絶時期を示すものであって，流路形成時期は，他の流路の廃絶時期や周辺遺跡の形成過程などと総合的に検討して推定しなければならない。

図2.4.1に，本論で検討する流路変遷に関連する調査地点を示した。近畿自動車道の建設に先立つ発掘調査では，新大和川の南から北北東方向に，古大和川の西半分の流路をほとんど網羅的に検出することとなった（ア〜シ）。また，近鉄奈良線高架工事に伴う瓜生堂遺跡の調査では近畿自動車道から東に700mにわたる区域での堆積状況を明らかにしている（ウ）。府道服部川久宝寺線拡張工事に先立つ調査では久宝寺川の東に東西延長500mに及ぶ調査が行われた（チ）。

玉櫛川下流では，吉田川を挟んで延長約600mにわたって，国道308号線・近鉄東大阪線・阪神高速道路東大阪線延伸工事に伴う水走遺跡・鬼虎川遺跡の調査が行われている（ス）。

これら線的に連続する調査のほかに，大規模なものでは，恩智川治水緑地建設に伴う池島・福万寺遺跡の発掘調査（ソ），都市基盤整備公団八尾団地建替えに伴う小阪合遺跡の発掘調査（タ），久宝寺駅前土地区画整理事業に伴う久宝寺遺跡の発掘調査（ツ）などのほか，小規模ではあるが地元の市や団体による綿密な調査が河川変遷を示す成果をあげている。その後の調査

第 2 章 旧大和川と河内平野

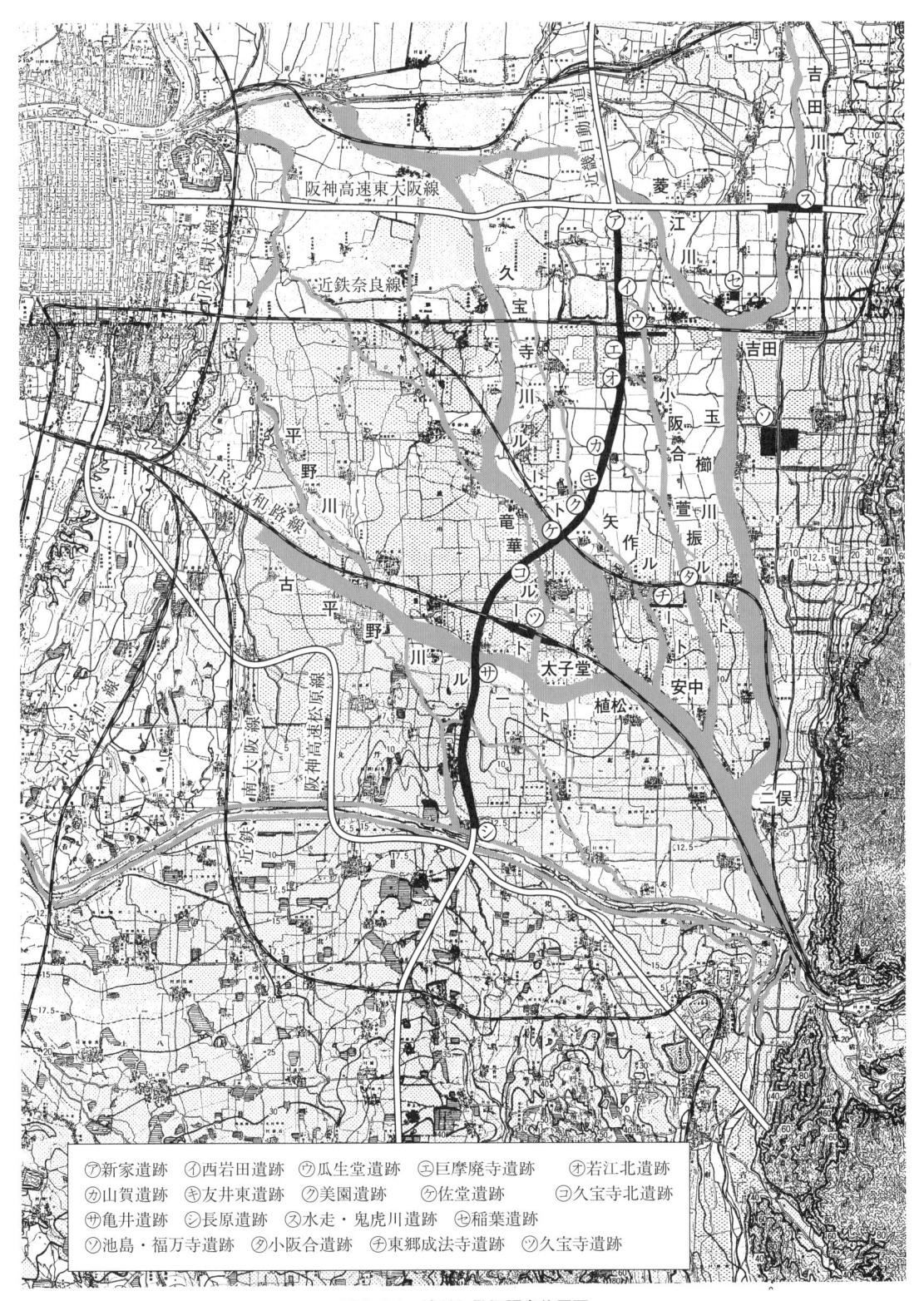

図 2.4.1 地形と発掘調査位置図
『河内平野遺跡群の動態Ⅰ』より作成。原図は明治18年仮製2万分の1地形図（現在の鉄道・高速道路を補記）

⑦新家遺跡　④西岩田遺跡　⑦瓜生堂遺跡　④巨摩廃寺遺跡　⑦若江北遺跡
⑦山賀遺跡　④友井東遺跡　⑦美園遺跡　⑦佐堂遺跡　⑤久宝寺北遺跡
⑨亀井遺跡　⑤長原遺跡　⑤水走・鬼虎川遺跡　⑦稲葉遺跡
池島・福万寺遺跡　⑦小阪合遺跡　⑦東郷成法寺遺跡　⑦久宝寺遺跡

51

で明らかになった注目すべき大きな成果を挙げておこう。

(1) 八尾市二俣での久宝寺川・玉櫛川の分流について
① 小阪合遺跡（図 2.4.1，タ）
　古墳時代前期の流路が検出されている。都市基盤整備公団の住宅建設に伴う発掘調査で検出された河川の幅は150mから200m以上である。最深部は深さ4.4m。松田順一郎氏の観察と検討によれば，この河川の最下層には弥生時代の小流路があったと考えられているが，流路形成時期の上限は明確ではない[5]。流路の中央部には古墳時代中期初めごろの遺構が形成されており，このころにはほとんど埋没していたことがわかる。流路の西端には奈良時代まで幅10m・深さ1m程度の小流路が残っており，ここから祭祀に使ったと見られる和銅銭が出土している。この大規模流路は松田氏が評価したように，排水河川としての「旧楠根川」ではなく古大和川の本流であったことは確実であって（松田氏は「小阪合分流路」と呼ぶ），従来から米田氏などがその存在を指摘し[6]，筆者が「小阪合─萱振ルート」と呼んだ古墳時代前期の本流の実相を明らかにした調査である。

② 瓜生堂遺跡（図 2.4.1，ウ）
　近鉄奈良線立体交差事業に伴う瓜生堂遺跡の発掘調査においても，古墳時代初頭から中期ごろに堆積した河川流路が検出されている。流路はほぼ南北方向で，幅130m以上（推定200m程度），最深部の深さ2m。弥生時代後期末の水田を覆って堆積しているので，上限は弥生後期末と考えてよい。この流路の上流には若江の集落が立地する自然堤防があって，これと連続することはほぼ間違いない。調査者は，「旧大和川の『小阪合分流路』から分かれた『西岩田分流路』に相当する」と考えている[7]。「小阪合分流路」からの分流かどうかはわからないが，若江集落や，式内石田神社の立地する自然堤防が，古墳時代前期を中心に形成されたことが確認された意味は大きい。若江集落付近にはこの流路から西に分流した痕跡の地割がみられ，近畿自動車道巨摩廃寺遺跡（エ）I・J地区で検出されている古墳時代前期自然河川I・IIにつながると考えられる[8]。
　これらの調査成果により，八尾市二俣で分流し，久宝寺川と玉櫛川が本流となる以前は，分流地点からほぼ北方向に流れる流路（小阪合─萱振ルート）が本流であって，これが廃絶するのは古墳時代前期末ごろであることが確認された。
　このことは，言い換えれば，二俣で分岐した久宝寺川と玉櫛川が古墳時代前期末以降，本流としての流路を形成していったことを示唆するものといえる。

(2) 八尾市植松での古久宝寺川と古平野川の分流について
① 久宝寺遺跡（図 2.4.1，ツ）
　竜華土地区画整理に伴う久宝寺遺跡の発掘調査では，古平野川と古久宝寺川との間の地域の大規模な旧流路が明らかになった。流路堆積層中には古墳時代前期の土器を含み，最上層は河川痕跡が湿地状を呈しており，須恵器を含んでいる[9]。八尾市立病院建設用地での調査では，

砂層中に古墳時代中期までの遺物が含まれているので，古墳時代前期に流れ，中期には流量も少ないながら流路を維持していたようである（「竜華ルート」と呼ぶ[10]）。竜華ルートは古平野川からの分流で，太子堂付近（ニ）から府道住吉八尾線にそって北に流れ，先は近畿自動車道の発掘調査で検出されている久宝寺北遺跡の古墳時代中期に埋没する流路につながると考えられている。西村歩による復元では，竜華ルートの下流は久宝寺川本流ルートに合流したと推定されている[11]。これらの成果から，植松で久宝寺川から分かれる古平野川ルートは古墳時代前期には存在し，府道八尾久宝寺線に沿って北に流れる竜華ルートが主要ルートのひとつとなっていたことが確認された。

(3) 東大阪市吉田での吉田川と菱江川の分流について

① 稲葉遺跡（図2.4.1，セ）

新しい調査成果ではないが，分流の時期を検討するうえでの重要資料である。稲葉遺跡は，北流する玉櫛川の延長線上にあって，吉田での分流地点の北 0.6km ほどのところで調査された遺跡である。10～11世紀の自然河川が検出されており厚さ 0.8m ほどの砂層が堆積している。これに重なって幅 20～28m，深さ 1.2m 程度のほぼ南北方向の流路が検出されている。この河川氾濫の堆積層が13世紀初頭の水田面を覆う。この時期以降は大きな自然堆積はないことから考えて，13世紀には玉櫛川からの直線的な流路は廃絶し，吉田で分流した吉田川・菱江川が流路を形成したと推定される[12]。

② 水走遺跡（図2.4.1，ス）

近鉄東大阪線・阪神高速道路東大阪線延伸に伴う発掘調査は吉田川を挟んで東西 0.6km の間で行われた。このうち第4次調査B地区の発掘調査は吉田川右岸のほぼ堤防位置からその東にかけて実施された。ここでは，河川の氾濫と氾濫した土砂の整地を繰り返した状況が確認されており，流路が徐々に西に移動しながら固定されていく様子が明らかになった。整地層の最も古い層は12世紀末から13世紀初頭に比定されている。このことは，稲葉遺跡でこの時期以後流水堆積がなくなることと整合しており，玉櫛川が分流して吉田川・菱江川となったのは13世紀初頭頃であることを傍証している。

水走遺跡では，吉田川右岸の東約150mの位置にも南北方向の堤防が検出されている。12世紀前半ごろに築造されたものとみられ，断面は台形で上辺幅約3m，下辺幅約8m，残存する高さ0.8m程度である。下面には葦束を敷き，一部竹で留めながらその上に盛り土をしているが，盛り土層中に自然堆積層を挟むことから，水流があるなかで構築されたと考えられている。この堤防の東面には木杭を0.5m程度の間隔でほぼ垂直に打ち込み，竹を横に渡し，葦束を縦方向に置き並べている。この遺構は堤防の東にあった流路の左岸の決壊箇所の修築工事を示している[13]。

2.4.3 流路の変遷

　平成9年（1997）に筆者が提示した流路の変遷のうち，いくつかの流路については再検討を要する。それは，主にその流路が流れ始めた時期に関する事項である。ここで再度，本流と呼べるような主要な流路を時期ごとに分けて，変遷を考察する。

　近畿自動車道の発掘調査区は，東除川（ひがしよけ）が平野川に合流する亀井遺跡（サ）から北に，ほぼ南北から北北東方向に河内平野を縦断する大調査であった。調査結果は中流と下流の河川様態の差を反映していることを考慮すべきであるが，概ね，古大和川の西側＝久宝寺川流域の流路を網羅的に調査した成果として貴重である。発掘調査成果を総合的に整理考察した報告書のうち『河内平野遺跡群の動態Ⅰ』においては各遺跡の断面模式図が提示されている。これらの断面図には自然堆積の砂層が表示されており，古大和川が運んだ自然堆積層の様相が読み取れる。大きく見て，友井東（ともい）遺跡より北では遺跡全体を覆う砂層の堆積が何回もみられるのに対して，これより南では，各時期の河川が流路位置を変えながら流下していることがわかる[14]。

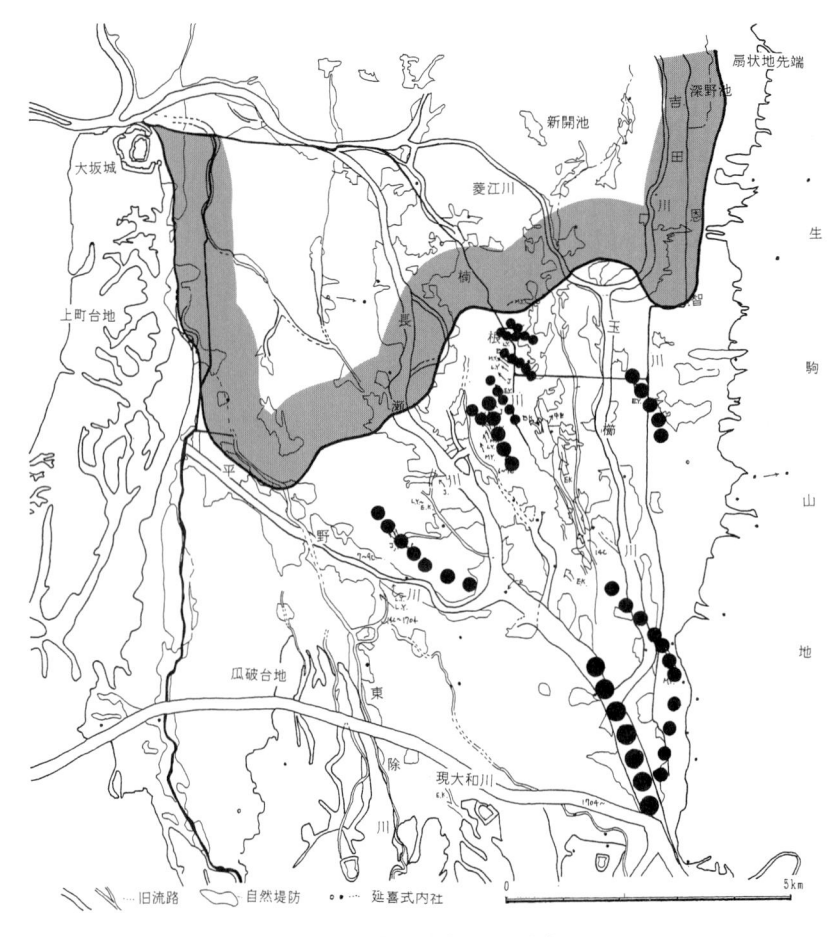

図 2.4.2　弥生時代の河川分布

(1) 弥生時代前・中期（図 2.4.2）

　弥生時代前・中期においては，周辺地盤を下方浸食し継続的な流路を形成していたといえる河川は，山賀遺跡（カ）（その3）に前期の，友井東遺跡（キ）に中期の比較的大規模な河川があるほかは，流路というよりも広範囲において流水堆積層がみられ，このうち粒径が大きく下方浸食している部分が流心であったと推定される状態であって，この流水堆積そのものが河内平野を形作っていったといえる。流路を越えた大規模な流水堆積は，集落や墓域を埋め尽くし，人々は新たな場所を求め，生活をはじめる。これらの新しい集落の多くは，その洪水をもたらした流路が形成した自然堤防上のわずかな高まりに立地している。低地のなかにあってわずかな高まりと砂地ゆえの乾燥と同時に，地下水脈としての旧流路が生活用水を供給したことは多くの調査結果から明らかである。

　瓜生堂遺跡より北では泥炭層と湿地が検出されており，この時期の河内湖湖岸は西岩田遺跡（イ）付近にあったことがわかる。弥生時代前中期の諸河川は瓜生堂遺跡から南およそ 2.3km の友井東遺跡までの範囲において，盛んに土砂を運び，堆積している。これらの河川は現地表に痕跡を留めておらず，連続した流路を提示することは困難である。

(2) 弥生時代後期

　弥生時代後期においては，大規模な継続的流路は検出されていないものの，各遺跡において，中小の自然流路が多数検出されている。これらのうち後期後半以降に洪水をもたらした流路は古墳時代前期にかけても継続していた可能性が高い。本流の形成前夜の河川乱流の時代といえる。

(3) 古墳時代前期（図 2.4.3）

　古墳時代前期の河川分布を近畿自動車道発掘調査成果からみると，北では西岩田遺跡で幅50m，深さ 2～2.5m の東西方向の河川が検出されている。この河川は堆積砂層に古墳時代初頭（庄内期）以降の遺物を含まないことから，このころに埋没したと考えられる。この河川流路は，昭和46年地形図でも痕跡が読み取れ，先の瓜生堂遺跡の「西岩田分流路」からの分流であることがわかる。

　巨摩廃寺遺跡（エ）では，ほぼ同規模の流路が 2 条検出されている。自然河川 I は幅 40～50m，深さ 1.5m，底には粘土偽礫が堆積している。自然河川 II は，幅 40m，深さ 1.5m（一部 3m）で東西方向の流路を持つ。2 条の流路の埋没時期は遺物からみた前後関係は不明で，古墳時代前期に並存していた可能性がある。若江集落付近からの分流と思われる。

　これらの流路が分岐した元になるこの時期の本流と考えられるのは，さきの小阪合－萱振ルートであることは間違いない。幅200m 近い小阪合－萱振ルートは，古墳時代前期大和川本流といってよい。小阪合遺跡から下流は，地割から 2 条の大規模な流路痕跡が復元できるが，厳密には特定しがたい。山本球場付近で玉櫛川から分かれて小阪合－萱振ルートに合流すると思われる流路痕跡が現地表に残っている。幅は 40m 程度で，現地表でも周辺より 0.5m ほど高い。平面的にはこれが古墳時代前期の流路につながるが，時期を示す調査結果はない。同時期

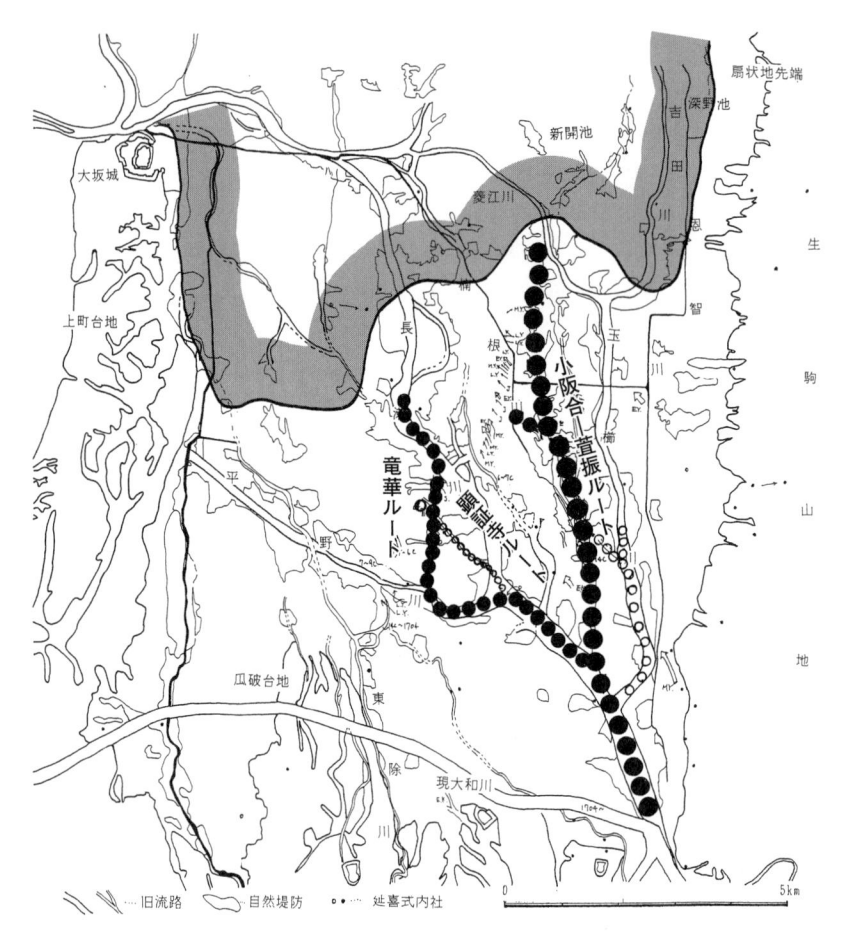

図 2.4.3　古墳時代前期の河川分布

だとすれば二俣から分かれた玉櫛川ルートも大規模ではないにしろ，このころに流路を持っていたことになる。

　小阪合―萱振ルートより西では，近畿自動車道調査の久宝寺北遺跡（コ）で古墳時代前期の河川が検出されている。これに重なって堰や護岸をもち古墳時代中期に埋没する河川が検出されている。古墳時代前期においては本流の小阪合―萱振ルートと併存した本流であったと思われるが，小阪合―萱振ルートが古墳時代前期に流れを止めるのに対して，古墳時代中期まで流れ続けている。近畿自動車道で検出されたこの流路の上流は，前述の久宝寺遺跡（竜華土地区画整理事業）の流路竜華ルートから続くもので，上流は太子堂付近（ニ）で平野川へ，さらにその上流は八尾市植松（ナ）で久宝寺川に続くと考えられている。久宝寺遺跡（水処理施設の調査）では竜華ルートから分水した幅10mほどの大規模な人工水路が引かれ，これに築かれた堰が検出されている。

　近畿自動車道で検出されたこの流路に関して，筆者は旧稿で，顕証寺(けんしょうじ)内町の南西端から北西方向にのびる地割をこの流路痕跡の上流部と考え（顕証寺ルート），その上流は久宝寺川ルートにつながっていたと考えた。顕証寺ルートは時期が検証されていないので，古平野川か

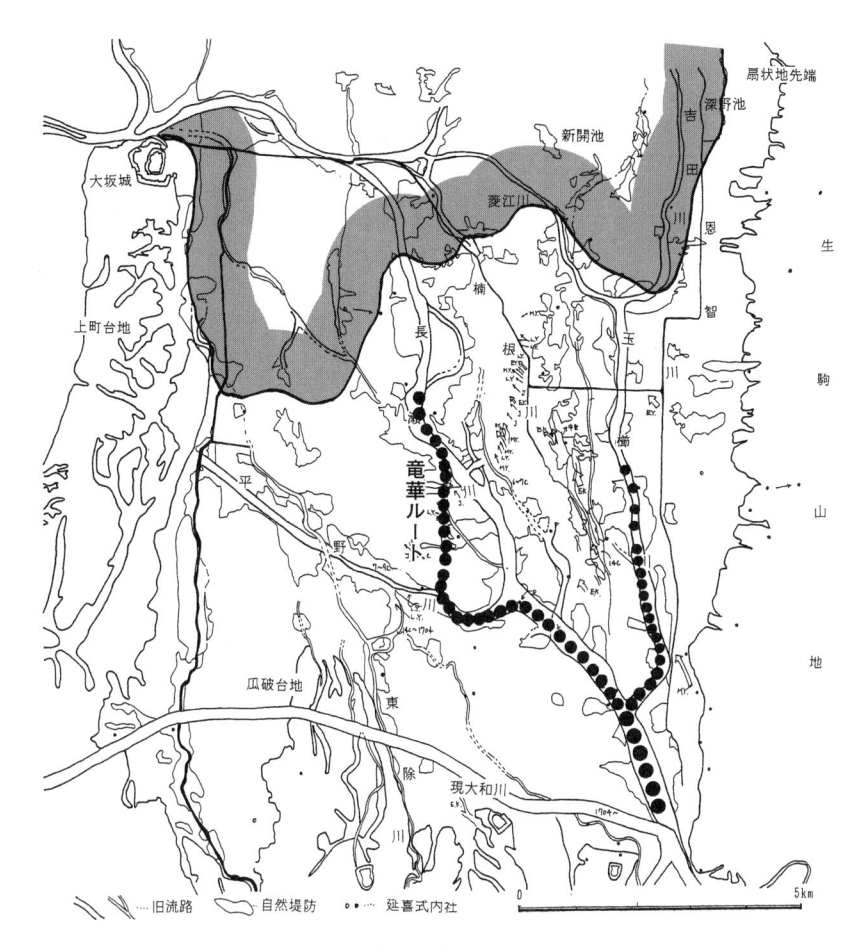

図 2.4.4　古墳時代中期の河川分布

らの竜華ルートが古墳時代前期から中期，顕証寺ルートが古墳時代前期のルートで，近畿自動車道付近で流路が重複していたのかもしれない。

　古墳時代前期には，二俣からまっすぐほぼ北に流れる本流小阪合―萱振ルートと，古平野川―竜華ルートが主要ルートであり，玉櫛川の初源となるようなルートが形成されはじめていたと考えている。古墳時代前期の本流小阪合―萱振ルートは，約200年という短期間であるわりには幅200mと規模が大きく，竜華ルートのような100m級の分流をももつように，堆積量がきわめて大きかったことを示している。

(4)　**古墳時代中期**（図2.4.4）
　古墳時代前期の本流小阪合―萱振ルートは奈良時代に旧流路の西端になお小規模な流路が存在していたことが確認されているが，古墳時代中期にはほとんど埋没していると考えられている。この時期の本流は，古墳時代前期以来引き続いて流れていた近畿自動車道久宝寺遺跡北D・Fトレンチの河川 NR5001 がそのひとつである。ほぼ南北方向で，川幅は120mを越える。竜華地区（土地区画整理事業用地）で検出されている河川は最上層の粘土層には古墳時代

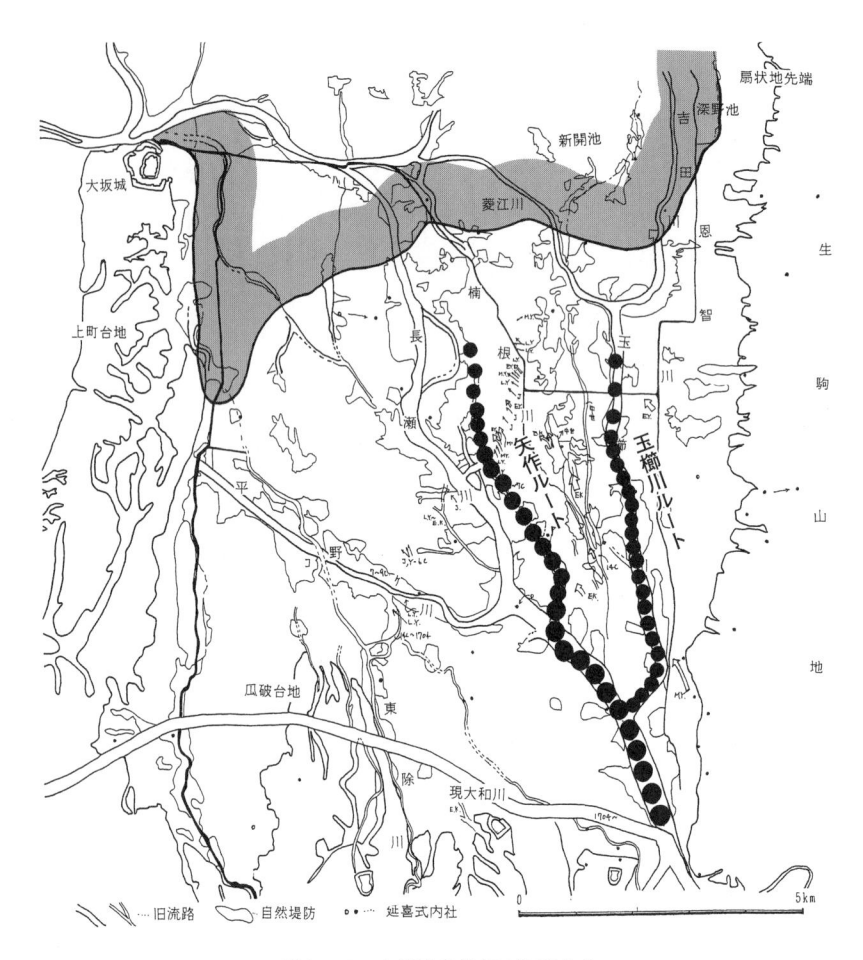

図 2.4.5　古墳時代後期の河川分布

中期の遺物を含むので中期には大きな流れはないようである。
　古墳時代中期は全体としては前期に比べ河川の規模が小さく安定しているようである。

(5)　古墳時代後期（図 2.4.5）
　近畿自動車道山賀遺跡（その 4）で幅 5〜10m，深さ 1m 弱の河川が検出されている。このほかには古墳時代後期に埋没する大規模な流路が検出されていない。これは後述する，美園遺跡南端で検出された飛鳥時代に埋没する大規模流路がこの時期に流れはじめていた可能性を示すものと思われる。
　また，前期に埋没した小阪合ルートに替わって，玉櫛川ルートもこの時期に流路が安定し始めたと推測される。

(6)　飛鳥時代（図 2.4.6）
　近畿自動車道美園遺跡南端で検出された流路（FNR401）は幅 70m，深さ 2m 以上の規模を持ち，現地表の地割にその痕跡を明瞭にとどめていた。地割りからこの上流をたどってみると，

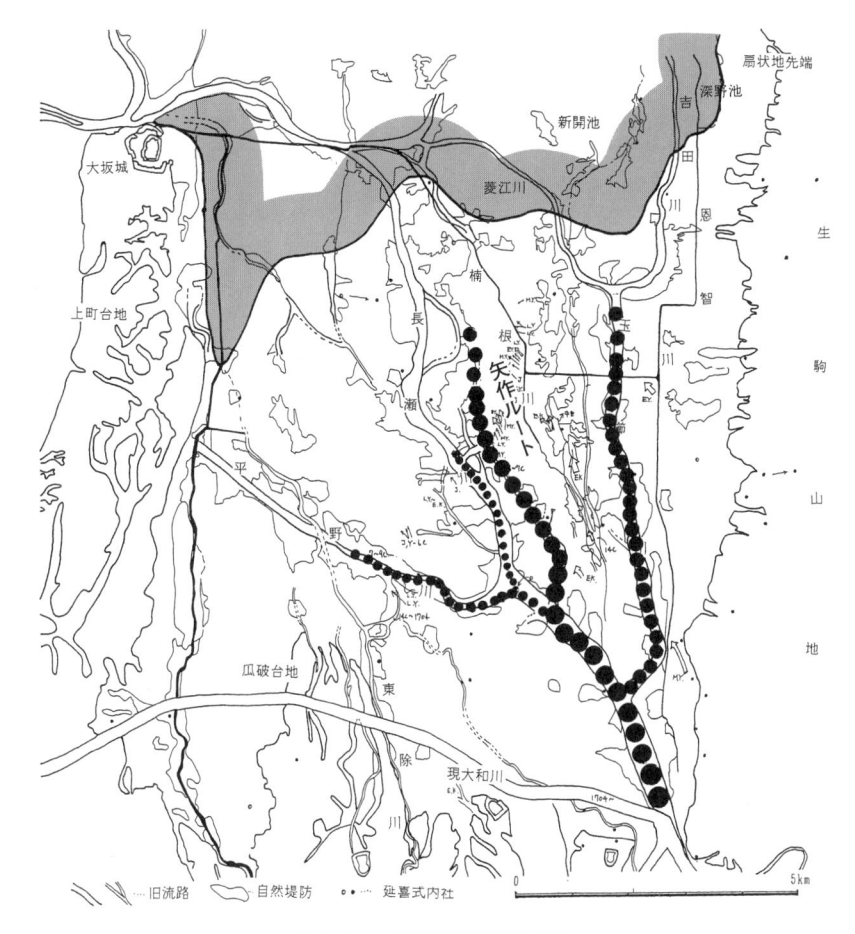

図 2.4.6　飛鳥時代の河川分布

宮町・八尾神社・八尾市役所・八尾小学校北東を通り，成法寺・今井・矢作集落の立地する自然堤防を経て老原集落の東（ト）で久宝寺川につながる（矢作ルート）。7世紀代の本流であるが，流路堆積から8世紀代の遺物を出土するところもあり，一部は8世紀にも流れていた可能性がある。

　このほか，後に久宝寺川本流となる佐堂遺跡（その2）北端には幅15m程度の小流路が形成されている。この小流路の北側に，シルト質の土を盛った堤防が検出されている。これは古墳時代の層を大きく下方浸食した決壊地点を塞き止めるように杭を打ち横に木枝を絡めて土留めとしたもので，堤防盛り土には堤横断方向の断面で厚さ20cm程度，幅50～80cm程度の土盛りの単位が見られ，その境には藁状の植物が敷かれていた。堤防の高さは古墳時代層から1m程度，浸食された底からは3m程度の高さである。7世紀代の築堤工事の実態を示す例である。

　玉櫛川ルートは本流としてほぼ固定され，後の郡境となる。

　後に本流となる平野川ルートの前身であると思われる幅8mほどの溝（SD6002＝小河川）がこの時期に形成されている[15)]。

59

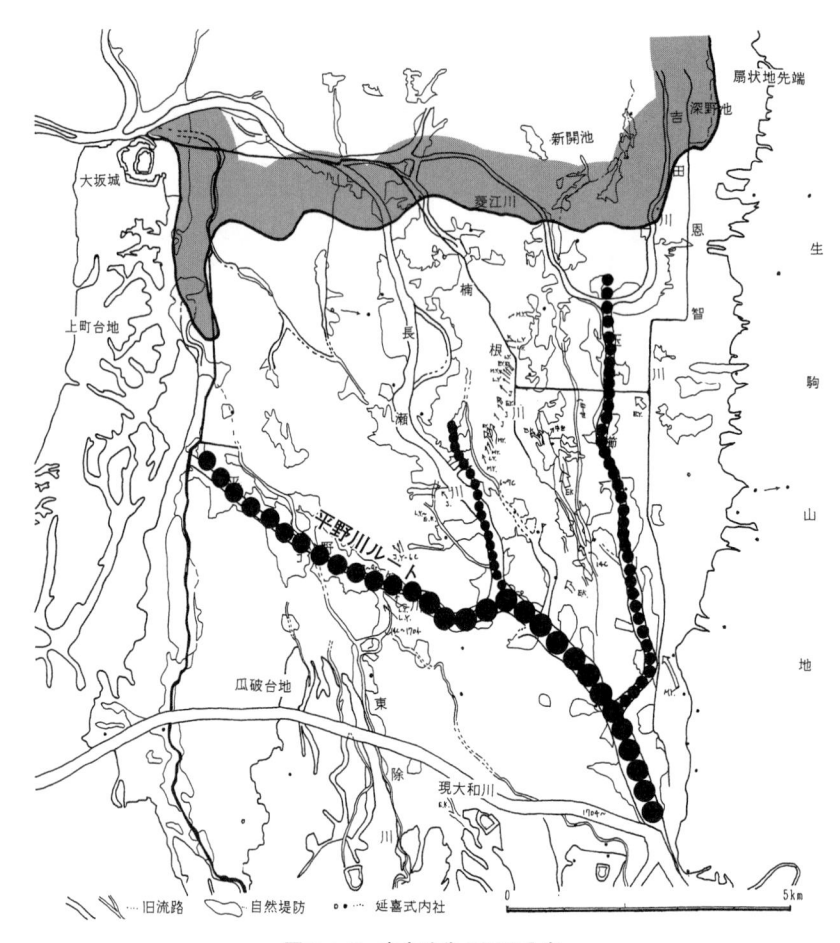

図 2.4.7 奈良時代の河川分布

(7) 奈良時代（図 2.4.7）

　近畿自動車道では，佐堂遺跡の北端に幅40m程度の流路が検出されている。これは，近鉄久宝寺口駅の東で久宝寺川本流から分岐する流路で，10世紀中ごろまでほぼ同じ位置を流れている。

　この時期の本流は，平野川ルートである。亀井遺跡で検出されているNR6001がこれで，幅150mの規模をもつ。堆積層中から8世紀から9世紀初頭までの土器が出土することから，この時期に流路をもち，9世紀初頭には本流から切り離されて廃絶したと考えられる。古墳時代前期から中期の竜華ルートは古平野川の分流であるが，本流が矢作ルートを取っていた時期には廃川状態に近かったものと思われる。

(8) 9世紀（図 2.4.8）

　本流の平野川が廃絶，佐堂遺跡北部の流路が10世紀半ばまで流れるが，古久宝寺川ルートでは規模の大きな流路がみられない。

　稲葉遺跡の調査結果から，玉櫛川が吉田で分岐する以前の直線的なコースが形成されていた

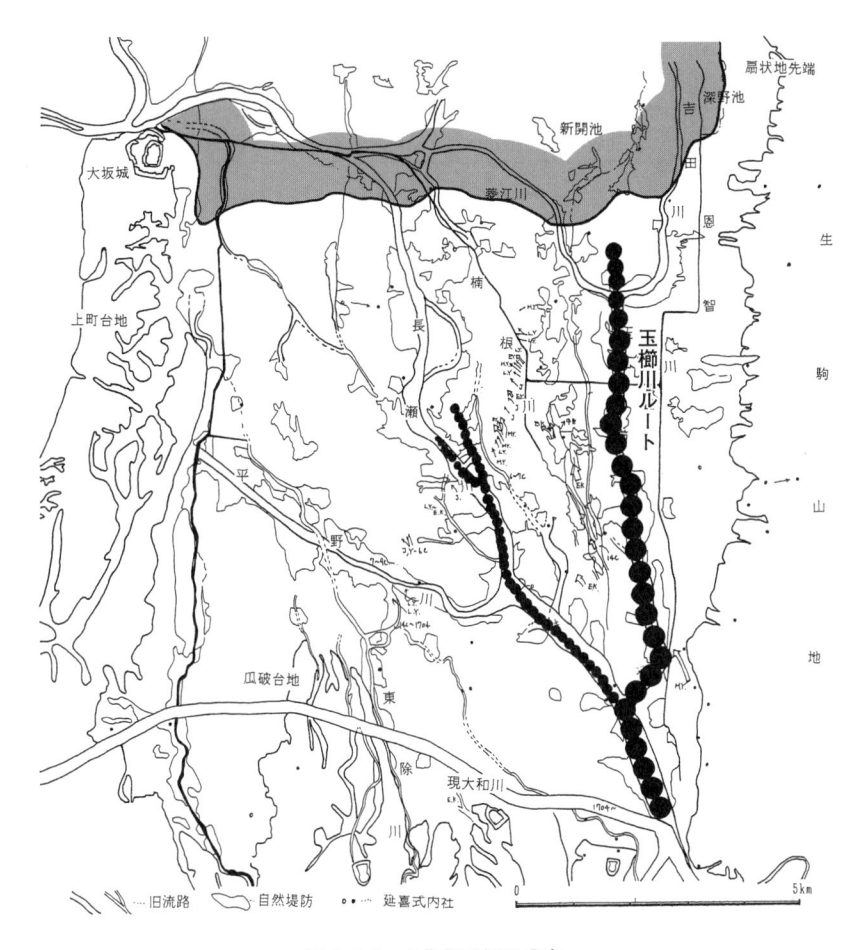

図 2.4.8　9 世紀の河川分布

と考えられる。これは，平野川ルートの廃絶に伴い，玉櫛川ルートが本流の役割を果たすようになっていったことを示すものと考えられる。

(9)　**10 世紀後半**（図 2.4.9）

近畿自動車道では，佐堂遺跡（ケ）D・E・A 地区が久宝寺川本流となる。これ以後，久宝寺川流域では自然河川はこの本流に収束する。

(10)　**13 世紀**（図 2.4.10）

久宝寺川では，佐堂遺跡で右岸堤防が検出されている（写真 2.4.1）。湿地状態の堆積を思わせる粘土の堆積を境に，下層は厚さ 50cm 以上の大きな単位でしか分層できない砂混じり粘土やシルト・細砂などを積んでおり，特に不透水層を作るようなことはない。ここの層中から 13 世紀初めごろの瓦器椀が出土している。

湿地堆積の粘土より上層は，鉄分の強く沈着した部分を境に褐色の粗砂まじり細砂やシルトが厚さ 20cm 程度に分層でき，盛り土の状況が下層と異なっている。堤防規模は上部が撹乱を

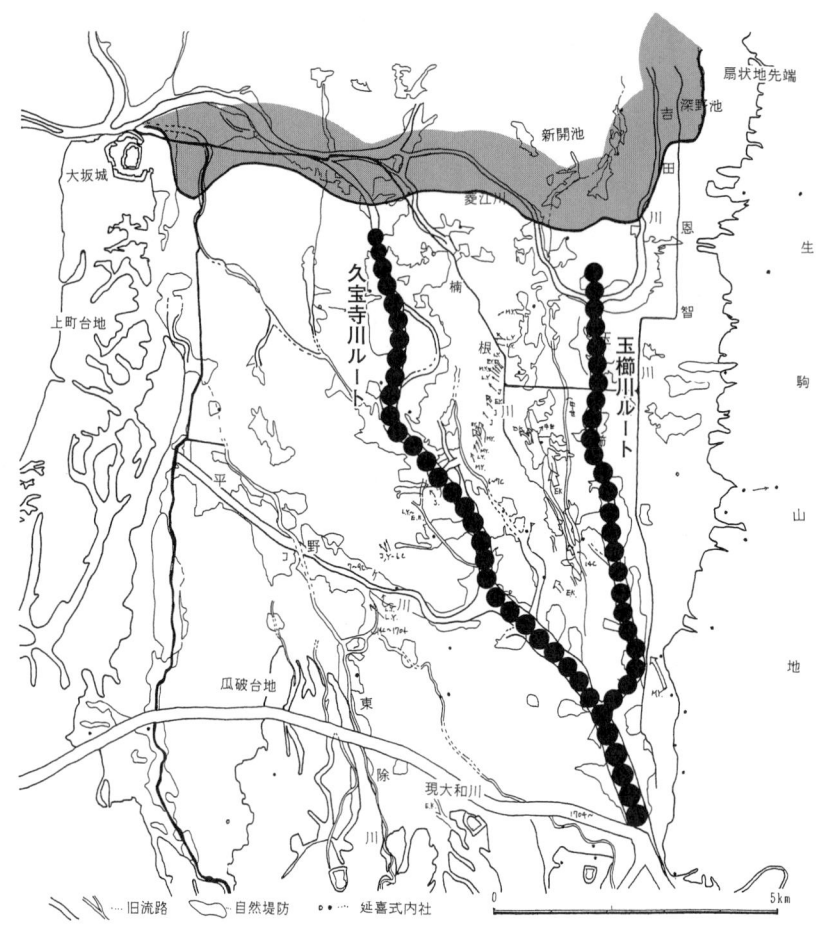

図2.4.9 10世紀の河川分布

うけているため高さは不明，幅は10m以上である。

中世堤防の下層には7世紀初頭の堤防が検出されており，これに重なって中世の堤防が構築されている。7世紀に堤防が築かれた流路の位置に，中世に再び流路が形成されてその右岸堤防がかさ上げするように築かれたものである（図2.4.11）。

玉櫛川は吉田（ヌ）で分岐した吉田川・菱江川が本流を形成し固定される。13世紀以降，久宝寺川とともに，玉櫛川も破堤による洪水氾濫を繰り返していたことが，池島・福万寺遺跡の発掘調査でも確認されている。

13世紀は，新しい流路の形成や堤防の構築，玉櫛川流域での洪水など，河川環境の大きな変化が認められる時期である。

(11) 17世紀

久宝寺川では佐堂遺跡で左岸推定堤防端から30m付近にしがらみ状の護岸杭列が検出されている。流心上流側に向けて杭を打ち，これと合掌状に打った杭との間に堤防に平行して丸太材や竹束を埋め込んでさらに杭で止める構造である。杭は放射性炭素年代測定の結果1630年±

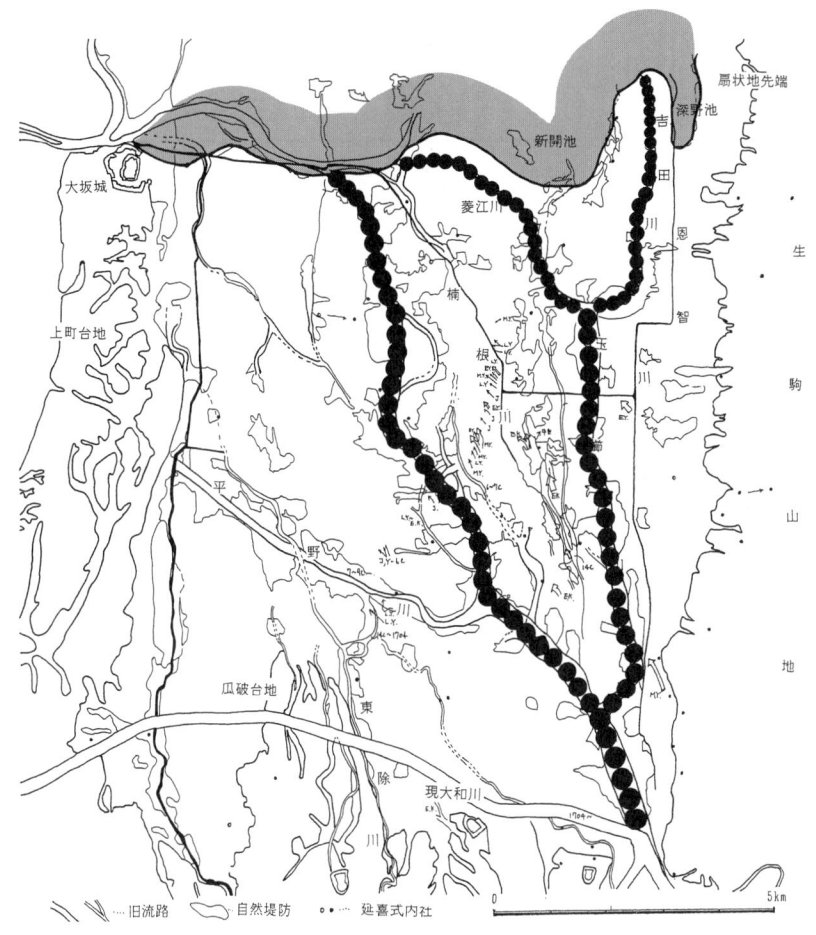

図 2.4.10　13世紀の河川分布

35年の年代が得られている。右岸堤防は低水敷から70m程度離れているが，左岸堤防は流路に接しているので，護岸が設けられ堤防の洗掘を防いだものと考えられる。

　久宝寺川における10世紀以降付替え時点までの堆積は，横断面で幅120m，深さ2.8m，最大深さ3.7mの本流のほか，河川敷内に幅15m程度，深さ1〜2m程度の流路2条が形成されている。

　付替え以前の最終段階の流路は，現在水路となっている長瀬川部分を中心として幅20m程度であったと思われる。

(12)　玉櫛川の流路形成にについて

　服部昌之は条里遺構との「切り合い関係」などから9世紀以降と考えた。

　筆者は，池島・福万寺遺跡での古墳時代後期の集落は徐々に粘土の堆積によって廃絶し7世紀には水田となったことから，この粘土堆積は古墳時代後期以降に玉櫛川流路が形成されることによってもたらされたと考え，古墳時代後期以降徐々に天井川化していったと考えた。また，山本球場から北北西方向にのびて古墳時代前期の小阪合ルートにつながる流路痕跡がある

写真 2.4.1 佐堂遺跡の久宝寺川右岸堤防断面

写真 2.4.2 久宝寺遺跡の準構造船出土状況

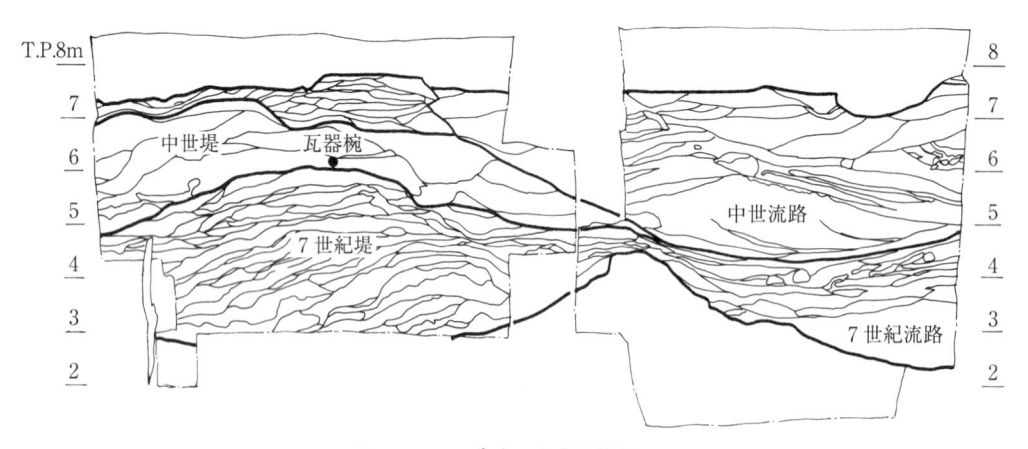

図 2.4.11 久宝寺川右岸堤防断面図

ことから，山本球場より上流部の玉櫛川も古墳時代前期には存在した可能性を推定した。

　玉櫛川ルートの直線上の稲葉遺跡で9世紀の面を覆い，11世紀にかけて堆積した砂層が検出されているので，9世紀にはこの位置まで流路を形成していたことが確実である。9世紀は平野川ルートが廃絶する時期であるので，これに代わって玉櫛川が本流のひとつとして相当の流量を持つようになったと思われる。

2.4.4 ま と め

　河川に対する人間のかかわり方の歴史は，自然的な存在としての人間集団を拡大再生産するために大地を改変しようとする志向を持ち始めたところから質的転換を遂げる。これは同時に，自然的存在であった人間が，自然との対立的存在になったことを意味する。河川統御の歴史はこの対立の最も先鋭的な場面における闘争の歴史であったといえる。

　冒頭に課題として掲げた，自然的営為に対して人間がどのようにかかわって来たかという視点から，河川流路の変遷を捉えなおしてまとめとしたい。

　弥生時代の人々の河川へのかかわり方は，水田の開発のための利水施設の構築からはじまる。幅10m～20m程度の中小河川に堰を設けて水位をあげ，灌漑用水路へ導いて水田に灌水させるものである。ここでは，河川を直接統御するという営為はみられない。もちろん，堰などを構築する技術的基盤と工事を行う集団の規模などの社会的条件が，河川に対する営為の質量を規定することは言うまでもない。

　弥生時代の水田面を広範囲に発掘調査した池島・福万寺遺跡（福万寺地区）では，幅10m程度の北西方向に流れる自然流路（流路5）を基幹水路とし，これに堰を作り用水路に導き水田に引水する状況が詳細に復元されている。弥生時代後期後半に埋没する面においても，この水利の基本構造に変化はない[16]。

　古墳時代前期においても未だ本流河川を統御しようとした証拠は確認されていない。秋山浩三による吉備系土器の分布研究をもとに，この分布がこの時期の本流小阪合―萱振ルートに重なることを示した広瀬らは，このルートが「吉備系土器の流通にかかわる重要な役割を果たしていた」と評価している[17]。この時期の集落が本流にそって，それが形成した自然堤防上に分布し，河川が交通路として重要な機能を果たしていたことを考古学的に実証した成果であるといえる。

　古墳時代前期における大規模本流の形成は，弥生時代の河川が沖積低地部を埋積していく過程と一体であったのに対し，堆積を下方浸食して本流と呼べる流路を形成するように変化していったことを示しているが，本流の流路固定のために人々が直接的に働きかけた証拠は確認されていない。ただ，土地区画整理に伴う久宝寺遺跡の発掘調査で検出された西北西方向の流路は幅5～10mの規模を持ち，小規模ながら盛り土による堤防を備え，堰と用水路が整備された状況は，本流の自然河川から微地形に逆らって直線的に流路を引き，人為的に分流させた大規模水路であることを示している。用水として利用するために，本流に対しても人為を加えようとする志向が窺える[18]。

　古墳時代中期の河川は前期に比べて規模が小さく，安定していたように見受けられる。このなかで，本流の一部に木材を組み合わせた護岸や堰を構築した近畿自動車道久宝寺遺跡の例が注目される。調査者はこの構造物の機能については言及していないが，延長20m以上にわたって流路を横断して構築され，上流向きの表面全体に草を敷き並べて漏水を防ぐ構造（SS5002・5003）は堰に他ならない（写真2.4.3～2.4.5）。図2.4.13に示したように，堰の

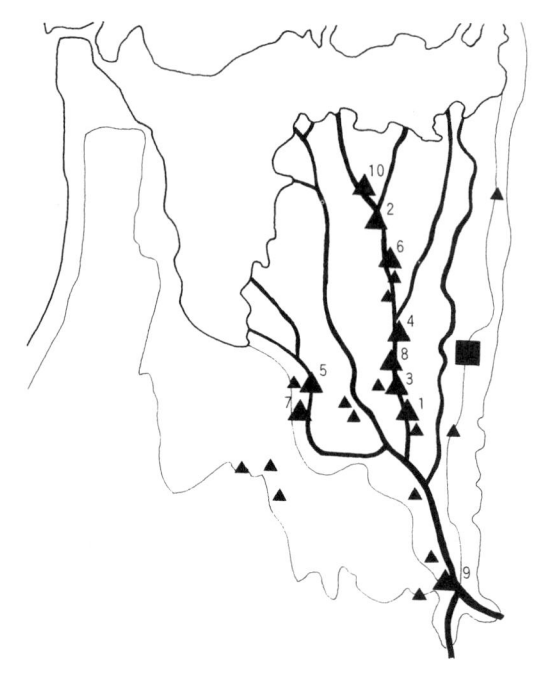

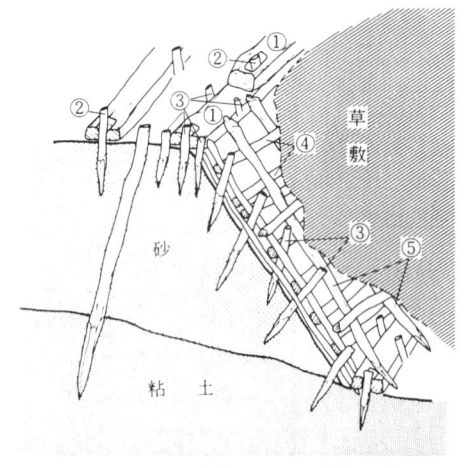

図 2.4.13 木材を用いた護岸構造
（久宝寺遺跡）
①；基礎横木，②；木礎杭，③；補助杭，
④；横木，⑤；丸太杭

図 2.4.12 古墳時代前期吉備系土器が出土した集落分布
（原図 秋山[17]）

上端を止める木材に，ほぞ穴を穿って杭によって連結して留めるという構造的特徴は，ダムアップされた水流が堰を越流する際に堰の構造物が流失するのを避ける工夫である。本流を統御し，利用しようとする志向が認められる。

大和川とともに大阪平野を形成していった淀川の治水に関する『日本書紀』の記述には，「茨田堤（まんだのつつみ）」の築造など渡来系の技術者が深くかかわったことを示すものがあることが注意されてきた[19]。久宝寺遺跡でも朝鮮半島からもたらされた土器が数多く出土しており，田中清美が早くから指摘しているように河川統御の土木技術に彼らの技術が大きな役割を果たしたであろうことは想像に難くない。この時期における河川の統御の成果が古市や百舌鳥の中期の大王陵級大型前方後円墳を含む大規模古墳群造営の経済的基盤となっていたものと考えられる[20),21)]。

7世紀は大土木工事の時代である。河内においてその対象は，河川統御と排水の整備という沖積低地の開発から，段丘面の開発へと広がっていった。狭山池や古市大溝・丹比大溝（たじひ）などの大規模土木工事や，最近次々と明らかになった飛鳥における石造遺構は古代国家の水に対する技術と関心の現実的・精神的表現であったといえよう。

築堤の技術的特徴として，狭山池で注目された「敷き葉工法（しば）」と同様の工法が佐堂遺跡の同時期の久宝寺川堤防でも確認されている。亀井遺跡の古墳時代中期（以降）の堤防や，岡山県上東遺跡の弥生時代後期と考えられている「波止場状遺構（はとば）」でも検出されているので，現在のところ弥生時代後期まで遡る可能性がある[22)]。

8世紀から9世紀初頭まで本流であった古平野川と，これに対する和気清麻呂（わけのきよまろ）らの土木工事，流路の廃絶に関する文献の記載などを根拠に早くから服部昌之が指摘していた事項は，その後

写真2.4.3 久宝寺遺跡（SS 5002）

写真2.4.4 久宝寺遺跡（SS 5002）

写真2.4.5 久宝寺遺跡（SS 5003）

の発掘調査結果でも裏付けられており，服部の先駆的研究が追証されてきていると言ってよい。

13世紀は，旧大和川の流路変遷にとって画期的な時期である。玉櫛川流域では，池島・福万寺遺跡でこの時期以降に見られる洪水の堆積や，久宝寺川での堤防の築造は，この時期に河川の天井川化が急激に進行していたことを示すようである。中世は大開発の時代であったことが河川様態の変化からも認められる。

〔付記〕 本節に掲載した写真はすべて（財）大阪府文化財センター提供。

注
1）阪田育功「河内平野低地部における河川流路の変遷」柏原市古文化研究会編『河内古文化研究論集』1997年。
2）服部昌之「大阪平野低地古代景観の基礎的研究」『歴史地域研究と都市研究』1978年（『律令国家の歴史地理学的研究』大明堂，1983年所収）
3）阪田育功「河内平野の形成と河川の変遷」『佐堂（その2）Ⅰ』大阪文化財センター，1987年。
4）前掲1。
5）松田順一郎「八尾市小阪合遺跡の弥生時代～古代の河川地形発達」駒井正明・本間元樹ほか『小阪合遺跡』大阪府文化財調査研究センター，2000年。
6）米田敏幸『東郷・成法寺遺跡Ⅰ』大阪府教育委員会，1986年。
7）川瀬貴子『瓜生堂遺跡1』大阪府文化財センター，2004年。
8）『巨摩・瓜生堂』大阪文化財センター，pp. 213-215，1981年。
9）『久宝寺遺跡・竜華地区（その1）発掘調査報告書』大阪文化財センター，1996年。
　『久宝寺遺跡・竜華地区発掘調査報告書Ⅱ』大阪文化財センター，1998年。
10）成海佳子氏のご教示による。
11）西村　歩『最古の土師器　庄内式土器の誕生』大阪府立弥生文化博物館，2004年。
12）『稲葉遺跡発掘調査概要Ⅰ　府立玉川高等学校建設に伴う調査』大阪府教育委員会，1986年。
13）『水走遺跡第2次・鬼虎川遺跡第20次発掘調査報告』東大阪市教育委員会・東大阪市文化財協会，1992年。
　『水走遺跡第4次発掘調査報告』東大阪市教育委員会・東大阪市文化財協会，2000年。
14）『河内平野遺跡群の動態Ⅰ』大阪文化財センター，1987年。
15）『亀井』大阪文化財センター，p.138，1983年。
16）『池島・福万寺遺跡2』大阪文化財センター，2002年。
17）秋山浩三「摂河泉の吉備系土器」『邪馬台国時代の吉備と大和』香芝市教育委員会，2002年。
　広瀬時習・市村慎太郎ほか『古墳時代の池島・福万寺遺跡』大阪文化財センター，2005年。
18）微地形と水路との関係については調査整理を担当した（財）大阪府文化財センター後川恵太郎氏および菊井佳弥氏の教示を得た。
19）『日本書紀』仁徳12年条の茨田堤築堤の記事の後に「是歳，新羅人朝貢。則是勞是役」とあり，『古事記』には「又役秦人作茨田堤及茨田三宅」とある。
20）田中清美「5世紀における摂津・河内の開発と渡来人」ヒストリア，125，1989年。
21）塚口義信は，『古事記』や『日本書紀』の記事から「茨田連氏は大陸系の新技術を有する「秦人」ないし「新羅人」たちを配下に従え，茨田堤の築造工事を行ったと考えられる。」とし，「後に氾濫を繰り返す大和川の築堤工事を行うため大県郡に呼び出され，やがてその一部が（大県郡に）定住するに至ったと見」ている。
　塚口義信「茨田氏と大和川」柏原市古文化研究会編『河内古文化研究論集』1997年。
22）「敷き葉工法」の機能的評価は確定していないようだが，筆者は，築堤途上の盛り土（多くはシルトや砂）作業中の降雨や水流で流失するのを防ぐためのものであると考えている。

2.5　河内平野における治水事業の概観

2.5.1　難波の堀江開削から河村瑞賢による治水事業

　本節では第3章以降の記述を理解しやすくするために，大和川の付替え事業に至るまでの河内平野において行われた主な治水事業，すなわち難波堀江の開削事業から河村瑞賢による治水事業までを既往の文献をもとに，ごく簡単に，茨田堤の築堤と難波堀江の開削，和気清麻呂に

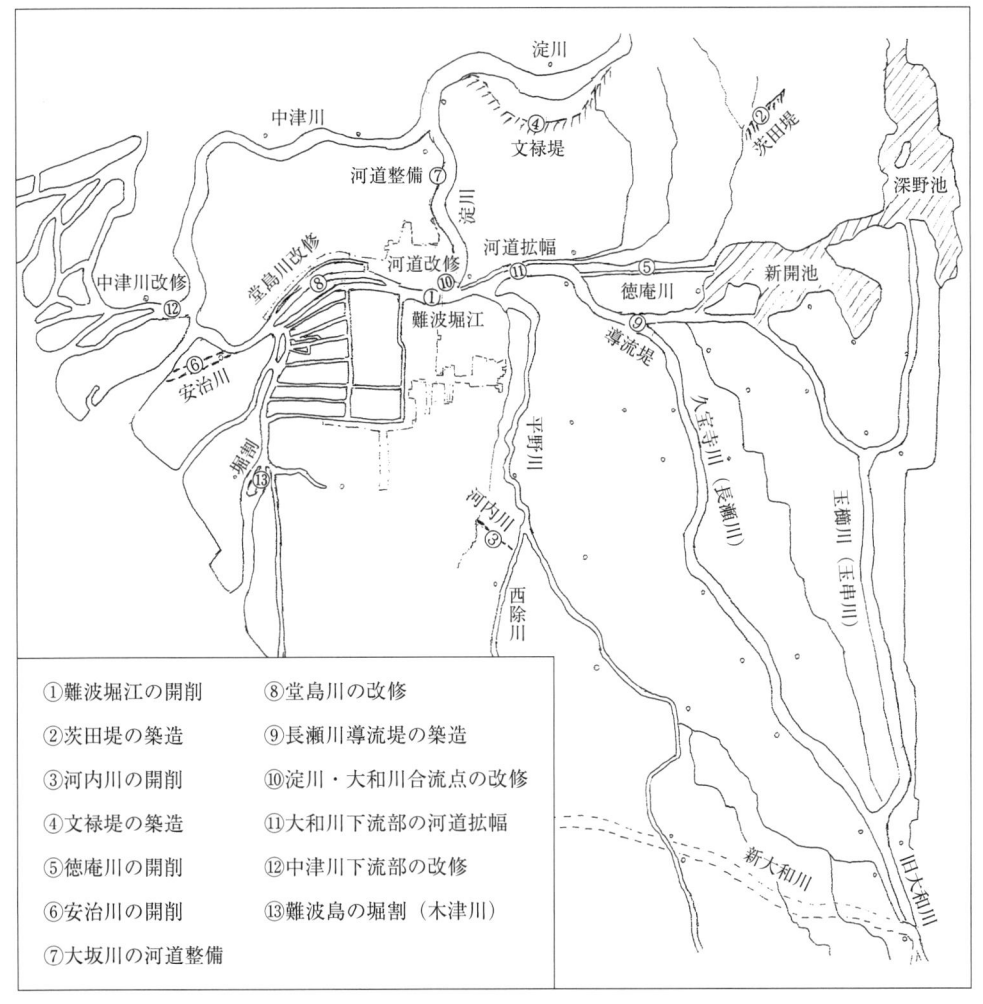

図 2.5.1 河内平野における治水事業

よる三国川への分水と大和川分水工事，太閤・文禄堤築堤と中津川開削，河村瑞賢の安治川開削と大和川治水事業について整理しておく。これらの事業の位置図を図 2.5.1 に示す。なお，河村瑞賢による治水事業は，新井白石による『畿内治河記』における記述および土木学会『没後300年　河村瑞賢——国を開いたその足跡——』(2001) を参考にした。

(1) 茨田堤の築堤と難波堀江の開削

河内平野における文献資料に残されている最初の河川事業は，仁徳紀に行われた茨田堤の築堤と，難波堀江の開削である。

『日本書紀』には，「将防北河之澇以築茨田堤（北河の澇（洪水）を防ごうとして，茨田の堤を築いた）」と記されている。また，仁徳11年 (323)「冬十月掘宮北之郊原　引南水以入西海　因以号其水曰堀江（冬十月，宮北の郊原を掘って，南の水を引いて西の海に入れた。よって，その水を名付けて堀江という）」とある。南の水は大和川，西の海は大阪湾である。

難波堀江の開削によって，南から流れ込んでくる大和川の水を西の海（大阪湾）に流出させ，河内湖の水位を下げ，新田開発を進められたと考えられる．茨田堤の築堤も難波堀江開削も，当時の大土木工事であった．

(2) 和気清麻呂による三国川の分水と大和川の分水工事

淀川下流の洪水対策として，延暦4年（785），和気清麻呂による淀川右岸の江口地点から別の河川であった三国川（現在の神崎川）開削工事が行われた．さらに，和気清麻呂は抜本的な大和川の治水の必要性から上町台地を開削し分水しようとした．延暦7年（788）に，大和川の一部を直接大阪湾へ流そうとする大土木工事は，勅許を得て河道を難波津の南方に切り替える工事として始まった．しかし，工事の進捗は捗らず工事は失敗に終わった．

(3) 太閤および文禄堤の築堤

大坂城を築いた後，豊臣秀吉は，文禄3年（1594）に太閤堤と呼ばれている堤防を築堤し，宇治川と巨椋池を分離した．次に，文禄5年（1596）には河内平野を淀川の洪水から守るために，淀川左岸の枚方市から大阪市の長柄までの連続した文禄堤と呼ばれる堤防を築き，寝屋川と古川を淀川から分離した．

(4) 河村瑞賢の河川事業

大和川では万治から延宝年間（1658〜1680）に大洪水被害が発生した．幕府は，河村瑞賢に命じ，翌貞享元年（1684）から同4年（1687）にかけて「貞享の治水事業」と呼ばれる一連の治水事業が実施した．河村瑞賢は大和川水系の洪水被害の根本原因は，淀川と大和川の合流する河口部にあると考え，安治川開削をはじめ各種の治水事業を行った．安治川開削は近世におけるもっとも著名な河川工事であり，大和川下流部の淀川の疎通を良くするため，九条島を開削した．この新川は，元禄11年（1698）に安治川と命名された．新井白石の『畿内治河記』によれば，工事の主な内容は，次の通りである．

第1期工事（貞享元年〈1684〉〜同4年〈1687〉）は安治川の開削，中津川の開削，堂島川下流の土砂の除去，石川下流の改修，森河内〜京橋間の川幅の拡幅であり，第2期工事（元禄11年〈1698〉）は淀川上流の改修，宇治川の改修，久宝寺川の改修である．

2.6 付替え以前の河内平野の用水形態

2.6.1 付替え以前の用水形態の類型

大和川の付替えによって，河内平野の水利用には大きな変化が生じた．付替え以前の中河内・南河内の水利用の状況を，その用水源をもとに分類すると，概ね4地域に分類することが

可能であろう。ただし，ここでは中・南河内のうち大和川付替えによって多少とも影響を受けた地域について扱い，石川以東の南河内地域などその影響のない地域については考察の対象からは外しておきたい。

分類の一つはいうまでもなく旧大和川に依存する地域である。後に述べるようにこの地域における水利用の実態には不明な部分が多いが地形条件や後世の水利組織の状態から図 2.6.1 のようにその範囲を図化した。この地域は付替えによって一番大きく水利面の影響を受けた地域である。次いであげられるのが生駒山系から流下する小規模な河川の水を利用していた地域で，これは築留以北で恩智川よりも東，すなわち生駒山系沿いの地域が含まれる。第三の類型は石川の水を利用していた地域で，南河内のうち羽曳野丘陵以東の地域である。この地域も付替えによって南北に

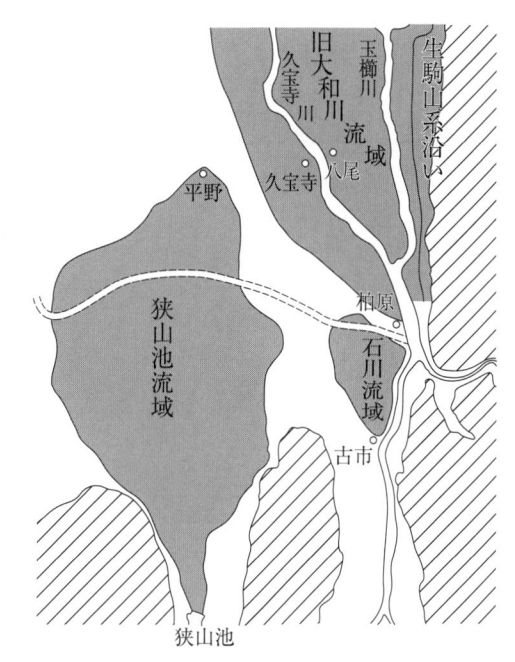

図 2.6.1 付替以前の用水源

分断され，さらに大乗川などが付替えられ大きな影響をこうむっている。最後の類型は，狭山池の水を受ける地域で南河内のうち羽曳野丘陵よりも西に所在する地域である。この地域も新大和川によって南北に分断され，また西除川も付替えられるなど付替えの影響の大きい地域である。

2.6.2 旧大和川流域の用水形態

旧大和川流域の地域が付替え以前にいかなる用水形態であったのかを示す史料は非常に少ない。この地域は付替え以前には低湿地で，たびたび洪水の被害を受けた地域であり，用水よりもむしろ排水が大きな問題となっていた場所である。しかしながらたとえそのような低湿な場所であれ稲作を営むには用水路は必要であり，むしろ地形の勾配が緩やかなだけに河川からの取水は困難で取水にも様々な問題があったことが推定できるだろう。

旧大和川流域の水田の用水源が幾枝にも分岐した旧大和川にあったことは間違いがない。それを示すいくつかの史料についてまず検討を加えたい。

「八尾八ケ村用水悪水井路図」[1]（図 2.6.2）は現在の八尾市街地付近にあたる八尾八か村付近の様子を描いた絵図である。作成年代は不詳であるが久宝寺川・玉櫛川が大きく描かれており付替え以前に描かれた絵図である。この絵図には玉櫛川に 1 か所，久宝寺川に 2 か所の樋が描かれている。久宝寺川の樋のうちひとつは八尾木村と八尾座村の中間にあり，そこからまっすぐ北側に伸びる水路には「八尾九ケ村用水井地」（ママ）と記されている。またそれより下流寺内村

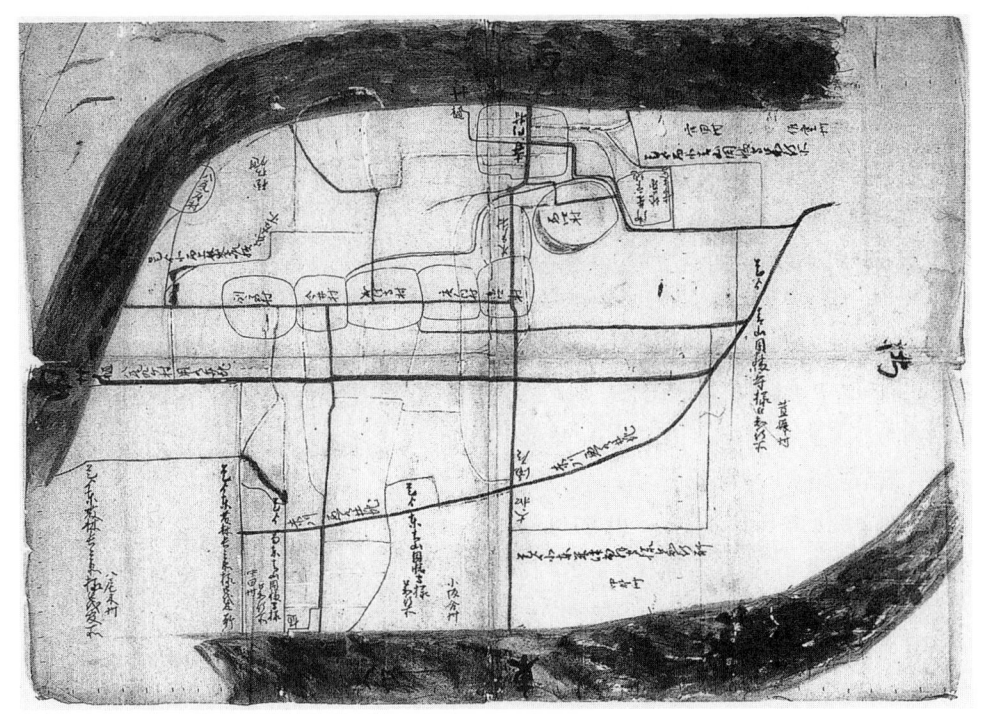

図 2.6.2 「八尾八ケ村用水悪水井路図」[1]（『大和川つけかえと八尾』p.9）

より少し南にも樋が描かれ，そこから流れる水路は寺内村の中を通り屈折しながらも北へ流れている。この久宝寺川から流れる用水路はともに「赤川悪水井路」に合流している。また玉櫛川の樋は中田村と小坂合（こざかい）村の中間に描かれ，そこから取り入れられた水路はまっすぐ西側に流れてやはり「赤川悪水井地（ママ）」に合流している。これらの用水路は付替え後の宝暦4年（1754）に作成された「河内国大和川石川築留用水掛七拾八ケ村・平野川用水掛弐拾壱ケ村絵図」[2]にも記されているので，後世にも築留用水の水路として利用されていたことがわかる。この「赤川悪水井地（ママ）」は楠根川を意味している。このようにこの絵図からは付替え以前には久宝寺川や玉櫛川から「樋」によって水を取水し用水路によって河川から離れた村落にまで水を運び，また赤川（楠根川）という排水用の水路も整備されていた状況をうかがうことができる。

「久宝寺村絵図」[3]（図2.6.3）にも久宝寺川に設けられた何か所の樋が描かれている。樋からの用水路は西側あるいは北西方向に流れ，絵図に描かれた田畑や畑を潤していた。ことに久宝寺川の左岸堤防のすぐ西側を堤防に沿うように流れる水路は北西方向に流れ，隣接する大蓮村にまで至っているので，複数村落によって利用される樋もあったものと思われる。

以上の絵図からは付替え以前においても旧大和川からの取水が広く行われていたことが読み取れる。また旧大和川からの水路は後の築留用水の水路として継続的に利用されたことも，わずかの例ではあるが推測できるだろう。

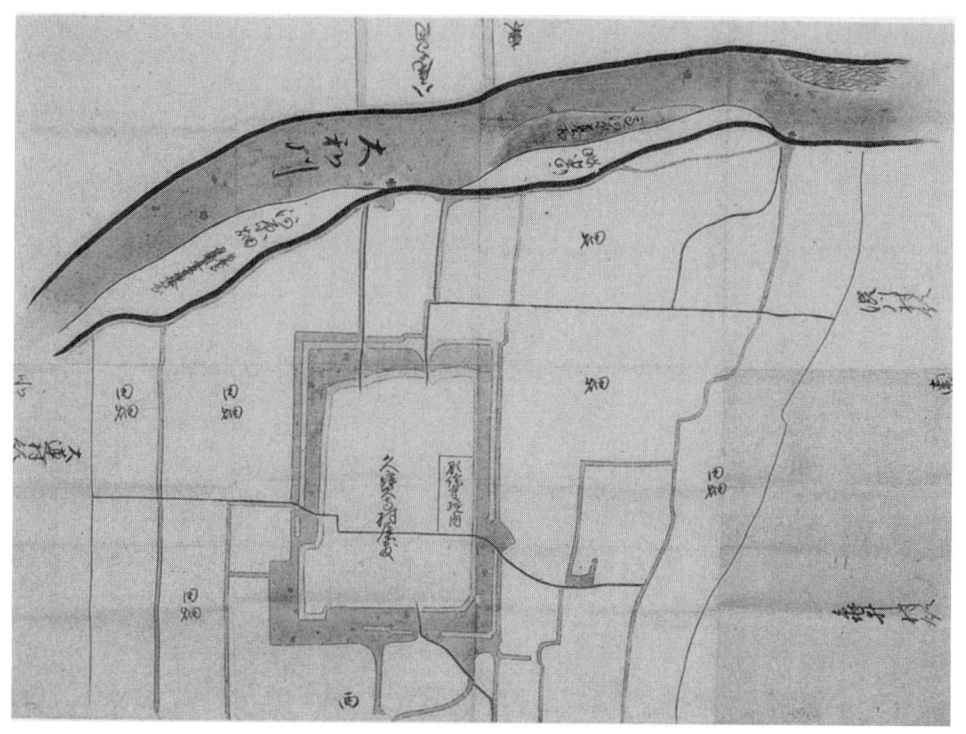

図 2.6.3 「久宝寺村絵図」[3]（『絵図が語る八尾のかたち』p. 33）

2.6.3 生駒山系沿い地域の用水形態

　この地域についても付替え以前の水利形態を示す資料は少ない。玉櫛川の東側にはほぼそれに併行するように恩智川が北方に流れていた。恩智川は生駒山系からの排水を集める河川である。そこに数か所の堰を設けて水を上げている様子が，付替え後の絵図であるが「上之島村福万寺村 池嶋村市場村領恩智川井関図」[4]（図2.6.4）などに描かれている。同図は恩智川が直角に東に屈曲する場所よりも南側の市場村から万願寺村までの間を描いているが，その間恩智川には4か所の堰が描かれている。この恩智川の水利にもましてこの地域の水田にとって重要であったのは，生駒山系から流下する谷川の水であったと思われる。先に見た絵図にはこのような東西方向の谷川が5本描かれている。

　万願寺よりさらに山よりの服部川村の様子を描く「服部川村絵図」[5]にも山の部分に5本の谷川が描かれている。この川はやがて合流し3本の川となって恩智川へと流れ込んでいる。この絵図には，このような谷川以外にも山中に多くの小さな溜池が記されている。現在も生駒山系の谷筋には非常に小規模な溜池が多く存在するが，その中には歴史が付替え以前にさかのぼるものもあると考えられるだろう。

　このようにこの地域の水利は，付替え以前には恩智川・生駒山系の谷川・谷筋の溜池に依存しており，この構造は基本的には現在にまで引き継がれている。

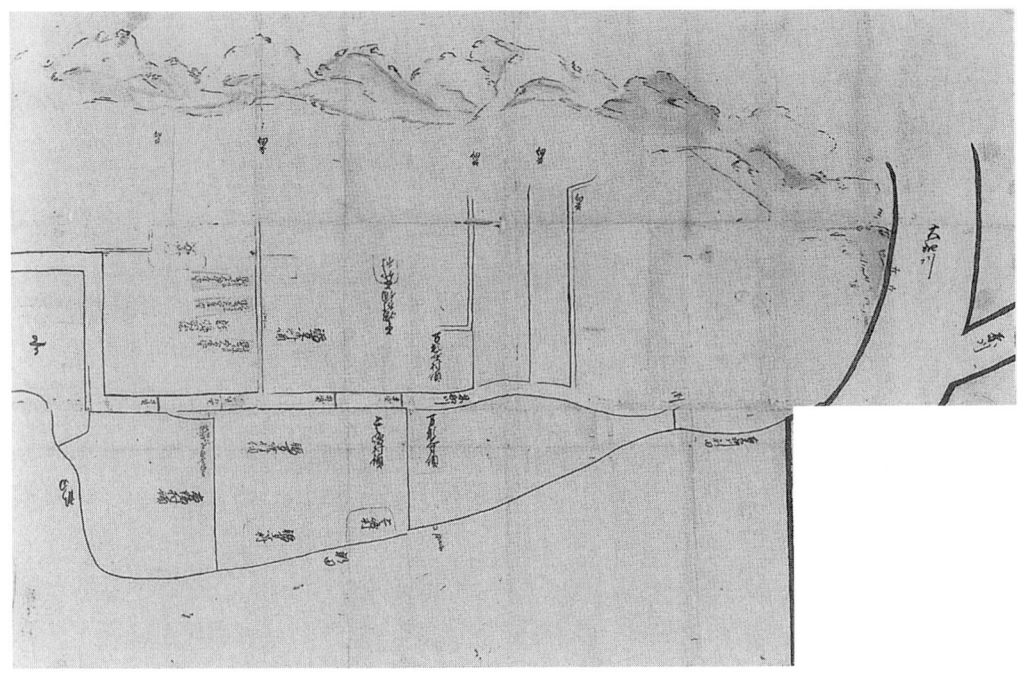

図 2.6.4 「上之島村福万寺村池嶋村市場村領恩智川井関図」[4]（『絵図が語る八尾のかたち』p.15）

2.6.4 石川流域の用水形態

　石川は現在築留付近で新大和川と合流しているが，これは付替え以前も同様で同じ場所で旧大和川に合流していた。石川左岸には数か所の井関があり，そこから引かれる用水路は流域の村落を潤していた。そのなかでも付替えの影響を受けたのは，碓井（現羽曳野市）付近の堰から水を引く大水川と，国府（現藤井寺市）に堰をもうける八反樋であった。大水川は誉田・道明寺・古室・沢田・林・藤井寺・岡・小山の8か村が利用しているが，このうちもっとも北西にある小山村を新大和川が通ることとなり村域も南北に分離されることとなった。また，王水川は誉田八幡の付近で西側に曲がり羽曳野丘陵の開析谷に源をもつ大乗川に合流していた。大乗川は北西に流れ，出戸付近で平野川に流れ込んでいた。この大乗川の水利用については明確な史料がないが，流域の農業用水としても利用されていたものと思われる。また，石川から国府村で取水する八反樋用水は国府・北条・船橋・大井の4か村が利用していたが，この用水は築留に近いだけに付替えによって大きな影響を受けることとなる。

2.6.5 狭山池流域の用水形態

　付替え以前の用水形態がもっとも詳細にわかるのはこの地域である。狭山池は『日本書紀』崇神天皇62年に築造記事が載るわが国でも最古の溜池の一つであるが，最近の発掘調査によってその築造年代は7世紀初めであることが明らかになっている。

その後，幾多の改修を経ているが，慶長13年（1608）に片桐且元によって大改修が行われ，その直後に従前からの用水形態を再編した形で近世的な用水システムが作られている。慶長改修で狭山池には三つの取水樋が作られたが，広域に水を供給していたのは西樋および中樋であった。

　西樋から出る水は西除川に入って北上し，今日の堺市・松原市に含まれる村々を灌漑し，大阪市平野区・東住吉区・住吉区にまで至っていた。ことに現在の大阪市住吉区我孫子付近にあった依網池は狭山池と同じく古代に築造された溜池であるが，最盛期の面積は狭山池よりも大きく，狭山池流域最大の溜池であった。依網池は西除川から水路を引き狭山池の水を取り入れ，我孫子・苅田・庭井など周辺数か村の水田を潤していた。

　また，中樋の水は狭山池の北にある太満池にいったん入れられたのち，堺市美原町[6]，松原市を経て大阪市平野区に至っていた。もちろんこの範囲の村落は狭山池の水に依存することが大きかったが，狭山池の水を主に利用するのは夏期の渇水期で，田植えなどは自村に設けた溜池の水を利用することが基本となっていた。

　狭山池の水の管理をするため設けられた池守を代々勤めた田中家には狭山池の管理や改修に関連する多くの古文書が残されているが，池水の村々への配分時間を定めた水割符帳は慶長17年（1612）のものが最古である[7]。この段階での狭山池用水への加入村は80か村，その灌漑範囲の石高は約55,000石であった。このうち後の新大和川以北の村落は西樋筋が12か村，中樋筋が6か村であり，その石高の合計は約17,000石にもなる。ただし平野郷については西樋・中樋の両方から水を受けている。また，新大和川が村領の一部をとおったり，村領が南北に二分されたりした村落もあった。

　これらの村落が大和川付替えの直接的な影響を受けたこととなるが，現在確認される割符帳類から狭山池用水への加入村の推移を確認すると，たとえば平野郷・喜連村などは慶長17年（1612）の段階では狭山池用水に加入しているものの，承応2年（1653）の段階ではすでに抜けている。これらの村の狭山池用水からの離脱は大和川付替え以前のできごとということになるが，これは各村で溜池などの灌漑施設が整ってきたことのほかに，平野郷ではまた別の理由も考えられる。平野川は，平野より上流は了意川とよばれ，柏原付近で旧大和川から取水する半人工的な河川である。了意川は久宝寺村の安井了意が片桐且元の命で掘ったという伝承が，「柏原船由緒書」などの史料に載っている。その掘削年代はよくわからないが，この川が掘削され間接的に旧大和川の水を利用できるようになったことが，平野郷の狭山池用水からの脱退と関連していると思われる。

注
1）個人蔵。八尾市立歴史民俗資料館『大和川つけかえと八尾』所収，2004年。
2）個人蔵。八尾市立歴史民俗資料館『絵図が語る八尾のかたち』所収，2000年。
3）個人蔵。八尾市立歴史民俗資料館『絵図が語る八尾のかたち』所収，2000年。
4）八尾市立歴史民俗資料館所蔵。八尾市立歴史民俗資料館『絵図が語る八尾のかたち』所収，2000年。
5）稲葉神社崇敬会蔵。八尾市立歴史民俗資料館『絵図が語る八尾のかたち』所収，2000年。
6）2005年2月に堺市に合併。
7）「狭山池中樋水出ス割符帳」「狭山大樋水出ス割符帳」田中家蔵。狭山池調査事務所『狭山池　史料編』所収，1996年。

2.7 まとめ

　本章では，旧大和川と河内平野の関係を，地質学，土質力学，文献よりの考証，文化財地盤調査記録からの考察，および土木史学よりの考察という多方面からの研究成果をもとに考察した。
　一見関係が薄いように思われる，河内平野における洪水被害の発生プロセス，河内平野における河川の流路変遷，河内平野における用水形態の成立プロセス，および河内平野の地形および地質が有機的に結びつくことは，大変に興味深い。その結果，従来，不明な点が多かった旧大和川と河内平野の関係を浮かび上がらせることができたと考えられる。

第 3 章

大和川付替えに至る歴史経緯

3.1　はじめに

　大和川は古代以来，頻繁に氾濫を繰り返し，河内国に甚大な洪水被害を与えてきた。
　そうした様子は『続日本紀』『日本後紀』『続日本後紀』『日本三代実録』といった正史の記述から具体的に知られるが，古代の律令国家はそうした洪水被害に対して決して無策だったのではなく，たとえば，

　　河内国長瀬隄決ク。単功二万二千二百余人を発して修造せしむ[1]。
　　河内国隄防破壊すること卅処。単功卅万七千余人。粮を給してこれを修築せしむ[2]。

といった記述からもわかるように，多くの労働力を動員して決壊した堤を懸命に修築し，延暦年間（782～806）の和気清麻呂に至っては付替えさえ試みるなど[3]，必死になって，大和川の治水対策を講じた。
　それらについての詳細は本書2.5「河内平野における治水事業の概観」に譲るが，律令国家がその叡智を結集して実施したはずのそうした治水事業も，短期的にはともかく，長期的視野で見れば，結局は功を奏さず，大和川の氾濫は平安時代になっても続き，中世においても一向におさまる気配を見せなかった。そして最終的には，江戸時代の宝永元年（1704）に実施された付替え工事を待つことになる。
　本章では，この宝永元年の付替えに至る直接的な原因・契機となった，江戸時代に入ってからの大和川の氾濫による洪水被害と，付替え促進派・反対派双方の運動・主張を具体的に跡づけるとともに，付替えそのものの評価と，付替えという意志決定に至る過程について，歴史学的側面から考察を行うこととしたい。

注
1)『続日本紀』天平宝字6年（762）6月戊辰条。
2)『続日本紀』延暦4年（785）10月己丑条。
3)『続日本紀』延暦7年3月甲子条および『日本後紀』延暦18年2月乙未条。

3.2 洪水被害の歴史経緯

　古代・中世における大和川の流路については，本書2.4「河内平野における河川形成と流路変遷」に詳細な考察があるので，それを参照していただくとして，付替え前の時点で大和川は，石川をあわせて北に流れ，志紀郡の二俣(ふたまた)（八尾市二俣）で久宝寺川(きゅうほうじ)（長瀬川）と玉櫛川(たまぐし)の二つに分流していた。玉櫛川はさらに吉田川と菱江川(ひしえ)に分かれ，吉田川は深野池(ふこの)を経て新開池(しんかい)に至り，再び菱江川と一つになり，楠根川(くすね)をあわせて，最終的には久宝寺川とも合流して，大坂城の北で淀川（現在の大川）に流れ込んでいた（図3.2.1）。

3.2.1　洪水被害の記録

　大和川の付替え運動を主導したリーダー的存在が，河内国河内郡今米村(かわち)(いまごめ)（東大阪市今米）の庄屋中甚兵衛(なかじんべえ)であったことはよく知られている。その中家に伝来した文書の中に貞享4年

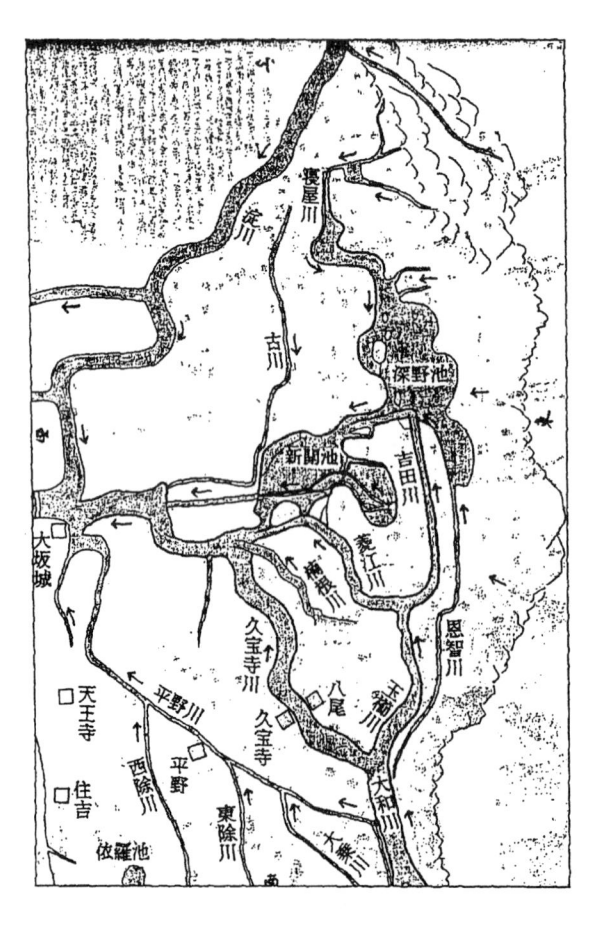

図 3.2.1　付替え前の大和川
（中九兵衛著『甚兵衛と大和川　北から西への改流・300年』より）

(1687) 4月7日付で大坂町奉行所に提出した「堤切所之覚」[1]が伝来する。

　これは，貞享4年に至るまでの50年間の洪水被害をまとめたもので，以下のように被害状況が列記されている。

　　一，五拾年以前寅ノ年，吉田川筋堤切壱ヶ所

　　一，三拾六年以前辰ノ年，吉田川筋堤切壱ヶ所

　　一，拾四年以前寅ノ年，玉櫛川筋菱江川・吉田川・深野・新開表堤切三拾五ヶ所

　　一，拾三年以前卯ノ年，玉櫛川筋菱江川・吉田川・深野・新開表堤拾九ヶ所

　　一，拾弐年以前辰ノ年，玉櫛川筋菱江川・吉田川・深野・新開表堤切拾ヶ所

　　一，七年以前酉ノ年，玉櫛川筋菱江川表堤切六ヶ所

　　一，五年以前亥ノ年，玉櫛川筋菱江川・吉田川表堤切七ヶ所

　　一，去ル寅ノ年，玉櫛川筋菱江川・恩知川表堤切三ヶ所

　　右之外，内堤之切所数ヶ所御座候

　　一，三拾八年以前，久宝寺川筋八尾木村堤切壱ヶ所

　　一，去ル寅ノ年久宝寺川荒川村堤切壱ヶ所

　一条目に記される貞享4年から「五拾年以前寅ノ年」は寛永15年（1638）に当たり，同様に「三拾六年以前辰ノ年」は慶安5年（承応元年，1652），「拾四年以前寅ノ年」は延宝2年（1674），「拾三年以前卯ノ年」は延宝3年，「拾弐年以前辰ノ年」は延宝4年，「五年以前亥ノ年」は天和3年（1683），「去ル寅ノ年」は貞享3年にそれぞれ相当し，「内堤之切所」として記される二条のうち，一条目の「三拾八年以前」は慶安3年を指している。

　この「堤切所之覚」の記述からもわかるように，貞享4年から過去50年遡る洪水被害のうち，最大のものは延宝2年のそれで，菱江川・吉田川・深野池・新開池で，計35か所もの堤が決壊した。

　「堤切所之覚」には「堤切所付箋図」[2]とも呼ぶべき絵図が添えられており，「覚」に記された洪水被害のうち，延宝2～4年と，「覚」には記載のない延宝9年（天和元年）について，

　　① 十四年以前卯迄　寅年洪水　六月十四日・十五日　三十五ヶ所切所

　　② 十三年以前卯迄　卯年洪水　六月五日　十九ヶ所切所

　　③ 十二年以前卯迄　辰年洪水　五月十五・十六日　六ヶ所切所

　　④ 十二年以前卯迄　辰年洪水　七月四日　四ヶ所切所

　　⑤ 七年以前卯迄　酉年洪水　八月中時分　六ヶ所切所

と記された付箋が5枚貼られ，洪水の発生した月日が知られる。

　また①～⑤の付箋は，それぞれ別の色紙で作られているが，5色の色紙の付箋は絵図上の各所にも貼られ，①～⑤の洪水でどの地点の堤が決壊したのか，具体的にわかるようになっている（図3.2.2）。

　この「堤切所付箋図」が延宝2年から示され，「堤切所之覚」にあった，それ以前の寛永15年や慶安3・5年の洪水には触れていないように，延宝2年の「寅年洪水」は，それまでとは比較にならない未曾有の大洪水で，またそれ以降頻繁に洪水が発生する要因もこの時に生じた。

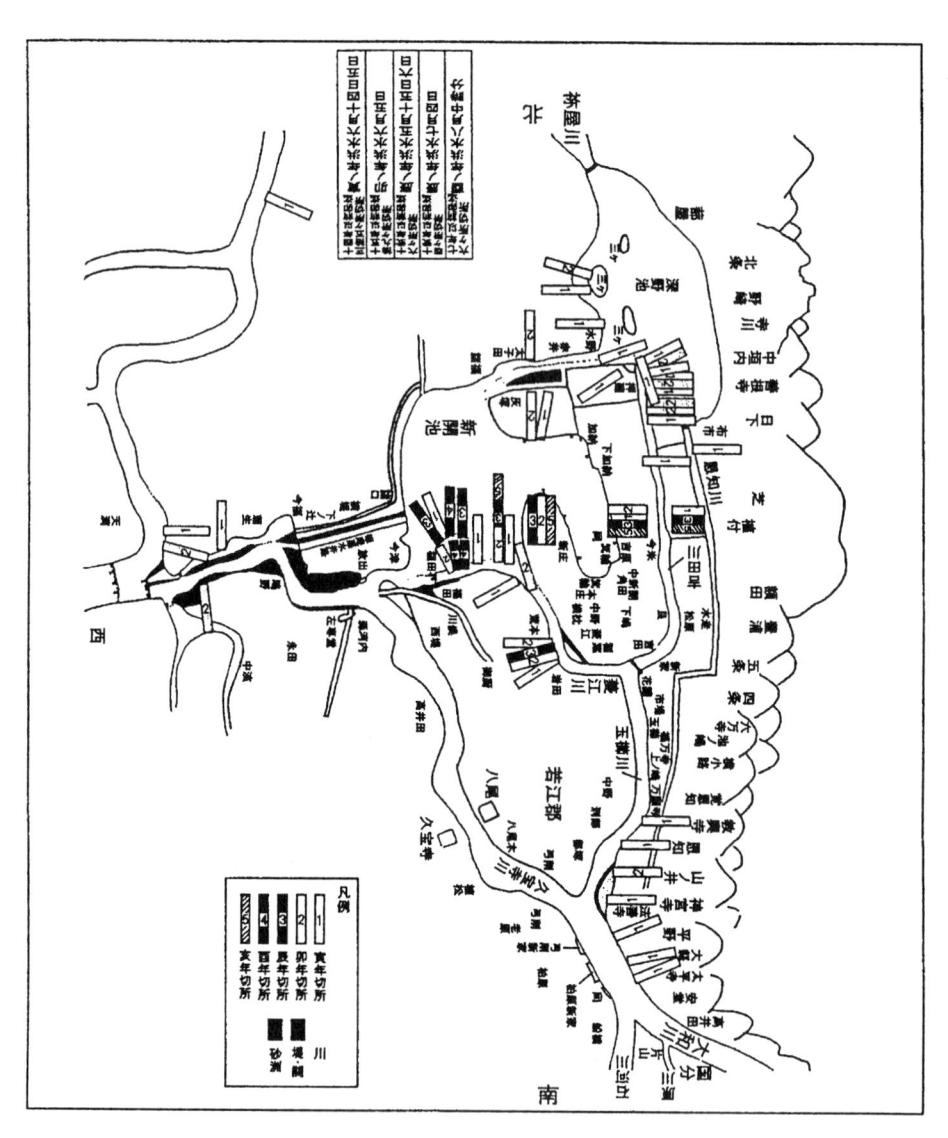

図3.2.2 「堤切所付箋図」に記された内容
（八尾市立歴史民俗資料館『特別展　大和川つけかえと八尾』より）

3.2.2 延宝2年の「寅年洪水」

　延宝2年（1674）の「寅年洪水」については，「御徒方萬年記」(おかちかたまんねんき)[3]が以下のように被害状況を記している。

　　延宝二年六月廿二日注進，大坂去十三日・十四日酉剋迄甚雨，上方淀川・大和川洪水，天満橋・天神橋・京橋押流，其他摂州・河州在之堤数ヶ所崩損申候。以上
　　　同洪水ニ付，代官衆より御勘定所へ申来候書付写

一，六月十三日，大坂大雷三所へ落ル，家人共損申候。
一，同十三日夜九ツ時分より明ル十四日之暮迄，大雨降り大水出，十六日迄引不申候。中之島山崎町石橋之上，壱尺五寸程水つき申候事。
一，十四日，河内国仁和寺堤きれ，淀川河内ニ押込申候事。
一，十四日，河内かしハら（柏原）きれ申候。河内・堺・和泉迄，一面に淵に成申事。
一，十七日，河内へ切レ込申候水ニ而安之島切申候。安之島の家共流，其上京橋・片町・備前島橋流懸り，十五日七ツ時分橋落申候事。
一，十五日ニ福嶋きれ，摂津国田畑不残淵ニ成候事。
一，十七日朝五時分，天満川中嶋へ切込申候故，天満町中家役人数出之，土俵にてつき申候事。
一，十六日，福島より之落水，天満へ入込，堀川より西ハ寺町，其上町中不残水入，船ニ而往来仕候事。
一，大坂町中水入申事，東ハ堺筋へ，北ハ高麗橋，南ハとうとん堀（道頓），西ハ横堀を，町中舟に而廻候事。
一，天満源八之渡し場，十六日ニ摂津国地内水多大川へ切出し候事。
一，河内在々家共，其上京橋・片町・安之嶋家共，天満橋・天神橋・それより下之橋共流，十四日之暮より，与力・同心，其外惣年寄・町之年寄・蔵奉行衆，不残御出被成，其上茶船廻し，船中間・大工・木挽・とひのもの・川役の日用，十七日より十八日の朝迄，橋の切ニ用心ニ被付置候にて，引不申候。與力も不残十四日之暮より川次之役目ニ出被申候。切申候所，見廻被申，石丸石見守無油断御廻被成候。天満より北者長柄，西ハ花崎迄，草木も見へ不申，一面之白浪と成申候。
一，河内国，上者平方（枚方），下ハ大坂，東ハ山のねき，南ハ和泉まて，不残水入，田畑も無之候事。
一，在々処々より死人・家なと橋々へ流懸り申候故，橋々へ毎夜奉行衆御出，挑灯之数知不申候事ほと多御座候事。
一，下町大名屋敷，不残水入申候。ぬれ米，毎日売申候事。
一，水之盛者十八日八時分迄，四尺程引申候。併常之大水程御座候事。
一，大和，大分家共流れ，人も多く損し申候由承得候とも，数知不申候。ぬれ米ハ相場䫂と知れ不申候。何事も跡より可申上候。以上
　　　寅六月十九日

少々長すぎる引用になってしまったが，この「御徒方萬年記」に引用された「代官衆より御勘定所へ申来候書付写」の記述によって，延宝2年6月に起こった洪水が，いかに凄まじいものであったか，具体的様子がよくわかる。

要するに6月13・14日に畿内を襲った大雨により，淀川・大和川がともに氾濫し，「摂津国（せっつ）の田畑は残らず淵（ふち）に成り」，「河内国」も，「上は枚方（ひらかた），下ハ大坂，東ハ山のねき（山の際（きわ）），南ハ和泉（いずみ）まで，残らず水入り，田畑もこれな」しといった状況で，大坂市中も水浸しになって，天満橋（てんま）・天神橋・京橋をはじめとする多くの橋が押し流され，「東ハ堺筋へ，北ハ高麗橋（こうらい），南

八道頓堀，西八横堀」という範囲，すなわち大坂三郷の中心部分では，船を出して市中を往来しなければならない事態となったのである。

3.2.3 法善寺村付近の「弐重堤」の流失

「寅年洪水」の内，大和川に限って見るならば，「一，十四日，河内柏原切れ申候。河内・堺・和泉まで一面に淵に成り申す事」と報告しており，河内国志紀郡柏原村（柏原市本郷他）付近で堤防の決壊したことが，河内一帯はもとより，堺や和泉国まで甚大な被害をもたらした原因と分析している。

これについて，先の貞享4年（1687）4月7日付の「堤切所之覚」[4]も，

> 右は拾四年以前寅年洪水ニ玉櫛川之川口法善寺前弐重堤流失，川口広ク罷成申故如此切所出来仕

と述べ，玉櫛川々口の法善寺村（柏原市法善寺）付近に築かれていた「弐重堤」が延宝2年（1674）の「寅年洪水」で流失していまい，玉櫛川の河口が広がってしまったことが，それ以降洪水が頻繁に発生する原因であると主張している。

この法善寺村付近の「弐重堤」とは，大和川が久宝寺川と玉櫛川に分岐する地点に築かれたもので，川岸の本堤とは別に，川の内側にもう一つの堤を造成し，本堤が受ける水圧を緩和する役目を果していた。それとともに，久宝寺川と玉櫛川では下流の川幅が異なり，玉櫛川の方がかなり狭くなっているため，川の内側に堤を築くことで，玉櫛川の川口を狭め，二つの川に流れ込む水量を調節する機能も併せ持っていた[5]。

その「弐重堤」が，延宝2年の「寅年洪水」で流失してしまったために，玉櫛川の川口が広がってしまい，玉櫛川に多くの水が流入するようになったことで，同川流域でそれ以降洪水被害が頻出するようになった，というのが「堤切所之覚」の分析で，これをしたためた河内国河内郡・若江郡・讃良郡・茨田郡・高安郡の百姓たちは「度々申上候通，先年のごとく弐重堤」を築造して欲しいと嘆願した。

そこに「度々申上候通」とあるように，「弐重堤」の復元は，彼らにとって年来の悲願で，「堤切所之覚」に先立つ貞享4年3月7日付の「乍恐御訴訟言上」[6]でも彼らは，

> 法善寺前弐重堤先年御座候通ニ被為成被下候て，久宝寺川・玉櫛川へ先規之通，相応ニ水参候様ニ奉願候

と主張し，同年4月晦日付の「乍恐御訴訟」[7]では，

> 去ル拾四年寅ノ年洪水ニ玉櫛川之川口弐重堤流失川口広ク罷成，それより以来玉櫛川へ水大分参，新開・深野表堤年々数拾ヶ所切所ニ及，家屋敷迄水入ニ罷成

と，「弐重堤」の流失と洪水発生の因果関係を端的に述べ，「法善寺前弐重堤」を「先年之ごとく」築造して欲しいと嘆願した。そして，同年8月25日付の「乍恐口上書を以言上」[8]でも，

> 就中拾四年以前寅ノ年洪水ニ玉櫛川之川口弐重堤流失川口広ク罷成，それより以来私共方へ水大分参り玉櫛川筋深野・新開表堤八拾ヶ所余切所ニ及び家財迄失及飢

と，やはり「弐重堤」流失と洪水との因果関係を述べた上で，「玉櫛川之川口弐重堤先規之通

ニ被為成，先年のごとくに久宝寺川へ水参候様ニ奉願候」との嘆願を繰り返した。

3.2.4　大和川の天井川化

　先の貞享4年（1687）4月7日付の「堤切所之覚」[9]では，「弐重堤」の流失により洪水を繰り返した結果，「深野・新開池，川々悉ク埋リ本田より高ク罷成，悪水一円落不申亡所ニ罷成迷惑仕候」とも述べられている。洪水によって運ばれた土砂で大和川の川底が上がり，天井川化したことが，洪水被害にさらに拍車をかけたというのである。

　この点についても，貞享4年4月晦日付「乍恐御訴訟」[10]，同年8月25日付「乍恐口上書を以言上」[11]で同様の主張が繰り返され，同年の「乍恐御訴訟」[12]には，

　　大和川之土砂ニて新開池・深野池・川々大坂川口迄悉ク埋リ洪水ニ堤張切，悪水も一円落
　　不申，壱ヶ年之中ニハ度々居屋敷迄水つき何とも渡世ヲ送リ可申様も無御座，飢ニ及び迷
　　惑至極仕候

と記され，大和川の天井川化が原因で，流域諸村が一年に何度も水つきになったことが知られる。

　元禄2年（1689）12月7日付で，河内郡・若江郡・讃良郡・高安郡が連署した「乍恐御訴訟」[13]には，

　　其上年々込水ニて土砂流込，新開池・深野池，本田より壱丈余も高く罷成，悪水も一円落
　　不申迷惑仕候

との記述があり，新開池や深野池では池底が本田よりも「壱丈（約3m）余」も高くなったと，具体的数値が示されている。

　この大和川の天井川化に関しては，中家文書中に延宝3年（1675）の「堤防比較調査図」[4]があり，同年までの50年間に大和川の川底がどれだけ上昇したか，ここ10年ではどうか，田地と比較してどれだけ川底が高くなっているかが，各地点で詳細に記されている（図3.2.3）。

　たとえば，中甚兵衛の居村である河内郡今米村に関しては，

　　堤長七百七拾五間
　　　五拾年以来川筋壱丈弐尺高罷成
　　　　内拾年此間川六尺高成
　　田地より川壱丈高
　　寅卯洪水堤所々水越

と記され，同村領に属する堤防の長さは775間（約1,400m）で，ここ50年間に川底は1丈2尺（約3.6m）高くなり，そのうちこの10年で6尺（約1.8m）高くなっており，田地より川底の方が壱丈（約3m）も高くなってしまったと述べられている。

　この「堤防比較調査図」は，未曾有の大洪水となった延宝2年の翌年に作成されているが，同年もまた「堤切所之覚」[15]に「拾三年以前卯ノ年，玉櫛川筋菱江川・吉田川・深野・新開表堤拾九ヶ所」と記されるように，前年より被害は少なかったものの，やはり大洪水となった。「堤防比較調査図」が，今米村に関する記述でも，最後に「寅卯洪水堤所々水越」と記すのは，

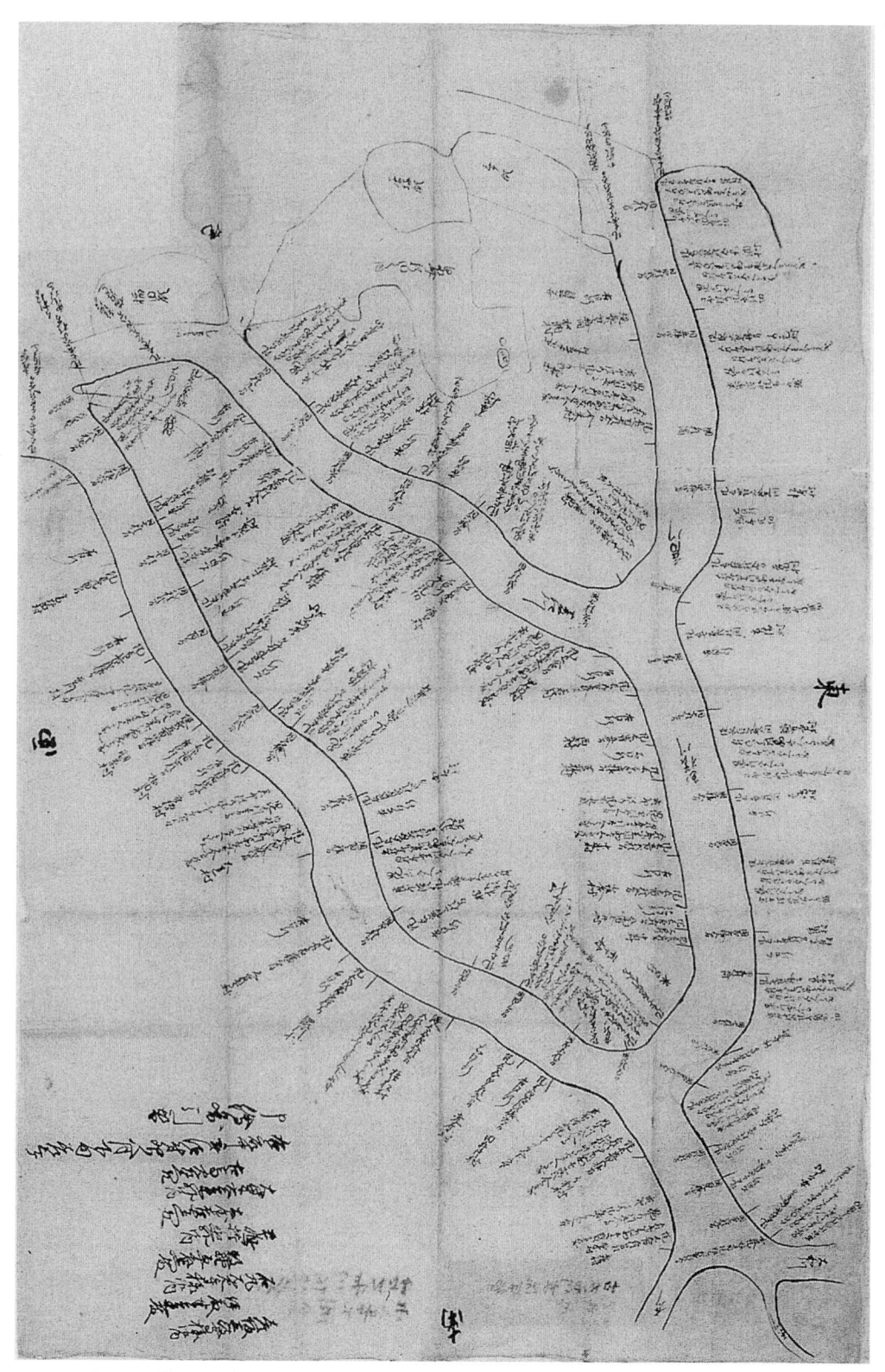

図3.2.3 「堤防比較調査図」(中九兵衛氏蔵 N-070306, 写真提供 大阪府立狭山池博物館)

こうした大和川の天井川化が，延宝2・3年の大洪水の被害をさらに甚大にしたという認識を示しているのである。

3.2.5　洪水被害の原因

　大和川筋の流域住民から，度々こうした訴えがあり，実際洪水被害が頻繁に発生したこともあって，幕府は天和3年（1683）2月に若年寄稲葉正休らを派遣して，実地調査をさせている。

　それについての詳細は次節に譲るとして，正休らが出した結論は，大和川諸流の水源である山々の地質が砂土で，しかも多くの木々を濫伐したために，雨が降るとそれらの土砂が流れ出し，下流を塞いだ，というものであった[16]。

　こうした分析が正しいとするならば，濫伐の背後に想定されるのは，近世初頭に各地で相次いだ開発である。

　織豊期から江戸時代初期にかけては，全国の至る所でさかんに築城が行われ，多くの城下町が建設された。大坂近郊に限ってみても，巨大城郭大坂城が豊臣秀吉と徳川幕府によって二度も築かれ，秀吉によって建設された城下町大坂も，大坂夏の陣の戦火で完全に灰燼に帰したため，これまた再び建設工事が行われた。その他，聚楽第・伏見城・大和郡山城といった豊臣政権の核ともいうべき巨大城郭の築造も大坂周辺で相次ぎ，徳川幕府も伏見城を再築し，二条城を築いた。また戦国期に荒廃した寺社の復興も相次いだから，大坂近郊こそ，こうした「大開発時代」の影響を最も大きく，まともにうけた地域であったといえる。

　山々では，「大開発時代」という時代の要請を受けて，多くの石材が採られ，木々が濫伐された。その影響で，全国各地で河川が氾濫し，洪水が頻発するのであるが[17]，大和川の場合は，その最大規模の事例で，大和川の洪水被害は，いわば「大開発」の副作用だったのである。

注
1）『八尾市史　史料編』（大阪府八尾市役所，1960年）ならびに中好幸（九兵衛）著『大和川の付替　改流ノート』（私家版，1992年）。
2）中九兵衛氏蔵。同著『大和川の付替　改流ノート』『甚兵衛と大和川　北から西への改流・300年』（私家版，2004年）の他，柏原市立歴史資料館『大和川付け替え300周年記念　大和川——その永遠の流れ——』（2004年），八尾市立歴史民俗資料館『特別展　大和川つけかえと八尾』（2004年），大阪府立狭山池博物館『大和川付替え300周年記念　近世を拓いた土木技術』（2004年）などに図版が掲載されている。
3）『大阪編年史』第6巻，大阪市立中央図書館，1969年。
4）前掲1）に同じ。
5）中九兵衛著『甚兵衛と大和川　北から西への改流・300年』
6）中家文書，『八尾市史』史料編ならびに中好幸著『大和川の付替　改流ノート』所収。
7）中家文書，『八尾市史』史料編ならびに中好幸著『大和川の付替　改流ノート』所収。
8）中家文書，『八尾市史』史料編ならびに中好幸著『大和川の付替　改流ノート』所収。
9）前掲1）に同じ。
10）前掲7）に同じ。
11）前掲8）に同じ。
12）中家文書，『八尾市史』史料編ならびに中好幸著『大和川の付替　改流ノート』所収。
13）中家文書，『八尾市史』史料編ならびに中好幸著『大和川の付替　改流ノート』所収。

14) 中好幸著『大和川の付替 改流ノート』に図版が掲載され，絵図上に記された文字が全文翻刻されている。なお，中九兵衛著『甚兵衛と大和川 北から西への改流・300年』や大阪府立狭山池博物館『大和川付替え300周年記念 近世を拓いた土木技術』などにも図版が掲載されている。
15) 前掲1）に同じ。
16) 「畿内治河記」『大阪編年史』第6巻所収。
17) 深谷克己「大開発の時代」，黒田日出男「国土と風景の変貌 農村・都市・交通」いずれも『週刊朝日百科 日本の歴史73 近世Ⅰ-7 開発と治水』朝日新聞社，1987年，など。

3.3 付替え促進と反対運動

　大和川の付替えをめぐっては，これを促進しようとする村々と反対派の村々が，それぞれの立場から出訴・嘆願を繰り返し，熾烈な論争を繰り広げた。
　その内容については既によく知られたところではあるが，大和川付替えの全体像を把握するため，あらためて本節では，双方の運動の時間的経過と主張の具体的内容を概観する[1]。

3.3.1 付替え運動の始まり

　さて，寛政8年（1796）2月付の「新大和川堀割由来書上帳」[2]には，元禄16年（1703）から数えて45年前から河内国河内郡芝村（東大阪市中石切町他）の三郎左衛門や同郡吉田村（東大阪市吉田）の治郎兵衛が江戸に下り，大和川が石川と合流する河内国志紀郡船橋村（藤井寺市船橋町）・柏原村（柏原市本郷）の地点から「川違（かわたがえ）」（付替え）して，摂津国住吉郡安立町（あんりゅう）（大阪市住之江区安立）の手水橋へと西流させるよう願い出たと記されているので，促進派による付替え運動は，明暦3年（1657）に始まったことが知られる。
　ちょうどこの年，のちに促進派の中核的存在となる河内郡今米村（東大阪市今米）の中甚兵衛も19歳の若さで江戸に下り，16年間滞在しているので，彼もまたその最初期から付替え運動にかかわった可能性が高い。
　元禄16年6月付で，付替え反対派の河内国志紀郡・丹北郡（たんぼく），摂津国住吉郡の村々がしたためた「乍恐謹而言上川違迷惑之御訴訟」[3]にも，河内郡の百姓が江戸へ下って大和川の付替えを願い出たために，「四拾餘年以前」から奉行たちが新川筋の検分にやってくるようになり，たいへん迷惑していると記され，明暦3年から三郎左衛門や治郎兵衛たちが付替え運動を始めたことを傍証しているが，このとき彼らは，彼らの言うとおりに付替えが実現したならば，旧川の川床はもとより，深野池・新開池でもたくさんの新田ができ，もともとの田地も水害を免れるから，摂河両国にとってたいへん利益になると主張したと伝えられる。

3.3.2　万治3年・寛文11年の幕府検分

　三郎左衛門らの嘆願がどれほど功を奏したのかは定かではないが，大雨で摂河地域が洪水被害に見舞われたこともあって，万治3年（1660）に勘定奉行岡田善政と大和小泉藩主片桐貞昌（さだまさ）（よしまさ）が検分に訪れ，大和川が久宝寺川（長瀬川）と玉櫛川に分岐する二俣（八尾市二俣）に近い志紀郡弓削村（八尾市弓削町）・柏原村から手水橋に至る間に杭が打ち込まれ，新川予定筋が示された。

　これに対し，新川予定筋となった河内国志紀郡・丹北郡と摂津国住吉郡の村々が，もし実際に大和川の付替えが行われれば，自分たちの村々は「日損・水損場（ひそん・すいそん）」となってたいへん迷惑だと訴えたところ，付替えると決まったわけではないので安心せよとの回答を得たという[4]。

　実際，このとき大和川の付替えは現実のものとはならなかったが，翌万治4年には，せめてもの改善措置として，排水機能を高めるために新開池の井路（いじ）掘削が認められて，六郷井路が完成した。

　その後も，河内郡の百姓らによる大和川付替え運動は根気よく続けられ，寛文10年（1670）に木津川河口を中心に大水害が起きたこともあり，翌11年10月，浚利奉行を命ぜられた旗本の永井直右（なおすけ）と藤掛永俊（ふじかけながとし）の二人が，再び新川筋の検分を行い，前回よりは少し上流の柏原村・船橋村領内から手水橋までの間に1町（約100m）ごとに勝示杭（ぼうじくい）が打ち込まれた。

　驚いた新川筋の村々は，早速に，前回同様，このような大和川付替えが行われれば，自分たちの村々は「日損・水損場」になると強く訴えたが，全くとりあげられなかった。そのため，今回はついに付替えが行われるものと思い，所持する田地が川床になる者たちは，先祖伝来の土地を失っては生活もできず，「乞喰」になるくらいなら長生きも無用と自殺する者や気が狂う者もたくさん出たという。これら村々の百姓たちが，もはや江戸に訴え出るしかないと思った矢先，翌寛文12年2月になって，付替えは行われないので安心するようにとの知らせがあり，勝示杭もすべて抜かれたので，田地が川床になる百姓も，日損・水損場になる百姓も，皆たいへん喜んだと伝えられる[5]。

3.3.3　延宝4年の幕府検分と反対派諸村の主張

　ところが，それから2年，延宝2年（1674）6月13日から14日にかけて大雨が降り，大和川は増水して濁流となり，河内国大県郡法善寺村（柏原市法善寺）の二重堤が決壊した他，35か所で堤が決壊し，淀川でも河内国茨田郡仁和寺村（寝屋川市仁和寺本町）で仁和寺堤が切れ，（にわじ）こちらからも河内方面に水が流れ込み，河内平野一帯はもとより，大坂市中や和泉まで水つきとなり，人家は流され，死者も数知れずという状態で，摂河地域にとって未曾有の洪水被害となった[6]。

　さらに翌年も，6月5日の大雨で玉櫛川・菱江川・吉田川や深野池・新開池などで，19か所の堤防が決壊し，こののちは毎年のように水害が発生することとなる。

こうした事態をうけて，翌延宝4年3月15日，大坂西町奉行の彦坂重紹と船手頭の高林又兵衛らが三度目の検分を行った。新川筋の村々では早速反対運動が起こり，たくさんの百姓たちが迷惑を訴えたが，訴状をしたためて17日に西町奉行所へ持ってくるようにいわれたため，同日町奉行所周辺には新川筋村々の百姓たちが何万人と詰めかけ，一方，吉田村の治郎兵衛が扇動して，促進派の百姓たちも押し寄せたから，大坂城下は大騒ぎになったという[7]。

延宝4年3月付で，船橋村・柏原村から手水橋に至る新川予定筋の反対派の村々がしたためた「乍恐言上仕候」[8]によると，新川筋の南側は，南方の山々から夥しい悪水が流れ出るので，数多くの井路川で水が溢れ，田地一面が水につかり，人馬も通れない事態になるとのことで，そんなところに計画されている新川が通れば，悪水はそれに遮られ，さらに地形は西側が高くなっているので，4，5万石は水損場となってしまい，とりわけ10か村は水底に沈んでしまうこととなり，それらの村々では人々が住むこともできず，流浪せざるを得なくなってしまうという。加えて，新川の北側では用水が不足して，日損場となり，付替えの実施は，河内と摂津で数郡の百姓の命にかかわるから，何かとこれまで同様中止して欲しい，と強く訴えた（図3.3.1）。

同じく延宝4年3月付で，河内国志紀郡が船橋村など5か村，同丹北郡が太田村（八尾市太田）など17か村，同丹南郡は西川村（羽曳野市恵我之荘他）1村，摂津国住吉郡が庭井村（大阪市住吉区庭井）など6か村，計29か村の連名でしたためられた「乍恐言上仕候」[9]には，さらに詳しく，

- ① 計画どおりに付替えが実施されると，先祖伝来の田地が川底となる百姓は生活できなくなり，命にかかわる。
- ② 河内国は南が高い地形なので，大小の河川は全て南から北へと自然に流れているのに，新川は地形にそぐわない横川で，しかも柏原村・船橋村から東除川までは西へ行くにしたがい高くなり，その間には南の山からの悪水や小川がいくつも流れ，大雨が降ると水が溢れて田地一面がつかり，人馬も通れなくなるというようなことが年に二，三度はある。そのようなところに新川ができれば，さらに多くの土地が水損場となってしまう。
- ③ 東除川から西除川にかけては，さらに地形が高くなり，西除川には多くの悪水が流れ込むので，もし新川ができれば，間違いなく4，5万石は水損場となり，とりわけ13か村は水底に沈んで，住むことさえできなくなってしまう。
- ④ 瓜破村（大阪市平野区瓜破東他）領の20町（約2.2km）ほどと，山之内村（大阪市住吉区山ノ内他）・杉本村（大阪市住吉区杉本他）領内の14，5町（約1.6km），合わせて34，5町（約3.8km）は，新川を造るために2丈（約6m）余も掘らねばならず，しかも地質は堅い岩盤であるから，その工事には莫大な労力・費用がかかり，掘り出した土は捨てねばならないので，それによってもたくさんの田地が潰れてしまう。
- ⑤ 促進派は付替えを行えば，旧川の川床や深野池・新開池に多くの新田ができるかのように言っているが，実際にはそんなにたくさんはできず，井路川や道の分を差し引けばほんのわずかに過ぎない。
- ⑥ 堤の維持についても，旧川は長い距離をゆっくりと流れ下るので，水当りが弱く，堤

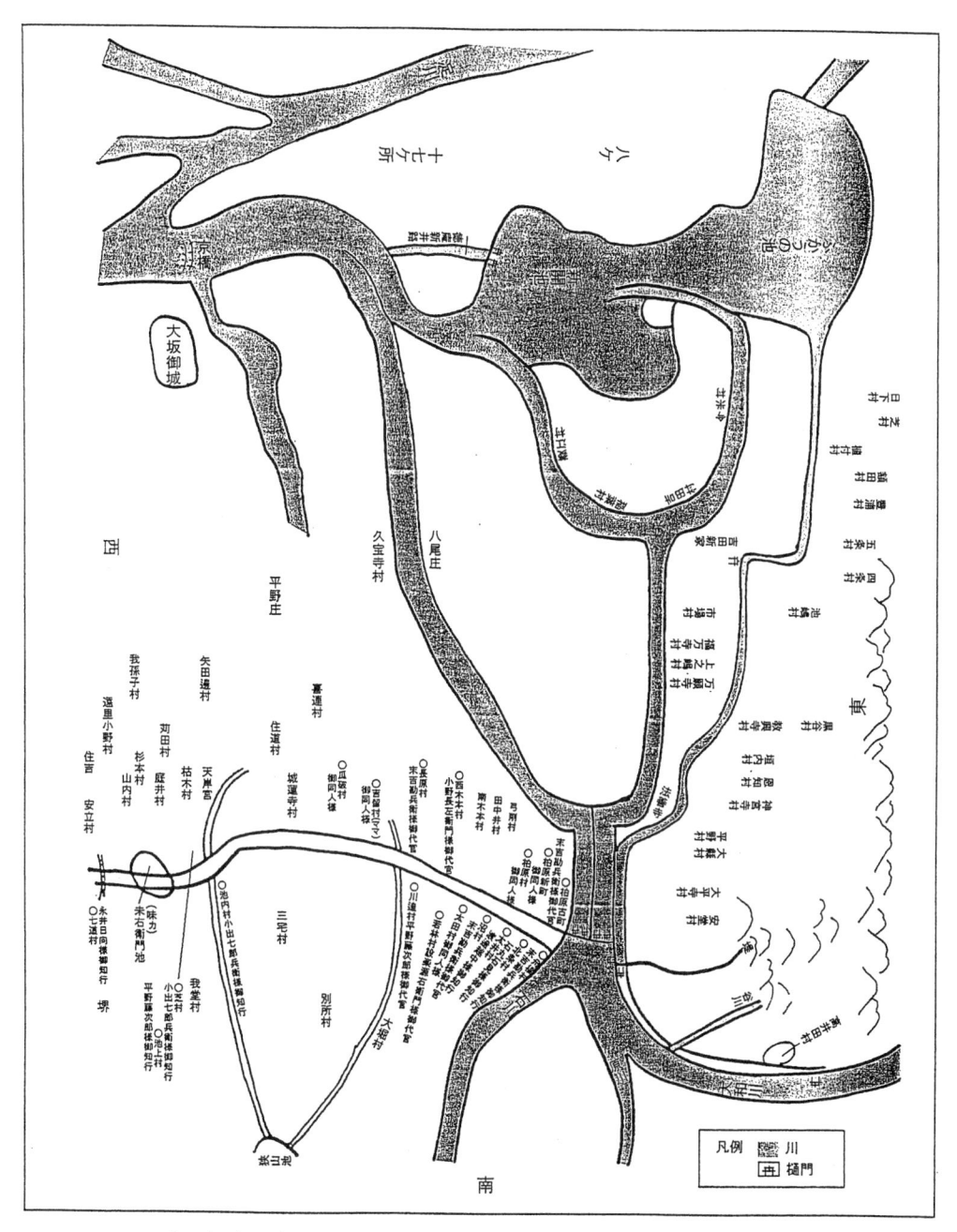

図 3.3.1　延宝5年（1677）～6年頃描かれたと考えられる「大和川付替え予定地絵図」（個人蔵）に記された新川予定ルート
（八尾市立歴史民俗資料館『特別展　大和川つけかえと八尾』より）

もそんなに痛まないが，新川の場合は自然地形に反した横川で，距離も短く，流れも急なので，水当りが強くなり，堤も痛みやすく，これまた補修に莫大な費用がかかる。
⑦ 新川ができれば，旧川には水が行かなくなるので，若江郡・渋川郡の村々は用水不足で日損を被ることとなる。

⑧ 新川から北の村々は，これまでは狭山池の水や南の山からの水で田地を潤してきたが，東除川から西の地形の高い所では，川床の方が低くなるため，用水を確保できなくなり，やはり日損場となってしまう。

⑨ 柏原村と手水橋の間には，東高野(こうや)街道から紀州街道まで，主要な街道が6筋も通っており，その他にも多くの道があるので，新川が掘られれば，それらが寸断され，多くの人々が往来できずに困ることとなる。

⑩ 延宝2年・3年の洪水で，大和川の堤が所々で切れ，被害を受けた川下の百姓が付替えを願い出たと聞いているが，あの両年の洪水は古今未曾有のものであって，大和川に限らず，他の川でもたくさんの堤が決壊した。したがって，あの洪水を理由に大和川だけ付替えをするというのは理屈が立たず，川浚えを命じ，堤の外側に腹付けをして，さらに堤を高くすれば，付替えなどせずとも，十分大和川を維持できるはずである。むしろ，無理に新川を掘って，その堤が決壊する方が，さらに多くの田地や人命を失い，大惨事となることが予想される。

と，十か条にわたって具体的な反対理由が述べられている。

この訴状は大坂西町奉行所に宛てられたものであったが，反対派の村々はさらに江戸直訴に及んだ。

柏原家文書中の「取替し申一札之事」[10]によれば，このとき反対派村々の代表として江戸に下ったのは，河内国志紀郡柏原村庄屋忠右衛門ら九人[11]で，彼らは，

① 事前に相談して決めた絵図・訴状のとおりに訴訟を行い，それ以外には絶対に新しい訴えをしないこと。

② 何事も相談した上で行い，独りで勝手に訴訟を行わないこと。

③ 往復の道中，ならびに江戸においても諸事倹約につとめ，かかった費用は全て明らかにすること。

などを誓い合った。

そして，これまでの経過を述べた上で，

① 新川予定筋の河内国志紀郡と摂津国住吉郡の間にはたくさんの川があるが，まず志紀郡の大乗川は，紀伊国との国境である金剛山の西谷に源を発し，川上は十里（約40km）余りもあり，相当量の悪水が流れるので，小山村（藤井寺市小山(こやま)）と太田村（八尾市太田）の間で長期間の裁判があり，その後も大井村（藤井寺市大井）と林村（藤井寺市林）の間で，悪水をめぐるもめごとが長らく続いた。

② 丹北郡には西除川・東除川があり，これも紀伊国境の山から流れ出ている。この二つの川は少しの雨でも悪水(あくすい)が溢れ，堺と大和を結ぶ長尾街道を遮断し，多くの人々が足止めをくう。その他にも小さな川がたくさんあるので，このようなところに新川ができれば，横川となって，大乗川・東除川・西除川やその他の小川の方が川尻に高くなって新川に流れ込まず，悪水が溢れかえって，船橋村・北条村（藤井寺市北條町）・大井村・沼村（八尾市沼）・太田村・川辺村(かわなべ)（大阪市平野区長吉川辺）の諸村は水没してしまう。

③ 新川ができると，京・大坂から堺・和泉・紀伊へ行く道が遮断され，大和・伊賀を経

て伊勢参りに向かう道中も新川によってたいへん不便になる。
    ④ 川下の百姓たちは，付替えによって深野池・新開池にたくさんの新田ができるかのように主張しているが，たしかに5,6千石の広さはあるにせよ，そこには大きな淵があって，とても新田になるとは思えず，実際に新田となるのはごくわずかに過ぎない。

などと訴え，併せて自然地形に逆らう付替え工事の難しさを主張した[12]。

こうした反対派の理路整然とした訴えが功を奏し，またしても付替え工事は当分の間中止ということになった[13]。

3.3.4 天和3年の幕府検分

けれどその後も洪水被害は一向におさまらず，事態を重くみた幕府は，天和3年（1683）2月，若年寄の稲葉正休，大目付の彦坂重紹（元大坂西町奉行），勘定頭の大岡清重に摂河両国の水路巡見を命じ，伊奈半十郎・河村瑞賢らがこれに随行した。

調査は3か月に及び，その結果，洪水被害を引き起こす原因は，水源の山々が砂土でできていて，木々を濫伐したために砂が流れ出て下流を塞いでしまったこと，という結論が導き出され，海に出る河口さえ開けば，新川を造る必要はない，と断定された[14]。

ところでこの調査の際，一行は新川筋も巡見しており，4月21日に船橋村から摂津国住吉郡田辺村（大阪市東住吉区田辺）を経て安立町に至るルートと，田辺村から同国東成郡阿部野村（大阪市阿倍野区王子町他）に至るルートの2筋に，またもや勝示杭が打たれた。

これに驚いた新川筋では，河内国志紀郡が船橋村など9か村，丹北郡が太田村など9か村，渋川郡は竹淵村（八尾市竹渕）1村，摂津国住吉郡が東喜連村（大阪市平野区喜連）など7か村，東成郡が阿部野村1村という，計27か村の連名で，巡見一行に対し，訴状をしたためた[15]。

そこでは，これまでの主張を繰り返すとともに，
    ① 新川の南側に悪水井路を掘ったところで，東除川・西除川はいずれも天井川であるため，その水を落とさないかぎり，横田川・今川・駒川などの悪水ははけず，新川の南は一帯が水損場となる。
    ② 新川を造れば，河口に土砂がたまって船の出入りができなくなり，そうなれば大坂・京・伏見の町人はもとより，五畿内の百姓たちが皆たいへん困ることになる。
    ③ 付替えを嘆願している百姓たちの村々は，元来，地形的に水の絶えないところで，たとえ新川を造ったとしても水は抜けず，新田などできるはずがない。

との反対理由を付け加えた。

3.3.5 河村瑞賢による治水工事と促進派諸村の嘆願

このときの調査では，既に述べたように，付替えの必要はなし，との結論が導き出された。そして，大和川の諸流が大坂城近傍で最終的に合流する淀川の海への流入さえスムースにすれば，洪水被害をおさえることができるとの見解であったので，幕府から全権を与えられた河村

瑞賢が，再度調査をした上で，翌年2月から大規模普請を開始，わずか20日間で九条島を開削して安治川(あじ)を開き，河口の流れを直線化した[16]。

さらに瑞賢は，貞享3年（1686）3月石川との合流点から下流の砂洲を浚渫して河道の曲りを正し，若江郡森河内村(もりかわち)（東大阪市森河内）前で諸流が一つになって水勢がぶつかりあい，それが原因で上流が滞るので，合流点に竹木を立てて堰を作り，諸流を分導してゆるやかに合流させるとともに，森河内村から大坂城近傍までの河道を広げる，といった大和川の治水工事を行った[17]。

ところが，それでもなお洪水被害が頻繁に起こったため，貞享4年3月7日付で，河内郡・若江郡・讃良郡・茨田郡・高安郡の村々は連名で訴状をしたため，大坂町奉行に嘆願した。

「乍恐御訴訟言上」と記されたその訴状[18]では，冒頭に，摂津・河内の水所15万石余の百姓は，これまで長年にわたって大和川の付替えを嘆願してきたが，一向に実現せず延引となっており，近年，河村瑞賢による治水工事で河口から鴫野村(しぎの)（大阪市城東区鴫野西他）まではよく水が引くようになり，洪水被害を免れるようになったものの，それより上流の河内国7万石余の百姓は未だにたいへん苦しんでいる，と窮状を強く訴えている。そして前年の春から夏にかけて，度々治水工事を嘆願し，瑞賢に申し出るよういわれたので頼みに行ったが，未だに工事は実施されていないと述べ，

① 深野池・新開池への落口が埋まり，村々の悪水が落ちないので，新開池の中の島を5間（約9m）幅で掘り抜いて，水が流れるようにする。
② 稲田観音前と楠根川の中堤を延長すれば，悪水の抜けがよくなる。
③ 法善寺前の二重堤を復元して，久宝寺川と玉櫛川の水量を適切にする。
④ 菱江川・吉田川・繝屋川(ねや)（寝屋川）・恩智川(おんぢ)（恩知川）・久宝寺川といった諸河川が摂津国東成郡放出村(はなてん)（大阪市鶴見区放出東他）のところで一つになるため，水がもみあい，洪水が起こる原因になっているので，河内国茨田郡今津村（鶴見区今津南他）の西から放出村の北西にかけて新川を掘り，菱江川をそこへ導いて，鴫野村のところで合流するようにすれば，そこから下流は近年の工事で水はけがよくなっているので，洪水は起こらない。
⑤ 菱江川筋の稲田新田のところは非常に川幅が狭くなっているので，これを広げる。
⑥ 河内郡吉田村と茨田郡今津村のところに堰を作り，大和川水系の水が深野池・新開池に流入しないようにする。
⑦ 徳庵井路(とくあん)を切り抜いて繝屋川・恩智川を通し，田地の悪水は徳庵井路の北に，もう一つ別の井路を掘って，今福村(いまふく)（大阪市城東区今福南他）で鯰江井路(なまずえ)に落とすようにする。

といった具体案を示し，付替えができないのならば，せめてこうした応急工事を実施して欲しいと強く願い出た。中でも③・④の早期実現を訴える内容となっている。

同年4月7日には，3月7日付のこの「乍恐御訴訟言上」に，「堤切所之覚」と題した50年間に渡る洪水記録の覚書を添え，再度，

① 法善寺前二重堤を復元すること。
② 放出新川を掘って，菱江川をそこへ導くこと。

③ 吉田村と今津村のところで堰き止め，大和川の水を深野池・新開池に流入させないこと。
　④ 徳庵井路を切り抜いて禰屋川と恩智川をそこへ通し，田地の悪水は，徳庵井路の北に新たな井路を掘って摂津国東成郡今福村のところで鯰江井路に落ちるようにすること。
を強く訴えた[19]。

　それでも幕府に一向に動きが見られないため，河内郡・若江郡・讃良郡・茨田郡・高安郡の村々は，4月晦日付[20]，8月25日付[21]でも同内容の訴状をしたため，執拗に訴え続けた。

　この段階で大坂西町奉行であった藤堂良直（とうどうよしなお）は，翌貞享5年（元禄元年）4月に大目付に転じた。

　これによって，訴えが幕府中枢に届き，事態が好転するのではないかと期待した河内郡・若江郡・讃良郡・茨田郡の百姓たちであったが，何ら動きがないことに焦れ，翌年12月7日付で大坂町奉行所に訴状を提出し，放出新川一点に絞って，その実現を嘆願した[22]。

　しかしながら促進派の訴えは聞き入れられることはなく，元禄11年（1698）3月9日，幕府は河村瑞賢を再び呼んで大坂川普請を命じ，これをもって摂河地域の治水事業を完了する方針を打ち出したのである[23]。

　工事は翌年2月に完了し，江戸に戻った瑞賢は6月26日に亡くなったが，洪水被害は相変わらず発生した。

3.3.6　元禄16年の幕府検分と反対派諸村の主張

　堤奉行の任にあった代官万年長十郎（まんねんちょうじゅうろう）と小野朝之丞（おのあさのじょう）の二人は，こうした事態に新たな対策の必要性を感じたのか，河内郡水走村（みずはい）（東大阪市水走）の弥次兵衛と今米村の中甚兵衛が，それぞれ山方総代・六郷惣代として呼び出され，奉行両名の質問に答え，やがて甚兵衛の力量が認められて，のちには彼一人が度々出頭するようになったのだという[24]。

　そして，元禄16年（1703）4月6日，万年長十郎・小野朝之丞の両堤奉行は，甚兵衛をともなって新川予定筋の検分を行った。

　天和3年（1683）以来，20年ぶりの検分に驚いた新川筋の村々は，早速，堤奉行に迷惑を訴え出た。

　5月晦日付で太田村・南木本村（きのもと）（八尾市南木の本）連名でしたためた「覚」[25]には，中甚兵衛が堤奉行に対し，付替えについていろいろと説明しているのを見て，新川など造られては迷惑と思い，4月19日に堤奉行に訴えたところ，自分たちは付替えを命ぜられて来ているのではないとの回答ではあったが，とりあえず訴状と絵図は預かってくれたと記されている。

　そして，京・長崎等の巡察を命ぜられた若年寄稲垣重富（しげとみ），大目付安藤重玄，勘定奉行荻原重秀が，長崎から江戸に戻る途中で大坂に立ち寄り，下河内・新川筋双方を検分したので[26]，その機会に稲垣重富へ5月17日に訴状を提出したが受理されず，荻原重秀も，未だ幕府として付替えの沙汰があったわけではない，と受け取りを拒否したという。

　さらに5月24日には新川筋の庄屋二人が呼び出されて4月19日に預けた訴状・絵図が返され

た。このため，翌25日に百姓たちが訴えたところ，万年長十郎は訴状・絵図を再び預かり，江戸から沙汰があればその内容を伝えると約束した。

さらに翌26日，百姓たちは大坂町奉行所にも訴え出て，訴状・絵図を見せ，その主張はもっともであると了解されたが，付替えについては江戸から何の沙汰もなく，町奉行所はそうした役目でもないので，堤奉行の方へ訴えよと諭されて，訴状・絵図は返却されたのだという。

この元禄16年5月付で，河内国志紀郡が船橋村など11か村，丹北郡が太田村など14か村，摂津国住吉郡が苅田村（大阪市住吉区苅田）など7か村，計32か村（図3.3.2）が連署した「乍恐川違迷惑之御訴訟」[27]には，これまでの経過が述べられるとともに，

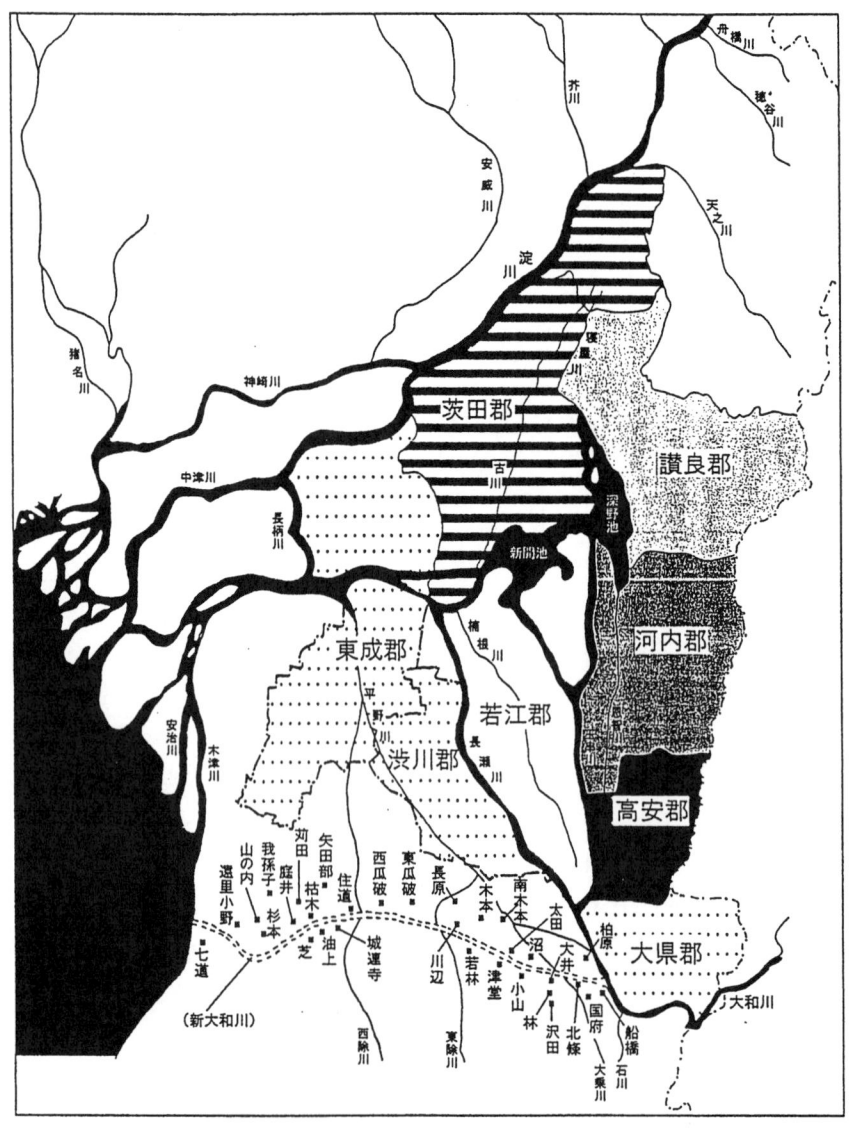

図3.3.2 元禄16年（1703）5月付「乍恐川違迷惑之御訴訟」に署名し，付替えに反対した村々と促進派の郡域
（八尾市立歴史民俗資料館『特別展　大和川つけかえと八尾』より）

① 大和川は大和・河内・摂津3か国をまたぐ大河で，自然の地形にしたがって流れているのに，これを付替えて横川にすると，さまざまな支障が生じる。
② 河内国は南の方が山で地形が高く，多くの川が南から北へと自然に流れており，現状でも年に何度か悪水が溢れて交通が遮断されるのに，横川ができれば，新川の南に何万石という水損場ができ，船橋村・北条村をはじめとする11村は水底に沈んでしまう。
③ 狭山池からの水や，南の山手からの悪水，また溜池などを田地の用水としてきた新川北側の村々は，新川ができるとそうした水を取れなくなって日損場となる。
④ 丹南郡・丹北郡・住吉郡などでは高1万石に対し，3千石相当の土地が溜池となっている。これまで大和川の川水に頼ってきた若江郡・渋川郡には溜池がなく，もし付替えをしたならば，田地を潤す用水を確保するため，高1万石に対し，従来の田地を3千石も潰して池を造らねばならない。
⑤ 下河内の百姓たちは，付替えをすれば深野池・新開池や旧川の川床でたくさんの新田ができると主張しているが，実際には新川で潰れる田地には遠く及ばず，わずかな新田しかできない。
⑥ 現在の大和川は自然の地形にしたがって流れているので，土砂が溜まって川床が高くなっても，堤さえ頑丈にしておけば問題ないが，新川の場合はそうはいかず，川床が高くなるにつれ水損場は広がり，人命さえも危ぶまれる。
⑦ 大和・河内の村々へは，糟(かす)・鰯・材木その他の品々が大和川の舟運を利用して，大坂から運ばれてくる。逆に竹木・俵物(たわらもの)等は，大和・河内から大坂へと運んでいるが，付替えが行われれば，大和・河内両国の百姓ばかりでなく，大坂の商人もたいへん困ることになる。
⑧ 住吉の手水橋は大坂・堺間を結ぶ紀州街道，川辺村は大坂から大和・伊賀・伊勢方面へと向かう街道，瓜破村は中高野街道というように，新川筋には南北に大小の街道がたくさん通っているが，もし新川ができれば，それらはすべて遮断され，たいへん不便になる。
⑨ 新川筋では，東除川から西の瓜破村・杉本村・山之内村・遠里小野村(おりおの)(住吉区遠里小野)あたりで地形が非常に高くなっており，仮に1町（約100m）につき4寸（約12cm）の勾配とみても，4，5丈（12〜15m）は掘らねばならず，さらに掘り出した土を捨てるため，多くの田地が潰れてしまう。
⑩ 逆に東除川から東は地形が低く，勾配をつくり出すためには相当量の土が必要になるが，周囲にはそうした土取場は見当たらない。

と，これまでの主張を繰り返すとともに，新たな理由も付け加えて，付替えに強く反対した。

3.3.7　付替えの決定

若年寄稲垣重富ら3人が江戸へと戻り，万年長十郎も江戸に下ったため，新川筋の百姓たちは度々寄合をして，江戸直訴を検討したが，幕府から付替えの沙汰があったわけでもないので，

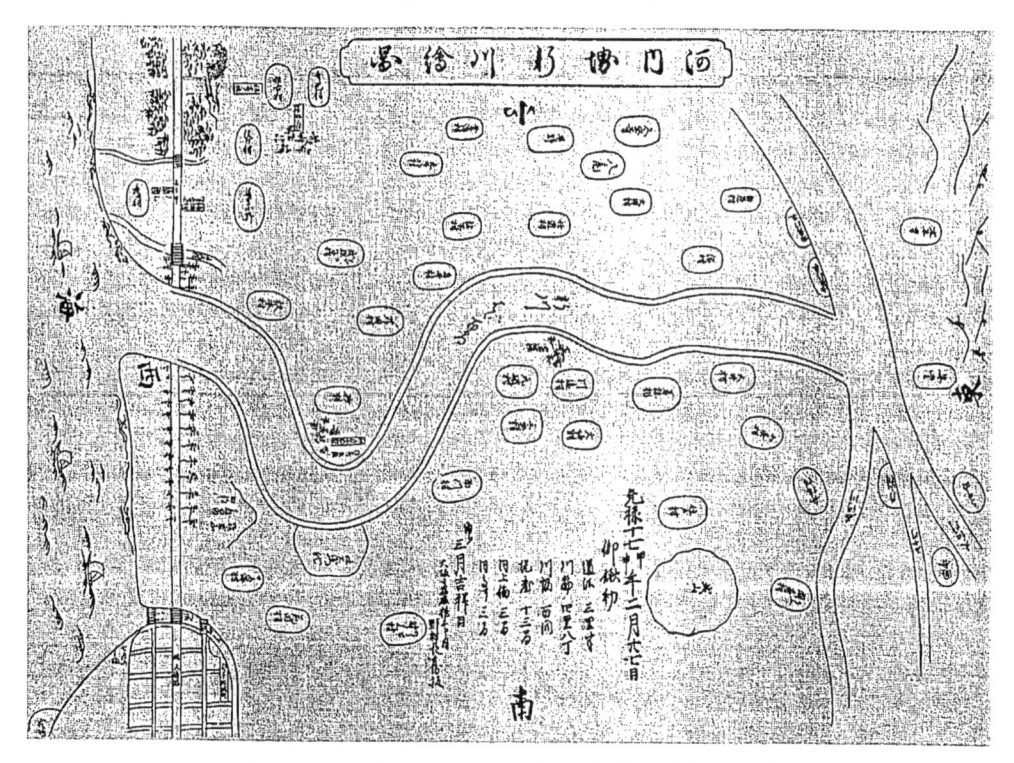

図 3.3.3　元禄17年（1704）2月27日付「河内堺新川絵図」
（中好幸著『大和川の付替　改流ノート』より）

直訴に赴く明確な理由が立たず，一向に結論が出なかった[28]。

　その一方で，付替えの噂は絶えず流れ，新川筋の村々では百姓たちが嘆き悲しみ，生活ができないほどになり，翌元禄17年（宝永元年）の正月には，これを祝う者など一人もなく，付替えを願い出た下河内の百姓や役人たちを恨みに思い，昼夜を問わず，未曾有の大騒動になったと伝えられる[29]。

　そして正月15日，意を決して，反対派の百姓たちは江戸直訴のため，大坂を出発した[30]。

　ところがこれより先，前年10月28日に，幕府は大和川の付替えを，既に正式決定しており，姫路藩主本多忠国が助役を仰せ付けられ，若年寄稲垣重富・勘定奉行荻原重秀・同中山時春が沙汰役，目付大久保忠香・小姓組伏見為信が普請奉行にそれぞれ任ぜられていた[31]。

　そうとも知らず反対派一行は江戸へ向かうのであるが，途中，遠江国袋井宿（静岡県袋井市）で大坂へと向かう二人の普請奉行大久保忠香・伏見為信と行き会い，愕然とする。

　何とか気を取り直して，一行は江戸へと到着し，訴訟に及ぶのであるが，これを聞いた荻原重秀は激怒した。たまたま大坂代官久下重秀が江戸に来ていて，付替え迷惑の訴えはもはや叶うものではないから，代替地を要求するようにと諭し，荻原重秀に対しても，彼ら一行は付替えに反対する者ではなく，川床となってしまう田地の代替地をお願いにやって来たのだと，とりなしてくれたので，何とか無事に帰郷できたと伝えている[32]。

　おそらく荻原重秀が激怒したのも，久下重秀がとりなしたのも，両人があらかじめ示し合わ

せた上での行動であったと想像されるが，それはともかく，明暦3年以来，47年間にわたって，河内国を二分した促進派と反対派の激しい対立は，こうして終幕を迎え，同年2月27日から，大和川付替え工事が始まるのである（図3.3.3）。

注
1）近年，促進派のリーダーであった中甚兵衛の十代目の子孫にあたる中九兵衛（中好幸）氏が，『大和川の付替　改流ノート』（私家版，1992年），『甚兵衛と大和川　北から西への改流・300年』（私家版，2004年）という2冊の著書を刊行され，促進派・反対派双方の運動と主張を，時間的経過を追いながら丹念に跡づけられた。本節の記述も，両書に負うところが大きいことをあらかじめ断っておく。
2）長谷川家文書，『松原市史』第5巻史料編3所収，松原市役所，1976年。
3）畑中友次著『大和川付替工事史』大阪府八尾市八尾市役所大和川付替250年記念顕彰事業委員会，1955年。
4）「乍恐言上仕候」柏原家文書，『八尾市史』史料編所収，大阪府八尾市役所，1960年。
5）前掲4）に同じ。
6）「御徒方萬年記」『大阪編年史』第6巻所収，大阪市立中央図書館，1969年。
7）前掲4）に同じ。
8）柏原家文書，『八尾市史』史料編所収。
9）柏原家文書，『八尾市史』史料編所収。なお同内容の文書は，長谷川家文書の「城連寺村記録」（『松原市史』第5巻史料編3所収）にも収められている。
10）『八尾市史』史料編。
11）「取替し申一札之事」の本文には「我々九人江戸へ御訴訟ニ罷下り候」とあるが，末尾に記された「川違迷惑ニ付御訴訟ニ江戸へ下り候人数覚」には忠右衛門ら十人の名前が列記されている。但し，その内三人が病気などを理由に途中で帰郷しており，一人は庄屋のかわりに年寄が江戸に下っている。
12）「乍恐言上仕候」柏原家文書，『八尾市史』史料編所収。
13）「城連寺村記録」長谷川家文書，『松原市史』第5巻史料編3所収。
14）「畿内治河記」『大阪編年史』第6巻所収。
15）「乍恐御訴訟申上候」柏原家文書，『八尾市史』史料編所収。
16）前掲14）に同じ。
17）前掲14）に同じ。
18）中家文書，『八尾市史』史料編ならびに中好幸著『大和川の付替　改流ノート』所収。
19）中家文書，『八尾市史』史料編ならびに中好幸著『大和川の付替　改流ノート』所収。
20）「乍恐御訴訟」中家文書，『八尾市史』史料編ならびに中好幸著『大和川の付替　改流ノート』所収。
21）「乍恐口上書を以言上」中家文書，『八尾市史』史料編ならびに中好幸著『大和川の付替　改流ノート』所収。
22）「乍恐御訴訟」中家文書，『八尾市史』史料編ならびに中好幸著『大和川の付替　改流ノート』所収。
23）「町奉行所舊記」『大阪編年史』第6巻所収。
24）「口上」中好幸著『大和川の付替　改流ノート』所収。
25）柏原家文書，『八尾市史』史料編所収。
26）「新大和川堀割由来書上帳」長谷川家文書，『松原市史』第5巻史料編3所収。
27）柏原家文書，『八尾市史』史料編所収。
28）前掲26）に同じ。
29）前掲13）に同じ。
30）前掲26）に同じ。
31）『徳川実紀』元禄16年10月28日条。
32）前掲26）に同じ。

3.4 付替え決定に至るまでの歴史的考察

3.4.1 河村瑞賢の改修と新地・新田開発

　前節に述べられたように，明暦年間より確認される付替え促進派の村々と反対派の村々の嘆願は，天和3年（1683）の若年寄稲葉正休・大目付彦坂重紹の見分（『徳川実紀』）をうけて，河村瑞賢が付替え不要・淀川河口の改修を提起し，幕府がこれを採用したことで大きな変化を迎える。同時に河村瑞賢によって着工された大和川の一部拡幅，曽根崎・堂島川の川浚え，安治川開削などの一連の工事は，270か村に及んだ付替え促進運動を沈静化するとともに，付替え不要の趣旨を徹底するものとなった。

　また，この河村瑞賢による河川改修は浚え土で堂島新地・安治川新地などの造成を副産物としてもたらし，元禄元年（1688）にはあらたに大坂三郷に編入された。そこからの地子銀34貫386匁の徴収を可能とするとともに，拡大しつつあった商都大坂の受け皿として，また諸藩の蔵屋敷用地としての役割を果たすことになった。

　さらに，元禄11年に河村瑞賢は第二期工事として大和川筋の普請，木津川川口の開削，堀江川の開削などの工事に着工するが，翌年6月に82歳をもって没した。この第二期工事の結果，堀江33町（堀江・幸町・富島・古川）の新地開発とともに，泉尾・市岡・春日出・沖島・西島・中島など約1,000町に及ぶ川口新開とよばれる12新田の開発（表3.4.1）を可能とした。これらの新田開発は，すべて土地代金を幕府が徴収して，町人に開発を委ねる町人請負新田と

表3.4.1　第二期工事による新田開発

新田名	開発年	請負人	石高(石)	反別(町)	地代金(両)
中　島	元禄元年（1688）	京中島市郎兵衛	442.606	49.14	2215
出来島	〃	島下郡倉橋屋四郎兵衛	231.453	23.88	1160
市　岡	元禄11年（1698）	桑名市岡与左衛門	1061.711	116.03	5950
泉　尾	〃	和泉北村六右衛門	713.584	70.79	3500
春日出	〃	雑賀屋七兵衛	427.487	41.87	2140
西　島	〃	多羅尾七郎右衛門	187.133	20.45	935
西　島	〃	九条村池山新兵衛	83.327	12.23	420
津　守	〃	京横井源左衛門　〃金屋源兵衛	445.718	71.26	2230
恩貴島	元禄年間	大宮仁左衛門	145.007	15.96	725
西　野	〃	九条村池山新兵衛	53.014	不明	265
百　島	元禄11年（1698）	大和田次郎右衛門	82.689	11.39	415
蒲　島	〃	佃村蒲島屋治郎兵衛	23.833	5.27	120

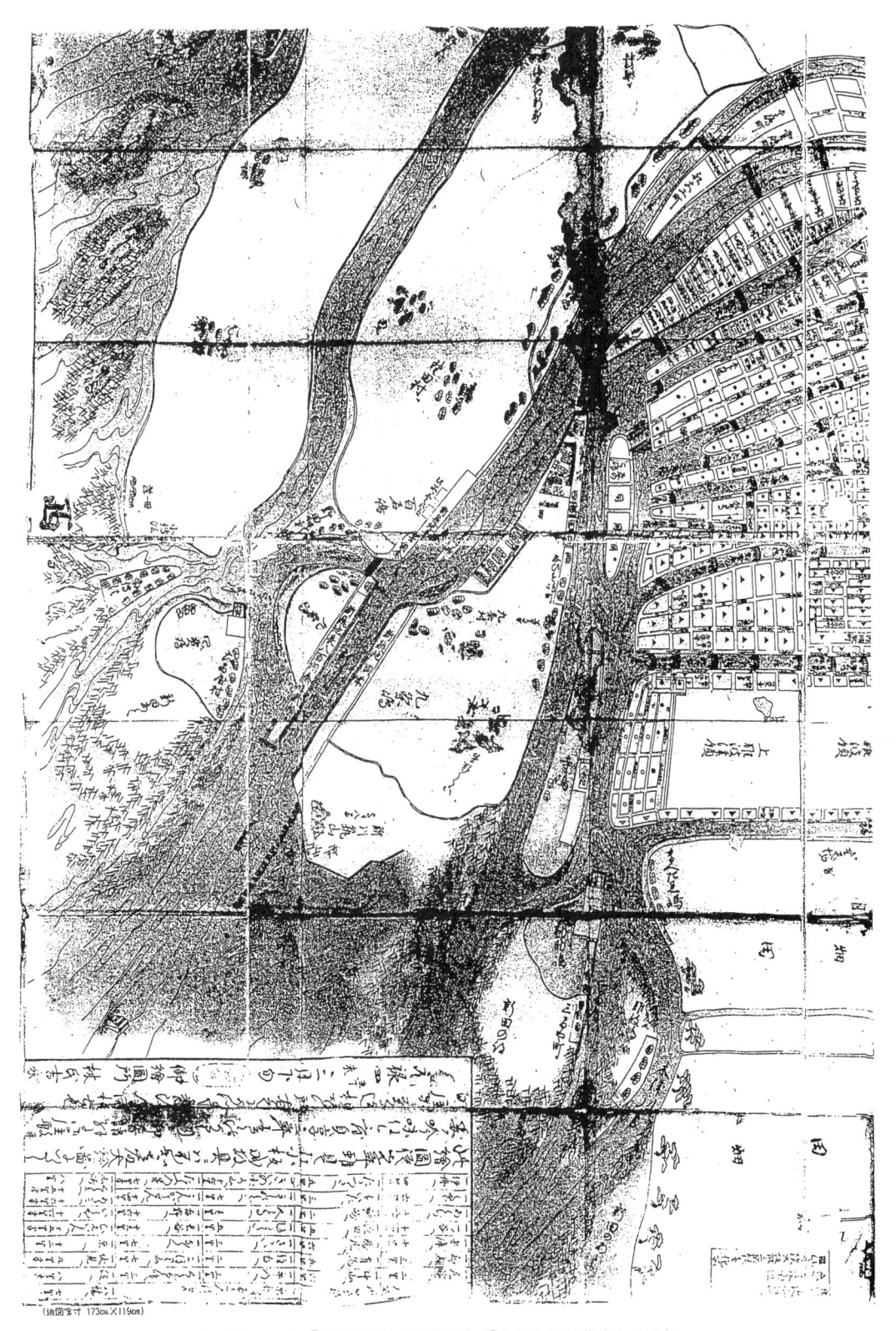

図 3.4.1 「新撰増補 大坂絵図」(『大坂古地図集成』より)

して開発されることとなり，幕府は2万両余に及ぶ土地代金を手中に収めるだけではなく，3年の鍬下年季が終われば，約4,000石に及ぶ新田を労せずに手中に収めることとなったわけである。

このような町人請負新田による地代金の徴収という方法は17世紀後半頃より発生してくるが，当時大坂周辺において大規模に実施された例は，元禄8年頃から始まる河内国大野芝の開発である（『大阪狭山市史』地名編）。この河内国大野芝の新田開発は将軍綱吉よりその学識を称賛され，江戸に霊雲寺を建立してもらった浄厳，その師僧であった大鳥大社神宮寺の快円，綱吉に浄厳を紹介した柳沢吉保，江戸町人太田休意，江戸の材木商富倉弥吉（こののち，南都大仏殿の材木を請け負う），河内・和泉の豪農らが結びついて行われた。この事業に参画していた和泉国大鳥郡蹴尾村の豪農北村六右衛門は快円・柳沢吉保とのつながりを利用して，泉尾新田の開発にも乗り出している。

淀川・木津川川口の新田開発は既に寛文12年（1672）に一部が申請され，開発が始まっていたようであるが，河村瑞賢の第一期工事の際に中止されていたらしい。元禄4年の「新撰増補大坂絵図」（図3.4.1）によれば，これらの新田開発地がいずれも，「新田あと（跡）」と表記されていることが，このことを物語っている。つまり，河村瑞賢の2回に及ぶ淀川河口の浚渫・整備工事は，この地域の新田開発に一端ストップをかけるとともに，その権利関係をリセットさせた上で，整備工事による副産物として新地・新田が再度開発，それも土地代金を徴収して幕府はほとんど労せず利益を得ることのできる町人請負新田として再開発されたと考えられるのである。

以上のように，河村瑞賢の2回に及ぶ淀川河口を中心とする改修工事は，洪水防止という目的は当然のことながら，同時に幕府に新地・新田開発という巨大な副産物をもたらすものであったという側面に注意しなければならない。

3.4.2 大和川付替えの決断

大和川付替えは沙汰止みとなっていたと推定されるが，元禄12年（1699）に河村瑞賢が没すると，再び俎上に昇ることとなった。この段階では，流域住民の積極的な運動はやや下火になっていたにも関わらず，幕府は堤奉行を中心に付替えの再検討を始めたようである。元禄16年4月，堤奉行の万年長十郎，小野朝之丞が柏原村から住吉への新川予定地を見分検討して，翌月には江戸から長崎に赴く若年寄稲垣対馬守重富，勘定奉行荻原近江守重秀，目付西尾織部らが大坂に立ち寄り，大和川付替えの風説が一挙に高まった。新川筋の村々は早速この三人に反対の訴願を行うが，取り上げられなかったため，さらに江戸への訴願を計画するも，東海道袋井宿で江戸から工事見分に派遣された大目付に出会い，訴願の不可能を諭されあきらめざるを得なくなるのである。つまり，付替えの方針は世評通り，若年寄，勘定奉行らの大坂滞在中に事実上決定されたと考えられるわけである。

ここで，この方針決定に，より積極的に関わったのではないかと思われる堤奉行万年長十郎と勘定奉行荻原重秀の人間関係について若干の考察を加えておきたい。この二人の関係につい

写真 3.4.1 椿海の水抜き水路

ては従来ほとんど指摘されていないが，かなり密接な関係があったのではないだろうか。『寛政重修諸家譜』によれば，この二人はともに延宝2年（1674）10月26日に御勘定役として初めて出仕，同年11月7日に家綱に初お目見え，さらに翌年12月21日にともに蔵米150俵を賜っていることが判明する。つまり，二人は全くの「同期の桜」として，同程度の旗本（荻原家は禄200俵，万年家は知行40石に禄米100俵）の次男であり，同じ条件で江戸幕府に出仕したのである。万年は以後，地方廻り代官として各地を歴任して実務経験を積み重ね，当時上方代官になっていた。これに対して荻原は勘定所で徐々に立身を重ね，元禄8年頃より急激に出世して翌年勘定奉行に登りつめていたのである。立場は大きく異なっていたが，荻原にとって大和川付替え事業は町人請負新田の見返りを考えれば幕府にとって悪い話ではないし，万年にとってみれば，生涯の集大成としてこの事業を考えていたのではないだろうか。

なぜならば，万年は出仕した直後に赴任したのが関東の椿海の干拓事業による新田開発地であったのである。椿海は千葉県干潟町，海上町，旭市などにまたがる東西12km，南北6kmの広大な内陸湖で，17世紀に干拓されて通称干潟8万石と呼ばれた美田（実際の検地高は2万石弱）を生み出した所である（『海上町史』総集編，特殊史料編）。この椿海の開発は，当初江戸の材木商をスポンサーとして町人請負新田として水抜きが施された（写真3.4.1）が，この工事が逆に下流で洪水を生むとともに新田の水不足を引きおこした。そこで，幕府が主体となって，干潟周辺に溜井（ため池）を設けて用水を確保するとともに排水のための堀割を整備して工事を完成させ，新田を販売して地代金の回収を行ったのである。万年長十郎は延宝2年（1674）頃より同6年頃まで地代金の回収に当たったようである。この経験が，万年の大和川付替え推進に大きく影響していることは容易に想像できるが，同時に巨大な排水路による新田開発は大和川においても共通することを指摘しておきたい。また，ここでの溜井築造工事は，万年が後に行う河内の溜池普請（たとえば元禄11年に行われた大阪狭山市今熊の新池の改修）にも大きな影響を与えたものと考えられる。

万年の持っていた新田開発に関わる技術水準と経験に荻原の政治手腕や判断が加わって，大和川付替えは急遽方針決定されたと考えられるのである。

3.5 まとめ

　明暦年間に始まる大和川付替え要求は，それが直接原因として大和川付替え事業の実施に至らなかった。しかし，付替え運動がたびたび，しかも広範囲になされることで，付替えの重要性・認知度を充分高めることができ，幕閣に重要性を認識させたと考えられる。しかし，幕府の付替え事業の決断は，運動の高揚では決まらなかった。むしろ河村瑞賢の淀川河口の整備工事とそれにともなう町人請負新田や請負地の開発が直接幕府に増収をもたらすことを経験させた。その結果，瑞賢死後の幕府では，新田開発による収入で工事を遂行するという新たな方法が堤奉行万年長十郎から提唱され，彼の人間関係が幕閣を動かす背景となり，付替え事業の決定がなされたと考えられるのである。

第4章

旧大和川と周辺河川の河川様態

4.1 はじめに

本章では，付替え直前の旧大和川の河川様態を復元叙述し，これを通じて付替え後の新大和川の歴史的評価につなげようとするものである。

河川様態の復元は，現地表に残存する堤防跡等旧河川流路の現状調査，航空写真等による復元，河川流路内の発掘調査，文献記録・古地図等史料による復元などの方法を総合的に用いるものであり，土木工学的方法によりその様態を分析評価する。

復元叙述の対象は，付替え前の主要な流路である玉櫛川筋と久宝寺川筋のほか，これと水系を異にする周辺諸河川も対象とする。

4.2 旧大和川の河川様態

4.2.1 大和川付替え直前の旧大和川の河川様態

本節では，大和川付替え直前の旧大和川水系の河川様態である河川勾配，河川敷長さなどを現場調査や古文書など各種の歴史遺存情報から推定し考察する。

図4.2.1に明治18年（1885）に作成された東大阪部分の地図を示す。この地図には，明治のはじめの東大阪平野の河川様態が示されており，おそらく大和川付替え後の江戸時代の河川様態がほぼそのままの状態で残されていると思われる。

旧大和川は，奈良からの大和川が河内長野方面からの石川と築留(つきどめ)地点で合流し，二俣(ふたまた)地点まで流下していた。二俣地点で久宝寺川（現在では，長瀬川と呼ばれているが，歴史的な見地から久宝寺川と呼ぶ）と玉櫛川（現在では，玉串川と呼ばれているが，歴史的な見地から玉櫛川と呼ぶ）に分流する。久宝寺川は放出(はなてん)地点まで流下し寝屋川に合流する。一方，玉櫛川は稲葉地点まで流下し，その後，菱江川と吉田川に分流する。吉田川は深野池に住道(すみのどう)地点で流入する。菱江川は新開池を経て放出地点で寝屋川に合流する。その後，旧大和川水系は，京橋地点で淀川に合流し大阪湾に流下した。また，恩智川や楠根川も旧大和川水系の一部といえる川で

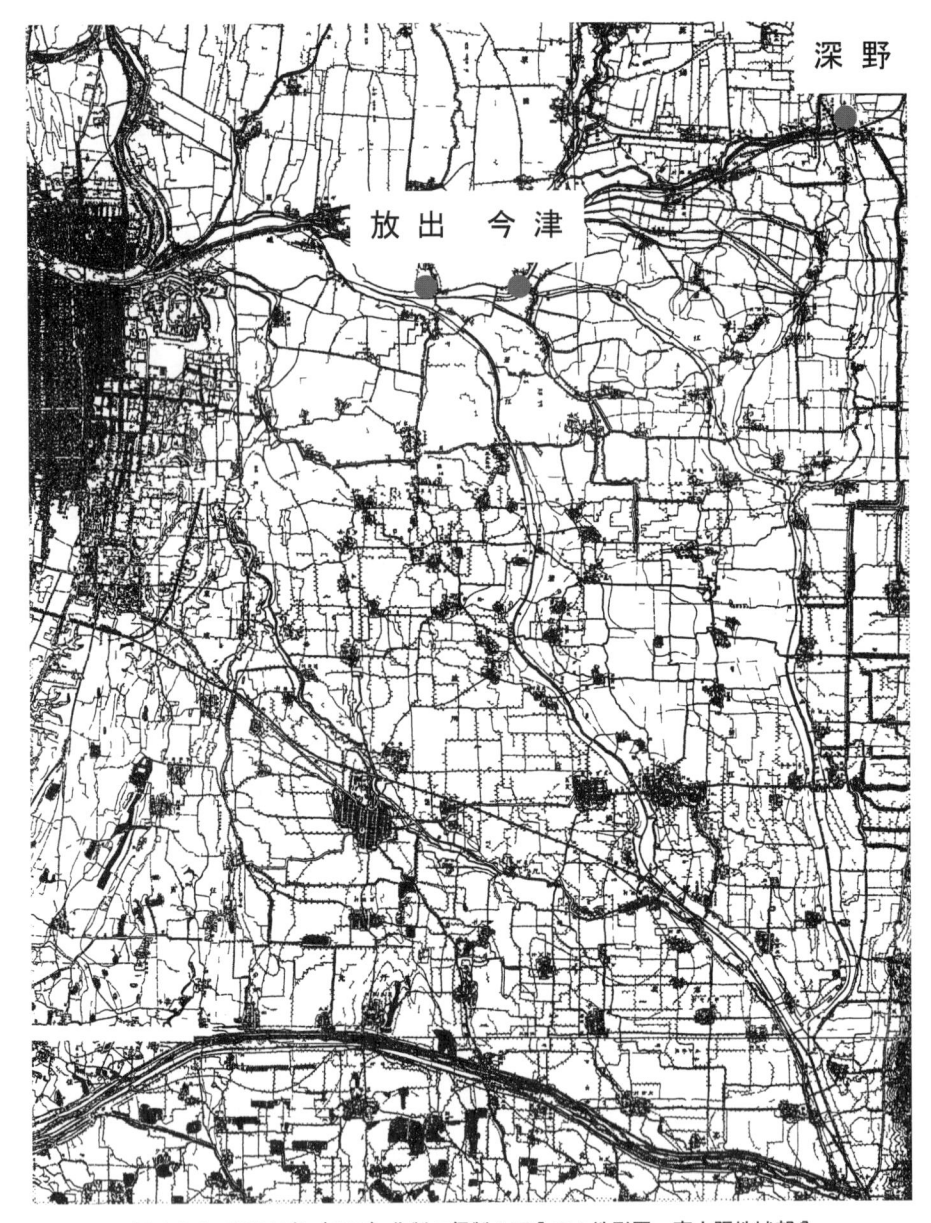

図 4.2.1　明治18年 (1885) 作製の仮製 2 万分の 1 地形図, 東大阪地域部分

ある。
　後述の図 7.2.2 に, 江戸時代初期の作と考えられる摂津河内国絵図と呼ばれる絵図の部分を示す[1]。絵図には, 旧大和川水系, 石川, 深野池, 新開池, 淀川, また, 絵図の南端には狭山池と狭山池からでる西除川と東除川が克明に描かれている。江戸時代初期の河内平野における狭山池を中心にした用水形態や旧大和川水系の河川状態がよく描かれている。たとえば, 石川では, 霞堤が記入されているし, 柏原市法善寺の二俣付近には右岸に二重堤が記入されている。詳細な構造は不明であるが, 堤防内に半円状の堤防が見られる。

大和川付替えの大きな原因として，江戸時代初頭以降の玉櫛川流域における洪水の増加がある。大和川付替え以前の旧大和川は現在の八尾市二俣付近において玉櫛川と久宝寺川に大きく分離し，北流した玉櫛川の水は途中菱江川と分岐しながらも吉田川を経て深野池に流れ込んでいた。また二俣よりも上流側の現在の柏原市法善寺付近には右岸に二重堤が設けられていた。この堤は水流を久宝寺川側へ導く機能を持っていたものと思われる。

近世に入って上流での新田開発が増加したこともあって，旧大和川における土砂の堆積の進展は著しくなった。それが大きな要因となって洪水の頻度も増すこととなる。元和6年（1620）5月の雨は近畿地方全域に大きな被害をもたらした豪雨であったが，旧大和川においても柏原付近で堤防が決壊し，2万4千石分の田畑が被害を受けた。面積にすれば2000haほどの土地が洪水被害に遭遇したのである。以後，寛永10年（1633），12年（1635）にも旧大和川，久宝寺川で堤が決壊し，寛永15年（1638）には吉田川が氾濫している。その後も洪水は数年後ごとに流域を襲ったが，ことに延宝2年（1674）6月の洪水によって二重堤が崩壊し，それによって水流が玉櫛川方面に多く流れるようになった。また土砂の堆積もそちらに集中したためか，以後洪水被害は玉櫛川流域に集中することとなる。

4.2.2 旧大和川の河川勾配と河川敷長さ

図4.2.2は，大和川付替え地点である柏原築留地点の上空よりの写真（柏原市提供）に説明を加筆したものである。奈良からの大和川と河内長野からの石川が合流し新大和川として流下している状況が示されている。二俣に至る旧大和川は，現在の地図上の地割から読み取れる堤体の外面間の長さ（河川敷長さと呼ぶ）が約400mであり，新大和川が約230mであるのに対し，川幅の広い大河であったことがうかがえる。

図4.2.3に旧大和川水系の堤体内面である高水敷きの低水路部の底としての河川勾配を示す。

図4.2.2　大和川付替え地点：築留付近（柏原市提供写真に加筆）

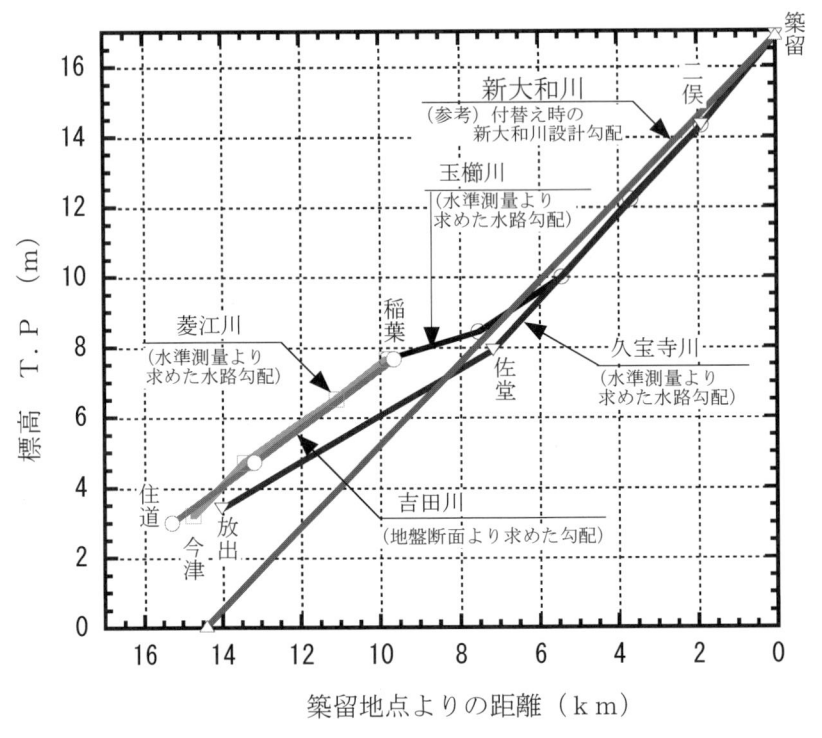

図 4.2.3 旧大和川水系の河川勾配

河川勾配を正確に定義することはできないので，ここでは低水路部の底の勾配と考えた。現在，久宝寺川は長瀬川用水路，玉櫛川は玉串川用水路，菱江川は菱江川暗渠として利用されている。吉田川は現在埋立てられ存在しない。これらの用水路は，大和川付替え時点における低水路部であると伝承されている。図中の勾配は，水路・暗渠のコンクリート底盤上の水準測量結果を地盤沈下補正したものとして示している。地盤沈下補正は昭和10年（1935）～平成11年（1999）の間の広域的な地盤沈下記録を基に行った。図4.2.4に旧大和川水系の河川勾配（河床勾配）の説明図を示す。

代表的な地点の地盤沈下補正量は，大阪平野地域地盤沈下累積等量線図（昭和10年～平成11年）を参考に深野池の住道地点で1.2m，久宝寺川の佐堂地点で0.8m，柏原築留地点で0.1mである。なお，現在，用水路が残っていない吉田川から深野池ルートについては，河川敷内で調査された土質ボーリング柱状図を結び合わせた地盤断面図より，高水敷き上面とみなすことができる撹乱を受けた砂礫層を検索し，河川勾配を推定した。土質ボーリング調査は，昭和11年（1936）以降に行われたものであるので，実施時期に対して地盤沈下補正した勾配で示した。

なお，大和川の付替え時の設計河川勾配は，文書「新川筋水盛之覚」[3]に1町4寸2分勾配として示されている。1町（109.2m）流下し4寸2分（12.7cm）下がる勾配は約1/860である[2]。

図4.2.3より求められる河川勾配を表4.2.1に示す。築留地点の水路底の標高は，水準測量値を地盤沈下補正し16.987mとした。図4.2.3，表4.2.1より，築留から二俣で1/736，久宝

第4章　旧大和川と周辺河川の河川様態

図4.2.4　旧大和川水系の河川勾配の説明図

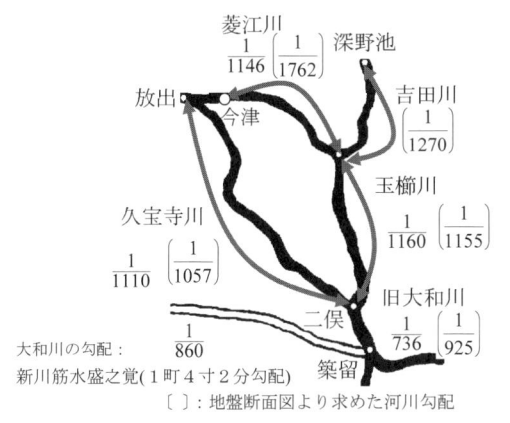

表4.2.1　旧大和川水系の河川名・地点と河川勾配

河川名	地点	河川勾配
旧大和川	築留～二俣	1/736
久宝寺川	二俣～放出	1/1110
玉櫛川	二俣～稲葉	1/1160
吉田川	稲葉～深野池	1/1270
菱江川	稲葉～今津	1/1146
大和川	1/860（1町4寸2分勾配の場合）

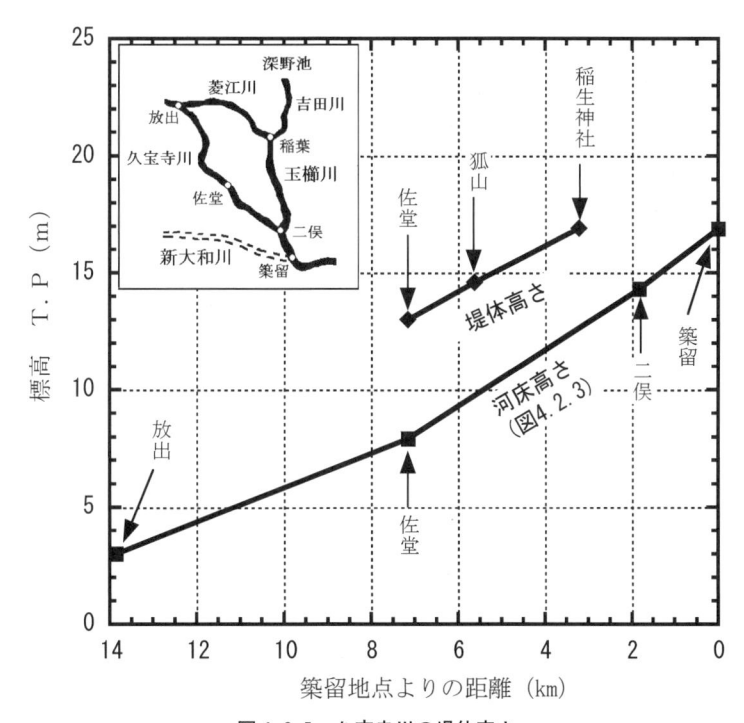

図4.2.5　久宝寺川の堤体高さ

寺川の二俣から放出地点で1/1,110，玉櫛川の二俣から稲葉地点で1/1,160，吉田川の稲葉地点から深野池地点で1/1,270，菱江川の稲葉から今津地点で1/1,146である。大和川の河川勾配は久宝寺川よりやや急勾配である。検討を行った放出，今津，深野池の選定地点を図4.2.1中に示す。特徴として，築留から二俣で1/736を除き，旧大和川水系の河川は，新大和川に比べ，河川勾配が緩いことがわかる。

図4.2.5に久宝寺川の堤体高さの実測値を地盤沈下補正した値を示す。図中に示した実測堤体は，稲生神社地点，八尾高校内の狐山地点，および佐堂地点である。

写真4.2.1に柏原霊園，4.2.2に稲生神社，4.2.3に八尾高校内の狐山の現場状態を示す。

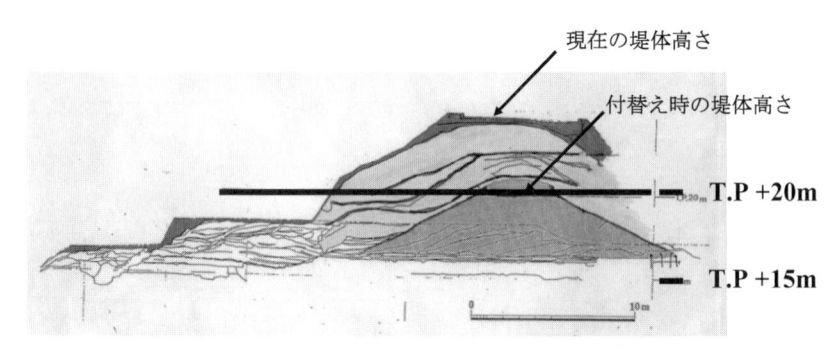

図 4.2.6　新大和川船橋地点の堤体構造

写真 4.2.1　旧大和川の堤体跡：柏原霊園

写真 4.2.2　久宝寺川の堤体跡：稲生神社

写真 4.2.3　旧大和川堤体跡：八尾高校内の狐山

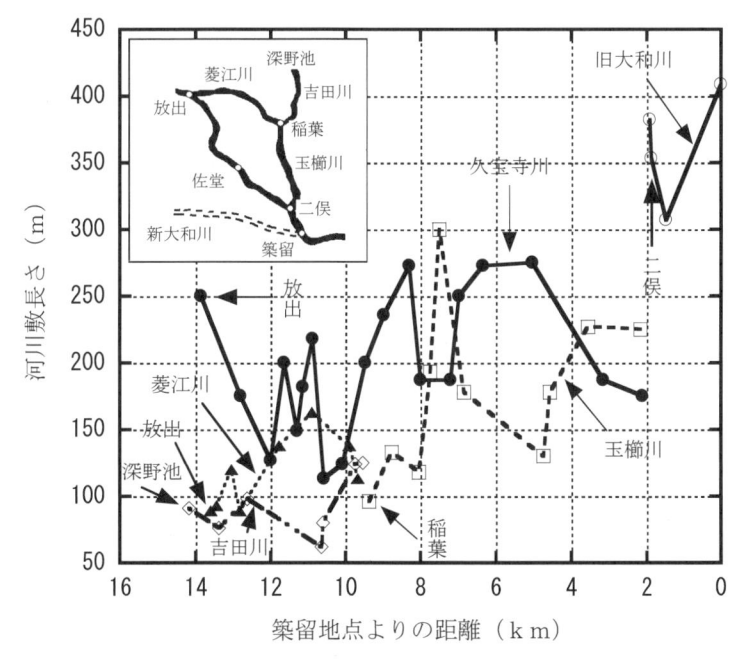

図 4.2.7　旧大和川水系の河川敷長

　狐山の堤体高さは，現地でボーリング調査を行い確認した。堤体部はN値10程度の細砂から粗砂の緩い砂層である。また，堤体高さは約5m，堤体頂部の馬踏の長さは約2mと確認できた。

　図4.2.7に地図上の地割より求めた旧大和川水系の河川敷の長さを示す。なお，こうして求めた河川敷域は，微高地域とよく一致する。図4.2.8に久宝寺川佐堂地点および玉櫛川都留美嶋神社地点の位置図を示す。図4.2.9に久宝寺川佐堂地点における地割の状態を例示する。河川敷長さは，旧大和川築留地点で約400m，旧大和川二俣地点で約380m，久宝寺川二俣地点で約160m，玉櫛川二俣地点で約230m，久宝寺川佐堂地点で約250mである。新大和川では

図4.2.8 久宝寺川佐堂地点および玉櫛川都留美嶋神社地点位置図

図4.2.9 久宝寺川佐堂地点の河川敷跡およびトレンチ掘削位置図説明図

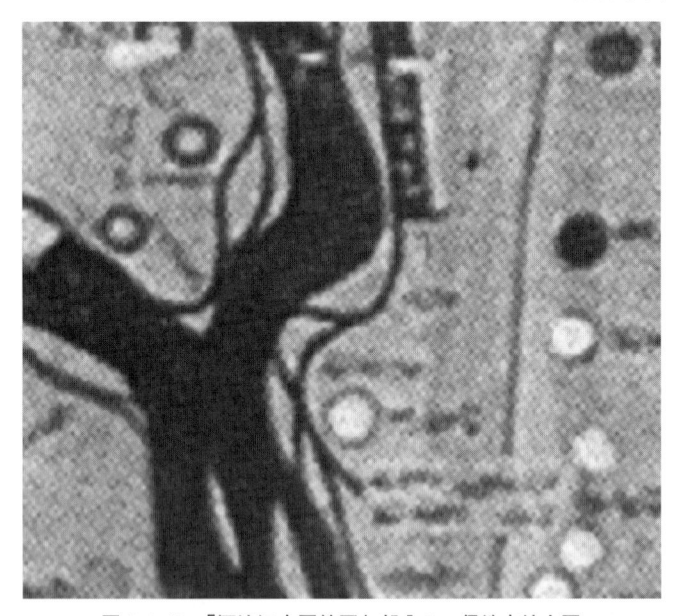

図4.2.10 「摂津河内国絵図」部分の二俣地点拡大図

河川敷長さ126間（河川幅100間，堤体長さ26間）で約230mであることから，久宝寺川佐堂地点では，ほぼ新大和川に近い河川敷長さであることがわかる。また，久宝寺川に着目すれば，慶安3年（1650）に八尾木村地点で，貞享3年（1686）に荒川村地点で堤防の破壊が生じている。この2か所では，河川敷長さが短く，洪水流下能力が小さい河川様態であったと考えられる。

中家文書による久宝寺川佐堂地点の河川様態の説明を示す[2]文書は延宝3年（1675）に作られたと想定できる。佐堂地点における記述は，「堤長六百二十間　佐堂村　五拾年以来川筋壱

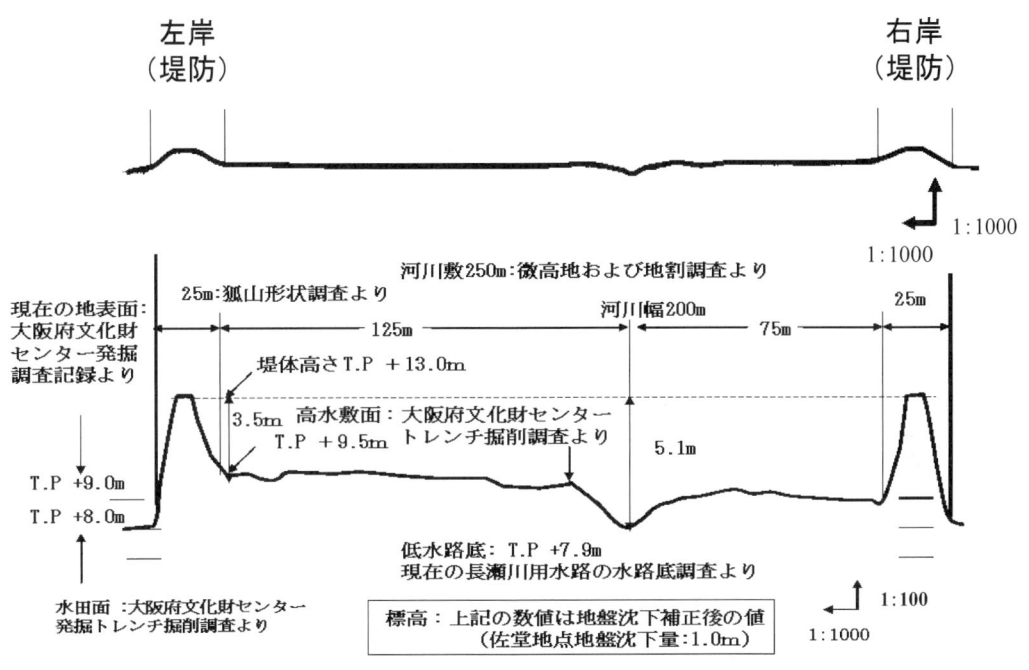

図 4.2.11 久宝寺川佐堂地点の河川断面図

丈高羅成候　内拾年川五尺高　田地川壱間高　寅卯洪水堤馬踏弐尺下水付」とある。現代語訳すれば、「佐堂村の管轄の堤防は620間（1,128m）あるが、過去50年間に1丈（3m）、この10年間に5尺（1.5m）川筋が高くなり、田地より川の方が1間（1.82m）高くなった。また、寅卯年（1674）の洪水の時に堤防の馬踏（堤体の上面より2尺（0.6m）下まで洪水水位がきた）とある。数値自体の信憑性については不明といえるが、天井川化の進展の速さがうかがえる。

この文書の絵図中には、玉櫛川二俣地点の二重堤が記入されている。また、図 4.2.10 に、後述の図 7.2.2 に示した摂津河内国絵図でのこの部分の絵図の拡大図を示すが、この絵図中にも二重堤が記入されている。

図 4.2.11 に、これらの歴史遺存情報より推定できる大和川付替え時の久宝寺川佐堂地点の河川断面を示す。堤体形状は八尾高校内の狐山調査より、高水敷および水田面は大阪府文化財センターによる発掘トレンチ調査[5]より、また、低水路底は水準測量結果より推定した。河川敷長さ250m、高水敷高さ：標高9.5m、堤体頂面（馬踏）高さ：標高13.0m、水田面：標高8.0m、現在の地盤面：標高9.0m、低水路底：標高7.9mである。新大和川の河川断面の説明図を図 4.2.12 に示す。川幅高水敷きと堤体頂面との高さが久宝寺川佐堂地点で3.5mであるのに対し、新大和川では3間で約5.5mである。また、川幅は久宝寺川佐堂地点で210m、大和川では100間で約182m である。

写真4.2.4に玉櫛川都留美嶋地点付近を示す。また、写真 4.2.5 に玉櫛川堤体跡である都留美嶋神社を示す。図 4.2.13 に玉櫛川の都留美嶋神社の地点での玉櫛川を横断する部分の現状の水準測量図を示す。図 4.2.14 に、現在の玉串川水路部分を入れたその測量図をもとにして作成した河川横断図を示す。図 4.2.11 に示した久宝寺川の場合と異なり、水深が1〜3m程度

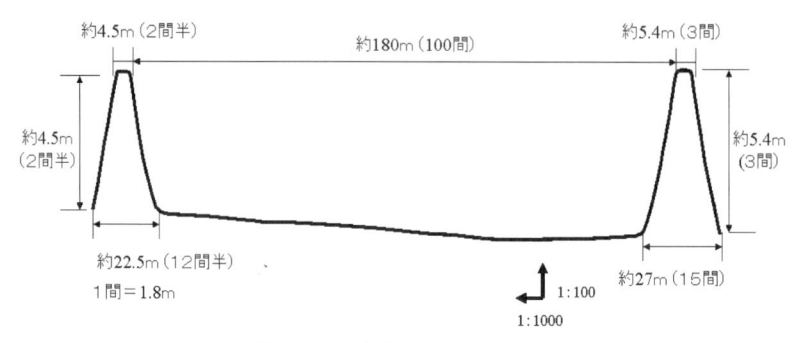

図 4.2.12　新大和川の河川断面図

写真 4.2.4　玉櫛川都留美嶋神社地点付近

写真 4.2.5　玉櫛川堤体跡：都留美嶋神社

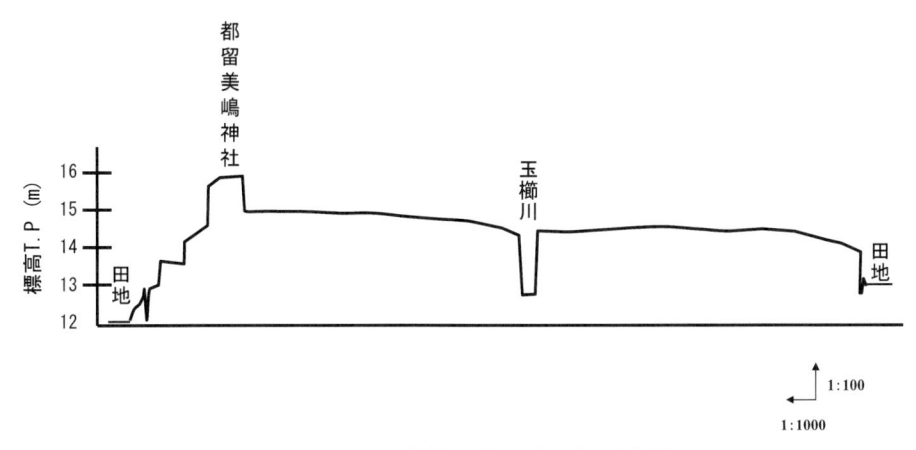

図 4.2.13　玉櫛川都留美嶋神社地点の実測地盤断面図

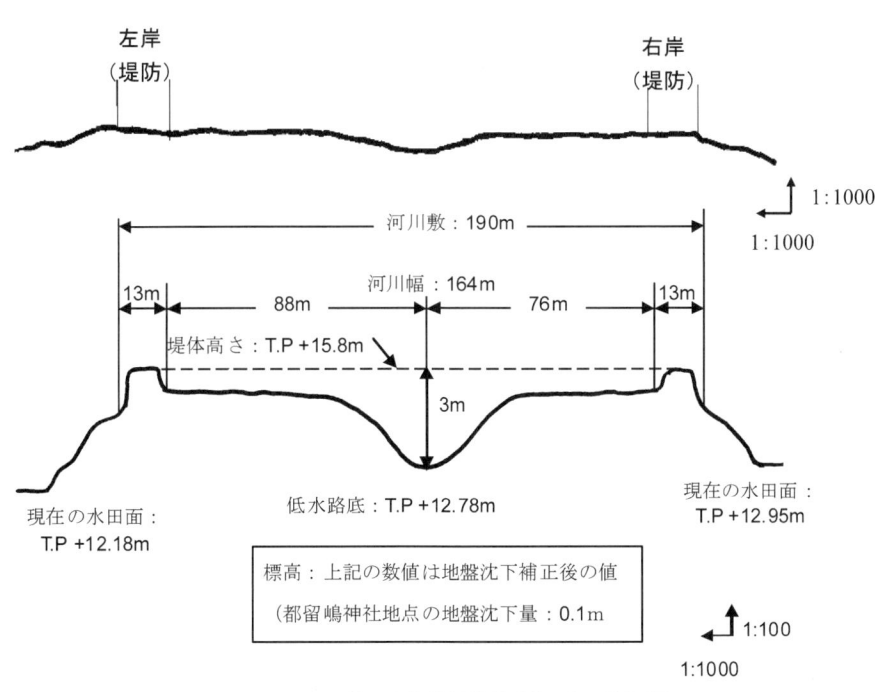

図 4.2.14　玉櫛川都留美嶋神社地点の河川断面図

と浅く河川断面が小さいことがわかる。この図は，少ない情報から大胆に作成したものであるが，大和川付替え時の玉櫛川の河川様態を表しているといえる。参考として，現在の石川の玉手橋付近の河川断面を図 4.2.15 に示す。久宝寺川の河川断面とよく似ている。また，図 4.2.11，4.2.12，4.2.15 の表示法として縦と横の縮尺を同一にした場合も示している。

こうして推定した河川断面から河川断面積を計算すると，久宝寺川の佐堂で約 830m²，玉櫛川で約 326m² であり，合計すると 1,156m² となる。新大和川が約 900m² であることから，新大和川の川幅は久宝寺川と玉櫛川の河川断面積に相当するものとして決められたのではないかと推定できるが，記録として残されていない。

左岸
(堤防)　　　　　右岸
　　　　　　　　(堤防)

1:1000
1:1000

昭和17年撮影の空中写真より想定した河川横断

左岸
(堤防)　　　　　右岸
　　　　　　　　(堤防)

1:1000
1:1000

①石川玉手橋付近の河川横断

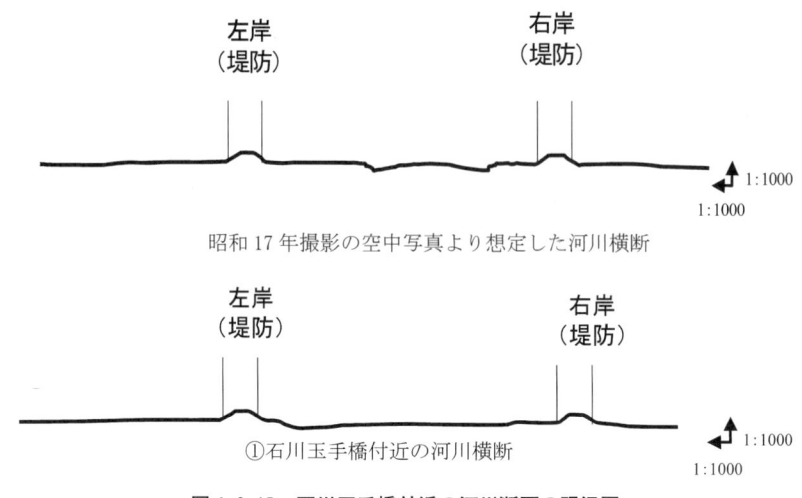

図 4.2.15　石川玉手橋付近の河川断面の現況図

　また，この河川断面と現在の地盤面状態との比較より，大和川付替え後の新田開発時には旧堤体の土砂を堤内外に均すことで行われたと推定できる。

4.2.3　河村瑞賢の旧大和川の治水事業

　新大和川は，旧大和川と比べ，直接，大阪湾に流下することから，その流下能力は大きい。旧大和川では，京橋地点で淀川と合流することにより，合流点で水位が上昇し，結果として，河川流下能力が小さくなると考えられる。

　前述した図4.2.1の明治18年の地図と後述の図7.2.2の摂津河内国絵図より寝屋川と旧大和川の合流部の状態を考えてみる。図4.2.16は図4.2.1での合流部分を取り出したものである。久宝寺川と京橋間は，大変スムーズな流路曲線となっている。比較のために，後述の図7.2.2の絵図のこの部分を図4.2.18に示す。絵図による流路は図4.2.21の流路と比べ，ほぼ直角な合流部となっている。このことから，図4.2.17のスムーズな流路は，河村瑞賢による旧大和川改修工事の結果ではないかと想定できる。

　ここで，畿内治河記から河村瑞賢の旧大和川の治水事業を見てみる。整理して列挙すると次のようである。

　① 淀川の河口部にあった九条島の一部を開削（後日，安治川と命名された）し，淀川の排水を容易なものとした。
　② 泥が州を作り，曲流もあって通水を妨げているので，こうした州を掘削し流通をよくした。
　③ 分流した菱江川と久宝寺川が，再度，森河内近くで合流するので流れが阻害される。このため，堰を作り150丈（約450m）にわたり分流した。また，その南岸を1300丈（約3,900m）にわたって削り，河道を広げた。京橋を10余丈（約30m）長くした。
　④ 京橋より下流で淀川との合流し，せめぎあい水位が上昇する。その河道を深く広くし

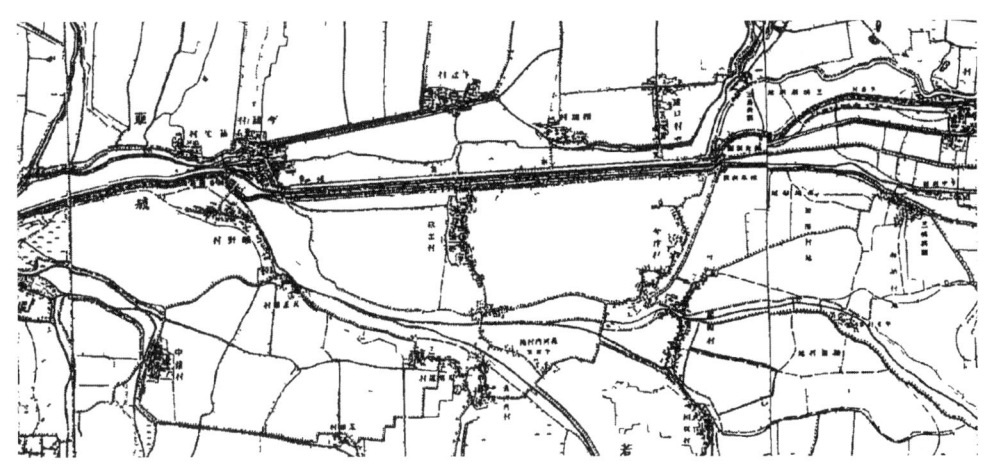

図4.2.16 明治18年（1885）作製の仮製2万分の1地形図，東大阪地域部分拡大図

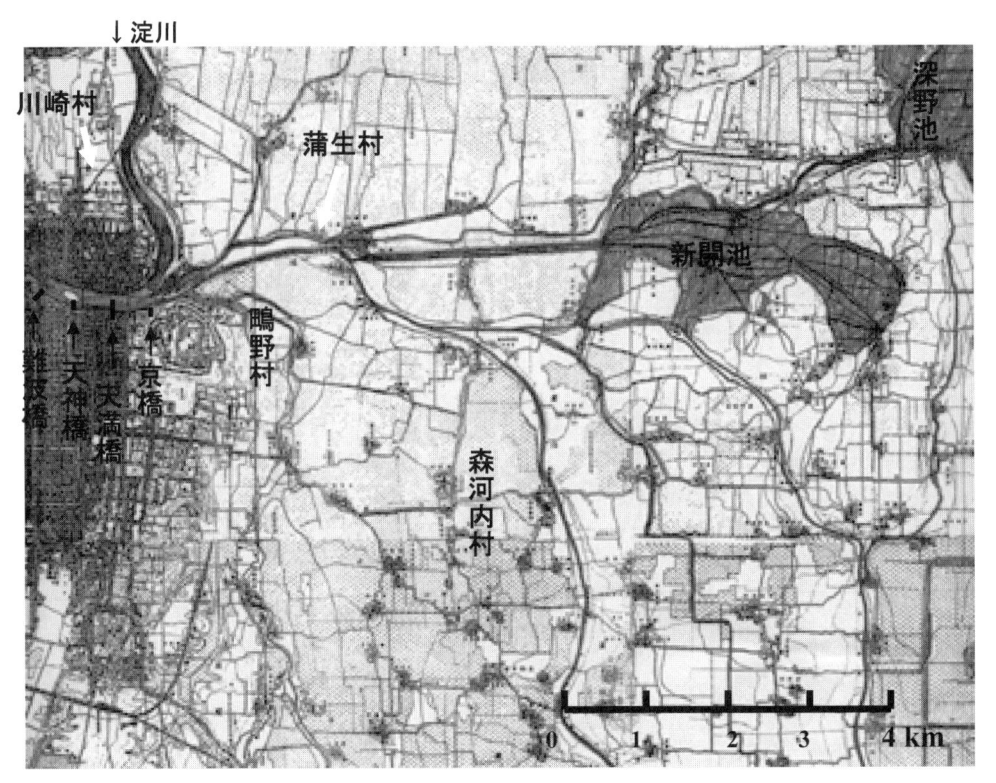

図4.2.17 河村瑞賢工事施工地点図（明治18年地形図上に図示）

た。天満橋は75丈（約225m），天神橋は77丈（約231m），難波橋は84丈（約252m）になった。

河村瑞賢の意図は，①，②，③の工事により，久宝寺川を旧大和川の本流として改修することにあったと考えられる。

各種の歴史遺存情報より，宝暦元年（1704）の大和川付替え時における旧大和川水系の河川

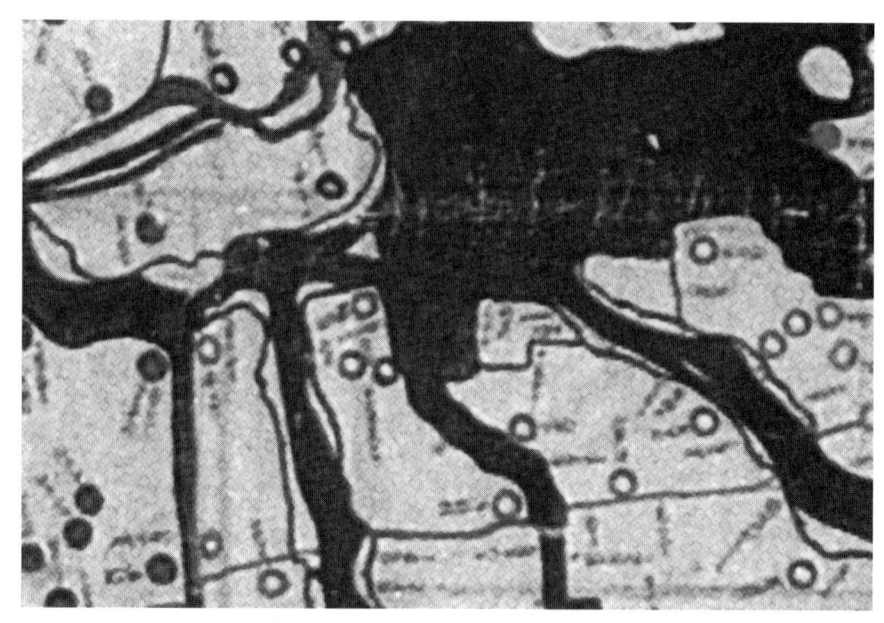

図4.2.18 「摂津河内国絵図」の久宝寺川の流入部付近拡大図

様態推定の実証的研究を行った。その結果，久宝寺川に比べ，玉櫛川，吉田川，菱江川の洪水流下能力がごく小さいことを明らかにできた。

参考文献
1) 大阪狭山市教育委員会『絵図に描かれた狭山池』1992年
2) 土木学会『河村瑞賢』2001年
3) 中　好幸『大和川の付替　改流ノート』1992年
4) 藤井寺市教育委員会『大和川左岸堤部及び小山平塚遺跡発掘調査概要』1988年
5) 大阪府教育委員会・大阪文化財センター『佐堂』1985年

4.3　流域諸河川の様態

　河内平野には第2節で述べられた旧大和川のほかに，これらの間，山地あるいは台地にはさまれる形で幾条かの河川が存在する。これらは，自然堤防を形成した旧大和川本流には流入できない内水を，地形に沿って流下させる役割を担っていた。旧大和川本流が西に改流されたのち，河内平野における現代の洪水は，このような河川の内水氾濫によるものが多く，これら河川の統御が現在の洪水対策の重要な課題の一つとなっている。

4.3.1 恩智川

　旧大和川の主要本流である玉櫛川が形成した自然堤防と生駒山地とにはさまれた南北に長い地域の排水を主要な役割とした河川である。現在の恩智川は改修が重ねられ，川幅・深さとも拡大されて八尾市福万寺付近では幅10m，深さ3.5mとなり，両岸に上幅2～3m程度・高さ2m程度の堤防が連続して築造されているが，昭和30年代までは，幅2m程度の「井路」の様相を留めていた[1]。

　柏原市から八尾市恩智・教興寺では地形に沿ってゆるやかに曲流するが，これより下流では条里地割にそった人工水路となってまっすぐ北流し，東大阪市東花園で玉櫛川分流の吉田川を避けるように東におれて6町（約660m）流れた後，再び北に折れてまっすぐ深野池に注いでいた。この間，生駒山地西麓を流下する小河川をあわせており，局地的な大雨の際には急激な水位の上昇がある。

　現在，地形的には排水機能を主とする恩智川であるが，大和川付替えのころには用水の機能を併せ持っていた。江戸時代（延宝年間か）の「大和川付替予定地絵図」[2]では，古白坂樋から大和川本流の水を引いていた様子が描かれている。同様に付替え後の「大和川築留六拾七か村并拾四か村井路絵図」[3]では，高井田の古白坂樋の位置に「七拾五か村井路」とあり，この水路が築留樋からの六拾七か村井路につながる付近でこれとは分かれて，恩智川が拾四か村井路として描かれている。また，江戸時代（年未詳）の「上之島村福万寺村池嶋村市場村恩智川井関図」[4]には，井関によって水位を上げて用水を取水していた様子が描かれている。

　北流して深野池に注いでいたルートは，八尾市福万寺で玉櫛川の自然堤防を断ち割って西に流す第二寝屋川の開削により，楠根川ルートに合流して大川に注ぐように改修されたほか，計画水位を超えた水流を一時的に貯留する治水緑地が八尾市福万寺・東大阪市池島につくられて，大きく様相を変えている。

4.3.2 楠根川

　旧大和川の二大本流である玉櫛川と久宝寺川が形成した自然堤防にはさまれた，旧若江郡内の低地の排水機能を担っていたのが楠根川である。

　八尾市都塚付近から北北西に流下し，流末は川俣付近で久宝寺川・菱江川に合流している。明治18年（1885）の2万分の1仮製図では，その流路は条里地割にそって，西あるいは北に直角に折れ曲がる直線的な人工水路の様相を呈している部分が多い。

　近世絵図では，久宝寺川・菱江川へ合流する部分を強調して描かれているものが多く，この部分の両岸には堤防の表示もあるので，下流ではある程度の川幅と堤防をもっていたことを窺い知ることができるが，上流部分は狭小な水路であったと思われる。江戸時代の「八尾九か村用水并赤川悪水井路絵図」は久宝寺川からの用水を落とす井路として，「赤川」（あけがわ・曙川）と表示されており，楠根川の上流部の様相を示している[5]。上流部においては川というよ

り水路であり，現代の改修以前（昭和30年代）は八尾市内においても，「飛んで渡れる」程度の幅であった。

　八尾市小阪合（こざかい）ポンプ場建設に先立つ発掘調査[6]（1984年，大阪府教育委員会調査）では，幅約60m，深さ1m弱の中世の河川跡が検出されている。堆積した砂は，本流の河川堆積と異なり，2～3mm程度の比較的細かい砂粒で構成されており，古大和川流路ではないことが明らかである。本流形成後の溢流堆積と思われる。楠根川は中世以降にこの河川の西端に水路として固定されたようである。

4.3.3　平野川

　平野川は久宝寺川が形成した自然堤防と，上町台地との間の水を集めて，上町台地の東縁にそって北流し，大阪城の東で大川に合流していた川である。平野川は，狭山池から流れる西除（にしよけ）川・東除（ひがしよけ）川，大乗川など石川以西の諸河川を合わせて流下している。

　平野川下流の上町台地東縁辺は，古代から「猪飼津（いかいのつ）」や「鶴橋」などの地名が残るように入り江状態を呈していたと思われる。八尾市植松町から亀井・平野方向にのびる古大和川の主流であった「古平野川」はこの入り江に向かって流れ，自らの運んだ土砂で入り江を埋めて排水不良状態を作り出していたと推定される。古平野川は9世紀初頭には本流と切り離されていたと考えられるが，八尾市亀井付近より下流部おける平野川の流路は，古平野川が形成した自然堤防のありかたに大きく影響されている。

　中家所蔵の「古大和川図」[7]によれば，平野川の源流部は，藤井寺市船橋と国府（こう）との間で石川左岸から出た水路であり，大和川本流の左岸堤防脇に本流と平行して北北西に流れている。同絵図によれば，柏原市本郷の北で大和川左岸から出た水路と合流して西に向きを変えて流れ，木の本付近までは，条里地割にそって直角に曲がりながら西北西に流下する。木の本からは北西に方向を変えるとともに，小さな蛇行を繰り返しながら，大乗川を合わせ八尾市亀井付近に至る。江戸時代（年未詳）の「太子堂村領（たいしどう）平野川絵図」および「亀井村領平野川絵図」（八尾市立歴史民俗資料館蔵，注2文献p. 17）には蛇行とそれによる河岸の崩れや砂州の様子が詳細に描かれている。また，この絵図には，川にかかる水車と水位を上げる戸関が描かれており，戸関によって水位を上げて水車利用により灌漑機能をもっていたことがうかがえる。

　亀井付近で，東除川をあわせて，古平野川の形成した自然堤防に沿って北西に流れ，杭全（くまた）神社付近で自然堤防を横断して北西に流れている。亀井付近で合流する東除川は，近畿自動車道建設に伴う亀井遺跡の発掘調査で検出されている。現在の耕作土直下に砂層が検出され，調査区内での幅は20mから30m，最深部は深さ2.8mで，下方浸食が著しく，埋土は細礫からシルトまで複雑な互層を形成している[8]。

　近畿自動車道の発掘調査で検出された東除川の旧流路は，考古学の方法では，いつから流れ始めたかは確定できず，10世紀後葉までは遡らないと考えられている。この流路は，長原村と出戸（でど）村の中間で極端に東に折れたのち，北に流れている。土地条件図によれば，この部分で別れる前の流路が，ほぼ北北西方向にまっすぐ流れた様子が読み取れる。古平野川の自然堤防を

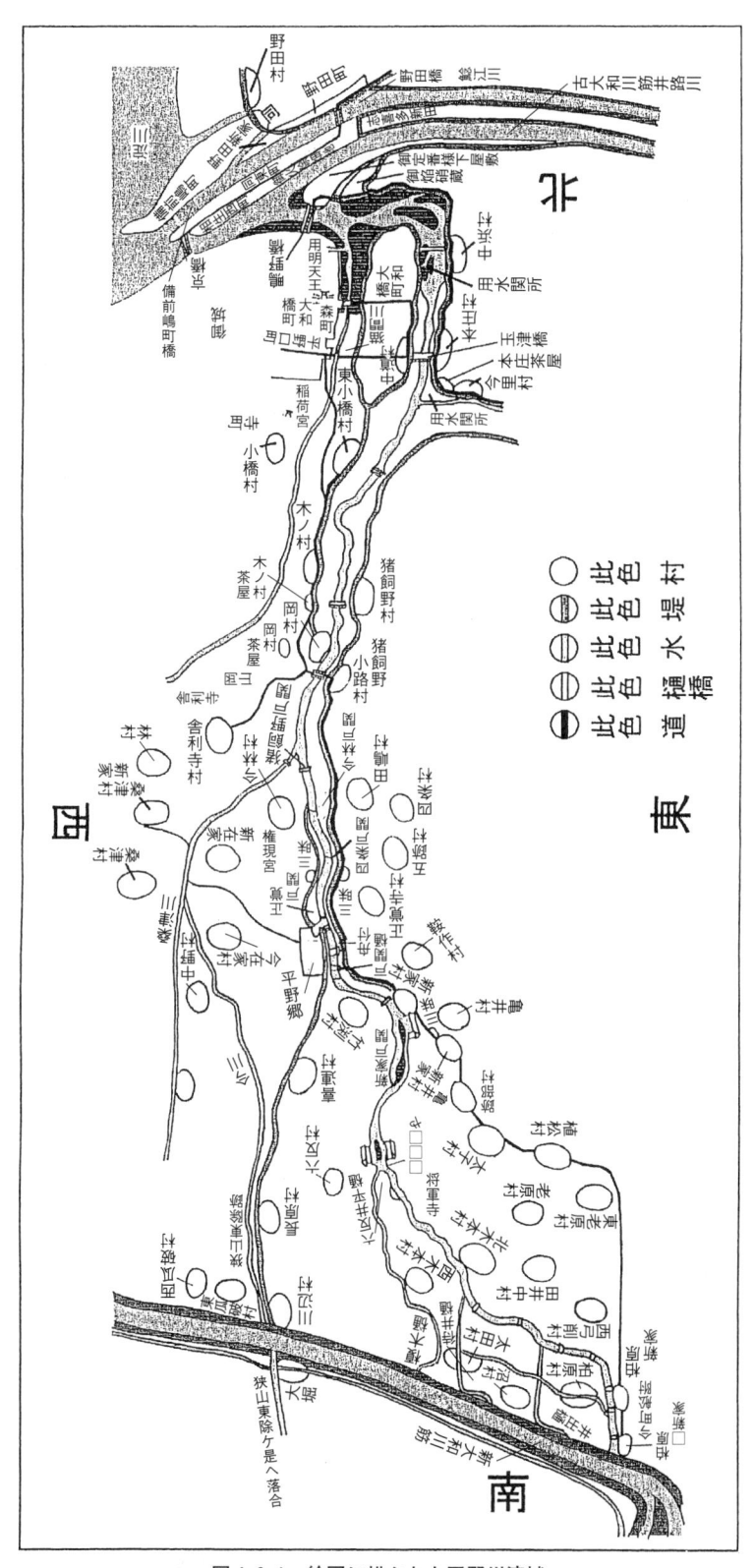

第4章 旧大和川と周辺河川の河川様態

図 4.3.1 絵図に描かれた平野川流域

横断したのは，長吉長原１丁目付近でわかれた流路より古い東除川の流路であったと思われる。近世の平野川はこの古い東除川に沿って古平野川の流路を横断して北に流れたと考えられる。

江戸時代の絵図（付替え以降，年未詳）[9]に描かれた平野川流路や流路沿いの集落との関係は，明治18年仮製２万分の１地形図のそれと正確に対応している。これらによれば，平野郷と鞍作の間付近から両岸に堤防が描かれており，これより下流では堤防の間を小さく蛇行しながら流下している様子がうかがえる。舎利寺付近で西除川（絵図では「桑津川」）を合わせて北に向かう。東小橋より北，中浜付近では，幅100mほどの堤防間に大きく水面がひろがり，西に折れて大阪城の北で大和川に合流していた。

平野川では寛永13年（1636）から柏原船と呼ばれる舟運が行われていた。平野川は舟運に適したゆるい勾配の河川であった。

注
1）『池島条里遺跡の研究』
2）個人蔵，八尾市歴史民俗資料館編『絵図が語る八尾のかたち』p.12。
3）個人蔵，前掲2）の文献，p.13。
4）八尾市歴史民俗資料館蔵，前掲2）の文献 p.15。
5）前掲2），p.10。同資料館編『大和川つけかえと八尾』（2004年）では，同資料を「八尾八か村用水悪水井路図」と紹介している。
6）1984年，大阪府教育委員会調査。
7）中 好幸『大和川の付替 改流ノート』p.85，1992年。
8）大阪文化財センター『亀井』p.154，1983年および同『亀井その２』p.237，1986年。
9）前掲2）の文献，p.56。

4.4　旧大和川の堤体の構造と土質特性

4.4.1　位置と概要

研究の対象となった旧大和川の堤体は，大阪府八尾市にある大阪府立八尾高等学校校内に位置する[1]。（図4.4.1）その外見は高さ約5m，直径約32mの円錐形をしており，通称「狐山」と呼ばれている（図4.4.3参照）。その名前の由来については定かではない。現在の様子はまばらではあるがエノキをはじめとする木々が生い茂り，この山が旧大和川の堤体の一部であったという情報がなければ，さながら小さな古墳を思わせる雰囲気が漂っている。

「狐山」の本来の姿は大和川付替え以前，当時河内の国，渋川村の旧大和川左岸堤防であった考えられる。図4.4.2は明治時代の地図[2]を表しており，その中央付近のマークが現在の「狐山」の場所と考えられる。この２枚の地図を重合わせることにより，当時の状況が思い浮かぶようである。

第4章　旧大和川と周辺河川の河川様態

図 4.4.1　現在の狐山の位置

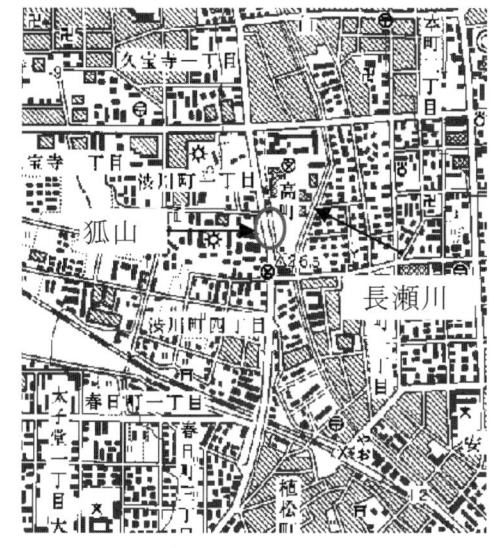

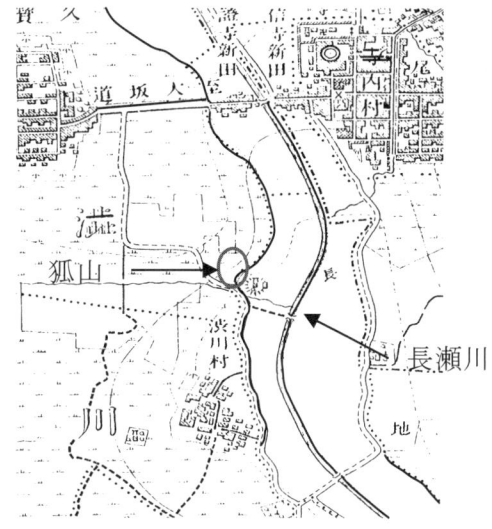

図 4.4.2　明治時代の狐山の位置

4.4.2　ボーリング調査

　狐山が旧堤体であることを確かめるため，その堤体を構成している地盤材料の土質特性を調べた．図4.4.3に示す狐山の頂上付近でボーリング調査を実施し，標準貫入試験[3]とサンプリングを行った．
　標準貫入試験は一定の高さから重錘を落とし，鋼製円筒管を地盤中に一定の長さを貫入させるのに必要な落下回数（N値）を求めるものである．このN値は日本では比較的古くから用いられており，地盤の硬さや土性の概略を知ることができ，N値と地盤定数との関係式が多数提案されている．
　サンプリングはこの堤体を構成している土材料の目視観察と粒度試験，強熱減量試験，含水比試験などの土質試験を実施するために行った．サンプリングはまず先行しておこなった標準

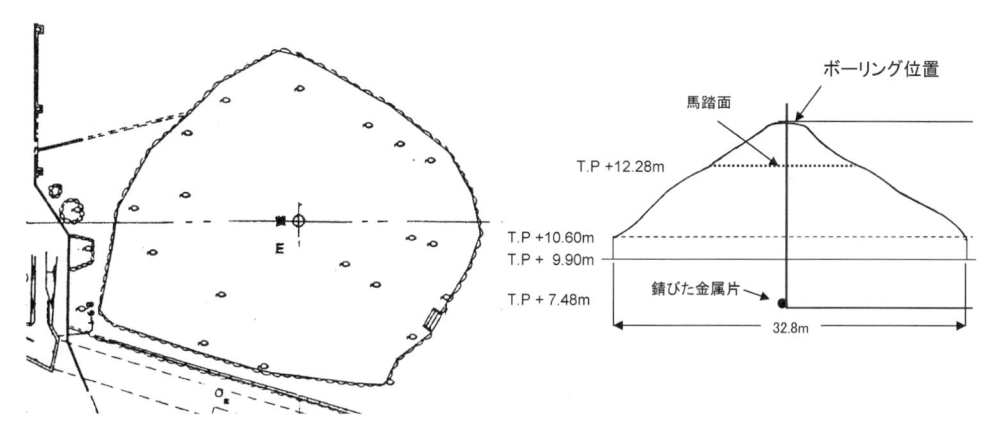

図 4.4.3　ボーリング位置

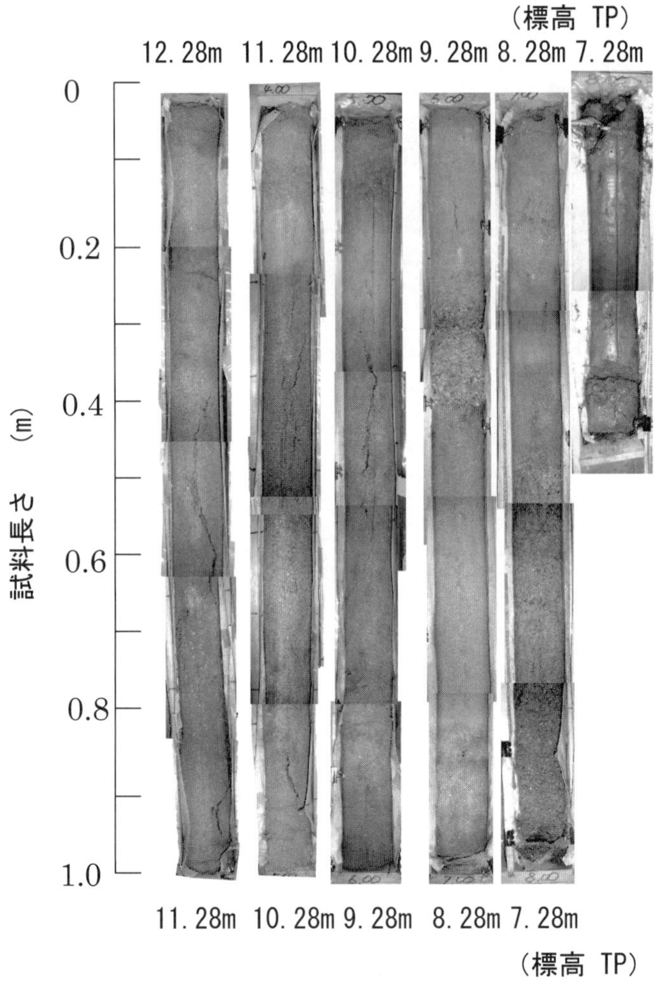

図 4.4.4　採取試料の全景

　貫入試験により，この地盤特性を確認した後，打込み法[4]で実施した．サンプリングする深さはこの堤体が砂・砂質土を主体としていることを踏まえ，土性が砂・砂質土から明らかに沖積層の粘性土に変化するところまで連続して実施した．採取した試料の全景を図4.4.4に示す．

　採取した試料の目視観察は標高12.28m以深を中心に実施した．その理由として，狐山頂上より約3m付近までは戦時中の射撃の的になっていたとの八尾高校100周年記念誌[5]に記述があること，およびボーリング結果から標高13.28m付近にレンガやコンクリート塊が点在していること，この2点の事実を考慮し，残存している旧堤体部は標高12.28m以深と判断されたからである．

　目視観察によると，標高13.28m～7.28mの深度では，砂～砂質土の土性を主とするが，所々に粘土分・シルト分に富む箇所と極端にレキおよび砂のみの箇所が観察された．レキ・砂のみの箇所は堤防の越水により土中の粘土分・シルト分などの細かな粒子が流されたことを示しているとも考えられる．この狐山が旧堤体であったとされる物的証拠として，標高7.48m

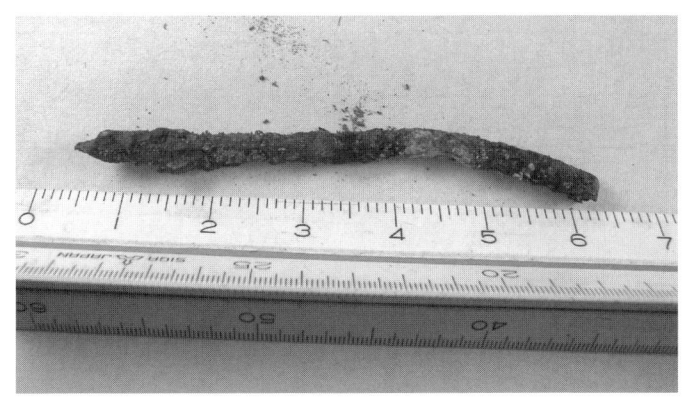

図4.4.5 標高7.48mより掘出された古釘

から錆びた釘が出土した。よって，この砂質土層は人工的に築造されたものと考えられる。さらに採取した試料表面が黒く変色している箇所があった。この黒色部の土性と粘土・シルトの関係は明確ではなく，その成因の推定には至っていない。標高7.28m以深は軟弱な沖積層の粘性土（雲母の混入のあるシルト質粘土）で，海成粘土に見られるように，手の中で捏ねても強い粘りはなく，比較的さらりとした感触があり，比較的速い流速下で堆積した粘土のようである。

目視観察の結果から以下のことが明らかになった。堆積層に見られる特徴的な土構造を示すものとして，あたかも木の年輪のごとく，細かな粒子と比較的荒い粒子が規則正しく堆積した積層構造がある。今回サンプリングされた試料を詳細に観察したが，上述のような構造は認められなかった。築造は標高7.48mの錆びた釘（図4.4.5）の存在により，沖積層粘土の上に行われたことがわかった。

4.4.3 試料の土質特性

採取された土試料の基本的な性質を明らかにするため，土の粒度試験・強熱減量試験を実施した。土質特性から旧堤体の構造を詳細に調べるため，標高12.28m以深について，ほぼ5cmピッチで実施した。粒度試験は土の工学的分類すなわち，粘土・砂・礫の区別する際の指標となるものである。粒度による分類のうち粘土・シルトは細粒分として表される。ここで求められた粒度特性は上述の越水による細粒分流出などの外的作用の影響もあるが，堤体築造時のものとほぼ同一であると考えられる。図4.4.6に今回の調査で得られた粒径加積曲線のうち，試料の目視観察で明らかに層変わりの観察された箇所の前後のものをあらわす。図中には文献6）より引用した新大和川の粒径加積曲線もあわせて記入した。深度分布と粒度特性の関係を図4.4.7に総括している。

本調査では強熱減量試験を行っている。これは先述の粒度試験よりさらに個々の土粒子の固有な性質をあらわす指標と考えられ，地質調査においては複数のボーリング孔間での同一地層の同定に用いる研究的事例がある[7]。強熱減量試験は完全に乾燥させた試料土を750℃で4時

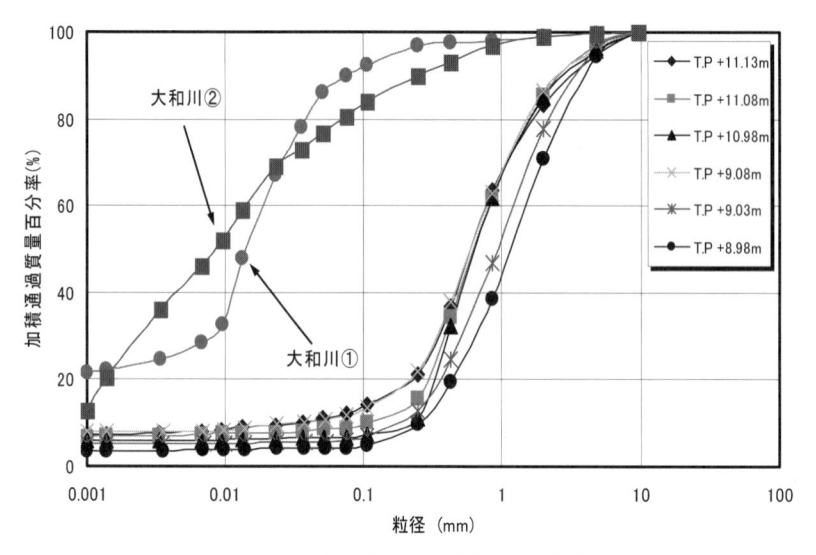

図 4.4.6　狐山と新大和川堤体の粒度特性[6]

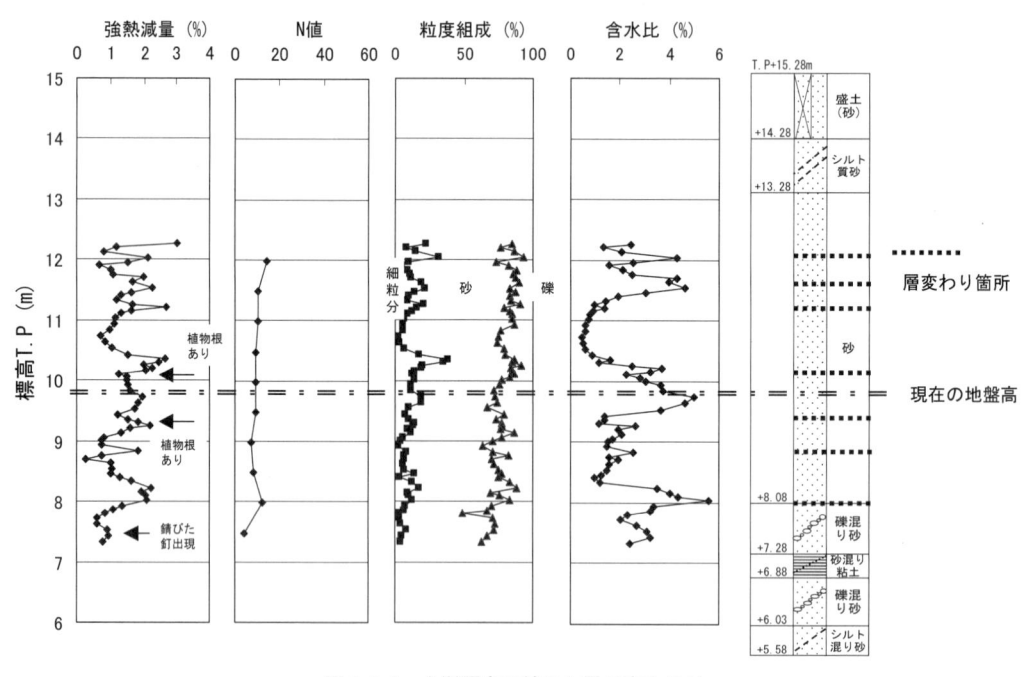

図 4.4.7　土質調査の結果と層の変わり目

間加熱し，加熱によって失われた物質（水・炭化物など）質量と加熱前の全体質量の比を求めるものである。今回の調査で得られた深度〜強熱減量試験の関係図および深度と含水比試験の結果を図 4.4.7 に掲げる。含水比と強熱減量値の相対的な比較を行うと深度方向に類似の変化分布を示すことが明らかになっている[7]。今回の調査においても同様に，強熱減量値と含水比の分布はよく似た傾向を示しており，深度方向の土性区分の指標となるものである。

4.4.4 深度方向の土質特性の特徴

これまでに説明した，N値・粒度・強熱減量試験さらに含水比を含め，それらを図4.4.7に示した。粒度特性のうち比較的細粒分の多いところは標高12.13m，11.48m，11.18m，10.13m，9.53m，8.88m，8.08m付近が顕著である。目視観察では標高11.08mと9.08mで層変わりが確かめられている。さらにこれらの深度における強熱減量値を調べると粒度特性と同様にその値の変化にピークがある。そして，含水比についても同様な結果が得られている。これらの要因として，細粒分（＝通常，シルト・粘土分・コロイド分）はそれらの土粒子が結合水を多く含み取り込んでいることが挙げられる。

4.4.5 旧堤体の土構造の推定

この土質特性の変化の著しい個所の出現深度には明快な規則性があるとは言いがたいが，この旧堤体の構造と深く関連がありそうである。堤体の築造には自然堤防と人工堤防があり，自然堤防は河川の氾濫により，河道の周辺に土砂が堆積しできたものとされている。人工堤防の築造は河川周辺の土砂を集め，盛立てたものが多いとされている。

この狐山が旧堤体であるとして，その構造と土質特性について考える。第5章の図5.4.3に現在の大和川堤体の断面図を示した。図の下部に付替え以前とされている黒く筋状の土構造が現れている。これは堤防のかさ上げによって，盛立て以前に堤防に植物が生育していた上に土砂を置くことにより，それらの植物が炭化し，黒色に変化したものと考えられている。あるいは，盛立て時に土砂の表面を道具で叩く・突く等の締固めを行ったときの土砂投入の継ぎ目とも考えられる。この両者が筋となって見えているものと考える。つまり，この筋状の構造は堤防盛立て時の区切りとすることができる。さらに，狐山の地盤における粒度特性変化点および強熱減量値の特異点をこの筋状構造と同じものであると仮定する。狐山と大和川の堤体築造が同時期かどうかは不明であるが，この考え方に基づいて，狐山を堤防とした場合の推定断面を図4.4.8に挙げる。以上，旧大和川堤体である狐山の構造について，地盤調査と土質試験の結果より断面を推定した。

4.4.6 狐山築造時の周辺地盤環境

ボーリング調査から，沖積層粘土の上部にこの狐山が築造されたことは確かである。図4.4.8は八尾高校の改築時に行われたボーリング調査から得られた柱状図と今回の調査で得られた柱状図の標高レベルを合わせて表示したものである。ただし，図中のボーリング孔ごとの水平距離の考慮はしていない。また，図4.4.9は図4.4.8を検討するために用いた既存のボーリング孔と狐山ボーリング孔との位置関係を示している。各柱状図において，土質区分を土質名称と土質記号を用いて表した。さらに，説明のため各粘性土に番号をつけた。

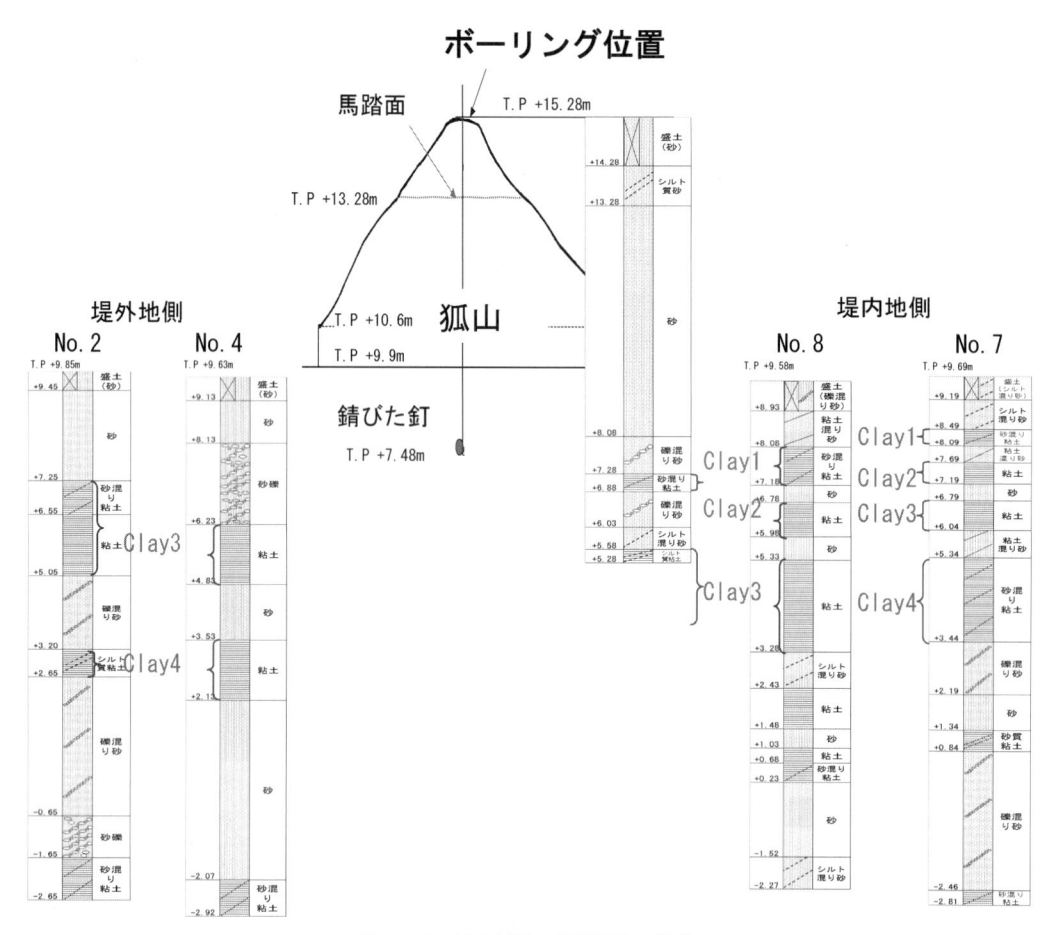

図4.4.8　狐山付近の地層区分の推定

　それによると，堤外地側No.2，No.4の粘性土Clay 1とClay 2は洪水などで浸食され，代わりに砂・砂礫が厚く堆積している。一方，堤内地側No.7，No.8には粘性土Clay 1，Clay 2が存在している。狐山付近において，地層の傾斜がないと仮定するとClay 1が欠損している。また，標高7.48mの錆びた釘の出現を考慮すると狐山築造時にClay 1まで掘削し，盛土がなされたとも考えられる。この約2.5mもの掘削を行った必要性については想像の域を脱していない。

参考文献
1) 1/25000地形図「大阪東南部」国土地理院。
2) 『明治前期　関西地誌図集成』柏書房，1989年。
3) 地盤工学会『地盤調査の方法と解説　第6編　サウンディング』pp.246-273，2004年。
4) 前掲3)。
5) 大阪府立八尾高等学校創立100周年記念会「百年誌」編集委員会『八尾高校百年誌』pp.788-798，1995年。
6) 藤井寺教育委員会資料。
7) 南坂貴彦・田中　洋「土層の同定に関する簡易的な手法の一例」全地連　技術フォーラム2000, pp.225-226，2000年。

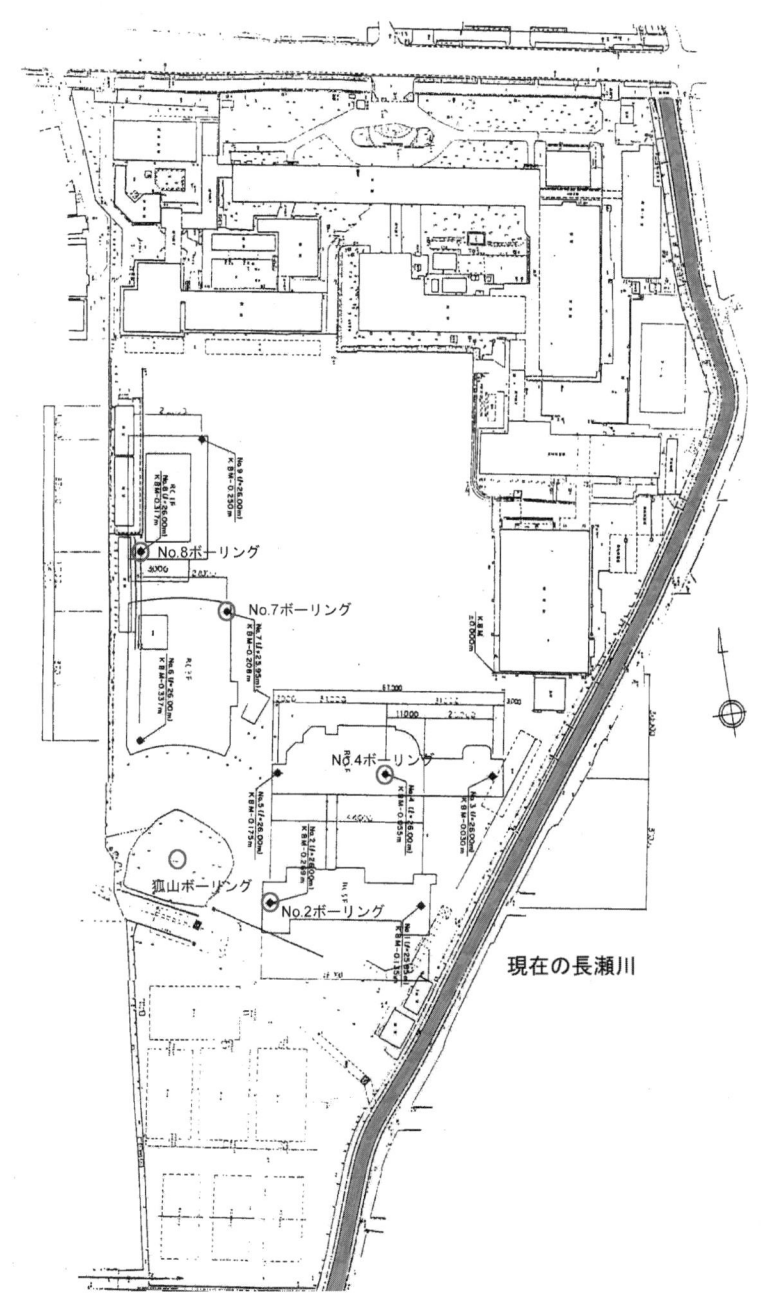

第4章　旧大和川と周辺河川の河川様態

図4.4.9　狐山付近の地層区分に用いたボーリング孔の位置関係

4.5 まとめ

　本章では付替え直前の大和川の河川様態を，多様な資料を使用して復元叙述することを目指した。
　第2節では現地表に残る堤防の残存と考えられる遺構の現地調査や，自然堤防の現地調査，旧大和川河川敷の現況の横断水準測量，現況水路の縦断勾配測量等の作業を基礎として，佐堂遺跡における久宝寺川を横断する発掘調査成果等を用いて，付替え直前の河川様態の復元に成功している。これらの検討から，久宝寺川の流下能力と新大和川とのそれとの比較も可能となり，数値を基礎とした新大和川付替えの評価にも結びつけることができた。また，断面の比較から玉櫛川の河床が著しく上昇していたことも確認され，付替え前の文献記録にみえる洪水頻発の河川様態を明らかにした。
　第3節では，自然堤防を形成していた旧大和川本流に流入できない排水河川の状況を，絵図などの資料をもとに叙述している。恩智川・楠根川ともに条里地割にそって水路整備された人工河川であり，排水とともに井関による用水路としても活用されている。平野川は8世紀ごろに本流であった古平野川にほぼそって，上町台地東縁を北流し，水運・用水として多様な機能を果たしていた。
　第4節では，久宝寺川左岸堤防の一部と考えられる府立八尾高校敷地内「狐山（きつねやま）」のボーリングデータにより堤防構造の解明を目指した。オールコアのサンプル採取によって，目視及び5センチ毎という超詳細な分層による強熱減量試験によって7層に及ぶ有機質の強い部分が検出されている。この部分が盛り土の単位である可能性があるが，全体としてシルトから粗砂・細礫混じりの均質な層相が明らかになった。頂部から下層2〜7m，現地表下約4mまで，周辺の水田面より下2.5mまで同様の層が続くことは，この部分を含む左岸が浸食された後，その上に堤防盛り土がなされたことを示している。
　図4.4.2に見られるように，狐山の位置は河川敷（左岸堤防跡）が局部的に西に張り出している部分である。またこの位置から用水路が分岐していること，この地点の北西に条里地割と異なる北西方向の流路痕跡が看取されることからみて，ボーリング調査で明らかになった厚さ5mに及ぶ盛り土層は，洪水による堤防決壊部分の締め切りとその上部の築堤のための盛り土であると考えられる。
　付替え後，堤防の多くの部分が削平されて新田となった後も，堤防のこの部分が「狐山」として保存されてきたのは，破堤部分（絶間）の困難な築堤工事の記憶が住民に引き継がれ，記念物として堤の一部が保存されてきた結果であるかもしれない。

第5章

大和川付替えの技術

5.1　は　じ　め　に

　大和川付替えにおいて，計画書や工事開始後に作成された資料は残されているが，当事者がどのように考えて設計し，施工したのかに関する記録がない。そのため，大和川付替えをめぐる諸問題を勘案して，当時の河川改修の手法や築堤技術を参考にしながら，本章では設計と施工について論述する。
　まず，大和川付替え時の河川技術について，一般論として概説する。戦国期から近世にかけては，河川技術の著しく発展があった時代であり，河川技術の展開が見られた。主要なものに甲州流，関東流，および紀州流がある。これらの河川技術について各種の文献・資料をもとに概説する。
　次に，大和川付替え工事の設計に必要と考えられる新川の規模，河床勾配，堤防の構造ならびに施工に用いられた用具等についての検討を行う。
　特に興味のある新大和川の堤体構造については，「川違新川普請大積り」や「大和川之大積り」（どちらも中家文書）に，その規模が記されている。しかしながら，これらは見積もりとしての記録であるため，このとおりに施工されたかどうかは明らかでない。また，堤体の構造については，まったく記録が残っていない。そこで，数少ない大和川堤体の発掘調査成果からその構造・構築方法に迫ってみたい。

5.2　大和川付替え時の河川技術

　戦国期から近世にかけては，河川技術の著しく発展があった時代であり，河川技術の展開が見られた。主要なものに甲州流，関東流，および紀州流と呼ばれる河川技術がある。以下に，近世における河川技術について概説する。

①　甲州流河川技術
　急流河川の釜無川とその支流の御勅使川の洪水から甲府盆地を守るために，将棋頭と呼ばれ

る分流施設や，水流の勢いを和らげるための霞堤方式の築堤技術など，洪水制御のため一般に甲州流と呼ばれている河川技術が用いられた。その際，高岩から下流に三百五十間（636m）の堤防を築いている。この本土手に並行して石積出し（四百五十間），石積堤（七百間）と33本の亀甲出しを全長2,091mの区間に設置している。さらに，竜王町から下流の堤防は連続堤ではなく，何か所か途切れた霞堤で，川上に向かって逆八の字に開いた形で何段にも重なるように築堤されている。洪水を抑制しつつ，河川水を堤防の開口部からゆっくりと堤内地に逆流させながら，洪水の勢いを弱めさせる。洪水後は，一時的に滞留した河川水を徐々に開口部から河道である堤外地に自然排水される。急流河川の治水方策として，非常に合理的な機能を持つ河川技術であった。

② 関東流河川技術

伊奈一族による河川技術は関東流と呼ばれ，初代伊奈忠次以後5代目まで関東郡代を任として河川工事に従事した。その関東流と呼ばれる河川技術の基本的な考え方は，川幅を広くし堤防はあまり高くせず洪水を防御するというものである。中規模な洪水時には，堤外地内に遊水地を各所につくることによって洪水を防ぎ，大規模の洪水の場合は，乗越堤を設置し洪水を静かに溢れさせ，本堤の外側に控え堤（二重堤）を設けて本田を守る工夫を行っている。関東流による河川工事の著名なものとして，慶長14年（1609）の尾張木曽川筋の犬山から下流へ延長十二里の大堤防を築いた，いわゆる「御囲堤」がある。

③ 紀州流河川技術

紀州流と呼ばれる河川技術の開祖というべき井澤為永は，吉宗の将軍就任とともに伊奈家に代わって幕府の河川技術を担った。享保時代，すなわち享保元年（1716）以降のことである。井澤為永の行った河川事業としては，利根川から直接引水し見沼を干拓する見沼代用水路の掘削や下総手賀沼の干拓などが著名であり，治水と開墾とを密接に結びつけた事業を展開した。紀州流の最大の特色は，蛇行する河川を直流として流路を固定し，上流部から下流部まで連続した長大な高堤によって，洪水を海にすばやく流し去ろうとするものである。すなわち，紀州流は，強固な連続堤を築き，堤防で守られている一帯を積極的に農地として開発し，取水堰を設けて大規模な用水路も掘るというものであった。

5.3 付替え工事の設計と施工

5.3.1 付替えのための要件

大和川の付替えにおいて，計画書や工事開始後に作成された資料は残されているが，当事者がどのように考えて設計し，施工したのかに関する記録がない。そのため，付替えをめぐる諸

問題を勘案して，当時の河川改修の手法や築堤技術を参考にしながら，以下に設計と施工について論述する．

(1) 考慮すべき条件
① 洪水の解消

大和川付替えは河内平野における洪水氾濫を解消することを直接の目的とする．したがって洪水流量を新川のほうに完全に流すことが可能なようにルートを選定し，河川断面と河床勾配を考えなければならない．

なお，付替え後の旧大和川水系と池沼における新田開発は，幕府にとって財政上の重要案件であるが付替え技術とは別の要素であるから，ここでは触れない．

② 新川左岸流域の排水

付替え反対派の争点の一つに，横川となる新川によって左岸流域における旧来の河川や水路の流れが遮断されることになって排水できなくなり，水害が発生するという主張があった．そのため，新川の左岸堤防に沿って新たに排水用の水路を掘り，あわせて従来の河川を切替えるなどして水損場の生じないようにしなければならない．

③ 用水の取水

新川の流域一帯は，用水源として狭山池と河川や水路に依存していた．しかし，新川によって南から北への用水経路が絶たれるため，とくに右岸地域においては用水源が大きな問題となった．そのため付替え工事とともに新川の両岸に新たな樋門が62か所も設けられたが，右岸地域では用水を十分に確保できず，井戸や溜池から補充しなければならなかった．

④ 土工作業量の軽減

新川のルート上に瓜破台地と上町台地という二つの台地があり，これらを横断しなければならない．いずれも洪積層の固い地盤であり，掘削作業の困難な区間である．そのため台地に切りこまれた凹地である依網池付近の地形にしたがって土工量が最小となるようにルートが周到に選定された．新川が大きく曲流しているのは，そのためである．

(2) 付替えルートの選定

新川の付替えは河内平野への入口にあたる大和川と石川の合流する柏原地点から行われた．ここから西の方向に一直線に新川を掘り，大阪湾と結ぶことが前提となった．

新川のルートとして四つの計画案が残されており（図5.3.1），大別すると2種類になる．一つは柏原地点からルートを西北にとり，六反村から鷹合村（いずれも現大阪市平野区と東住吉区）まで西流させ，そこからまっすぐに西に向かうか，または西南に向かうコースである．これが当初の案だと思われるが，採用されるに至らなかった．もう一つは柏原地点から瓜破台地の北を迂回し依網池を通って浅香の浦に向かうものであり，これが実施案となった．なお，

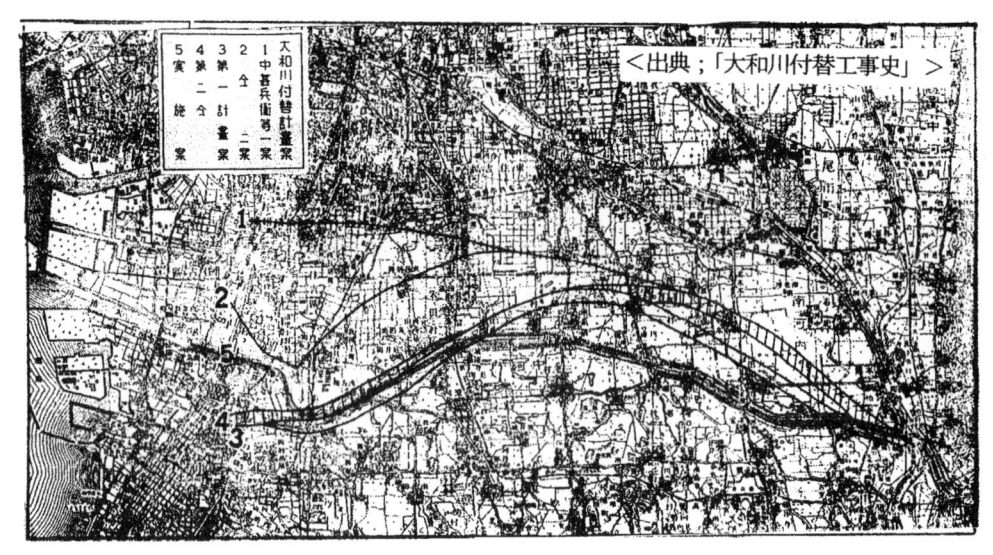

図 5.3.1 大和川付替えルート案

実際に完成した流路は若干異なり，瓜破台地の先端を横断して依網池から従前の凹地をたどって海岸に達した。

5.3.2 付替えの設計

(1) 新川の規模

① 新川の流下能力

河川の付替えにあたって，新川の流下能力をどのように見込んだのかは定かでない。現在のように水理解析のできない時代であるから，当時の河川状況や地形に基づいて付替え河川の規模を決定したものと思われる。

新川の断面積は，まず，在来河川の規模に準じて決定することが考えられる。しかし，河内平野の旧大和川は，いずれも川幅が広いので，そのまま新川に適用することはできない。すなわち，新川によって多くの土地が潰れ地となるからである。したがって川幅を小さくするために堤防を高くしあるいは深く掘り，それによって流水断面を確保し，洪水処理を行ったと考えられる。

② 水位と流量の考え方

当時は現在のように単位時間当たりの流量で河川改修を行う手法はなかった。それに代わり河川の水位が考えられた。

大和川付替えが行われる以前，貞享から元禄の世相を書いた日記に『鸚鵡籠中記』がある。これは名古屋に終生住んだ朝日重章による34年間の記録である。この元禄14年（1701）8月の記事に「夜雨やまず。枇杷嶋四合九勺。天ばくの堤切れ……」，あるいは「水損する田地甚だ多し。枇杷嶋七合三勺」とある。ここに出る四合九勺とか七合三勺というのは河川の水位を表

わすもので，常水位から堤防天端までの高さを一升とし，それを十等分して下から一合，二合と言い表した。したがって，四合九勺で4割9分の水深，七合3勺で7割3分の水深を意味した。

大和川付替え後になるが，享保から宝暦の頃に書かれた『堤堰秘書』に堤防を築くにあたって，「満水の節何合の水に候わか，分別せしめ之を築立すべし」（洪水で満水になる時，どの程度の水位になるかを見きわめて堤防を築け）とある。当時は，河川の水位を基準として計画が立てられた。すなわち，洪水を防止するために堤防を築くときは河川が満水となっても越流しないように堤防を築くことが基本となった。ただし，洪水のときに越流させて下流の洪水を緩和する治水法もあった。

近世には単位時間あたりの流量の考え方はなかった。この考え方は近代になって導入されたもので，明治5年（1872）に河川の流量を測る方法としてドールンによって量水標が利根川に設置された。同12年から着工された安積疎水事業では猪苗代湖からの取水量を毎秒200立方尺とされ，18年に起工指令のでた琵琶湖疏水事業では琵琶湖からの取水量を毎秒300個とされた。ここに出る「個」というのは流量の単位であり，1個は1秒間に1立方尺の流量を示し，したがって1個/秒は1立方尺/秒であり，0.0278m³/sとなる。この頃，流量を表す適当な用語がなく，便宜的に使用したものが全国に広がったといわれる。

③ 新川の川幅

大和川付替え反対派の主張に，新川が従来の河川や排水路を遮断する形になり，自分たちの地域の排水が阻害されることがあった。そのために新川は旧川以上に流下能力をもつものでなければならない。新川の幅をどのように決めるかに関して次のように考えられたのではないか。

まず第一に，旧大和川水系がどれほどの流水断面積を有していたのかを参考にした。当時の状況から推測すると，久宝寺川（佐堂地点）は川幅200m，堤防高3.5～5.1m，断面積830m²となり，玉櫛川（上流）は川幅164m，堤防高1～3m，断面積326m²となる。これら二つの河川の断面積は合計1,156m²となり，これを基にして新川の規模を推算すると，堤防高を3間（5.5m）とすれば川幅は210mとなる。実際の堤防高は左岸側が2間半，右岸側が3間とされた。ただし，河床勾配は新旧ではかなり異なる（表4.2.1参照）。

第二に当時の大和川と石川付近の地形が考えられた。現在の地図をみると，このあたりの大和川は幅150～200mを有している。その上，旧大和川の出口である淀川との合流点において，洪水時には数mもの水位上昇があったから，付替えによって海を出口とする新川には河川の水面勾配が小さくなる恐れはない。

なお，新大和川の幅が「百間」となったことは岡山の百間川を連想させる。これと関係があるのであろうか。岡山城下を流れる旭川は土砂が流出して河床を高め，洪水が発生したため，藩主が熊澤蕃山を招いて旭川の放水路を作らせた。これが百間川であり，寛文9年（1669）に起工して貞享3年（1686）に完成した。当初の乗越堤の幅は70間であったが文化11年（1814）の改修によって百間に拡幅されたというから，百間川になったのは新大和川のほうが早い。

④ 新川の延長

付替えは，大和川が石川と合流する地点から行われた。ここは河内国志紀郡の柏原村と船橋村の中間地点であり，ここから摂津国住吉郡七道の海岸までの区間が新川となり，その延長は131町（7,860間，14.3km）であった。

新川の付替え地点では旧大和川が締切られ，現在まで築留（つきどめ）の名称が続いている。一方，新川の終点は大阪湾であるが，当時の海岸線は現在よりも4.8kmほど上流にあった。ここには熊野街道（紀州街道）が南北に通じており，新川が開削されると同時に「大和橋」が架けられた。

(2) 新川の河床勾配

① 新川の地形断面図

新川の河床勾配は地形上から必然的に決まるものであり，当時の文書にも記録がある。その中から「川違新川舟橋村前より海迄百三拾壱町之間地形高下之叓」について河床勾配をみる。この文書は姫路藩が工事を始めて幕府に引き継がれた水盛結果であり，工事の始まった宝永元年（1704）の4月初旬頃に作成されたといわれる（『甚兵衛と大和川』による）。これは新川の全長131町にわたる縦断面図であり，ここに付替え地点における大和川の川底から1.9m下を基準点として新川の計画河床線が引かれている。この1.9mというのは在来河床からの浚渫深さのようである。基準点の河床から堤防の高さを3間とした場合の天端線が引かれ，河床と天端の二つの線の間に在来地盤が描かれている。つまり，河床線よりも上側にある地盤は掘削しなければならない区間であり，天端線よりも下側になる地盤では堤防を築くのに盛土が必要な区間となる。

新川の川筋は1町ごとに杭で表示され，全部で132の杭が図示されている。また，10町ごとに大きな杭で示され，付替え地点の川底との比高をあらわす数字が記されている。計画図では1〜132番杭の間の河床勾配は1町につき4寸となっており，これは1/900（1.11‰）の勾配にあたる。132番杭より西の方は急な傾斜になって海に入る。なお，「但書」に付替え地点と131番杭までの間の高低差は6丈6尺4寸3分（20.13m）とあり，これを基にして河床勾配を算定すると1町につき5寸1分1厘，すなわち，1/705（1.42‰）となる。

② 現在の地形図より推定

新川がどのような地形の高低差をたどって開削されたのかを現在の地形図によって推定してみた。図5.3.2のように地形図の等高線に新川の流路をいれ，これに基づいて河川の縦断面を作成したのが図5.3.3である。これから判断すると新川には二つの凸部と三つの凹部があった。

凸部の一つは瓜破台地であり，ここでは掘割りの形で新川がつくられたが，最高点の両側では堤防の天端まで少々の盛土が必要であった。もう一つは上町台地であり，ここでは地盤が突出しており，約3kmの区間が堤防天端線よりも高くなっている。したがって最大10mをこえる掘削が必要となったから，地形の凹凸を巧みに活用して流路が選定された。

一方，凹部のうち，付替え地点から瓜破台地の手前までは全区間に盛土が行われた。瓜破台地から上町台地の間には低地区間があり，また旧西除川の流路が東側の最低地とほぼ同じ高さ

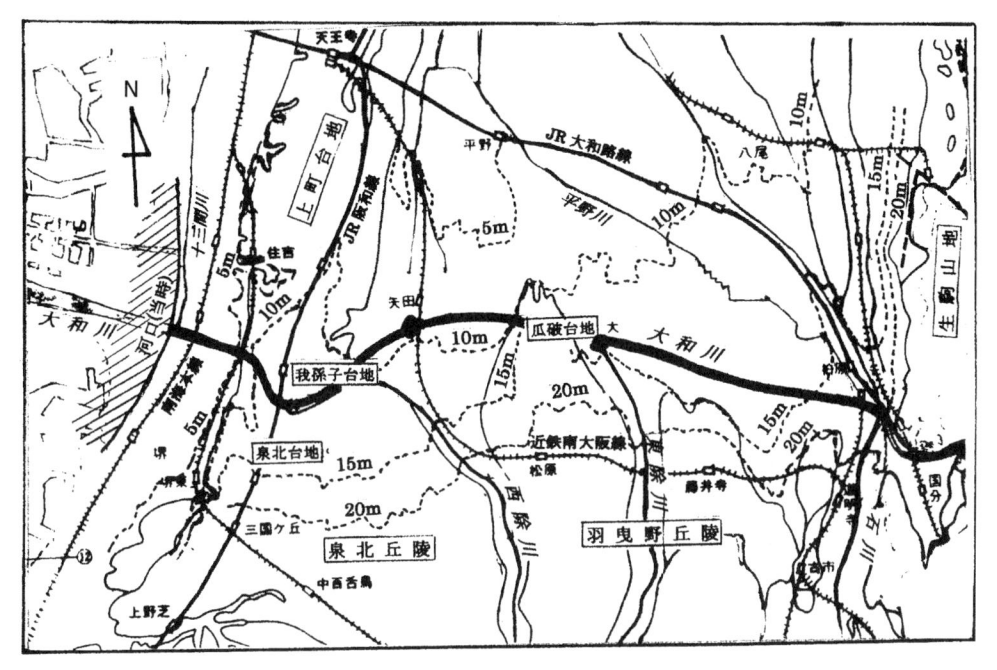

図 5.3.2　新川と等高線

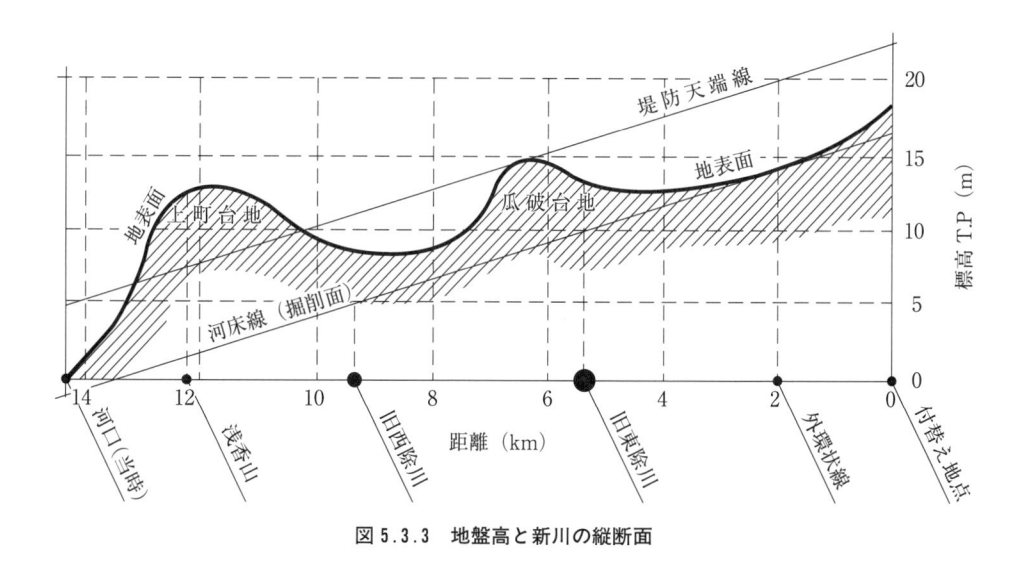

図 5.3.3　地盤高と新川の縦断面

であり，バックウォーターの作用が及ぶため旧西除川が下流の方向に付替えられた。上町台地の下から海岸線までの堤防は全面的に盛土が必要であった。

③ 新旧河川の勾配

現在の地盤高から推測すると，新旧大和川の河床勾配には，かなりの差がある。すなわち，旧川では 1/736（築留～二俣間），1/1,110（久宝寺川），1/1,160（玉櫛川）であり，新川では 1/860（柏原～海）となっている（表 4.2.1 参照）。なお，付替え以前は旧大和川が京橋口で淀

川と合流するので，洪水時には淀川の水位が3m前後も上昇し，それによって旧大和川水系は直ちに影響を受けた。しかし，海に河口を持つ新大和川には，その恐れはなく，新旧大和川の水面勾配は洪水時には大きく違ったと考えられる。

(3) 新川堤防の構造
① 堤防の形式
新大和川は全川にわたって連続堤防となっている。

一般に堤防は連続堤が基本とされ，地域条件によっては，二重堤，控堤，霞堤，乗越堤などが組み合わされたり，あるいは片側の堤防を低く築いて洪水時に越流させる形態もとられるが，新大和川では特別な形式はみられない。

当時の農書である『百姓伝記』の防水集には「大河の堤をば二重につきたるがよし」と二重堤をすすめ，その堤防は「ねじきをひろく取，堤はらをなる程のいにつき，馬乗をひろくすべし」と記されている。すなわち，堤防敷を大きくとり，堤体の傾斜を緩くし，かつ馬踏を広くとることを勧めている。

② 堤防の高さ
新大和川の堤防高は洪水時の流量を流すのに必要な河積断面から川幅とともに考えられた。当初は，右岸側（北堤）が堤敷15間（27.3m），高さ3間（5.5m），馬踏3間（5.5m）とされ，左岸側（南堤）が堤敷12間半（22.7m），高さ2間半（4.5m），馬踏2間半（4.5m）とされた。ただし，台地の西側にある浅香山谷口から下流側の砂堆の区間の堤防高は両岸ともに2間（3.6m）とされた。

新川の堤防高が南北で異なるのは新川の地形が南高北低となっていることと，流路が北方向へ曲がるため右岸に強い水勢が当たるためと考えられている。ちなみに地表面勾配を1/500とすると，北岸と南岸との高低差は40cmとなり，堤防高の差は北岸堤防の天端の方が50cm高くなる。なお，これは河内平野のある右岸側の地域を守る意図があったのかどうかは分からない。

③ 堤防の法勾配
新大和川の両岸堤防の法勾配は川表および川裏ともに2割とされた（図5.3.4）。この傾斜を法尻の角度でいうと27度になる。近世では堤防の法勾配として，「堤防敷地の片法敷の長さ」を「堤防高さ」で除した値で表し，この比率によって〇割〇分勾配と表現された。したがって，1割勾配というのは片法敷長が堤防高と同じ値の場合をいい，2割勾配であれば片法敷長が堤防高の2倍になり，法勾配は緩くなる。18世紀の初頭では河川堤防の法勾配として，川表が1割5分〜1割，川裏が2割〜1割5分が主流であったから，新大和川の堤防は安全側に設計されている。

築堤勾配は近世から現代にかけて以下のように表現されている。

・〇割〇分勾配…片法敷長／堤防高。例えばL／H＝2（2割勾配）。

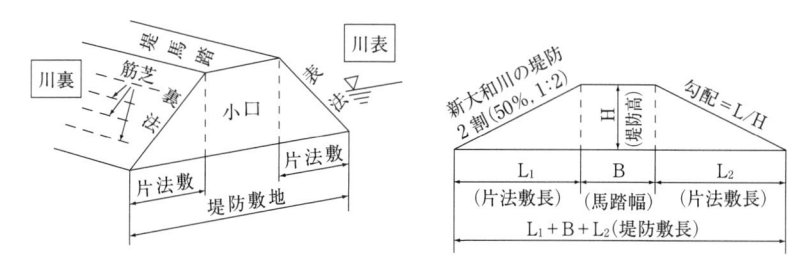

図 5.3.4　堤防の構造と法勾配

- ○尺○寸勾配…堤防高／片法敷長。例えば H／L＝0.5（5尺勾配）。
- ○：○勾配…堤防高1に対して片法敷長の比。例えば H：L＝1：2（勾配）。
- ○％勾配…堤防高／片法敷長の百分比。例えば H／L＝0.5（50％勾配）。

なお，現在の「河川管理施設等構造令」では「盛土による堤防の法勾配は50％以下（2割以上）」となっている。

④ 馬踏

馬踏は水防用の道路をかねるため，「ひろく築て，常に人馬を通し踏付けさせ，堤を堅め候事吉し。……満水の節，洩水・湧水・越水等之れ生る時，之れを防ぐべき質を兼ね，了簡せしむべし」（『堤堰秘書』）といわれた。

新大和川の馬踏は，当初は右岸が3間（5.5m），左岸が2間半（4.5m）とされた。その後，近世に三回かさ上げされており，現在，天端幅は藤井寺市の左岸では6mとなっている。

(4) 水 制 工

一般に水制工は「水刎（みずはね）」ともいい，河川の流路内に設置して，流路を変えたり，流速を減じたり，護岸としたりする河川施設をいう。『百姓伝記』には次のような水制工が記述されている。

- 石わく（石枠）……川の曲部や堤ぎわは水の押付けが強いので堤を守るために置く。
- さる尾（猿尾）……川へ突き出す小堤であり，水勢を殺すために設ける。
- 蛇籠……「川除水をふせぐに第一のものなり」といわれる。
- 牛……丸太や角材を合掌のように組み，水勢をそぐ。笈牛（おいうし），棚牛，大聖（だいせい）牛，尺木牛，菱牛，洞木牛などがある。
- 柳や竹の植付け……「堤に柳を植るにましたる事なし。」と記す。
- 芝付……新堤・裏置（川の裏面）・腹置（川面）には必ず芝を植える。

これらのほかに，「出し」（石出し，蛇籠出し，棒出し，土出しなど）や「杭」（杭出し，根杭，置杭など）がある。

新大和川は適当な勾配をもってほぼ直線状に設けられた河川であったから特別な水制工は少ないようだ。現在までのところ，上流の藤井寺市小山平塚遺跡の発掘調査で水制工と思われる杭列が検出されている。これは堤防の内側から河川の中心にむかって出された杭列であり，

200本もの杭が川底に打ち込まれており，「杭出し」とよばれる水制工であり，堤防にあたる水勢を弱める役割を果たした。

(5) 付帯工事

① 川違え反対派の訴状

大和川付替えの声があがって以来，その川筋となる村々から反対意見が出されてきた。そのため付替え工事に当たっては，それらの意見を十分に反映しなければならなかった。数多くの訴状の中から代表的なものとして，延宝4年（1676）の「乍恐言上仕候」（88ページ参照）の要点を示すと次のような11項目が出されている。

- a. 川違えをされると，川床になる百姓は渇命し，流浪することになる。
- b. 南高北低の地形に従って自然の河川は流れるのに対し新川は横川となる。
- c. 新川によって流れが塞き止められるので大雨の時に多くの水損場が発生する。
- d. 西除川の排水が悪くなって付近が水損場となり，13か村が水底になる。
- e. 台地は岩盤であるから工事に莫大な費用がかかり，また，捨土で本田が潰される。
- f. 開発新田ができるといっても井路川や道路になる分を引けば，ごくわずかである。
- g. 新川は横川であり流路が短いので水の当たりが強くなり堤防が損壊される。
- h. 新川ができれば旧大和川水系に水が流れなくなり旱損場ができる。
- i. 新川の川床が低いので川北になる村々は用水が取れなくなる。
- j. 新川によって六つの街道が分断され，往来が困難となる。
- k. 過去の大洪水でも，川浚えをし，堤防を高くすれば防止できた。

上記のうちで大きな問題は，排水が悪化すること（b・c・d）と用水が不足すること（h・i）であった。これらに対して幕府は付帯工事によって解決することにした。

② 付帯工事

横川となる新大和川によって左岸地域から北流していた河川や水路が，すべて遮断されることになり，そのため多くの水損場が発生する恐れがあった。この対策として新川左岸の堤防下に南部地域からの悪水を受ける排水路「悪水落シ堀」が設けられた。上流の船橋村から下流の浅香山谷口に至る延長121町（13.2km），川幅15間（27.3m）の落堀川である。

新川と交差する河川の中で，大乗川と西除川が付替えられた。在来の大乗川は藤井寺から平野川（了意川）へ流れていたが，落堀川への負荷を軽減するために上流の古市南方で石川へと付替えられた。また，西除川は直線状に北流していたが新川の水位によって流れが阻害されるために途中から西の方向へ切替えられ，落堀川にはいって浅香山谷口で新川へ合流された。なお，東除川は落堀川を石樋で越えて，直接，新川へ流入された。

新川によって在来の用水路が遮断されることになり，用水の取水形態が大きく変化した。旧水系の久宝寺川と玉櫛川には用水路が設けられたほか，新川堤防には新たに左岸に23か所，右岸に39か所の用水樋が設けられた。

付替えによって旧水系への流量が絶たれ，河内平野の舟運に大きな影響を与えることになっ

た。そのため、河口近くにおいて十三間川を延伸して新川と結び、それを通じて大和国と河内国への新たな舟運路が整備された。

5.3.3 付替え工事の施工

(1) 工事の施工内容
① 本工事

新大和川として、付替え地点から海岸に至る延長131町（7,860間、14.3km）、川幅100間（182m）の新川を開削し、両岸に連続堤防を築く。また、旧大和川との分岐点は堤防でもって完全に締切る。ここが現在の柏原市の築留地点である。

② 付帯工事

付替え反対派の意見に対する措置として、本工事と同時に付帯工事が行われた。

まず、新川によって南部地域の排水状況が悪化するため、その解決策として落堀川が開削され、あわせて大乗川と西除川が付替えられた。そして付替え後の旧水系における用水取水と河川舟運の問題に対処するため、新川堤防の両岸に新たに用水樋を設けて取水できるようにし、また、十三間川を通して新川への新たな舟運路とされた。

これらの工事が行われたのは図5.3.5の通りである。

(2) 工事用具
① 掘削用具

大和川付替え工事において、どのような用具が使用されたかに関する直接の記録が見当たらない。一般に近世では土木工事専用に製作された用具は少なく、農家に普及していた農具が使用された。

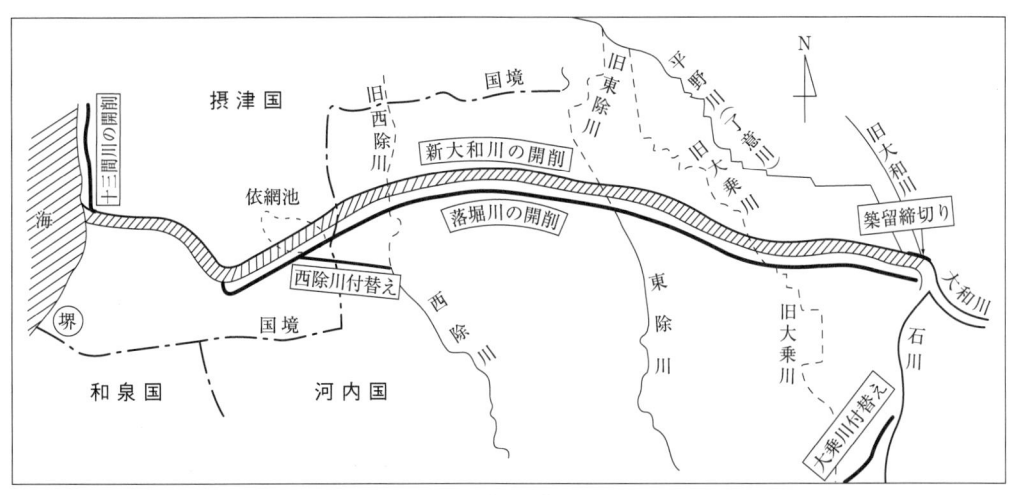

図5.3.5 付替え工事の施工位置

農作業における掘削は鍬と鋤が中心であり，土木普請においても同様だと思われる。もっとも多く使用されたのは鍬であろうが，農業では作業を楽にするために軽い鍬が使われたが，大和川付替えでは洪積地層を掘削しなければならないので，地盤によっては丈夫な鍬か他の用具を用いなければならなかった。一般に河川の性状によって次の用具を使用するという記述が『百姓伝記』にある
　　・岩川を掘る用具……つるのはし・かなつき・石のみ・げんのう。
　　・砂川を掘る用具……鍬・鋤。
　　・泥川を掘る用具……鉄鋤簾・竹鋤簾。
　一般に「鍬」は小石のない耕作地で使われ，刃先は広いが地がねや湯金（鍬の刃先）は薄く，また，鍬平と柄を軽くして作業を楽にした。鍬の刃先をはめこむ木製の土台を風呂・平といい，刃先が大きく，がっしりした鍬が「風呂鍬」であり黒鍬ともいわれて土木作業に使われた。硬い地盤や石のある土地では「唐鍬（とうぐわ，とくわ）」が使われた。これは地がねも湯金も厚く作る代わりに幅をせまくし，刃先を長くした鍬であり，開墾や根切りに用いられた。この唐鍬は「石地・かた真土をほりおこし，また地をふかくほるに徳あり」，あるいは「木の根・石をほりをこすに其徳備れり」と『百姓伝記』に記されている。鍬のタイプで3～5本の股歯をつけたのが「備中鍬」であり，固い土に使用された。
　一方，「鋤」は溝や穴を掘ったり，底の土をさらえたりするのに用いられた。木部の台にU字型の鉄製の刃先をはめ込んだもので，現代のスコップやシャベルにあたる。農地では田をかえし，畠をすくのに用いられたが石地の土地では使いにくい。なお，「犂」は牛馬に引かせて田畑をすく用具を指すが，新川の工事では使われなかったようだ。
　固い地盤や石地では，石砕きや石掘りの作業を行わなければならないので，鍬や鋤とは違った用具が使用される。新川の開削では二つの洪積台地を横断しなければならず，とりわけ上町台地の頂部は地盤が固く，相当な難工事であったと思われる。こういった固い地面を掘るのに使用されたのが「鶴嘴」であり，これには片刃のものと両刃のものとがあった。
　一方，石地では，石のみ・石割り・玄能（玄翁）・石起しなどの用具が使われた。石のみは石を切断するノミであり，石割りは棒の先端に金具をつけたもので，カナテコとも呼ばれた。玄能は大型の鉄槌に似ており，両端の頭がとがっていないもので石を割るのに用いられる。また，石起しという土中の岩石や礫を掘り起こす用具もあった。
　溝や水路に堆積した泥を浚えるのに使用されたのが「鋤簾（じょれん）」であり，鉄製のものと竹製のものとがあった。新川の工事では依網池や河口部の掘削で用いられた可能性が高い。

　② 土砂運搬用具
　掘削土を運搬するのに距離の短いところで重宝されたのは「畚（ふご）」である。これは竹や藁を編んで作った容器であり，天秤棒（しない棒）で担がれた。同じようなものに「持ち籠」の音便から出た「畚（もっこ）」がある。これは縄を網状に結んで受け皿とし，四隅に吊り綱をつけて土砂や石を運ぶもので，担架式のように二人で運ぶものも多く用いられた。ほかに一輪車や猫車あるいは人力や牛馬力による荷車があるが，これらは足場がわるいと使用でき

ず，新川の工事では使われたかどうかはわからない。

③ 排水用具

　新川の開削された路線は，大部分が台地や丘陵であったから掘削による湧水は少なかったと思われる。ただし，依網池や河口付近ではなんらかの排水作業と併行して工事が進められたであろう。この頃，排水作業に使用された用具として，水かえ桶やはね釣瓶，あるいは竜骨車や踏車などがあった。

　軽い木で作られた「水かえ桶」は人力で排水される。釣瓶の両端に縄をつけたのが「はね釣瓶」であり，二人掛りで水をはねあげた。なお，井戸のはね釣瓶は「桔槹（けっこう）」とも呼ばれた。

　「竜骨車」は䶢車ともいわれ，下部を水にひたして小板によって揚水する構造をしており，「方一尺か一尺三四寸にかろき木を以，九尺にも二，三間にも箱をさして，上一方を明け」た（『百姓伝記』）。いわば，木製のチェーンポンプである。

　足踏み水車である「踏車」は，竜骨車と違ってメンテナンスが容易であり，その上，体重が利用できるので疲れが少なく，効率がよかった。大蔵永常の『農具便利論』（1822年刊）に「昔年より井路の水を高燥の田地へ揚るには龍骨車を用る事諸國一般なりしに，寛文年中（＊1661〜73）より（＊大坂の人が）踏車を製作し，寶暦安永の頃までに諸國に弘り，今は龍骨車を用ゆる國すくなし」と記されている。踏車は享保の頃から普及し，それとともに竜骨車の姿が消えていった。

④ 締固めと杭打ち用具

　礎石の突固めや土の締固め，あるいは各種の杭打ちに使用された用具であり，新川工事においても，適宜，用いられたものと思われる。

　「胴突」は長さ7〜8尺の円木であり，これで礎石を突き据えた。「木蛸」はもっとも古くから使われた用具で，溜池の築堤や地面の突固めに用いられた。築堤では5人掛りで行う場合は，3人が振り上げて2人が叩くというように交互に作業を行った。ふつうは粘土を5寸において3遍叩けば水が洩れないとされ，また5寸置いて叩き締められた。

　小型の杭打ちとして畑の杭などに使われたのが「木槌」であり，この大型のものが「掛矢」であった。さらに大型の杭打ちは櫓式によって行われた。これは櫓上に滑車を設け，これに綱をつけて木槌・石槌・金槌（これは江戸末期から使用）を吊るして多人数で引き上げ，落下させて杭頭を叩き込んだ。土留杭・川除杭・波除杭・澪筋百本杭・橋杭などに使用された。

(3) 築堤工事

① 堤防の施工

　築堤に関して当時の技術書（『堤堰秘書』）をみると次のように記されている。

- 堤防用の土砂を田畑から採取するときは，表土をはねて下の土をとること。「真土のない所では砂にて築立てさせ，其の上を真土を以て厚さ1尺ばかりも包み，芝を附ける

事」。
- 河積を十分広くとること。このため水制は短くし，堤防の柳や竹も流下の障害とならないようにすること。
- 新堤防の断面は，旧来の堤防断面を尊重し，十分に安全な断面をとること。また，堤防からの水漏れがないように調査し，とくに堤内に沼地があるときは補強すること。
- 流心が堤防に接近した場合，ただちに萱羽口護岸を行うこと。
- 柳や竹などは堤防の保全に役立つので植栽することはよいが，大きくならないように切り取り，根張りをよくすること。

② 新大和川の堤防発掘

 藤井寺市小山7丁目において左岸堤防が下水道ポンプ場の排流渠工事の時に掘り割られた。そのときの調査報告書によると堤防断面は次のようになっている。
- 堤防は地山の上に築造されており，地山の整地や掘り込みは行われていない。
- 堤防の内部には粘土のコアー（核），すなわち鋼土（はがねつち）があった。下層の鋼土は地山と同種の粘土であるので，落堀川の掘削土を転用したものと思われる。
- 粘土はモッコで運搬して突き固めたもので，厚さ20cm前後，幅30cm前後の層状になっている。堤体内の粘土コアーの大きさは根置21.5m，高さ3.6m，馬踏5.4mであった。
- 堤防の法尻には，南側に1列，北側（河川側）に3列の杭列があり，そのピッチは約30cmであり，杭間の距離は根敷に一致した。また，河川側には川中へ斜めに打たれた杭列が3列みられた。

 なお，大畑才蔵の『地方の聞書』（元禄年間）には「堤の真中床よりねやし入候を云。」とあり，また，「はせ」は堤防の中心部に埋めた粘土のかたまりのことで，これは堤体に水が浸透しないように芯壁となるものである。溜池では地盤を掘って十分に芯壁の根入れを行うが，新大和川では堤防の根入れは行われていなかった。

③ 土工事

 新川の掘削によって大量の残土を処分する必要がないように掘削計画は入念に立てられた。一つは掘削によって発生した土砂を築堤用の盛土に転用すること，もう一つは台地を掘り割る区間で発生した残土は近くの池沼や窪地に埋め立てることであった。なお，以下の土工事と築堤に関する記述は，主として『甚兵衛と大和川』（中九兵衛著）によった。

 近世の土木普請では「坪」を土量積算の基礎とし，1坪を何人で作業できるのかを歩掛とした。この1坪というのは1間立方の大きさをいい，$6.0m^3$の容量に相当する。近世の人足計算は，1坪の土を掘削して1町の距離を運搬するのに3人を必要とし，これを基準とした。したがって，3人／1坪というのは3人／$6m^3$のことであるから，現代の歩掛でいうと$2m^3$／人に当る。

 工事に先立って，地形に合わせて必要な土量や人足数を算定したものに「川違新川普請大積

り」がある。これによると，1坪あたりの人足歩掛は次のように掘削部で6～8人，盛土部で4～5人とされている。

- 河底掘削では1坪当たりの人足数は，丘陵や台地では6～6.5人，味右衛門池（依網池）から浅香山谷口にかけての洪積台地では8人となっている。
- 築堤盛土では1坪当たりの人足数は，丘陵や台地では5人，浅香山谷口から海にかけての砂堆では4人となっている。

掘削部について，地盤の硬軟と1坪あたりの歩掛を対比すると，地盤の固い上町台地では8人，瓜破台地では6.5～6人となっており，1人あたりの土量では0.75～1.0m³の幅がある。一方，盛土部では5～4人となっているから1.2～1.5m³/人の幅となる。

④ 築堤の内容

横川となる新川は起伏の多い地形を流路とし，その延長131町（7,890間，14.3km）のうち，築堤は掘削と盛土によって行われた。すなわち，二つの台地区間では掘削によって掘り割られ，それ以外の区間では盛土によって築堤された。その延長は掘削部が5.5km，盛土部が8.8kmであった。これらの作業に伴う土工量は「川違新川普請大積り」（見積り書）によると，掘削部では悪水井路を含めて133万m³，盛土部では121万m³であり，合計254万m³となっている。ただし，これは工事途中の見積もりであって，実際の工事では瓜破台地のルートが南側へと変わり，また下流部の浅香山あたりでも流路が変更されたから，その分の土工量が違ってくる。なお，河川の掘削断面は川幅100間にわたって均一に掘られたのではなく，中央部の50間が0.5～1間の深さに掘削された。

築堤について，掘削部と盛土部との割合をまとめると表5.3.1のようになる。

表5.3.1 築堤の内容

	合 計	掘削部	盛土部	（比率）	掘削部	盛土部
延 長	14.3km	5.5km	8.8km		38%	62%
土 量	254万m³	133万m³	121万m³		52%	48%
作業員	245万人	147万人	98万人		57%	43%

⑤ 排水工事

台地の区間では排水する必要は少なく，河口近くの池沼や入江では排水が行われた。また，河川や水路の付替えにともなう排水の処理も必要であった。新川工事でどのような排水手段が使われたのかは明らかでないが，付替え工事の20年前に行われた安治川の開削では主に竜骨車が使われたことが新井白石の『畿内治河記』に記されている。

貞享元年（1684）に古淀川の河口に近い九条島の真ん中に長さ千丈（3,030m），川幅三十余丈（91m余）の新川が掘られた。砂地の島の両端を締切って中央部に幅五丈（15.2m）の深い堀を掘り，ここへ湧き水を集め，数百の飜車（竜骨車）を並べて衆力をもって昼も夜も回転させて排水したと記されている。いかにも壮観な光景が浮かんでくる。しかし，新川工事では

このような大掛かりな排水は行われず，主に人力排水によったものと思われる。

⑥ 堤防の芝付け
『百姓伝記』に「新堤・裏置・腹置をしては必芝を付る」とあるから堤防に芝を張り付けることが基本であった。新川工事にも「三手伝普請場の堤芝伏」，あるいは新川の工事中の万年長十郎による見積書のなかに「総堤芝伏」と記されているところから堤防には芝が植えつけられた。

(4) 付帯工事の施工
① 落堀川の開削
「川違新川普請大積り」には「悪水井路（片側堤）」として築堤盛土の区間が3,800間（6.9km），川底掘削の区間が1,500間（2.7km）と記載されており，その延長は5,300間（9.6km）となる。また，川幅は15間（27m）であり，水深は1間（1.8m）となっている。なお，落堀川は下流で切替えられた西除川と合流する。

落堀川の掘削土は新川の築堤用に転用され，また，粘土質のものは堤防のハガネ土に利用された。

② 河川の付替え
旧来の大乗川は古市古墳群をぬって，かなり入り組んだ流路をとって平野川（了意川）へと流入していた。ジグザグに曲がっているのは古代の条里制による土地区画と関係するものと思われ，明治時代の測量図などからその流路が推定される。一方，西除川の旧流路は土地条件図に描かれた「天井川沿いの微高地」から推測できる。

③ 用水樋の設置
河川や溜池から用水を取水し，あるいは田地の悪水を河川や海域へ排除するために設けられたのが樋であり，圦（杁，いり）または圦樋（いりひ）あるいは樋門ともいわれた。樋門から堤防下に埋設された暗渠が樋管である。同じような役割をはたすものに水門があるが，これは堤防を分断して開水路で設けられるものであるから樋形式とは異なる。

新川の堤防には用水取水のために，左岸側に23か所，右岸側に39か所の合計62か所の用水樋が設けられた。明和7年（1770）以降に作成された絵図をみると，左岸側に12か所，右岸側に34か所の樋が明示されている。これらの樋門の中には近代から現代に至るまで使用されたものもあった。

④ 十三間川の延伸
新大和川への水運のために十三間川が延伸された。この川は元禄期（1688～1704）に津守新田が開発されたときに新田への用水供給や本田の悪水抜きあるいは屎尿船の往来などを目的として，木津川から分岐して下流の中在家村まで幅13間（23.6m）をもって約4.2km開削され

たものであった。これを付替えと同時に新川までの区間約1.8kmを延伸し、これによって大坂市中の堀川や河川から十三間川を通って新川へと結んで大和国と河内国への新たな舟運路とした。また、大和川筋の水運が享保3年（1718）に堺町奉行の管轄となってから堺港のある戎島入海から新川にいたる堀川が作られ、堺も利用するところとなった。

(5) 工事の施工結果
① 工事の施工分担と工程

付替え工事は、当初、幕府による公儀普請と助役に任命された姫路藩による御手伝普請の形態をとった。すなわち、『徳川実紀』元禄16年（1703）10月28日条に「こたび大和川水路修治あれば。本多中務大輔忠國助役仰付られ。少老稲垣對馬守重富かねてその地理熟知たれば。これを沙汰すべしと命ぜられ。勘定奉行荻原近江守重秀。中山出雲守時春同じく奉り。目付大久保甚兵衞忠香。小姓組伏見主水爲信その奉行を仰付らる」と記される。

すなわち図5.3.6に示したように、上流側の船橋村から川辺村までの52町（5.7km）は公儀普請場とされ、そこから下流側は姫路藩主による御手伝普請場とされた。宝永元年（1704）2月27日に着手され、河口から住吉郡遠里小野村までの10町（1.1km）を施工中、3月21日に姫路藩主が死去し、工事が中断された。4月1日になって新たに御手伝大名として和泉国岸和田藩主（5.3万石）、摂津国三田藩主（3.6万石）、播磨国明石藩主（6万石）の3名が指名され、姫路藩予定分79町（8.6km）から10町（1.1km）を差し引いた69町（7.5km）を三等分して、3名の大名が23町（2.5km）ずつ分担することになった。

工事は4月下旬に再開されたが、6月28日になって付帯工事と姫路藩未施工の工事を行うために新たに大和国高取藩主（2.5万石）と丹波国柏原藩主（2万石）が御手伝大名として追加された。

9月には新大和川で唯一の橋である大和橋が架けられ、10月13日に新川切り通しが行われ、ここに付替え工事が完成した。鍬初めから数えて224日目のことであった。

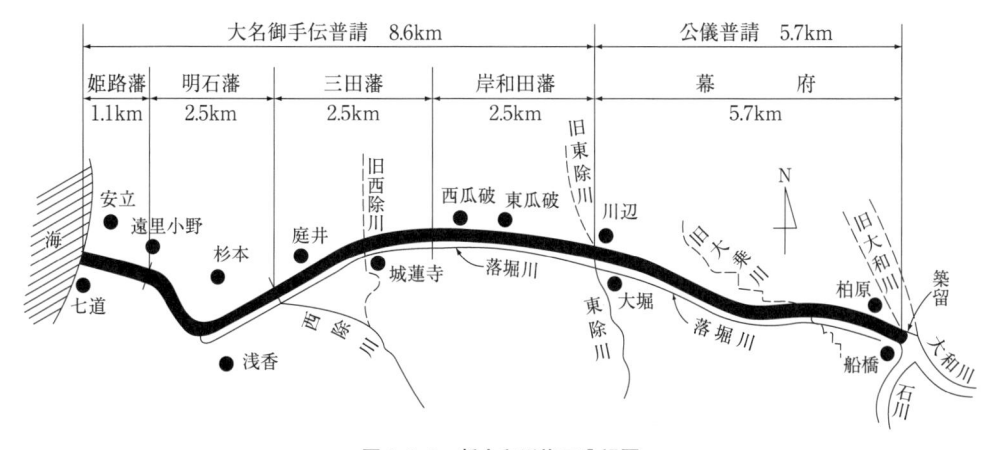

図5.3.6　新大和川施工分担図

② 工事の請負

　新川工事は上流側が公儀普請，下流側は御手伝大名普請によって行われた。公儀普請場では，普請奉行のもとで大坂の代官や手代衆が工事に携わり，御手伝普請場では，藩主の家臣が工事に携わった。工事は担当区域の幕府の代官・手代あるいは藩の家臣から地元の有力農民が工事を請負い，それを大坂などの町人の土木業者に下請けに出された。請負丁場は一町が単位とされ，工事のための人集めは土木請負人が行い，これに必要な資金は幕府や藩が負担した。

③ 工事の総人数

　工事の完成までに要した総人数についての記録はないが，「川違新川普請大積り」には延べ人数として2,445,655人があげられている。この数字は工事の完工前の見積もり段階で出された人数であるから実際の人数に近いと思われ，一般に245万人あるいは250万人として使われている。

④ 工事費用

　付替え工事に要した費用は付帯工事もふくめて，総額71,503両余にのぼった。このうち幕府の負担は37,503両余であり，残りの34,000両余は助役諸藩6名の負担となった。工事費を現在の価格に換算すると，1両20万円とすれば143億円となり，また，延べ人数245万人に対し，1人あたりの日当を1万円とすれば245億円となる。

参考文献
畑中友次『大和付川替工事史』八尾市，1955年。
中　好幸『大和川付替　改流ノート』1992年。
中　九兵衛（好幸）『甚兵衛と大和川』2004年。
著者不明「百姓伝記」。天和年間（1681～1）に成立，三河・遠州で編まれた農書。
第五代大畑才蔵勝善『地方の聞書』（才蔵記）。元禄年間（1688～1703）に成立。
著者不明『堤堰秘書』。享保～宝暦（1716～63）に成立，幕府の河川技術指導書。
大蔵永常『農具便利論』。1822年。
土木学会編『明治以前日本土木史』岩波書店，1932年。
知野泰明ほか「近世文書に見る河川堤防の変遷に関する研究」土木史研究発表論文集，1989年。
秋山高志ほか編『図録　農民生活史事典』柏書房，1991年。

5.4　大和川の堤体構造

　大和川の堤体については，不明な点が多い。「川違新川普請大積り」や「大和川之大積り」（どちらも中家文書）に，その規模が記されているが，これは見積りの記録であるため，このとおりに施工されたかどうかは明らかでない。また，堤体の構造については，まったく記録が残っていない。そこで，数少ない大和川堤体の発掘調査成果からその構造・構築方法に少しで

も迫ってみたい。

5.4.1 付替え地点の位置決定

　堤体の構造に触れる前に，大和川付替え地点となった築留(つきどめ)について，なぜその位置で大和川が付替えられることになったのか，考えてみたい。

　「新川と計画川筋（大和川違積り図）」（中家文書，図7.3.3参照）にも示されているように，新大和川の流路については，さまざまな案があったことが知られている。いずれも新川を大阪湾へと西へ流す点では一致しているのだが，もっとも北を通るルートでは阿倍野へと流すものであり，もっとも南のルートでは，ほぼ現大和川のルートとなる。

　最終的に付替えが決定された元禄16年（1703）の状況では，付替え地点は石川との合流地点から北，そして久宝寺川と玉櫛川が分流する二俣より南でなければならなかった。それは，延宝2年（1674）の洪水によって，二俣の玉櫛川分流部にあった法善寺前二重堤が流され，それ以後，玉櫛川筋での洪水が激しくなったことが，「堤切所之覚」とその付箋図（図7.3.1参照）などによって知られるからである。

　流路決定に当たって，まずその付替え地点，つまり起点の検討がなされたはずである。そして，上記の間で新川の起点に最適の地として，現在の付替え地点，築留が選ばれたはずである。その位置決定については，発掘調査成果がその理由を示している（図5.4.1）。

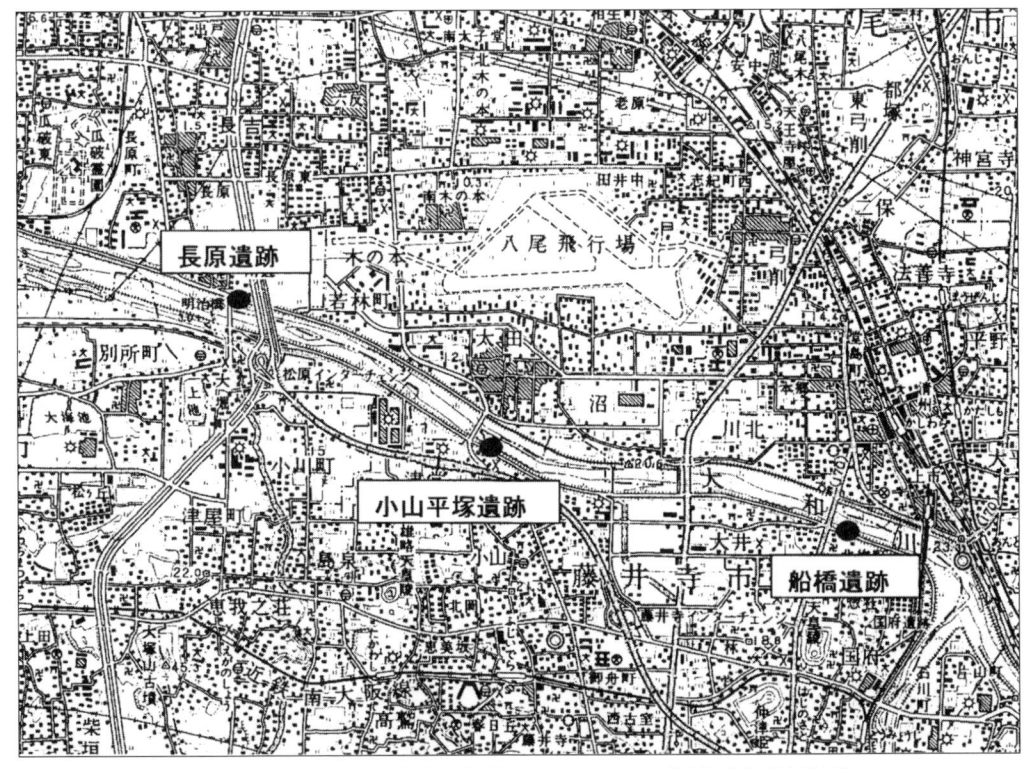

図5.4.1　大和川堤体調査地点（5万分の1地形図「大阪東南部」使用）

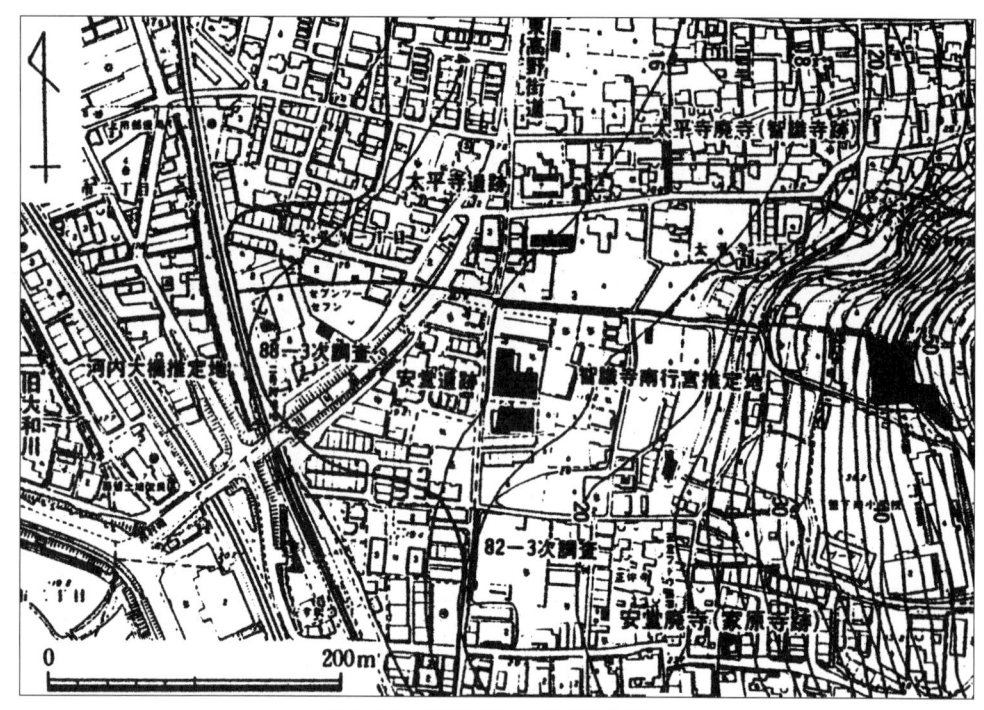

図5.4.2　築留東側の古代地形復元図

　旧大和川の左岸には，羽曳野丘陵・国府台地の先端に位置する大規模な船橋遺跡が位置している。その船橋遺跡の東限は，旧奈良街道付近に存在することが，これまでの調査で明らかになっている。おそらく，近鉄道明寺線の柏原南口駅付近が，船橋遺跡のもっとも東へ張り出した部分であったと思われる。

　一方，旧大和川の右岸には，安堂遺跡や太平寺遺跡が存在する。この両遺跡の境界付近の西側にあたる㈱セブンツーセブンの敷地内で昭和63年・平成元年（1988・89）に実施された調査によって，両遺跡の西限がさらに西へ広がっていることが確認された。その周辺での調査成果から奈良時代の遺構面を復元してみると，標高14m以上の部分に奈良時代の遺構が確認されている。そして，14mの等高線を復元すると，この調査地点付近のみが西へ大きく張り出していることが確認できる。また，この地点から北へ行くにつれ，後世の洪水に伴う洪水砂が厚く堆積していることも確認できている（図5.4.2）。

　すなわち，柏原南口駅付近と㈱セブンツーセブン付近の間が，旧大和川の川幅がもっとも狭く，地質的にももっとも安定していたことが推定されるのである。そして，新大和川はまぎれもなく，この地点で付替えられているのである。おそらく，地形や地質についての調査結果に基づいて，この地が付替え地点として選ばれたのであろう。余談になるが，『万葉集』にみられる「河内大橋」もこの地点に架けられていたと考えられる。

　付替え地点が決められた後，工事を簡単に，早く完了させるために，できるだけ掘削土量の少ない方法・ルートが選択されたのであろう。「川違新川普請大積り」や「大和川新川之大積り」から，同じ土量に対して，川底の掘削には堤防の盛土の1.5～2倍程度の人数が必要だっ

148

たことがわかる。当然のことながら，できるだけ掘削が少ないルートが選択されたであろう。その結果が，現在の大和川のルートなのである。

このようなルート決定に至る過程には，綿密な測量や調査がなされたのであり，当時の土木測量技術がかなり高度だったことも示している。

5.4.2 発掘調査成果からみた堤体構造

大和川の堤体については，これまでに藤井寺市内で2回，大阪市内で1回，八尾市内で1回実施された堤体の断ち割り調査によって，その一端がうかがえる（図5.4.1，図5.4.3）。

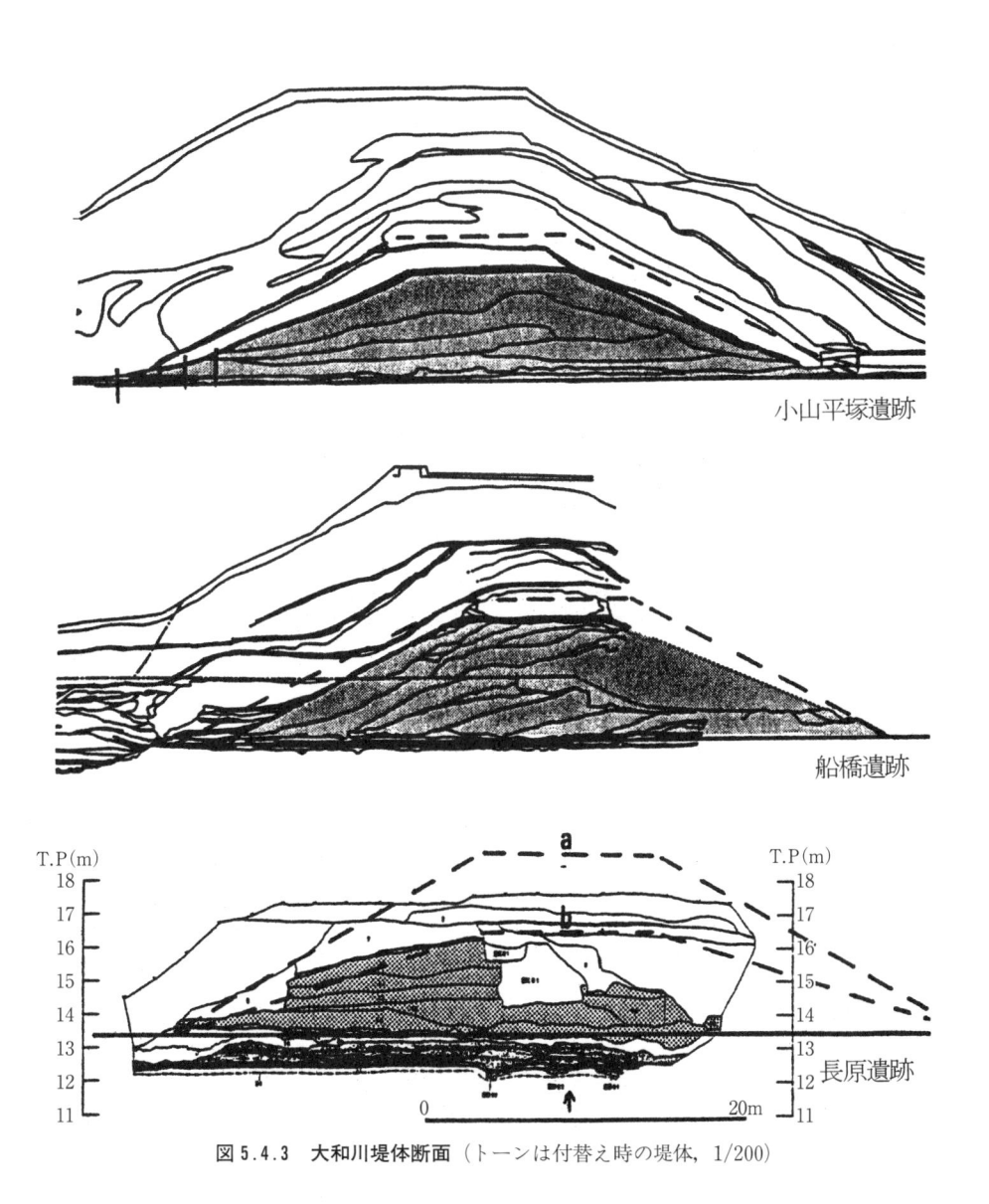

図 5.4.3 大和川堤体断面（トーンは付替え時の堤体，1/200）

(1) 小山平塚遺跡の調査

　まず，昭和63年（1988）に大和川左岸で実施された藤井寺市小山平塚遺跡の調査からみておきたい。この調査は，小山雨水ポンプ場建設工事に伴って実施された，大和川の堤体を断ち割った初めての調査である。現堤体は幅50m弱，高さ約9mを測るが，その土層断面によって，付替え当時の堤体がほぼ確認されている。土層断面からみると，付替え当時の堤体は整斉な台形断面を呈しており，中心部分には粘土を，周辺部には砂を積み上げて構築されていた。盛土は中央が高くなるように山形に積み上げられているようである。盛土途中で上面を平らにするような行為はみられず，徐々に山形の盛土を積み上げ，最後に台形となるように整形している。堤体基底部での幅は21.5m（12間），高さ3.6m（2間），上面の幅5.4m（3間）であった。

　なお，堤体基底部には，南北それぞれに堤体に平行する杭列が確認されている。直径10～15cm，長さ2m前後と思われる杭が約30cm間隔で打たれている。堤防の規模・位置を示すとともに，土留めの機能も果たしたものであろう。この杭列間の距離は23.4m（13間）を測る。

　また，堤体と15～25°の角度で下流方向へのびる杭列が3列確認されている。おそらく，堤体にあたる流水を緩めるための水制杭であろう。

(2) 船橋遺跡の調査

　次に，平成9年（1997）に左岸で実施された藤井寺市船橋遺跡の調査について検討したい。この調査は，北条雨水ポンプ場建設に伴って実施されたものである。残念ながら，堤体の南側部分，つまり川裏の調査が実施できなかったため，全容は不明であるが，付替え当時の堤体だけでなく，その後，3回にわたって拡張された堤体を明らかにすることができた画期的な調査であった。

　土層断面を観察すると，堤体の南端付近を高く盛土し，徐々に北側へ盛土範囲を広げていくように積み上げられている。大和川の左岸堤防は，堤防に平行して流れる落堀川掘削に伴う土砂を積み上げているのは疑いなく，その土砂を南側，つまり落堀川に近いところから積み上げていったものと考えられる。

　そして，これらの盛土の大半が砂やシルトなどの粒子の粗いものであった。おそらく，調査地付近は旧大和川の氾濫原であり，その堆積土を利用したためであろう。堤体の盛土としては，あまり好ましいものとはいえない。また，堤体の表面には有機質層がみられることから，芝が張られていたと推定されている。堤体基底部での幅約19m，高さ約3.6m，上面の幅約5mを測る。

　その後の堤体の修復は，高さを約1m高くし，北側にもやや拡張したうえで，北側つまり川側には幅4m前後の犬走り状のテラス面を設けている。

　さらにその後，堤体が高さ1.4m，北側へ1m程度拡張されたことが確認されている。この修復に際しても，北側に犬走り状のテラス面が設けられている。

　この2度の修復に伴う盛土は大半が砂であり，雑然とした積み上げかたである。そして，どちらも表面には芝が張られていたようである。調査担当者の山田幸弘氏は，この2度の修復は，

文献史料にみられる宝永5年（1708）と享保元年（1716）の修復記事に対応すると考えている。宝永5年には2尺のかさ上げの記録があり，これが約1mの盛土に対応し，その後の約1.4mの盛土は享保元年の5尺かさ上げの記録に対応すると考えている。出土遺物がないため，調査成果から年代を明らかにすることはできないが，妥当な見解と思われる。

(3) 長原遺跡の調査

1994年，大和川右岸の堤防内に残る笠守樋を撤去する工事に伴って堤防が切断され，それに伴って，断面観察を中心とした調査が実施されている。笠守樋は，新大和川設置に伴って，旧東除川の流路に埋設された樋である。

土層の観察によって，付替え時の堤体が確認されている。しかし，北側（川裏）は18世紀後半以降の土坑や土取り状の撹乱がみられ，堤体は大きく損なわれていた。また，南側（川側）の裾部も大きくえぐられている。そのため，付替え時の堤体の規模や形態については明らかにできない。

付替え時の堤体の盛土は，ほとんど砂もしくはシルトであり，粘土はみられない。盛土の方法は，中央が高くなるように積み上げられており，叩き締めなどは行われていない。最上層は腐食土であり，やはり芝が張られていたようである。調査時の状況から，頂部が丸い小高い丘状，あるいはカマボコ状を呈していたと判断されている。また，1m程度の盛土がなされた状態で，土層上面に流水の形跡が認められ，この面で築堤作業が一時中断されたのではないかと考えられている。堤体基底部での幅は17m以上，高さは3m強である。

(4) 八尾市若林地区の調査

2006年，西岸の三箇用水樋撤去に伴い，大和川堤防の調査が実施された。やはり，土層断面で付替え時の堤体が良好な状態で確認されている。川側（南側）の基底部が十分に確認されていないが，基底部の推定幅26m（14.5間），高さ5.4m（3間），上面幅5.4m（3間）の台形断面の堤体が復元できる。

堤体の盛土は大半が粘土であり，やや北側が高い山形を呈するが，基本的には水平に積まれており，各ブロックがモッコなどを使用した1回の盛土単位を示すのであろう。堤体上半は，白色系の粘土が中心であり，おそらく洪積層の粘土と考えられる。瓜破台地の掘削に伴う粘土が利用されているのであろう。やはり盛土の叩き締めは確認できない。

その後の堤体の拡張は，高さの変化はあまり見られず，北側へ盛土を行うことによって，拡張されている。

5.4.3 堤体の構造・構築方法

以上のような調査結果から，堤体の規模・構造・構築方法などについて，史料も参考にしながら若干の検討を加えてみたい。

		川幅：100間　両堤：28間 悪水井路幅：15間	△根置　馬踏　高さ ▼川幅　-　深さ	断面 （歩）	長さ （間）	容積 （坪）	人足 （人）	歩掛 (人/坪)
新大和川工事	①大　和　川　→　長　原（北側堤） ②　〃　　　　→　川　辺（南側堤）		△　15　　3　　3 △　13　　3　　2.5	27 20	2,900 〃	78,300 58,000	391,500 290,000	5 5
	③長　　原　→　瓜破村北ノ方		▼50/100　-　0.5/1	58.3	750	43,750	284,375	6.5
	④瓜　　破　→　西井路（北側堤） ⑤　〃　　　　→　　　　（南側堤）		△　15　　3　　3 △　13　　3　　2.5	27 20	900 〃	24,300 18,000	121,500 90,000	5 5
	⑥西　井　路　→　味右衛門池未申角 ⑦味右衛門池　→　浅香山谷口 ⑧　　　（谷　ノ　間）		▼　50　-　1 ▼50/50　-　2/1 …………………	50 150 …	1,900 400 500	95,000 60,000 ………	570,000 480,000 ………	6 8 …
	⑨谷　　　　　→　海　　　（北側堤） ⑩　〃　　　　→　　　　（南側堤）		△　10　　2　　2 △　10　　2　　2	12 12	630 〃	7,560 7,560	30,240 30,240	4 4
		小　　　計		7,980	392,470	2,287,855		
付帯工事	⑪悪水井路　　　　　　　（片側堤） ⑫　〃		△　3　　1　　1 ▼　15　-　1	2 15	3,800 1,500	7,600 22,500	22,800 135,000	3 6
		小　　　計		5,300	30,100	157,800		
総工事	長さ：7,980間（133町・14.5km） 敷地：380町8反	△：築堤盛土 ▼：河底掘削（切土）				201,320 221,250	976,280 1,469,375	
	代銀：3,668貫482匁5分	合　　　計				422,570	2,445,655	

図5.4.4　「川違新川普請大積り」（中，2004より）

(1) 堤体の規模

　まず，「川違新川普請大積り」によると，新大和川の堤体は，北側堤が根置（基底幅）15間（27m），馬踏（上面幅）3間（5.4m），高さ3間（5.4m）となっており，南側堤では根置13間（23.4m），馬踏3間（5.4m），高さ2.5間（4.5m）となっている（図5.4.4）。この数値は見積り段階のものであるため，必ずしもこのとおりに築堤されたとは限らないが，堤体の規模を考える際に大きな目安となるものである。

　まず，南側堤である小山平塚遺跡の堤体では，基底幅が21.5mであり，見積りよりも若干小さくなっている。しかし，杭列の間隔はぴったり13間，23.4mとなる。この杭列が見積り，つまり設計どおりに打たれたが，実際の堤体は若干小さくなったものと考えられる。船橋遺跡の堤体基底幅は約19mとされるが，これも測り方によっては23m程度と復元できる。北側堤の長原遺跡では基底幅が不明，若林地区では26mとほぼ見積りの数値に一致する。

　次に堤体上面の幅であるが，小山平塚遺跡では5.4m，船橋遺跡では約5m，若林地区でも5.4mと，ほぼ見積りに近い数値となっている。そして，両遺跡とも，修復時を含めて台形断面の堤体を構築していることは確実である。

　これに対して，長原遺跡ではカマボコ状の断面と推定されている。土層断面からはそのようにみえる。しかし，撹乱等によって原形が損なわれていることを考慮に入れて復元する必要があるだろう。現堤体の中心は，下層遺構SD01とSD02の間付近であるという。付替え時の堤体の中心もその付近であると考えるならば，馬踏に当たる上面平坦面が，後世の撹乱等によって削平されたと考えることができる。堤体の上面はSK01のすぐ南側でやや平坦になっており，おそらくこの位置から北側に上面平坦面が存在したのであろう。この位置が上面の南端とし，

前記の推定堤体の中心で折り返して復元すると，上面の幅は5m余りとなり，見積りの数値に見合ってくる。

　高さは小山平塚遺跡も船橋遺跡も3.6mであり，見積りよりも0.9m（20％）低くなっている。若林地区では5.4mと見積りどおりである。一方，長原遺跡では高さが3m強と推定され，見積りよりも2m余り低くなっている。ただ，長原遺跡の位置は瓜破台地の東端にあたり，この付近から堤体の積み上げだけでなく，川底の掘り下げも行われていたことが見積り等から窺える。おそらく，調査地点でも若干の川底掘り下げが行われていたのであろう。土層からも，付替え前の表土を大きく切り込んで現在の河床が存在することが確認できる。

　図5.4.3では，付替え時の堤体をトーンで示し，見積りにみられる堤体規模を点線で示した。長原遺跡の例では，見積りにみられる堤体規模を点線aで，調査結果から推定される付替え時の堤体規模を点線bで示した。

　以上の調査結果から考えると，堤体の規模は若林地区ではほぼ見積りどおり，他の3地点は見積りよりも若干小さいものの，それほど大きな差がないことが確認できる。高さは約80％となるが，幅についてはかなり見積りに近いものであり，小山平塚遺跡の調査成果から考えると，見積りと同規模の堤体を構築するべく築堤工事に着手したが，結果的に高さをはじめ，若干規模の小さい堤体となったようである。

(2) 堤体の構造

　まず，堤体の盛土の状況からみていきたい。小山平塚遺跡の盛土中心部には良質の粘土が使用されており，調査当時はこれを鋼土（はがねつち）と判断し，堤体の構造が強固なものになるように配慮されていたと考えられていた。しかし，その後の船橋遺跡や長原遺跡の調査では砂を中心とした盛土であり，近辺の土砂が利用されたものと判断されている。つまり，堤体の強度等にはあまり配慮されず，とりあえず落堀川の掘削土など近辺の土砂を積み上げた結果と考えられる。小山平塚遺跡は洪積段丘の端部にあたり，たまたま近辺の土質が良質であっただけと考えられるのである。若林地区の粘土も周辺で採取されたもので，意図的に粘土を積み上げたものではないだろう。

　また，盛土は大きな単位で積み上げられており，細かい単位で丁寧に積み上げられたものではない。これまでの調査では，土のうの使用等も確認できない。さらに，盛土上面を叩き締めた痕跡は，4地点のどの土層からも確認できず，盛土段階での叩き締めは行われていないようである。ただし，堤体の表面には有機質層がみられ，史料にみられるように，堤体には張り芝がなされていたことは間違いないようである。

(3) 堤体の構築方法

　4地点とも，付替え時の堤体の直下に，付替え前の耕作土層が確認され，その上面には凹凸がみられる。これは，田畑の上面を整地することもなく，堤体が築かれたことを示している。有機質層の厚い部分もみられ，栽培物がそのまま埋め込まれている可能性も考えられる。史料では，城連寺村で麦の刈り入れ終了まで堤体工事を待ってほしいという願いが受け入れられず，

刈り取り未了のままで堤体工事に着手されたことが記されている。そのような状況を窺わせる調査結果であり，少なくとも堤体構築前に旧地表面に対する何らの行為も行われていないことがわかる。

小山平塚遺跡では，堤体の裾部に23.4m（13間）間隔で平行する杭列が確認されている。全区間にわたるものかどうかわからないが，設計どおりに工事を進めるために設置されたものであろう。船橋遺跡でも堤体の裾部で杭列が確認されている。これらの杭列は，30cm程度の間隔で打ち込まれており，目印としては間隔が密にすぎると思われ，それ以外の目的もあったのではないだろうか。杭間には板材やしがらみ状の施設などはまったく認められていないが，杭を打つことによって，土留めの機能を果たしていたものと考えられる。

この杭列間に盛土が積み上げられているのだが，前述のように，盛土は近辺の掘削等に伴う土砂を積み上げたのみである。積み上げ方も中央を高くする場合や端部から積み上げる場合など，一定の方法は認められない。叩き締めも認められないが，規模は見積りよりもやや小さいものの，かなり近いものであった。上面の平坦面も美しく仕上げられていたようである。表面への張り芝もなされていた。

このような状況から考えると，堤体の強度や構造にはあまり配慮されず，とりあえず土砂を積み上げて，設計に近い規模の堤体を築き，最後に堤体に相応しい仕上がりになっていればよいという構築方法が窺える。若林地区を除く3地点では，いずれも見積り段階での堤体よりも若干小さいものとなっている。叩き締めがみられない盛土から考えると，盛土の荷重による構築後の沈下がある程度想定されるところである。しかし，高さにおいて20%も低くなっていることを考えると，計画よりも若干小さくなっても許されたのではないかとも考えられる。このあたりに，8か月弱という短期間で完成した大和川付替え工事の実態を垣間見ることができるようである。

(4) 堤体の修築

次に，堤体の修築状況がよくわかる船橋遺跡を検討してみたい。調査で確認された3回の修築のうち，先の2回がそれぞれ宝永5年（1708）と享保元年（1716）の修築に相当すると考えると，どちらもほとんど砂を積み上げ，表面に張り芝を施しただけのものである。宝永5年の修築は，堤体に沿って流れる落堀川の川底を掘り下げた土砂を積み上げたことが記録に残り，調査地点では平均のかさ上げ2尺（0.6m）を上回る約1mのかさ上げがなされている。

享保元年の修築は，同年（正徳6年）に付近一帯を襲った大洪水の対処としてなされたものである。調査地付近では堤体は切れていないが，南側堤が80間，北側でも築留の堤体が100間にわたり，また石川の堤体もかなり切れたという記録が残されている。そのため，現藤井寺市一帯が水につかり，この水がいつまでも引かなかったようである。当然のことながら，享保元年の修築は洪水対策として堤体が補強されたものであるが，盛土が砂ばかりであることから，この洪水によって周辺に堆積した砂を取り除き，この砂を堤体に積み上げるという一石二鳥の対策だったことが窺える。

それ以外に確認される修築も，すべて砂を積み上げたものであり，川ざらえなどによって生

じた砂を積み上げたものと考えられる。このようにして，現在みることのできる大和川の堤体は，ほとんど砂を単純に積み上げる行為が繰り返されて築かれたものであることがわかるのである。

参考文献
（財）大阪市文化財協会『葦火』51号，1994年。
（財）大阪府文化財センター『大和川右岸堤防断面調査　見学会資料』2006年。
田中清美「大和川堤防と笠守樋」柏原市立歴史資料館文化財講演会資料，2004年。
中　九兵衛『甚兵衛と大和川』2004年。
中　好幸『大和川付替　改流ノート』1992年。
『藤井寺市史　第2巻　通史編2』2002年。
『藤井寺市史　第6巻　史料編4 上』1983年。
安村俊史「河内国大県郡の古代交通路」柏原市古文化研究会編『河内古文化研究論集』1997年。
安村俊史「発掘調査成果からみた大和川付け替え工事」『歴史科学』No.181，2005年。
山田幸弘「大和川堤防の調査」柏原市立歴史資料館文化財講演会資料，2004年。

5.5　ま　と　め

　本章では，大和川付替えの河川技術について，文献資料や堤体の現場調査記録から詳細な考察を行った。

　当時の河川技術は，大和川付替え前の河村瑞賢による安治川の開削などに代表されるような極めて優れたものであった。まさに，こうした河川技術の集大成として大和川付替え事業が実施されたといえよう。付替え工事の工期は当初3年を見込んでいたが，鍬初めから切り通しが行われた日までは224日と8か月たらずで完成していることもそのことを示しているといえよう。

　ところで，一級河川である大和川の堤体の調査は増水の危険性などから非常に難しいものであり，いずれの調査も調査期間等に大きな制約があるため，十分な調査を行うことができていない。しかし，本章で述べたわずか3か所だけの堤体の調査からでもいろんなことがわかってきている。今後もチャンスがあれば，堤体の調査を実施することが必要であろう。そして，今後の調査によって，工事に伴う具体的な工法等を明らかにする必要があろう。また，文献史料との整合性なども検証する必要があろう。たとえば，藤井寺市の調査例と長原遺跡の調査例を比較すると，藤井寺市の堤体のほうが丁寧に築かれているように思われる。藤井寺市の堤体は幕府の担当部分であり，長原遺跡は岸和田藩岡部氏の担当部分と考えられる。幕府や請負藩の間に，構築方法などに差が存在する可能性があり，これも今後の大きな課題であろう。さらに，どこかで破堤の状況を確認できれば，大きな成果が得られるだろうと思う。破堤の原因やその後の修築状況がわかれば，さまざまなことが判明するであろう。

　今後の堤体の調査によって，世紀の大事業であった大和川付替え工事の実態の一部が明らかにできることを明記しておきたい。

第6章

大和川付替えによる河内平野の環境変化

6.1 はじめに

　日本の平野の中で，河内平野ほど水とのかかわりの深い平野は少ない。
　有史以前，河内平野に入海が内陸の奥地にまで侵入していた。それが淀川と大和川の二大水系から流送される土砂によって次第に陸地化されていった。内湾から潟湖となり，さらに入江となって古代を迎えた。大和盆地に王権が誕生すると難波は，その外港として位置づけられ，同時に大和と難波を結ぶ水陸交通路が整えられた。その経路の周辺には多くの古墳や池溝が築かれ，また，国府や寺社が建てられて古代日本の文化が発達した。その基軸となったのが大和川であった。
　一方，河内平野における大和川は，古代から幾筋かに分流して平野を流れ，大洪水が起これば流路を変化させた。また，堤防の決壊によってしばしば流域に洪水を発生させてきた。河内平野における生活史は，常に水との闘いの中で営まれてきた。
　近世に入ると，かつての入江は深野池と新開池という二つの大池となった。ここに平野川以外の大和川諸流が集合し，そこから旧淀川（現在の大川）へと流れた。洪水の多発地が久宝寺川から玉櫛川へと移るに及んで大和川付替えの声があがるところとなった。
　宝永元年（1704）の大和川付替えによって，常に洪水におびやかされてきた河内平野の環境が一変した。新大和川が開削されたために旧大和川水系の河川は洪水処理としての機能を喪失し，完全に廃川となった。わずかに農業用水を得るためだけの井路と化し，河内平野は新たな時代に入ることになった。
　大和川付替えの行われた時代は，江戸・名古屋・大坂などの城下町に人口が集中し，食糧を増産するために新田が盛んに開発されていた。旧大和川水系においても旧河道と旧池床に1,000haを超える新田が開発され，河川で分断されていた河内平野の地理を一変させた。
　大和川付替えは地理的環境変化をもたらしたばかりか，水利的にも社会経済的にも大きな変化をもたらした。すなわち，用水の供給体系や悪水の排水状況および洪水の発生形態が変化したこと，あるいは新川による水陸交通路の遮断や地域社会の分断であり，また，新川が与えた堺港への影響などであった。
　このような環境変化を経て，新大和川300年の歴史は過ぎ去った。現在では，旧大和川水系の面影をとどめるものは少なくなったのであるが，その歴史は河内平野において連綿として生

き続けている。

6.2 新田開発の展開

　大和川付替え事業は，当初よりもくろまれたように，既設耕地の破壊と新田開発地の増加を勘案しても，後者の面積のほうが圧倒的に広いという試算『新田大積帳』によって決定された。『新田大積帳』や『諸色書』によれば，新川予定地の潰れ地を274町余，3,716石と見積もり，これに対して新田は1,028町以上，町人請負新田として地代金は37,125両以上，開発後の石高は10,700石余と見積もっている。実際は，これをさらに上回る形で新田開発が行われた。付替え工事の翌年，宝永二年には旧川筋の大縄検地（概測）がなされ，新田用地が分配された。その後，鍬下年季を経た宝永五年に検地がなされ，地代金が徴収され土地所有が確定していったわけである。この間の三年間には，開発予定地の転売や再配分などが繰り返された。なかでも，新川潰れ地の替地のほとんどは支給された村々から遠く隔たっていたため，転売されていったようである。

　一方，潰れ地を出した新川筋の村々への補償はどのような形でなされたのかというと，旧河床で替地が与えられた。松原市城連寺村の場合（「城連寺村記録」『松原市史』第5巻）は25町余の潰れ地に代えて，2里以上離れた久宝寺川（現在の長瀬川）植松の川上で7町9反余，村域にある天道川（西除川）床で18町ほど支給された。遠くの久宝寺川筋の替地は，宝永2年に老原村七左衛門ら三人に譲渡され，代金は既に離村していた住民に配分された。天道川筋の新田は村に残った農民が中心になり開発が進められた。

　同様な例としては，東瓜破村の場合（全田家文書），39町5反余の潰れ地に対して，35町1反5畝の替地を久宝寺川植松から久宝寺川付近に支給された。ここでは，10町7反余は東瓜破村百姓の持ち地として小作人にあてがい，2町1反余は八尾の大信寺へ譲られ，その外は不明だが，おそらく検地までに売却されたと考えられる。これらの東瓜破村の替地はたぶん大信寺新田，顕証寺新田，三津村新田，安中新田（柏原市玉手山の安福寺の新田）に含まれると推定されるが，譲渡経緯の詳細は不明である。

　開発された旧川床は，周囲の水田よりかなり高かったので，中央部分に築留から用水路を引いて灌漑がなされた。この用水路が現在の長瀬川，玉串川などにあたり，旧川筋の灌漑を担う重要な用水路であった。また，旧川床の両端はいわゆる自然堤防であり，一部はこの上にまで土砂を積み上げて堤防化していたと考えられる。そのため，新田開発を行なっても地割り上，新田の両側を区画する畦畔や地割りになって残存する例が多い。

　また，大和川川跡新田では，ほとんどが町人請負の状態であったため，大規模な経営が為されることも多く，鴻池新田会所のような会所組織を持っているところもあり，興味深い文化財となっている。

　旧川筋は砂地の畑新田であったため，木綿の生産が盛んになり，いわゆる河内木綿の著名な

生産地となってゆくこととなる。

6.3 排水形態の変化

6.3.1 新旧大和川と排水形態

(1) 河内平野と旧大和川
① 河内平野の様相

一般に沖積平野では，扇状地・自然堤防帯・三角州という三つの地帯が形成される。これは山地河川から供給された土砂が平野部に吐き出されると地形勾配に応じて流速が低下し，堆積が始まるからである。日本の多くの沖積平野にみられる共通の現象である。

河内平野では様相が少し異なり，河川水は亀の瀬峡谷でダムアップされて奈良盆地の河川や沼沢に土砂が堆積し，それが洪水のときに掃流されて河内平野へと流れ込む状況になっていた。旧大和川が石川と合流する柏原地点から下流では，河床勾配が小さくなるために川幅が急激に広くなり，流速が低下して土砂の堆積が始まった。この地点を頂点として約2kmにかけて扇状地らしきものがあるが自然堤防帯と明確に区別できるほどのものではない。

自然堤防帯では幅200～300mの微高地が放射状に延びており，その比高は2～3mで，等高線は同心円状に標高15mから5mへと低下している。なお，これらの自然堤防帯の後背湿地は楠根川や平野川によって排水された。

自然堤防帯の下流には河内湾が潟になるまでの間に三角州が形成され，さらに潟から湖へと移行してからは低湿地や沼沢ができた。しかし，これらの汀線は土砂の堆積とともに前進したので正確に復元することは困難であり，遺跡や沖積層の基底線によって推定されるのみである。湖が入江となり，やがて陸化して近世まで沼沢として残存したのが深野池と新開池であった。

② 河内平野における旧大和川の流出口

現在の淀川は明治30年代に放水路として開削されたものであり，それ以前の淀川は現在の大川の流路をとっていた。すなわち，毛馬（大阪市都島区毛馬町）の地点で湾曲して南流し，桜宮を経て大阪城の北の京橋口で直角に曲がって中之島を挟んで西流し，安治川と木津川を二大河口として大阪湾に注いでいた。この流路の途中の京橋口で旧大和川を受け入れていた。すなわち，大和と河内の流水は，すべてこの地点に集中していたのである。

河内平野における旧大和川は石川を合流してから八尾市二俣までの区間は一つの河川であるが，そこから分流して幾筋かの流路をとった。河内平野の中央部から東部にかけては久宝寺川と玉櫛川が受け持ち，それぞれの流路をたどって東大阪市の森河内の地点で合流し，ふたたび一つの大和川となって京橋口に至った。一方，平野川は古代では久宝寺川から分岐して，大乗川・東除川・西除川を受けて河内平野の西部を北流し，京橋口の手前で大和川に合流した。

このような流況であったから旧大和川水系の流れは淀川との合流点における水位によって左右され，とくに洪水時には大きな影響を受けた。つまり，大和川より淀川のほうが水位上昇が大きく，それによる塞き上げ現象によって旧大和川水系における洪水が助長された。その程度はどれほどのものであったかは，当時の洪水記録から推測するしかない。

　大和川付替え後のことになるが，享和20年（1735）の淀川大洪水では水位が1丈4尺（4.2m）となり枚方で破堤した。文化4年（1807）の洪水では天満付近の水位が異常に上昇して大坂市中が水害を受ける恐れが出たため合流点に近い野田村大長寺裏の堤防が「ワザと切」られ，洪水を内陸側へと落とし込んでいる。さらに洪水時の淀川水位を大坂でみると，嘉永元年（1848）では1丈5尺（4.5m），慶応2年（1866）では1丈3尺（3.9m），明治元年（1868）では14尺（4.2m）となっている。

　このような記録から考えると，旧大和川水系における洪水は旧淀川の水位上昇の影響を受けたことは確かであり，その程度は旧大和川自身の水位上昇分を差し引いても3m前後になったと思われる。そのために旧大和川の水面勾配が小さくなり，流下能力が減少したことであろう。

③ 付替え前後の排水形態

　大和川付替えが完成した時点で，旧大和川は洪水を処理する役割はなくなり，したがって，柏原の地点で締切られた。その場所は現在でも「築留（つきどめ）」という名前で残る。これ以降の旧大和川は新川（新大和川）の右岸地域のみを受け持つことになった。現在の流域界をみると，新大和川は右岸地域の排水を全く入れないという，河川の形態としては特異な流域を持っている。これは流路の地形が南高北低になっているためであり，等高線にほぼ平行して横川といわれた新川が掘られたためである。

　このように新川右岸の堤防が流域界となった旧大和川水系は河内平野の排水だけを行うこととなった。わずかに農業用水として必要な水量を流すだけの存在と化し，ここに河川から用水路へと変身することになった。そのために数百mもの幅を有していた旧河道は水路としての幅だけが残されて，あとは新田に開発された。したがって，排水機能としては集落周辺や後背低地だけを担うことになった。ただし，平野川だけはこれらの水系と違って従来通りの雨水排水の役割を果たしながら現在に至っている。

　近世における洪水処理として遊水機能を利用する方法があった。しかし，河内平野は平坦な低地であるため，二重堤や霞堤などによって洪水を調節する手法はとれない。その代わりに深野池と新開池という二つの大池がその役割を果たした。

　深野池は南北2里，東西0.5～1里の大きさがあり，池の中に三箇村（さんが）のある島があった。このまわりの池床に開発された新田の面積は311町歩（308ha）であり，これに新開池の池床の開発新田223町歩（221ha）をあわせると534町歩（529ha）となる。すなわち，旧池床として529haの遊水機能をもった容量が喪失したことになる。

　今，洪水時における湛水深を1mと仮定すると，二つの大池だけで529万m³の貯留能力があり，これに洪水流入量として1,000m³/sを考えると貯留時間は88分となり，相当大きな遊水機能を果たすことになる。しかし，大和川付替え後は二つの大池は埋立てられてしまい，河内

平野における遊水機能はなくなった。これが現代になって内水排除問題として出現することになる。

　水田耕作にとって灌漑用水が必要であるのは勿論であるが，とくに低湿地においては悪水を排除することが，それ以上に重要であった。河内低地における悪水の事情も全く同じであり，新田開発とともに多くの悪水排水路（悪水井路）が設けられた。

　大和川付替え以前からすでに寝屋川の流れと新開池へ流入する菱江川とを分離するために，明暦元年（1655）に池の西堤が切り開かれて「徳庵川」が開削された。新開池の東南にある村々によって，この徳庵川へ悪水を抜くための「六郷井路」が掘られ，同じように北河内の低湿地帯でも悪水排除のために「鯰江川」が開削された。さらに，大和川付替え後にも新田の開発が進められるとともに多くの悪水井路が掘られた。また，これらの悪水を受ける河川の改修が河村瑞賢によって行われ，近代における寝屋川の改修工事へと続いた。

　大和川という呼称は，河内平野では二俣までの区間と最下流部で用いられた。それが付替え後にどのように変化したのかを近世の絵図から見た。最下流部での旧大和川は大坂の京橋口付近では次のような名称で表記されている。

- 大和川……付替え前の「新撰増補大坂大絵図」（元禄4年〈1691〉）。
- 大和川筋……「摂州大坂図鑑綱目大成」（享保15年〈1730〉頃）。
- 古大和川……「摂州大坂画図」（寛延2年〈1749〉頃）および「河絵図」（寛政9年〈1797〉）。
- 大和川古道又寝屋川……「河内国絵図」（宝暦4年〈1754〉）に寝屋川が出る。
- 古大和川跡井路川……「増脩改正摂州大坂地図」（文化3年〈1806〉）ほか。
- 寝屋川……「摂津国名所大絵図」（天保8年〈1837〉）にみえる。近世の文書では祢屋川とも記されるが，明治21年（1888）以降は寝屋川が一般的となった。
- 大和川久寶寺川……「大阪市史，附圖」（大正元年〈1912〉）

④　現代における河内平野の排水問題

　河内平野は現在の寝屋川流域に相当し，その面積は267.6km^{2}であり，そのうち外水域が23％，内水域が77％となっている。明治から大正時代にかけて寝屋川を中心として河川改修が行われた。その後，流域の開発とともに昭和29年（1955）に寝屋川水系改修計画が策定され，これに基づいて平野川分水路と第二寝屋川が開削され，それぞれ同33年と43年に完成した（図6.3.1）。

　しかし，昭和40年代における高度経済成長とともに流域における都市化が急速に進展し，それによって農地として残存すると想定された低平地帯においても住宅地や産業用地として開発されるところとなった。昭和35年から60年にかけて，流域の人口が189万人から281万人へと1.5倍に増加した反面，経営耕地面積は7,800haから2,700haへと65％も減少した。これが流域における洪水や雨水処理に大きく影響を与えたことは明らかであり，その上，寝屋川上流における沖積層の地盤沈下が重なった。とくに寝屋川と恩智川が合流する住道（ここは安治川防潮水門から約17km上流にあたる）では沈下量が昭和39〜53年の15年間に最大1.3mに達し

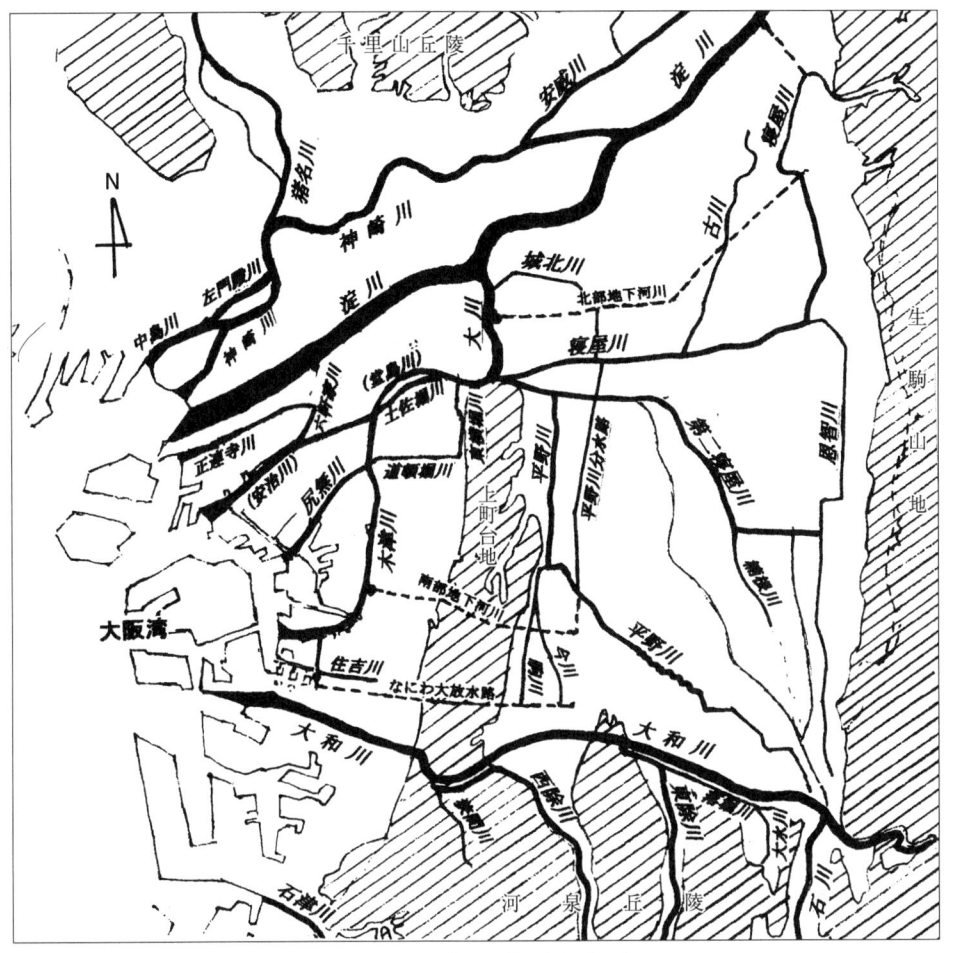

図 6.3.1 現代の河内平野の河川

た。そのために河床勾配が1万分の1程度となり，以後，水面勾配によって洪水処理を行わざるをえなくなった。

一方，内水域では田畑が市街化され，道路は舗装され，さらに下水道が整備されることによって，雨水の流出形態が大きく変化し，短時間に大量の雨水が河川へ流出するところとなった。もはや，河道改修のみによって基本高水流量を処理することは現実的に不可能となった。そこで中～上流域における遊水地や雨水排水施設あるいは流域における貯留浸透などによって総合的な治水対策が講じられるところとなった。

河内平野における洪水が深刻なものとして，一躍，クローズアップされたのは「大東水害」であり，昭和47年（1972）7月12～13日に発生した。これは梅雨前線による大雨によって寝屋川流域の中小河川が氾濫し，大東市を中心として水害が発生したもので，2日間の総雨量は237.5mm，1時間最大雨量は20.0mm（いずれも八尾観測所）であり，流域の1,788haが浸水した。その戸数は床上浸水6,138戸，床下浸水37,273戸の計43,411戸にのぼった。この水害によって都市河川の改修や排水路の管理に対する行政側の違法性や不当性が昭和48年から争われ

161

たが，平成2年に行政側の勝訴となった。

これ以降に寝屋川流域で1万戸以上の大規模な浸水が次のように6回も発生した。カッコ内の数字は浸水面積，浸水戸数，1時間最大雨量および総雨量を示す。

・昭和47年9月15～16日の台風（1,697ha，61,407戸，47.5mm/h，115.0mm）
・昭和50年7月3～4日の梅雨前線（1,266ha，22,683戸，32.0mm/h，100.5mm）
・昭和50年8月6～7日の寒冷前線（950ha，37,383戸，58.0mm/h，174.5mm）
・昭和54年6月27日と7月2日の梅雨前線（798ha，13,087戸，25.0mm/h，268.5mm）
・昭和54年9月30日～10月1日の台風（1,035ha，27,736戸，66.0mm/h，96.0mm）
・昭和57年8月2～3日の台風と低気圧（2,046ha，50,040戸，39.5mm/h，150.5mm）

上記のうち最後のものは台風10号と低気圧の影響によって大雨があり，奈良盆地と河内平野に大規模な水害が発生したもので，寝屋川流域でも浸水が生じた。とくに平野川流域の大阪市平野区育和地区に集中したことから「平野川水害」あるいは「育和水害」とも呼ばれた。この時の寝屋川流域における総雨量は150.5mm，1時間最大雨量は39.5mmであり，一般の集中豪雨や大雨のレベルからみると大きな値ではないが，被害が大きかったのは流域の排水問題が深刻になっていることを意味している。寝屋川流域全体で床上6,778戸，床下43,262戸の合計50,040戸が浸水し，とりわけ下水道の完備した地域に大規模な浸水が発生したことに対して，行政側の違法性や施設設置の瑕疵について昭和58年から争われた。その途上，浸水対策が具体化し，事業化されたこともあって平成3年（1991）に和解が成立した。

寝屋川水系における洪水流量は，昭和29年（1954）に河川の出口にあたる大阪市の京橋口地点で536m³/sとされたのが最初であった。その後，同43年（1968）に基本高水流量を1,650m³/sとし，計画高水流量が850m³/sに改定された。さらに平成元年（1989）になって1時間最大雨量を62.9mm，24時間最大雨量を311.2mmが採用され，流域基本高水流量が2,700m³/sと改定された。このうち治水施設による対策として2,400m³/s，流域における対応として300m³/sが分担された。基本高水流量2,400m³/sのうち京橋口地点における計画高水流量は従来通りの850m³/sであった。なお，これらから全体の比流量（流域基本高水流量／流域面積）を求めると10.1m³/s/km²となる。

河内平野は西側に上町台地があるために大阪湾へ直接に排水することができない。そのため古来，試みられたのが仁徳期の「難波堀江」であり，和気清麻呂による「河内川」の延伸であった。それが宝永元年（1704）の大和川付替えによって終結したかに見えたが，現代になってふたたび台地を横断して排水路が建設されることになった。つまり，寝屋川の出口である京橋口地点の流下能力が限定されているため，台地の地下を横断する放水路が河川と下水道とによって実施されたのである。

一つは寝屋川流域における二本の地下河川である。北部地下河川は集水面積を50km²，放流量を191m³/sとし，延長11km，内径2～10mのトンネルによって大川左岸のポンプ場より排出する計画となっており，現在，進められている。また，南部地下河川は集水面積を89km²，放流量を180m³/sとし，延長13km，口径5～10mのトンネルによって木津川左岸のポンプ場より排出する計画であり，現在，トンネルの一部が完成して貯留池として活用されてい

る。もう一つは大阪市下水道の「なにわ大放水路（平野－住之江下水道幹線）」である。これは平野下水処理区域の排水面積2,954haのうち1,205haに相当する面積からの流出量73m³/sを対象としたもので、内径6.5mのトンネルと口径2,200mmの排水ポンプ6台（排水能力75m³/s）をもち、平成12年（2000）4月25日に通水式が行われた。

大阪湾における高潮対策は淀川と大和川は堤防方式として高潮に耐える堤防高になっているが、大阪市内の旧淀川筋は防潮水門方式とされ、河川に水門を設置して高潮の遡上を防止し、あわせて内水をポンプ排水することになっている。高潮時における寝屋川下流の内水は毛馬排水機場に設置された口径4,000mmのポンプ、6台（排水能力330m³/s）によって行われ、淀川へ排水される。

(2) 新大和川と流域の排水
① 流域の地形と流況

新大和川流路の大部分は大阪平野にあって南高北低の地形のところにある。すなわち、河内国から和泉国へと東西に広がる一連の丘陵と台地は「河泉丘陵」といわれ、東から羽曳野丘陵、瓜破台地、泉北台地（上町台地へ続く）からなる（図6.3.7）。この泉北台地の西側には南北に砂堆がつながり、ここに新大和川の河口が設けられた。

羽曳野丘陵は石川と西除川の間に楕円形になって存在する南北10km、東西4kmの河泉丘陵の一部であり、新大和川の開削と大きく関係する。丘陵南部では標高160mであるが北に向かって緩やかに傾斜している。分水嶺は丘陵の東方にかたより、東斜面が急で、西斜面が緩く、丘陵を侵食する開析谷のほとんどは北西方向に延びて東除川へとつながる。この丘陵から西除川の間にあるのが瓜破台地であり細長く北へ延びている。ここに瓜破村があるところから名付けられたもので、新大和川ルートの選定にあたって、当初は台地の北を迂回する案であったが実施において台地先端を掘り割るルートに変更された。

泉北丘陵は西除川から槇尾川の間に広がり、その中に三国ケ丘を中心として標高10～40mの台地があり、西縁に石津川が流れる。これにつながるのが上町台地であり、大阪市内では東西2～2.5km、南北12kmの細長い台地となっている。これらの西麓に発達した砂堆に中世から近世にかけて市街地が開かれた。砂堆には住吉津や浅香の浦といった入江があり、新大和川の河口は依網池から浅香山谷口を経て浅香の浦へのルートが選ばれた。

② 大和川付替え後の流路変化

新大和川の開削に反対する理由のひとつに、新川によって南部地域の排水が阻害され、多くの水損場が生じることがあった。延宝4年（1676）の反対派の訴状には「新川にせかれ申候ハ、中々大分之水損場出来可仕候」あるいは「新川出来仕候ヘハ四五万石も水損場ニ可罷成候」と記されている。そのために大和川付替えの付帯工事として次のような排水対策が講じられた。

落堀川の開削——新大和川の堤防が南方からの流れを遮断するために、新川の左岸堤防に並行して「悪水落シ堀」として付替え地点から浅香山谷口まで排水路が作られた。これが落堀川

であり，延長121町（7,260間，13.2km），川幅15間（27.3m）であったが，のちに東除川へと切替えられ，現在は3,697mの長さとなっている。

　大乗川の付替え——従来の大乗川は北流して平野川（了意川）に流れ込んでいたが，落堀川への負荷を減らすために古市（現羽曳野市）付近で流路が石川の方へ付替えられた。現在でも石川に沿って流下し，羽曳野市碓氷の南で石川へ落されている。

　西除川の付替え——従来は北流して平野川へと流入していたが新大和川によって遮断されることになった。そこで高木村（現松原市天美南）の地点で北西へと付替えられ，新川への接続を円滑に行うために西流した後に合流された。現在でもその流路のままである。

　東除川の石樋——従来は北流して八尾市亀井あたりで平野川に合流していた。付替え工事では落堀川との合流を避け，石樋が設けられて，直接，新川へ排出された。なお，この石樋は正徳6年（享保元年，1716）の洪水によって破壊されたので東除川は落堀川へと流れ込むことになり，のちに川辺村あたりで新大和川へ落された。

③ 新大和川における洪水

　大和川付替え後において，新大和川流域で発生した洪水について記述する。記録からみると洪水は浅香山から以西で起こり，以東では起こっていない。なお，洪水は越水あるいは破堤によって引起されたが，本流の水位上昇によって支流へ逆流して発生したケースもあったと思われる。

- 享保元年（1716）6月20日……柏原村の築留で旧川の締切り堤防が右岸で100間余決壊した。また，船橋村と国府村の境で左岸堤防が80間余決壊して洪水が落堀川へと流れ込み，東除川の石樋が破壊された。
- 享保3年（1718）8月……大和川が溢れて大和橋を破壊し，堺市内と戎島一帯が浸水した。
- 元文5年（1740）5月3日……堺で左岸堤防が29間と7間が切れ，奉行所前では浸水高4尺余，北半町前では1丈余となった。また，8月5日に下流の左岸堤防が決壊して堺市中の北部が浸水し，妙国寺宝庫が破壊されて史料が流出した。
- 享和元年（1801）5月15日……左岸堤防が大和橋下流で決壊し，南島新田や山本松屋新田に土砂被害を与えた。
- 文化元年（1804）8月29日……左岸堤防が100間余決壊し，堺市中が浸水した。
- 文化8年（1811）6月……大和橋南詰め堤防から溢水し，堺市中が浸水した。
- 嘉永5年（1852）7月21日……右岸堤防が遠里小野字清水で決壊し，大坂側が浸水した。
- 慶応3年（1867）4月……堺で大和川が決壊した。
- 明治元年（1867）5月13日……大和橋上流の右岸堤防が遠里小野で決壊し，安立町の民家30戸が流失し，大阪側が浸水した。
- 明治3年（1870）9月18日……右岸堤防が遠里小野で決壊し，大阪側が浸水した。
- 明治17年（1884）……大和川に洪水があり，堺で浸水した。
- 明治18年（1885）6月17日……明治の大洪水であり，淀川堤防の決壊とあわせて享保以来の大水害となった。堺で大和川洪水により浸水し，「大和川の水量は15尺に増加し，大

和の各郡には水害甚しかりしも，亀ノ瀬以西にありては大なる被害を見ず。」と出る（『大阪府全志』）。

- 明治22年（1889）8月19日……大和川の水量が一丈三尺（3.9m）に達し，堤防の決壊28か所，橋梁の流出22か所が発生した（『大阪府全志』）。
- 明治29年（1896）7月19日……堺で大和川洪水，市内が浸水した。また，9月11日に大和川の枯木・富田・住道の堤防が決壊し，大阪側が浸水した。
- 明治32年（1899）……堺で大和川洪水，市内が浸水した。
- 明治36年（1903）7月9日……大和川が決壊し，道路や橋梁が破損流失し，堺市内が浸水した。
- 大正2年（1913）……堺で大和川洪水，市内が浸水した。
- 昭和28年（1953）9月……台風13号による出水で奈良県と大阪府で，死者10名，浸水10万戸以上の被害が出た。最大2日雨量は柏原上流域で平均158.3mm。
- 昭和54年（1954）6月……梅雨前線による出水で中小河川が決壊した。奈良県と大阪府での被害は，死者1名，浸水家屋5千戸以上。この時，大阪府松原市の天美・三宅地区で浸水した。6月26～30日の総雨量は王寺観測所で330mm。
- 昭和57年（1982）8月1～3日……台風9号崩れの低気圧と台風10号による大雨で大和川が出水した。各支流で決壊や溢水があり，奈良県と大阪府での被害は，死者22名，浸水家屋86,468戸（うち床上14,023戸，床下72,445戸）であった。最大2日間雨量は柏原上流域で平均285.9mm，総雨量は大和川流域の全域で300mmを超えた。この時，平野川流域と今井戸川流域で大規模な浸水が発生した（図6.3.2）。

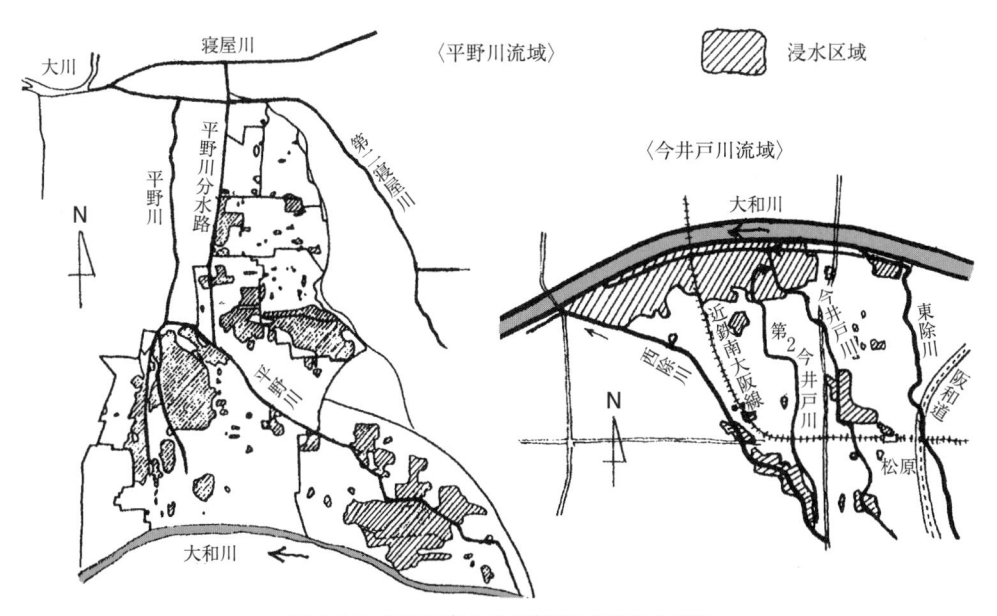

図 6.3.2　昭和57年8月の豪雨による浸水状況

④ 新大和川の治水

大和川本流に対する河川改修工事は，昭和6年（1931）に発生した亀の瀬渓谷の地すべりが直接の契機となって始められた。それ以降，3回にわたる改定を経て今日に至っている。

亀の瀬地すべりの復旧工事が終わった昭和8年5月から応急工事が始まった。これによって堤防の新設や拡築および河道の整正が行われ，同10年8月に終了した。この時の基本高水流量は奈良県王寺町の藤井地点において1,700m³/sとされた。これが大和川で洪水流量が数値化された最初である。

昭和9年以降の大雨による洪水被害が相ついだので同12年から幹川の堤防拡築や屈曲部の直線化が行われた。基本高水流量は大阪府柏原地点において2,000m³/sと改定された。この地点で石川が合流しており，大和川流域からの水がほとんど流集している。これ以降の計画基準点は柏原地点とされた。

昭和29年から始まった治水計画では河道の改修とダムによる洪水調節の2本立てで実施された。基本高水流量は2,500m³/sに改定され，これが計画高水流量となった。奈良盆地においては佐保川合流点から曽我川合流点までの3.2kmの区間が整形された。なお，従来の河道の痕跡は現在の河西町と安堵町との境界に残っている。

昭和40年代からの都市化の波は奈良盆地でも著しく，それによって土地利用が山林や田畑から住宅地へと一変した。流域における急激な開発によって従来の計画が見直され，新しく基本計画が策定された。すなわち，流域における2日間雨量を平均280mm，年超過確率を1/200として基本高水流量が再検討され，5,200m³/sに改定された。昭和51年から実施に移されて，現在はこれに基づいて河川改修工事が行われている。

現在の大和川流域面積は1,070km²であり，基本高水流量（＝計画高水流量）は5,200m³/sであるから，比流量（基本高水流量/流域面積）は4.86m³/s/km²となる。

⑤ 大阪府の大和川流域下水道

新大和川の左岸地域は次の流域下水道として整備されている（名称，計画面積，下水処理場，通水年月の順に記載）。

- 大和川下流（東部）流域下水道　7,372ha　大井処理場　平成8年（1996）8月
- 大和川下流（西部）流域下水道　6,256ha　今池処理場　昭和60年（1985）6月
- 大和川下流（南部）流域下水道　5,231ha　狭山処理場　昭和42年（1967）12月

昭和57年（1982）8月に発生した大和川洪水によって，今井戸川沿岸が広範囲に浸水した（図6.3.2）。そのため自然流下で大和川へ流出する今井戸川の出口に排水ポンプ場が設けられた。これが今井戸川水系雨水ポンプ場であり，口径1,350mmのポンプが4台設置され，排水能力15m³/sをもって昭和61年5月に通水した。

⑥ 狭山池のダム化

古代に灌漑用の池として築造された狭山池は，慶長13年（1608）に大改修が行われて池面積が大幅に拡大され，現在の原型ができた。この時に東側の余水吐と水路が作られて東除川と結

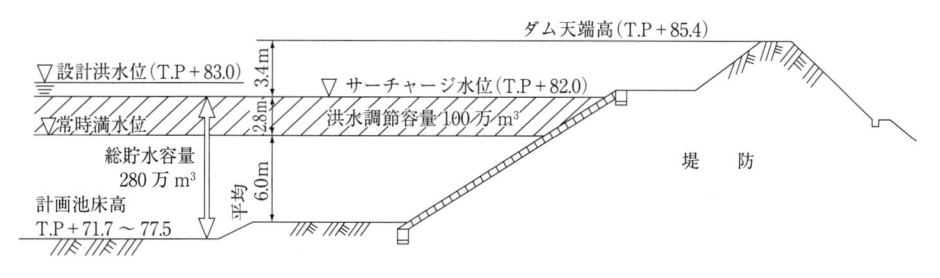

図 6.3.3 狭山池ダムの洪水調節機能

ばれた。以来，池から流出する河川は東西の除川となり，ほかに灌漑用水路が設けられた。これらの河川と水路は大和川付替えによって，東除川は新川へ直接に流入されたが西除川は下流の方向へ付替えられた。昭和に入って池の改修が行われ，貯留容量が 129 万 m³ から 179 万 m³ へと増大された。

このように長い歴史をもつ狭山池は，昭和57年（1982）8月の豪雨による流域の水害によって新たな機能が付加されることになった。すなわち，36ha の池の底部を3m 掘り下げて貯水量を増加し，洪水を一時的に貯留するための大改修が行われた。これによって100年に一度の豪雨を対象として池への計画高水流量 230m³/s のうち 100m³/s を調節量とし，池からの放流量が 130m³/s に抑制された。また，貯水容量が 280万m³ に増強され，このうち 100万m³ 分を洪水調節用に充当することになった（図 6.3.3）。灌漑用の溜池が洪水調節用にダム化され，平成14年（2002）3月に完成した。

6.3.2 新大和川右岸地域における流路変化

(1) 久宝寺川（長瀬川）
① 付替え前の流れ

古来，大和川という呼称は上流から河内平野の入口にあたる二俣（現八尾市二俣）までの区間と最下流の付近を指した。二俣地点で二つに分流して，西を流れるのが久宝寺川（のちに長瀬川）であり，東を流れるのが玉櫛川（のちに玉串川）であった。なお，「長瀬」の名は『続日本紀』天平宝字6年（762）の条に「河内國長瀬隄決，發=單功二万二千二百餘人−修造」とあり，また，平安時代の『四天王寺御朱印縁起』にも「長瀬里拾陸箇坪」と出るから長瀬の名称は古代からある。しかし，長瀬川として登場するのは久宝寺川の後かと思われる。

二俣で分流した久宝寺川は八尾と久宝寺の間を流れ，大蓮・柏田・横沼・高井田を経由して森河内に至り，東方から来る河川と合流して淀川に向かう。低地を流れる久宝寺川は屈折が多く，しかも水勢が緩慢であるから流域の排水が不良で，多くの砂州ができた。また，川床が高くなって大雨があると堤防が決壊して田畑や村落が浸水し，洪水による惨禍は長年にわたって河内農民を苦しめた。この久宝寺川は『河内名所図会』に長瀬川と出ている。すなわち，「故大和川也。田圃の用水とす。又小舩大坂へ通ふ。一名，いにしへ龍華川といふ」とあり，つづいて長瀬堤は「長瀬川の両岸をいふ。今はなし」と記されている。

古くは大和川が石川と合流する付近で詠まれた歌が『万葉集』巻九にある。これは片足羽川（かたしわがわ）にかかる河内大橋をひとりで渡る娘を眺めて詠んだもので，片足羽川は『河内名所図会』に石川の旧名と記されているが，大橋の規模から考えると大和川という説もある。一方，貝原益軒の『南遊紀行』にも「国府の下は川はばひろき故，橋長し，橋のはば１尺余，長さ３町ばかり，水あさしといえども危してわたりにくし」とあり，長さ３町の橋といえば327mになり，相当に長い。なお，国府というのは河内国府であり合流点の左岸側にあった。大和川付替え後に旧河道の柏原から二俣の区間に市村新田が開発されており，その東西幅が３町（327m）あったというから，大橋と呼ばれてもよい川幅をもっていた。

② 付替え後の流れ

大和川の付替えは旧流路を完全に締切って行われたので，旧水系はもはや河川ではなくなった。そのため旧河道に多くの新田が開発されることになった。締切り地点の下流では東西幅３町（327m）をもつ市村新田ができ，安中新田から最下流の新喜多新田まで大和川本流を含めて14新田，面積にして286町歩（284ha）が開発された。このうち中流から下流にかけて開発された菱屋西新田は，東西の幅が１町52間（204m），南北の長さが10町（1,091m）という細長い土地であり，この東西幅が旧河道の川幅と思われる。

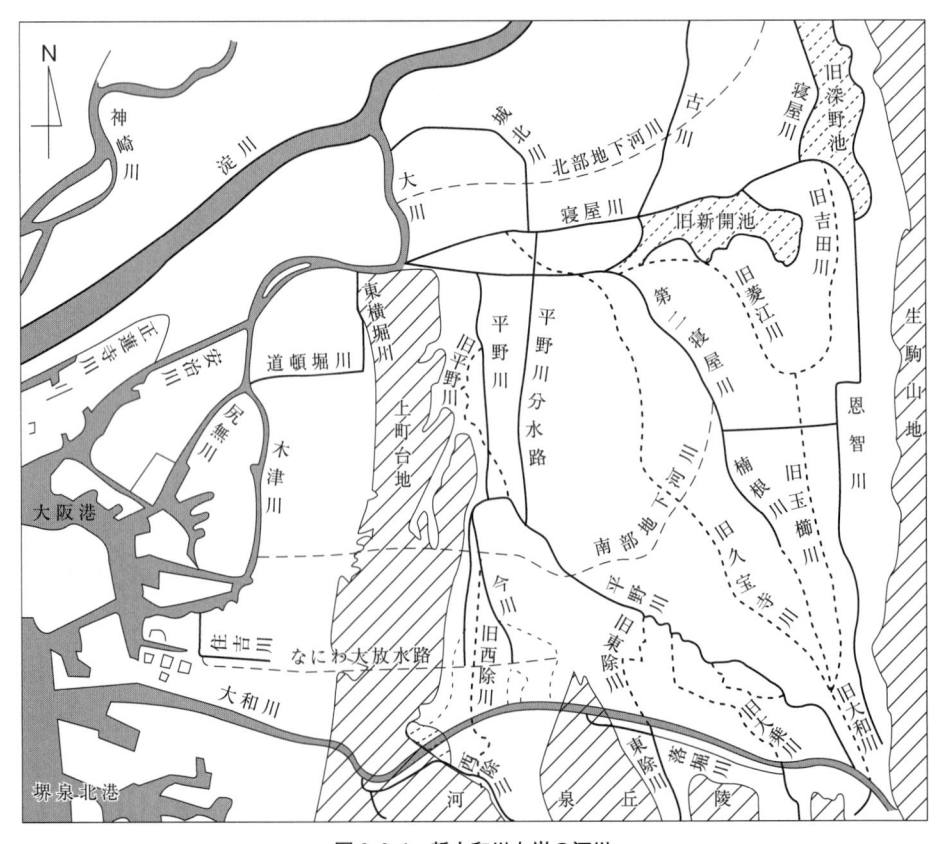

図6.3.4　新大和川右岸の河川

このように久宝寺川の川跡は，すべて新田に開発されたが農業用水を供給するための井路（水路）が旧河道の中央に設けられた。旧川締め切り地点の築留には1〜3番樋が設けられ，そこから取水されて幅10間（18.2m）の井路に導水された。築留から二俣までの井路は「十間井路」といわれ，あるいは川跡の中央部に設けられたことから「中堀川」ともいわれた。この用水路は二俣で東西に分岐し，西用水井路は旧久宝寺川と同じく八尾から菱屋西・森河内へと流れ，二俣より森河内に至る延長6,588間（12.0km）の水路となった。一方，東用水井路は旧玉櫛川に設けられた。用水路は上流側から順次，取水されるので下流にかけて水路幅が小さくなる。中流の大蓮村（現東大阪市大蓮東）では「井路幅，当村樋前ニ而四間（7.3m），但砂川」（1795年文書）と記されている。

旧久宝寺川は，現在では長瀬川として残るが，川という名前はついていても河川法に基づく河川ではなくて単なる水路と化している。柏原市築留で大和川から取水し，二俣分流点のゲート（長瀬川2門，玉串川3門）を通過して八尾市から東大阪市を経て大阪市城東区で水門から第二寝屋川に合流する。その延長は14km，川幅は6〜10mの農業用水路であって法定外公共物となっている。

(2) 玉櫛川（玉串川）

① 付替え前の流れ

かつて，宇治平等院領の荘園に玉櫛庄があり，それによって玉櫛と書かれた。二俣で分流して玉櫛川となり，北流して稲葉村（現東大阪市稲葉）の南で吉田川と菱江川に分岐する。吉田川は東に折れてから北流し，水走・今米を通って深野池に流入した。一方，菱江川は分岐してから西北の方向に流れて，菱江・荒本を通って新開池の西に流入した。

玉櫛川の水系は「古田並ニハ地形壱丈（3m）も高く」と川中新田の中家文書にあるように，天井川であって洪水が多かった。元和6年（1620）から貞享2年（1685）にかけて，河内平野の大和川水系に12回の洪水があり，そのうち玉櫛川で8回も発生した。そのため，二俣地点に二重堤が設けられて，玉櫛川への流下量が制限されたが，延宝2年（1674）6月の大雨で壊滅してしまった。このようにたび重なる水害を受けた玉櫛川流域の村々から，大和川付替えの声が早くから出され，その推進運動が展開された。

② 付替え後の流れ

大和川付替え後は久宝寺川と同じく玉櫛川も排水河川としての役割はなくなり，旧河道の中央に農業用水のための東用水井路が設けられた。また，川跡には柏村新田・山本新田・玉井新田の三新田として102町歩（101ha）が開発された。

分岐した吉田川と菱江川にも，それぞれ川中新田40町（40ha）と菱屋東新田45町（45ha）が開発された。吉田川の川床に開発された川中新田は細長い形状をしており，中央に幅1間（1.8m）の用水井路が通されたが，周囲の土地よりも3mあまり高く，豪雨の時には溢水した。また，菱江川跡に開発された菱屋東新田は，その東西幅は42間余（76.4m），南北の長さは3,150間（5.7km）の細長い形状をしており，この東西幅が旧河道幅であったと思われる。こ

の新田も川床であったため稲作ができず，すべて綿作であり，灌漑井戸は251か所も設けられた。なお，明治7年（1874）の文書には川中新田の東西幅は1町（109m），菱屋東新田は43間（78m）とあり，これらも旧川幅と思われる。

旧玉櫛川水系に設けられた井路には用水を農地へ分配する樋門や水門がたくさんあり，分岐した水路は田畑と住宅地を縫うようにして流れて楠根川などに入った。

現在の玉串川も河川法でいう河川ではない。八尾市二俣で分流し，東大阪市を北流して西に折れて東大阪市稲田本町で第二寝屋川に合流する13.4kmの農業用水路となっている。

(3) 平野川
① 付替え前の流れ

平野川は，もともと大和川が形成した自然堤防帯の後背湿地を流れ，久宝寺川左岸一帯の用排水路であったと思われる。古代には植松村（現八尾市植松町）付近で久宝寺川から分流し，大和川の主流となった時期もあったが9世紀初頭に締切られて，久宝寺川と完全に分離された。それ以降は大和川から取水して灌漑や舟運に利用され，また，南部地域から北流する大乗川・東除川・西除川の受入れ河川ともなった。

平野川は多くの地域を通過するので，上流から下流にかけて「了意川，龍華川，橘川，竹渕川，百済川，河内川」などの名前が残されている。このうち，よく使われるのが「了意川」であり了意井路ともいわれた。豊臣時代に久宝寺村の安井了意が亀井村から下流の川普請を行ったことにちなむもので太子堂付近から上流を指した。「竹渕川」は寛永年間（1624〜43）に志紀郡柏原から大和川の水を引いて竹渕（現八尾市）を通って摂州の平野川に流れたと『河内志』に記されている。「百済川」は百済郡を流れるところからつけられた名前で，百済川や猫間川が北流する上町台地東側の低地は，古来，しばしば洪水の発生する地域であった。また，平野川は河内国の境界を通って摂津国に入るところから「河内川」と称された。土地条件図をみると自然堤防が八尾市植松あたりから平野郷の西で拡散しており，ここを流れる平野川は洪水のたびに流路を変えたようで，そのため和気清麻呂によって延暦4年（788）に河内川が延伸されたと『続日本紀』に記されている。しかし，上町台地を切り開くのに難航し，費用がかかりすぎて工事は中断された。

このように平野川は，いろいろな来歴をもち，また遣隋使や遣唐使が往来し，万葉集にも縁をもつ河川であった。

② 付替え後の流れ

かつての平野川に南部丘陵地から来る大乗川・東除川・西除川が流れ込んでいたが，大和川付替えによって，これらの河川が遮断されることになった。それ以降の平野川は沿岸地域だけを受け持つ用排水路となった。しかし，久宝寺川や玉櫛川が用水路化したのとは違って河内平野の西部一帯の排水にとって欠かせない存在となっている。

平野川改修に関して，大正11年（1921）に大阪市と鶴橋耕地整理組合（大正8年設立）が合意し，蛇行の多かった旧平野川の流路を現在のような直線状に改良することになり，工事は同

12年に完成した。また，今川と合流する区間も改善されて現在の流路となった。これにともなって旧平野川の大池橋から丸一橋の間の2,913mが昭和10～15年（1935～40）にかけて埋め立てられた。現在の平野川は上流端を大和川取水点とし，下流端を第二寝屋川とする延長17,375mの一級河川である。

　大正14年（1924）の大阪市第二次市域拡張によって「綜合大阪都市計画」が立案され，この中で平野川の東側に城東運河が計画された。昭和4年（1929）から開削されたが中断し，後に治水計画の見直しが行われて33年に完成した。なお，27年に準用河川となって「平野川分水路」と改称し，41年には一級河川となった。延長は平野川の分派点から寝屋川の合流点に至る6,651mである。

　今川は平野郷の西を北流し，「今川の旧河身なり。……丹北郡より流れて喜連村に入りて息長（おきなが）川と称せり。今の河身は，往古の流域と異なるため今川と称す。」と『東成郡志』（大正元年刊）に記され，用水路でもあり排水路でもあった。大和川付替えによって流路が遮断され，大阪市内の上流部が廃止となり長年にわたって放置されていたが，昭和23～28年度（1948～53）に今川の用排水改良事業が行われて同45年に普通河川から一級河川となった。現在の始点は大阪市東住吉区湯里町4丁目183（左岸）・喜連町1333（右岸）であり，終点を平野川の合流点とする延長4,508m，川幅6～24mの小河川である。

　一方，駒川は巨麻（こま）川とも書かれ，大和川付替え以前は依網池を水源として南北田辺村の東側を北流して桑津村（いずれも現大阪市東住吉区）の北方で西除川と合流していた。「長さ16町34間5分（1.8km），川幅……平均2間7分（4.9m）を有す」と『田辺町誌』（大正14年刊）に記されている。現在は，大阪市東住吉区湯里町4丁目183（左岸）・同町3丁目89（右岸）を始点とし，今川への合流点を終点とする延長3,799mの小河川であり，昭和45年（1970）に一級河川となった。

(4) 恩智川
① 付替え前の流れ
　恩智（おんぢ）というのは川が流れる八尾の地名で，この地に恩智神社があり，史料上の初見は天平10年（738）である。平安時代に恩智庄ができ，近世には綿作と木綿織が盛んとなり，「山の根木綿」として知られた。郷村帳類には恩知と書かれる場合があり，川も恩知川と記され，また，山地の麓を流れるので山根着川（やまのねぎ）ともいわれた。

　恩智川は，もともと生駒山地からの流水を受ける自然の河川であり，高安郡恩智村北を源とし（『河内志』），堤防はなく深野池に流入していた。灌漑用水や舟運路としても利用されたが，用水は足踏み式水車によって田畑へ上げなければならなかった。

② 付替え後の流れ
　恩智川は独立した河川として存在するので大和川付替えによって影響を受けることは少なかった。深野池の干拓後は池の中にあった三箇村の南より西流し，新開池を開いた鴻池新田を通って寝屋川へ合流した。川幅は12間（21.8m）（元文2年〈1737〉の日下村（くさか）文書）あるいは5

間（9.1m）（安永6年〈1777〉の文書）といわれ，明治15年（1882）の川中新田誌によると8間（14.5m）となっており，水深は1間5尺（2.7m）で常水のときは30石積みよりも小さい船が通行した。

恩智川は昭和50年代に改修工事が行われて，現在の流路になった。柏原市大県3丁目4の府道橋梁の下流端を始点として生駒山地の谷川の水を集めながら大東市住道で寝屋川と合流する延長15,441mの一級河川である。

(5) 楠根川
① 付替え前の流れ

この川は，元来，久宝寺川と玉櫛川に囲まれた後背湿地を流れていたが，条里地割の施行によって人為的に流路が変更され，東西と南北に屈折して流れる区間があった。古くに二俣地点で取水されて地域の用水路としての役割も果たした。西北の方向に流れて菱江川の下流で新開池から流出する流れと合流する全長4里（15.6km）の水路であった。上流部は，赤川・明川または曙川とも記され，「あけがわ」と読まれた。

② 付替え後の流れ

大和川付替えによって流量が減少したので，旧川跡の下流に唯一の菱屋中新田が開発された。その東西幅は30間余（54.5m），南北の長さは20町余（2,182m）と明治15年（1882）の文書に記録されており，この東西幅が旧河道と思われる。新田開発によって狭められた川幅は，御厨村で6間（10.9m），川俣村（いずれも東大阪市）で8間（14.5m），寝屋川との合流点で10間（18.2m）となった。

楠根川は長田から川俣を経て左専道（現大阪市城東区諏訪・永田・東中浜）の北側あたりで長瀬川の北を平行して流れ，天王田付近で二つの川は合流した。そこから下流は寝屋川に沿った瀬割り堤の南を並流して現在のJR環状線鉄道橋のやや下流で寝屋川に合流した。この瀬割り堤は新淀川放水路が完成した前後，明治40年ごろまでに除去されて寝屋川に一体化された。

現在の楠根川は八尾市若草町1丁目1の近鉄大阪線鉄橋を始点とし，第二寝屋川との合流点を終点とする延長3,188mの一級河川である。

(6) 寝屋川と徳庵川
① 付替え前の流れ

古代の河内平野に広大な湖沼があった。その後，陸化が進んで，平安時代の頃には「勿入渕（ないりそのふち）」と呼ばれたが，近世に入ると深野池と新開池という二つの大池になった。生駒山地の北部から流れ出た川は寝屋川となって深野池の北端に流入し，池からは狭い水路（深野川）を通って新開池へと流れ，その出口付近で菱江川や久宝寺川を合わせて大和川となり，西流して旧淀川に合流した。

明暦元年（1655）に新開池から出る流れと菱江川の流水とを分離するために，新開池西堤が切り開かれて徳庵集落（今津村の出戸，現大阪市鶴見区徳庵）から今福までの間，約3kmに

捷水路が開削された。これが徳庵川であり，徳庵井路あるいは徳庵悪水井路ともいわれ，今福村のすぐ西にある蒲生村（いずれも現大阪市城東区）の地点で久宝寺川（長瀬川）と合流した。この流路が寝屋川の前身となった。

大和川水系が合流する森河内付近では，水勢によって久宝寺川の上流部が塞き上げられて滞水が起こっていた。そのため貞享3年（1686）から始められた工事で150丈（455m）にわたって竹木による堰（瀬割り堤）が設けられて二つの流れは分離された。さらに森河内から鴫野を経て京橋口の定番下屋敷に至る1,300丈（3.9km）にかけて南岸の家屋と田畑が撤去されて河道の拡幅が行われた。

② 付替え後の流れ

深野池の新田開発にあたって，三箇村と深野新田の境界に水路が作られ，南流してきた寝屋川と結ばれた。この流路は赤井村の地点で西の方向に流れを変え，太子田村・灰塚村・諸福村（いずれも現大東市）を通過して鴻池新田の北側を西流し，徳庵川へと流れ込んだ。その流路は19間（34.5m）から20間（36.4m）へ，さらに30間（54.5m）へと広げられ，旧大和川に入った。

徳庵川からの流れと開発新田からの悪水および旧久宝寺川の細流と楠根川を受ける流れは寝屋川と呼ばれるようになった。この下流部に開発されたのが摂津国東成郡の新喜多新田であり，細長く延びた新田は長さ20町（2.2km），幅47間（85.4m）といわれる。これに接して旧久宝寺川に開発された河内国若江郡の新喜多新田があった。これら二つの新田は，幅100～300mもあり，その延長は約6kmになった。また，旧大和川の河道として土地条件図に描かれた天井川沿いの微高地の幅をみると180～300mになり，かなりの川幅があったと思われる。

③ 寝屋川の改修

旧大和川の下流にあたる寝屋川は，大正11年（1922）から本格的に河川改修が始められた（図6.3.5）。第一期工事として，新喜多橋と極楽橋（いずれも現大阪市城東区新喜多東と今福南）の区間の約0.4kmが川幅20間（36.4m）に整備され，護岸工事と川底浚渫が行われて同13年に完了した。つづいて第二期工事として極楽橋から徳庵の区間の約2.8kmの工事が同13年から昭和2年（1927）にかけて行われた。この工事によって寝屋川と六郷井路とを分離していた中堤防が取り払われて，一つの河川となり，川幅20間（36.4m）に改修された。水深は潮の干満によって3～6尺（0.9～1.8m）と変化した。また，護岸高は7尺5寸～15尺（2.3～4.6m）とされ，左岸に幅3尺の舟曳道が設けられた。

なお，河川と井路の集中する今福村は重要な地点となり，ここに諸村立会の排水門樋が幾つかあった。明治29年（1896）から始まった淀川改良工事が同43年に竣工し，寝屋川と旧淀川との合流点の水位が低下することになって，寝屋川水系における排水状況は大幅に改善された。それによって寝屋川付近都市計画事業が昭和2年（1927）に認可を得て，寝屋川出口の改修が行われて今のような形状になった。

現在の寝屋川は，寝屋川市寝屋で北谷川とタチ川（傍示川）が合流する地点を上流端とし，

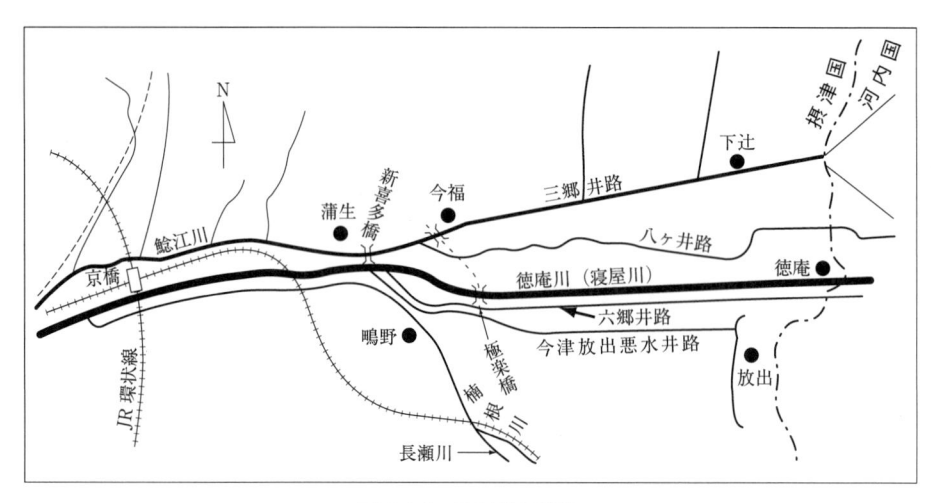

図 6.3.5 寝屋川の改修

大東市・東大阪市・大阪市と流下して，旧淀川である大川との合流点を下流端とする延長21,241mの一級河川である。

　寝屋川流域の開発が予想以上に進展し，地盤沈下もあって浸水被害が顕在化してきた。また，流域の大半に下水道整備が行われることになり，雨水の河川への流出機構が基本的に変化してきた。そのため，新たな洪水処理対策が必要となった。

　こういった状況を背景として寝屋川水系における河川改修計画にもとづいて，新たな河川として開削されたのが第二寝屋川である。工事は昭和30年（1955）に着工されて，同43年に完成された。上流部は新たに開削されたが下流部は旧楠根川の流路が利用された。

　現在の第二寝屋川は，恩智川の分派点を始点とし，寝屋川との合流点を終点とする延長11,630mの一級河川である。

(7) 六郷井路（六郷川）

① 付替え前の流れ

　徳庵川が明暦元年（1655）に開削された後，新開池周辺の村々によって悪水を排出するために新しく井路が掘られ，新開池西側へ排水された。この井路には二つの系統があった。

　一つは「五ヶ村井路」（当初は三か村井路）である。三か村から始まり，のちに菱江・吉田・水走・加納・鴻池新田の立会となり，徳庵まで長さ2,100間余（3.8km），幅5間（9.1m）の井路が掘られた。開削の時期は不明である。文政13年（1830）の文書に「元来六郷組之内上郷五ケ村悪水井路徳庵迄格別ニ立テ，悪水落来候」とある。この「上郷五ケ村」は菱江・吉田・水走・加納・中野といわれる。

　もう一つは「拾壱ヶ村井路」（当初は八ヶ村井路）である。池周辺の8つの村が池内部に井路を掘ったのが始まりで，のちに吉原・箕輪（みのわ）・中新開・今米・本庄・三島新田・新庄・橋本新田・中新田・三箇（さんが）・灰塚の立会となった。徳庵までの長さは3,000間余（5.5km），幅10間（18.2m）であり，寛文元年（1661）に自普請によって作られた。

これら二つの井路を合わせて「六郷拾六ケ村井路」となり，「拾五か村井路」ともいわれた。なお，六郷とは，かつて，六郷荘があったことに由来するようだが，どの村を指すのか明らかでない。吉原・今米・中新開・加納・本庄・中野・箕輪の7か村を指すともいわれる（『大阪府全志』）。

② 付替え後の流れ

大和川付替えの後，水量の減少した河床に新田が開発され，また，新開池の池床も干拓された。これとともに排水路として宝永年間（1704～10）に徳庵川の南に並行して六郷井路（六郷川，六郷悪水井路ともいう）が徳庵から今福にかけて掘られた。それまで新開池の西に集中していた鴻池・三ケ村・八ケ村の三悪水井路がこれに結ばれて，低地一帯の悪水が排除された。はじめは寝屋川（徳庵川）を伏越樋で渡って鯰江川に通じたが悪水が停滞したため，のちに寝屋川へ，直接，落された。「今福前拾五ケ村組合樋」として「宝永五戌子年四拾弐ケ村願ニ付，六郷新井路出来」（吉田村明細帳）と記されている。なお，この六郷新井路の南にある今津・放出両村も低地のため排水が悪く，宝永7年（1710）頃に新井路と並行して悪水井路が掘られた。これが「今津・放出悪水井路」であり，「六郷川堤添井路」ともいわれた。当初は伏越樋によって寝屋川を越えて鯰江川へ排出されたが，天保11年（1840）に寝屋川への排水樋門が作られて，直接，排水できることになり長年の水損の憂いが除かれた。

六郷井路は大正11年（1922）から始まった寝屋川改修工事によって寝屋川との中仕切り堤防が撤去されて，一つの河川となり，六郷井路は消滅した。

(8) 鯰江川

① 付替え前の流れ

鯰江川は天正14年（1586）に網島（現大阪市都島区）の西に居を構えた近江愛智郡鯰江庄の毛利備前守定春が，北河内の低湿地帯にある88か村がしばしば水害で苦しむのを知って掘ったとも，あるいは，鯰江備中守が野田（現大阪市都島区）に城を築いた時に掘ったともいわれる（『東成郡誌』）。

このように鯰江川は，近世初頭に淀川左岸にある摂津・河内両国の低地排水を寝屋川の流水と分離するために寝屋川に平行して開削された。その延長は今福五ケ閘門から備前島にいたる766間（1,393m）であり，川幅は15間（27.3m）であった。この川に，五ケ井路・門真井路・八ケ井路などの北河内一帯の落し水と榎並荘の悪水が集まった。なお，鯰江川は今福村の三郷橋（現大阪市城東区今福西1）から下流をいい，ここから上流は三郷井路と呼ばれた。

② 付替え後の流れ

鯰江川は川床が低いために洪水時には下流から逆流する水勢に押されて流れが阻害された。そのため，安永3年（1774）に下流部が延伸されて，長さ237間（431m），幅10間（18.2m）の築出堤が造られ，淀川との合流点は天満橋の下流に移された（図6.3.6）。その後も延長されたが，新淀川放水路が完成してから，明治43年（1910）になって野田町から寝屋川へ切替え

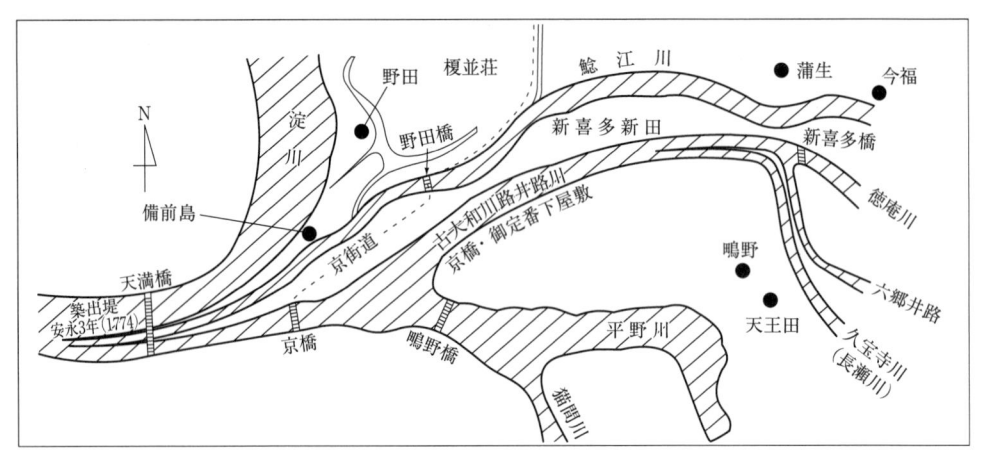

図 6.3.6　旧大和川と鯰江川最下流部
(『改正増補 国宝大阪全図』文久3年(1863)より)

られ，下流部は埋立てられた。さらに昭和33～47年(1958～72)にかけて下水道整備とともに埋立てられ，現在は道路となっている。

(9) 二つの大池

① 付替え前の大池

河内平野の中央に深野池と新開池の二つの大池があった。もとは一つの池であり，勿入渕と呼ばれた。『枕草子』にも「淵は……ないりその淵，たれにいかなる人のをしへけむ」とあり，現在，大東市諸福6丁目に「勿入渕址」の碑が建てられている。

17世紀の末までは，池水は深野池から新開池へと流れていた。二つの池の間には狭長な水路があって深野川あるいは吉田川と呼ばれた。深野池には，北から寝屋川，東から権現川，南から恩智川などが流入していた。河川によって運ばれた土砂は池の各所で砂州を形成し，なかには耕作のできる土地ができた。深野池は「池の広さ，南北二里，東西一里，所により東西半里」と貝原益軒の『南遊紀行』(元禄2年〈1689〉刊)に記されている。しかし，池は3～5尺(0.9～1.5m)の深さであり，かなり浅かった。池の中に島があって，その大きさは南北20町(2.2km)，東西5～6町(0.5～0.7km)といわれる。ここに三箇村があり，漁家70～80戸のほかに田畑もあった。

新開池には，東から深野池から出た流れがあり，南から菱江川が流れ込んでいた。池の西方から流出する河川は楠根川を合わせて森河内で長瀬川と合流した。新開池は，『南遊紀行』に「方八町ばかり有，蓮多く，魚多し，三ケより漁人行て採る」と記されている。方八町の大きさというから870m四方(77ha)になる。なお，「三ケ」というのは三箇村のことである。

② 付替え後の大池

深野池は宝永2年(1705)から本格的な新田開発が始められた。万年長十郎の見積もりでは281町歩(279ha)であったが，享保6年(1721)調では311町歩(308ha)が開発されている。

池の中にある島の広さは南北2.2km,東西0.5〜0.7kmであるからおよそ130haになる。現在の地図でこの地域をみると,北端の河内屋北新田から南端の深野南新田まで3.2kmあり,東西として三箇村の西端から東のJR線路まで考えると1.5kmとなり,その面積は480haとなる。新田の面積308haと島の広さ130haを合わせると438haとなり数値的にはほぼ同じになる。

深野池の干拓後に,三箇村と深野新田との境界に流路が作られ,これが大東市三箇と深野北および深野の間を流れる寝屋川になった。現在では深野池の姿はなく,ただ寝屋川治水緑地として痕跡をとどめる。

新開池は付替え後,池への流入水量が減少し,池床が新田として開発された。その大きさは,万年長十郎の見積りでは200町歩(198ha)であったが,享保6年(1721)調では211町歩(209ha)となっている。これに水路敷や道路を加えたものが実際の大きさになる。開発された新田の約85%が豪商の所有となり,その最大のものは鴻池新田であった。

新田開発とともに用悪水路が全部で三万間余(54.5km)も掘られたといわれるから,この地域では,用水の確保以上に悪水の処理がいかに大変であったかが推察できる。

新開池の池床はすべて開発され,現在ではまったく痕跡はなく,わずかに鴻池新田会所に往時の名残をとどめるのみである。

6.3.3 新大和川左岸地域における流路変化

(1) 東除川

近世の狭山池では余水吐のことを「除(よげ)」と呼んだ。そのため東除川と西除川の名称は,狭山池の東と西にある余水吐から落ちる水を受ける「除ケ口(よけくち)」に由来する。史料や絵図によっては「狭山東除川―狭山西除川,横山東除ケ川―横山西除ケ川,東餘下川―西餘下川」と記されている。

① 付替え前の流れ

東除川は,右岸に羽曳野丘陵,左岸に美原台地,南部に河内長野丘陵に囲まれ,元来はこれらの丘陵や台地の水を集めていた。慶長13年(1608)に行われた狭山池大改修によって池の東北隅に東除が設けられ,段丘面に余水を落す水路が掘られて東除川に結ばれた。この流路は狭山池から北流して大堀村(現松原市)を経て竹渕村と亀井村の間(いずれも現八尾市)で平野川へ流れ込んだ。古くは竹渕村あたりの東除川は竹渕川と呼ばれた。

東除川は丘陵や台地の谷地を流れるため強い下方侵食を行っており,小さな井堰では用水を段丘まで上げることはできず,川筋の村々には多くの溜池が設けられた。東除川は用水源としてよりも排水河川として機能していた。

② 付替え後の流れ

東除川は新大和川と十字に交差する形になり,そのため完全に遮断された。新川左岸に並流

する落堀川との合流を避けるために，大堀村の西側で「弐間四方石樋被仰付，落堀川の水は石樋をくぐり，東除川は石樋上を大和川へ落込申候。」（城連寺村記録）とあるように，落堀川の上に2間（3.6m）四方の石樋が架けられて，直接，新川へ落された。現在の東除川の規模から考えると石樋の幅と高さは小さすぎるが，当時は用水の取水を主としたことから，この大きさにされたものと思われる。この石樋は享保元年（1716）6月の洪水によって破壊され，復元されなかったので東除川の水は落堀川へ流れ込むようになった。その後，落堀川の新川への出口が川辺村（現大阪市平野区）で切違えられた。

東除川は川幅の狭い蛇行河川であったが，昭和59年度（1984）に東除川放水路が開削されて現在の姿になった。この事業は58年度に全体計画が認可され，下流部では100年に一回の大雨に対応し，上〜中流部では1時間50mmの雨に対応するものとして平成6年度（1994）に完了した。

現在の東除川の上流端は西除川との分派点にあたる狭山池であり，下流端の松原市大堀で大和川に流れ込む。延長は13,682mの一級河川であり，流域面積は40km²である。下流部の川幅は40m，河床勾配は1/1000，中流部（落堀川合流点〜平尾小川合流点）では川幅15〜20m，河床勾配は1/400〜1/250，上流部では川幅10〜15m，河床勾配は1/200となっている。

(2) 西除川

① 付替え前の流れ

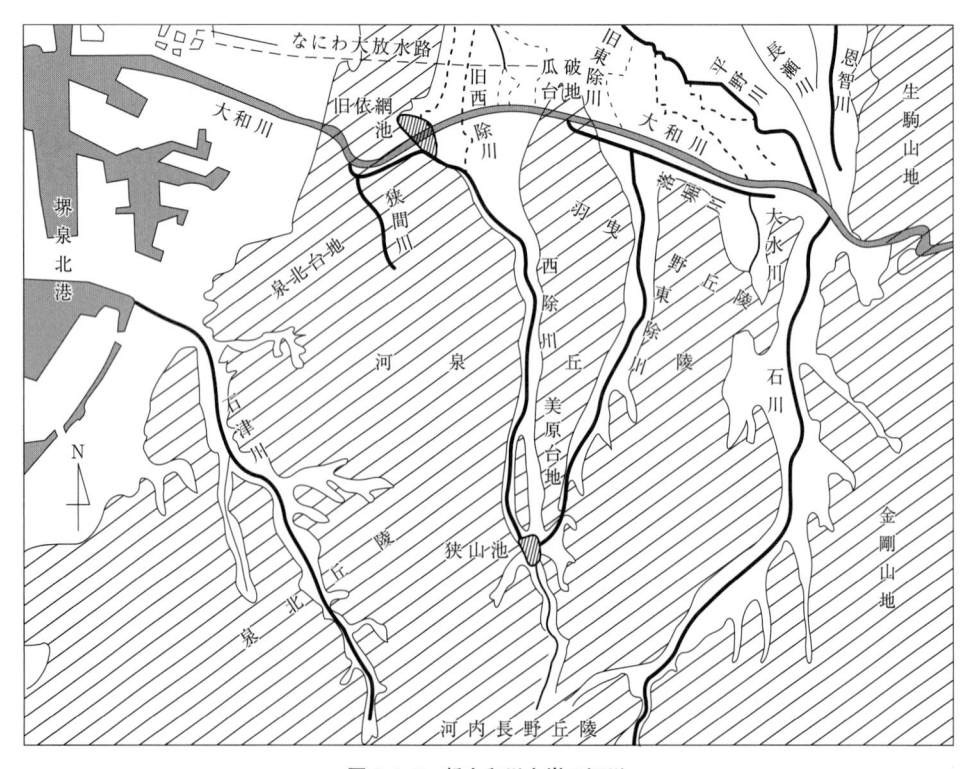

図6.3.7　新大和川左岸の河川

第6章 大和川付替えによる河内平野の環境変化

　西除川の源流は河内長野市の天野山（標高231m）にあり，ここから狭長な谷間を下って狭山池に入り，北流して現在の大阪市生野区舎利寺あたりで平野川に合流した。西除川の名称は河内長野市天野町から下流を指し，その上流は天野川と呼ばれた。なお，古代では天野川という呼称は下流にかけても使われていたようで，難波で防人を管理する兵部少輔の任にあった大伴家持は「かささぎの　渡せる橋に　おく霜の　白きを見れば　夜ぞふけにける」（百人一首）と詠み，掛詞として難波京近くを流れる天野川に「鵲の橋」を架けたといわれる。
　付替え以前の「狭山池分水図」（大依羅神社蔵）によると，狭山池から北流する河川として巨麻川・天道川・今川の三河川があった。このうち，天道川が西除川の本流にあたり，狭山池の余水と広い地域から集まる雨水を受ける相当大きな川であった。慶長13年（1608）の狭山池改修のときに，池西側の段丘面を掘削して池の面積が大幅に拡大され，西北端に西除が設けられた。そこから流出する川は西除口から北の方向へ流れ，堀村（現松原市天美南）から下高野橋付近より大阪市内へはいり，現在の今川と駒川の間を北流して舎利寺村（現大阪市生野区）付近で平野川と合流した。この流路は狭山池からの用水路であるとともに下流地域の排水路でもあった。

② 付替え後の流れ
　西除川も東除川と同じく新大和川と直交する形になり，付帯工事において新川左岸の部分が付替えられた。すなわち図6.3.8に示すように，「西除ヶ川違」として高木村（現松原市天美南）の北で流路が北西に曲げられ，落堀川に入って新川に平行して西流し，浅香山谷口で大和川へ合流された。このように西除川が付替えられて流路が延伸されたのは本流の洪水による背

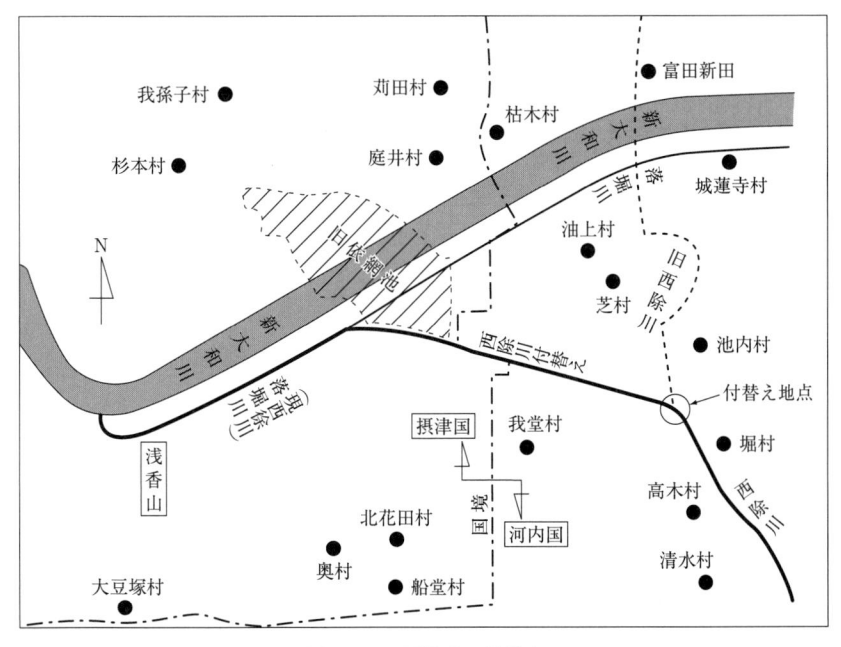

図6.3.8　西除川の付替え

水の影響を避けるためであった。なお，新川の流路が曲流しているのは，流路が依網池（味右衛門池ともいう）から浅香山谷口を通過して河口が浅香の浦に設けられたからである。

現在の西除川は，始点を河内長野市にある市道橋（天野町714-3）とし，狭山池を通って大和川との合流点を終点とする。延長26,202mの一級河川であり，その流域面積は54km²である。下流部では川幅30〜10m，河床勾配は1/500〜1/250，中流部（高野線〜狭山池の区間）では川幅30〜10m，河床勾配は1/250となっている。

西除川の洪水処理のために，堺市常磐町のところに捷水路が設けられた。平時は水路に設置したゴム製の起伏堰によって流水を遮断するが，洪水時には堰が自動的に倒れて西除川の水を大和川へ排出する。つまり，西除川の洪水流量360m³/sのうち340m³/sを放流する「西除川放水路」であり，延長92m，川幅22mの一級河川として昭和60年（1985）6月17日に通水式が行われた。

(3) 石川

① 古代の石川

石川は和泉山脈の東部の山を源流とし，北東に流れて河内長野市から富田林市に入り，羽曳野市を通って柏原・藤井寺の市境で大和川と合流する。その流路は金剛山地と羽曳野丘陵に挟まれ，両岸には段丘が発達する。流域には大阪府下でもっとも多く古墳が集中し，とくに太子町には「王陵の谷」とよばれる大古墳があり，その近くに古市古墳群がある。このあたりに古代の官道である大津道と丹比道が通り，大和国と中百舌鳥古墳群へとつながる。石川左岸には河内国府がおかれ，5〜9世紀にかけて有力な渡来系氏族が集住し，それにともなう寺院も多かった。

このように古代文化の地を流れる石川は，次のように多彩な名称で登場している。

- 石　河……「大溝を感玖に掘る。乃ち石河の水を引きて……」（『日本書紀』仁徳天皇14年）。ここに出る感玖（こむく）大溝の遺構は明らかにされていない。
- 石　川……「其の妻子・水手等を以て，石川に居かしむ」（『日本書紀』敏達天皇12年）とあり，この石川は地域を指している。
- 餌香川……「餌香川原に，斬されたる人有り」（『日本書紀』崇峻天皇即位前紀）。
- 衛我河……「高安城より降りて衛我河を渡りて」（『日本書紀』天武元年〈672〉）。
- 博多川……石川下流の異称として『続日本紀』宝亀元年（770）の条に出る。
- 伯方川……玉手・円明（現柏原市玉手町・円明町）の西を流れる石川を指した。
- 恵賀河……「恵賀河搆＝借橋＝」（『続日本後紀』承和8年〈841〉）とあり，古市郡を流れる石川を恵賀川と呼んだ。
- 片足羽川……「級照る　片足羽川の　さ丹塗の　大橋の上ゆ……」と『万葉集』巻九にあり，「河内の大橋を獨去く娘子を見る歌一首并短歌」に出る。また，『河内名所図会』に「片足羽川　当郡東界をいふ。……」とあり，当郡とは志紀郡を指す（図1.2.5参照）。

以上のうち，石河と石川以外の名称は石川が大和川へ合流するあたりの石川下流部を指したものといわれる。

② 付替え後の石川

石川は旧来のまま新大和川に入るのであるが，合流部に少し手を加えられている。「石河川直シ堤」（「大和川新川之大積り」）として，長さ60間（109m）ほどの区間に堤防（根置13間，馬踏2間半，高2間半）の改修が行われている。現在でも大和川と合流する石川の左岸をみるときれいにアールがついている。

近代に入って石川沿岸に河陽鉄道が明治32年（1899）に敷かれて柏原と富田林が結ばれた。のちに大阪鉄道会社になって河南線とよばれ河内長野へと延び，現在の近鉄長野線となった。なお，大正12年（1923）には道明寺から分岐して藤井寺へと通じた。

石川を水源とする流域では，灌漑期に上流で取水するために下流の羽曳野市や藤井寺市が用水の不足をきたし，また，河内長野市や富田林市が人口増加に見合った給水量を確保する必要に迫られた。そのため上流の河内長野市滝畑に多目的ダムとして府下最大の滝畑ダムが建設され，昭和56年（1981）に完成した。

現在の石川は，上流端を府道出合橋（河内長野市大字滝畑）とし，下流端を府道石川橋下流端（藤井寺市国府2丁目92-1）とする延長30,722mの一級河川であり，その流域面積は262 km²である。

(4) 大乗川

① 付替え前の流れ

大乗川は石川が形成した自然堤防帯の西側にある後背湿地を流れていた。石川左岸に平行して流れ，羽曳野市の誉田御廟山古墳の西側を北流して小山村（現藤井寺市）あたりから西北に流路を変えて太田村と南木本村（いずれも現八尾市）を通って平野川（了意川）へと流入した。

② 付替え後の流れ

大和川付替え付帯工事の一つとして，落堀川への流入水量を減少させるために大乗川が古市村（現羽曳野市）の地点で石川へ付替えられた（図6.3.9）。これによって落堀川への水量が絶たれ，下流部の負荷が軽減された。

現在の大乗川は，近鉄長野線の第2鉄橋（羽曳野市大字西浦1562）を始点とし，石川への合流点を終点とする延長1,947mの一級河川である。

大水川は大乗川の旧河道を流れる。日本武尊陵の北あたりに源頭をもち，応神天皇陵の西縁に沿って北西流し，御陵の北西角で藤井寺の市街地へ向く水路を分岐する。北流して府道12号堺大和高田線をくぐってから北西に転じ，西大井と小山の境である大井下水処理場の西側で落堀川に注ぐ。現在は国道橋下流端（羽曳野市誉田5丁目514-1）を始点とし，落堀川への合流点を終点とする延長2,450mの一級河川である。大水川と落堀川の堤防上にあるのが「大水川・落堀川散策公園」であり，長さは3,075mある。

一方，王水川は王水井路ともいわれ，用水路として碓井村（現羽曳野市）で石川から取水された。誉田から北部の古室・沢田・小山の村々（いずれも現藤井寺市）にとって重要な水源であり，とくに大乗川が付替えられてからは王水井路の重要性は増した。なお，誉田八幡宮の境

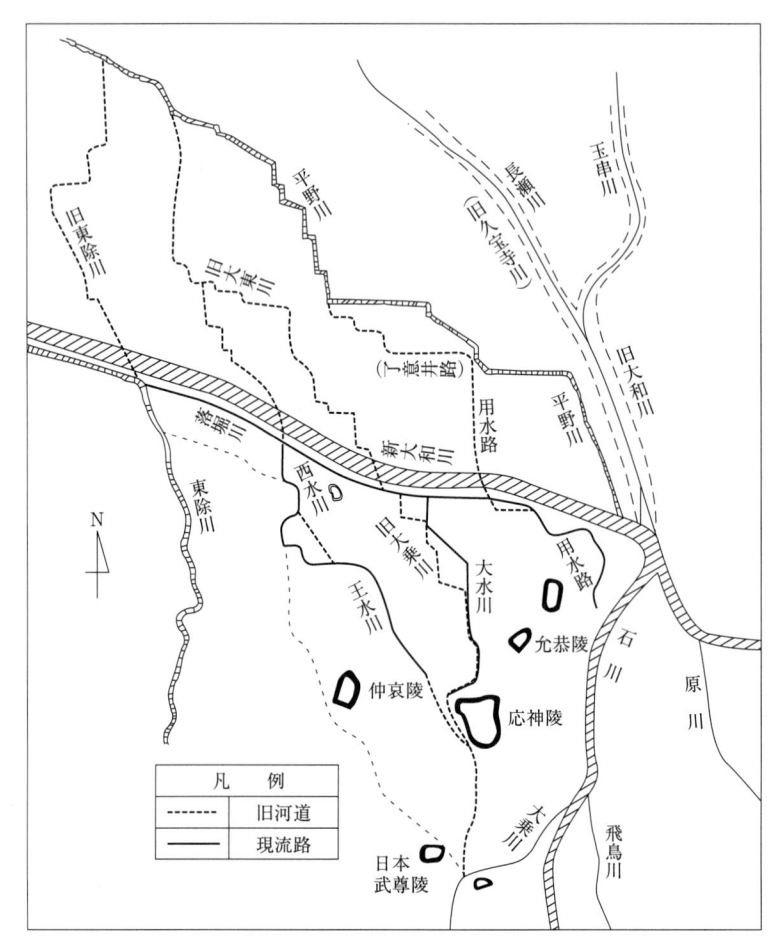

図 6.3.9　旧大乗川の流路

内では放生川と呼ばれた。

(5) 落堀川
① 付替え工事で新設
　大和川付替えに反対する嘆願は，志紀・丹北・住吉の 3 郡の村々から出された。延宝 4 年（1676）の訴状のなかに「河内国は南が高くなっているので左岸側に悪水が溜まって13か村が困る」という意見があった。それを解決するための方策が排水路の新設であった。南部地域から北流する河川や水路は，新川の開削によって流れが遮断されるため，悪水の落し堀が新川南堤に沿って開削された。船橋村より浅香山谷口まで，延長121町（13.2km），川幅16間（29.1m）の落堀川である。

② 付替え後の改修
　落堀川の川浚えは春と秋に行われ，その入用銀は地元村民の負担であった。開削されてまもなく，正徳 6 年（享保元年，1716）の洪水によって東除川の石樋が破壊されたために落堀川は

東除川と一緒になって川辺村（現大阪市平野区）付近で大和川へ切り落とされた。そのため，下流側の落堀川は水量を減じたので，川幅16間（29.1m）から2間（3.6m）に狭められて，その両側が新田として開発された。

現在の落堀川は，市道橋（落堀川橋）（藤井寺市大井2丁目247-2）を始点とし，終点を東除川への合流点とする。延長3,697mの一級河川であり，川幅10〜20m，河床勾配1/1,000程度である。昭和40年代に，1時間雨量30mm対応の改修が行われ，61年度（1986）には50mm対応の改修および大和川からの背水対策が進められた。

(6) 今井戸川
① 今井戸川の歴史

新大和川の左岸にそって流れる今井戸川の歴史は新しい。松原市三宅西3から堺市常磐町3にかけての中〜下流部の約3kmは，大阪府農林部の府営地盤変動事業として，昭和38年（1963）11月〜41年3月にかけて改修された（第一今井戸川）。その後，同49年7月に松原市に引き継がれ，水路護岸も松原市城連寺町から堺市常磐町までの3kmが大阪府から松原市へ引き渡されて，以後，一元的に管理されている。また第二今井戸川として45年度に松原市高見の里3から天美北2にかけて約3.4kmが改修された。なお，今井戸川は大和川下流流域下水道の雨水幹線として45年8月に都市計画決定されている。

現在の流域面積は12.38km^{2}をもち，松原市・堺市（旧美原町を含む）・大阪市にまたがる。その延長は15,360mであり，河川法の適用または準用を受けない普通河川である。

② 昭和57年（1982）の大和川水害

昭和57年8月に台風10号にともなう豪雨によって大和川に洪水が発生した。今井戸川もその影響を受けて流域170haが浸水した。今井戸川下流部では松原市天美を中心として堺市常磐町と大阪市瓜破南の地区が，中流部では松原市阿保付近にかけて，3日の正午までに約1万戸が浸水した。松原市では床上浸水3,200戸，床下浸水6,800戸の水害となった。

降雨量は，8月1日では時間最大雨量18mm，24時間最大雨量113mmであり，3日では，それぞれ37mmと159mmであった。8月1日の大和川の最高水位（T.P.）は，柏原で+18.09m，今井戸川合流点で+10.356m，香ケ丘（浅香浄水場）で+7.856mとなった。今井戸川下流部における地盤高は+8〜+10mであるから大規模な浸水が発生した。なお，洪水時における大和川の水面勾配は，柏原から今井戸川の間（9.4km）が1/1,215，今井戸川から香ケ丘（堺市香ケ丘町）の間（2.4km）が1/960，平均すると1/1,153となっている。

③ 雨水ポンプ場の建設

今井戸川は大和川河口より上流7.6kmの地点で大和川へ自然流下で排出していた。昭和57年（1982）8月の水害を契機として「今井戸川水系雨水ポンプ場」が建設された。従来は大和川への排出地点に樋門がなかったので，ここに今井戸川樋門として幅4m，高さ4mのものが3門作られた。東側の樋門は雨水ポンプ場の放流ゲートとなり，同58年5月に完成した。一方，

ポンプ場には口径1,350mmのポンプが4台設置され，排水能力15m³/sをもって61年5月に通水した。

(7) 狭間川
① 付替え前の流れ
　土地条件図をみると，現在の堺市長曽根町と新金岡町の中間に両側を下位段丘に挟まれた低地がある。途中に溜池として作られた今池があり，低地帯は北西へと延び，かつての浅香山谷口を経て浅香の浦へと続いている。ここは狭間谷とも称され，狭間川の流れる地帯であった。
　浅香浦は，現在の堺市浅香山町と大阪市住吉区浅香あたりに比定されており，『摂津名所図会大成』には「淺香浦；淺香山の西の海をいふ」とある。すでに『万葉集』巻二にも「夕さらば　潮満ち来なむ　住吉の　淺香の浦に　玉藻刈りてな」（弓削皇子）と詠まれている。新大和川の流路は依網池から浅香山谷口を通って浅香の浦へとたどった。

② 付替え後の流れ
　大和川付替えと同時に落堀川が掘られて浅香山谷口で新大和川へ合流された。狭間川は，この付近の半円状に曲がった南端に流入した。
　現在の狭間川は，始点を堺市長曽根町（左岸）・新金岡町（右岸）とし，終点を西除川とする延長2,340mの一級河川である。下流部の川幅は7～9m，河床勾配は1/300となっている。

参考文献
秋里籬島『河内名所図会』1801年。
井上正雄『大阪府全志』大阪府全志発行所，1922年。
『松原市史　第1巻　本文編』1985年。
大阪市『大阪の川――都市河川の変遷――』大阪市土木技術協会，1995年。
大阪府・大阪市『平野川改修事業のあゆみ』大阪都市協会，1986年。
大和川工事事務所（現大和川河川事務所）『わたしたちの大和川資料集』。
大阪府立狭山池博物館『近世を拓いた土木技術』2004年。
中　九兵衛『甚兵衛と大和川』2004年。
『日本歴史地名大系第28巻　大阪府の地名Ⅰ・Ⅱ』平凡社，1986年。
『角川日本地名大辞典27　大阪府』角川書店，1983年。

6.4 用水形態の変化

6.4.1 旧大和川流域の変化

　大和川付替えの地域社会への影響は多岐にわたるが，ここでは農業水利を中心とした用水形態の変化について述べたい。2章6節において述べたように，付替え以前の河内平野，ことに付替えの影響が大きかったその中南部について用水形態という側面から眺めた時，大きく次の四地域に分類することが可能となる（2.6.1参照）。まず旧大和川流域，第二に生駒山系沿いの地域，第三に石川流域，そして第四に狭山池流域である。以下，それぞれの地域において，大和川付替えが用水形態に与えた影響について具体的に説明を進めていきたい。

　旧大和川流域の付替え以前の用水形態は必ずしも明らかではないが，「八尾八ケ村用水悪水井路図」[1]（図2.6.2）などの史料から，玉櫛川や久宝寺川に樋を設け引水していた様子がうかがわれる。付替えによって玉櫛川・久宝寺川・菱江川・吉田川などの旧大和川には水が通わなくなり，旧河川敷の大半は新田となった。ただ旧河川敷には水路が設けられ，それがかつての大和川の代替機能を果たすこととなった。この用水は築留用水と呼ばれている。

　この地域は付替え推進派の拠点であったが，大和川付替え後の用水形態をいかにするのかという問題は運動の早い時期から考慮されていたようである。延宝5～6年（1677～78）に作成された付替え推進派の絵図にはすでに後世の築留の場所に樋が描かれているほか，高井田村に古白坂樋も描かれている[2]（図6.4.1）。付替え後に実現される用水形態の青写真が推進派の中で既に用意されていたことがわかる。

　付替え工事に伴って築留には樋が設けられた。樋は築堤の前に伏せられるので，少なくとも最終的な工事計画が確定する時には樋の設置は決定されていたと考えられる。

　築留用水の概要を享保19年（1734）に作成された「用水組合村々定証文」[3]によって説明していきたい。築留には三つの樋が設けられている。主要な樋は二番樋と三番樋で，二番樋からは幅8間の水路が，また三番樋からは幅6間の水路が引かれており，両水路は二番樋から210間進んだ場所で合流していた。

　築留一番樋は，二番樋よりも1.5km上流の今日のJR高井田駅付近に設けられた古白坂樋から引かれた水路の水を築留用水に落とすための樋である。この水路の水は後に述べるように恩智川方面にも利用された。二番樋水路と三番樋水路の合流点から水路は10間幅となって，長さ822間で二俣の分水地点に至っている。築留用水は旧大和川の敷地内を走っていたので，旧来と同じく二俣で東西に分岐していたが，東筋は二俣から幅5間で北流し山本，菱江，荒本に至っていた。山本より下流については3間幅となっていた。また西筋は安中まで幅6間で東筋より少し太く，以下三津までは幅5間，そこから森河内までの間は幅4間であった。「用水組合村々定証文」によると樋は幕府によって伏せられたが，水路は「六拾七ケ村百姓自分普請」

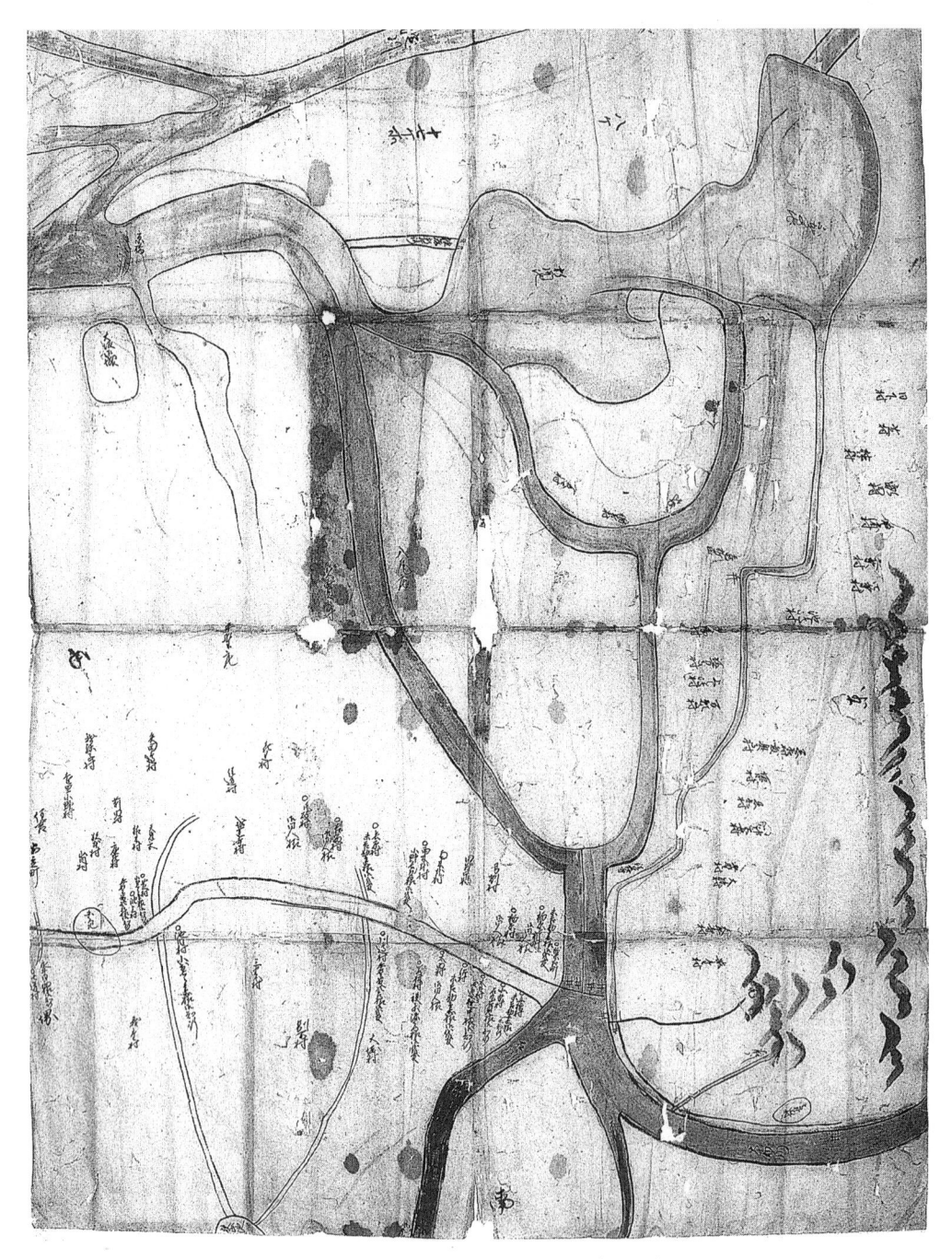

図 6.4.1　大和川付替え予定地絵図（個人蔵）

で作られた。付替え直後には築留用水の加入村は67か村、水掛かり高は43,673石であったが、のち恩智川筋が加わったので享保19年当時の水掛かり高は49,582石となっていた。

築留用水の概要は以上のとおりであるが、この幹線から各村への配水はいかになされていたのだろうか。幹線水路には分水のために合樋と呼ばれる樋が設置されており、そこから引かれた水路を各村が利用していた。樋口の大きさはその村の水掛高に比例して定められていた。

この水路の状況がよく示されている「河内国大和川石川築留用水掛七拾八ケ村・平野川用水掛弐拾壱ヶ村絵図」[4]によって合樋と村落の関係を示したものが表6.4.1である。形部のように一つの村落に引き込む合樋を多く持つ村落もあれば、矢矧樋（8か村）や蛇草樋（5か村）のように一つの合樋から複数村落に配水しているものもある。築留用水の整備にあわせてあら

表6.4.1 築留用水の樋と関係村

十間水路			
右岸の樋	（村）	左岸の樋	（村）
法善寺樋	法善寺	弓削樋	西弓削村

東筋				西筋			
右岸の樋	（村）	左岸の樋	（村）	右岸の樋	（村）	左岸の樋	（村）
神宮寺樋	神宮寺	東弓削樋	東弓削	八尾木上樋	八尾木	田井中樋	田井中
恩知上樋	恩知	都塚樋	都塚	八尾木中樋	八尾木		西老原
	垣内	形部1号樋	形部	八尾木下樋	八尾木	老原樋	西老原
	黒谷	形部2号樋	形部	矢矧樋	八尾座		東老原
	教興寺	形部3号樋	形部		別宮	植松樋	植松
	万願寺	形部4号樋	形部		今井	（名称不明）	太子堂
寺井樋	上ノ島	形部5号樋	形部		成願寺		亀井
	福万寺	中田樋	中田		庄之内	渋川樋	渋河樋
	池ノ島	小坂合上樋	小坂合		東郷	久宝寺上樋	久宝寺
	市場	小坂合下樋			木戸	久宝寺下樋	久宝寺
稲葉樋	稲葉	中野上樋	中野		寺内		大蓮
		中野下樋		西郷樋	西郷	大蓮上樋	大蓮
		萱振上樋	南萱振	佐堂樋	佐堂	大蓮下樋	大蓮
		萱振下樋	萱振		穴太	衣摺樋	衣摺
		西郡樋	西郡	友井樋	友井	柏田樋	柏田
		若江上樋	上若江	近江堂樋	近江堂		南蛇草村
			中若江		小若江		伊ヶ賀村
		若江中樋	中若江	（名称不明）	上小坂		矢柄
			下若江		宝持	蛇草樋	北蛇草
		岩田六助樋	岩田		中小坂		岸田堂
		岩田樋	岩田	（名称不明）	下小坂		腹見
		（名称不明）	岩田	西堤樋	西堤		大友
		（名称不明）	荒本		川俣		太平寺
						（名称不明）	三之瀬
							足代
							荒川
							長堂
						高井田下樋	高井田
						高井田	高井田

たに作られた水路も多少はあるかと思われるが，合樋から各村落への水路は旧大和川を利用していた時期のものをそのまま利用するものが多かったと思われ，これらの合樋の位置も旧大和川に設けられていた樋の場所を踏襲したものが多いと考えられる。

6.4.2 生駒山系沿い地域の変化

付替え以前には恩智川以東の農業水利は生駒山系の谷筋から流れ込む小規模な谷川，それを補助する目的で作られた小さな溜池群，そして恩智川の3者の複合によって成り立っていた。恩智川は生駒山系から流れ下る水を集める河川であるが，付替え以前には旧大和川から引水を行っていたようである。後世のものであるが正徳2年（1712）の「恩智川用水組築留樋組水論」[5]という史料には「元来私共用水ハ古大和川ゟ取来候処」と記されている。

このような水利形態は基本的には付替え後も引き継がれたが，旧大和川から引水していた恩智川については新たな引水手段を確保する必要があった。先の史料には，14か村は「先規之通」に恩智川から水を引くことになったが，そのため安堂村領に樋を伏せたことが記されている。先に旧大和川流域の個所で説明したとおり，築留よりも1.5km上流の高井田村には宝永2年（1705）に古白坂樋が作られ，そこから引かれた水路は途中八尺樋で大和川から取水した水をあわせて築留一番樋によって築留用水に入ることとなっていた。ただこの古白坂樋からの水は全てが築留用水にはいるのではなく，八尺樋の下流で分水する構造となっていた。この水路の水を安堂村に樋を設けて恩智川に入れるようにしていたのである。

ところがこのように複雑な水利用の形態であったため，宝永7年（1710）には早くも水論が生じている。これは14か村のうち下流の9か村（恩智・垣内・教興寺・黒谷・万願寺・上ノ島・福万寺・市場・池島）が上流の5か村（太平寺・大県・平野・法善寺・神宮寺）を相手取って起こしたもので，上流の村が水を多く取るので下流に水が流れないというのが訴えの内容であった。上流の村はこれに納得しなかったので，下流9か村は法善寺を加えて10か村となり，次には築留用水樋組に水の分与を求める訴訟を起こした。最終的には下流の10か村は正徳2年（1712）に築留用水に加入することとなり，上流5か村は山本樋組と呼ばれる先の水路を用いることとなった。

6.4.3 石川流域の変化

石川から取水する用水のうち付替えの影響を大きく受けたのは，石川・大和川合流地点にほど近い国府から取水する八反樋と，少し上流の碓井で取水する大水川である。また石川とは直接関わりがないが，羽曳野丘陵東側を流れていた大乗川も付替えによって大きな改変を余儀なくされた。ここではこの3水系について付替えの影響を述べたい。

八反樋は取水後，国府村のなかをほぼ北流し，北条村・大井村などを通り，太田村にいたる水路で，途中大井村で分水した流れは了意川に合流していた。いうまでもなく大井村と沼村の間には新大和川が通ることとなった。

第 6 章　大和川付替えによる河内平野の環境変化

表 6.4.2　「大和川筋図巻」に描かれた樋一覧表

	村名	樋の名前・字名	国役・自普請	支　配	備　考
1	高井田村	古白坂樋		築留	
2	高井田村	新白坂樋	国役	築留	
3	安堂村	字森ケ坪堤	国役	安堂村・太平寺村	
4	安堂村	八尺樋	国役	築留	
5	安堂村	字森ケ坪堤	国役	五ケ村立会	
6	築　留	一番樋	国役	七十五ケ村（築留）	
7	築　留	二番樋	国役	七十五ケ村（築留）	
8	築　留	三番樋	国役	七十五ケ村（築留）	
9	柏原村	青地樋			
10	北条村	字井手口北	国役	二十一ケ村立会	
11	沼　村	字東浦	国役	四ケ村立会	
12	太田村	字待井北堤樋		八ケ村立会	
13	太田村	字榎木本北堤樋	国役	八ケ村立会	
14	若林村	字榎木	国役		
15	若林村	字王子丸	国役	若林村・川辺村・長原村立	
16	川辺村	字いや山	国役	川辺村・長原村立会	
17	川辺村	字笠守	国役	川辺村用水当時不要	
18	川辺村	字笠守	国役	六ケ村立会	自普請樋宝暦三酉年出来
19	長原村	字大和川北堤端	国役		
20	東瓜破村	字三かい松	国役		
21	西瓜破村	字井戸かまて	国役		但鳥居なし
22	西瓜破村	樋		（西瓜破村の池に入る樋）	
23	住道村	樋		住道村・湯屋島村立会	
24	住道村	字平松	国役	城連村・住道村	
25	住道村	字家内田	国役		明和六年に破損，八十間川上の字平松に移す
26	住道村	字家内之下	自普請	住道村・湯屋島村立会	但自普請・但木丸樋埋有之
27	住道村	字播磨	国役	矢田部村	
28	枯木村	字塚本	国役	西枯木・矢田部・鷹合村立	
29	枯木村	字南口			（樋の図示なし）
30	庭井村	字我田			
31	庭井村	字後藤土樋	自普請		自普請
32	庭井村	字東樋	国役	庭井・苅田・前堀村立会	当時埋有之
33	庭井村	字西樋	国役	杉本・我孫子村立会	当時埋有之
34	庭井村	字池開新田悪水樋	国役		
35	遠里小野村	字茶屋前用水	国役		
36	島　村	（拾三間川筋戸関）			
37	北島新田	字戸関前用水樋	国役		
38	北島新田	字桃井	国役	加賀屋新田・北島新田立会	

堺市博物館所蔵の「大和川筋図巻」[6]は明和7年（1770）以降に描かれた絵図で，付替えからは随分後世のものであるが，新大和川に設けられた左右岸の樋が詳細に描かれている。「大和川筋図巻」に記載のある樋を整理したものが表6.4.2である。このうち，八反樋用水に関わる樋は10の北条村字井手口北に設けられた国役樋と思われる。この樋の場合，他の多くの樋とは異なり新大和川の中に二本線で水路のようなものが書かれ，対岸の井手口南樋と連続しているように描かれている。この二本線は新大和川の中に掘られた堀割で，新大和川の水位が低い時には，井出口南樋から出た八反樋および付替え時に掘られた落堀川の水を右岸の井出口北樋に導くことが可能であった。このように八反樋用水は付替えによって南北に断ち切られたが，従来の水利慣行を保ち得た稀な用水であった。

付替え以前，大水川は誉田八幡の西側で大乗川と一旦合流し，少し下流の堰でわかれて誉田・小山・道明寺・古室・沢田・林・藤井寺・岡村の8か村を灌漑していた。これらの村のうち付替えの影響を受けたのは村域を新大和川が通った小山村だけであり，それにともなって水路が一部変化したが比較的その影響は少なかったといえるだろう。また大乗川は大水川と分岐後北西方向に流れ，小山・太田村などを経て六反村の北側で了意川に合流していた。しかしながら付替え工事にともなって，大乗川には大きな改変が加えられた。すなわち，大水川と合流するよりもさらに南の古市村付近で大乗川を石川に落とす工事が行われたのである。それにより，北のかつての大乗川は小規模な水路のようになってしまった。この流路変更によって誉田・古市などの村では，用水の比重を大きく大乗川から大水川に移動させることが必要となった。

なお，先にみた「大和川筋図巻」ではかつて大乗川が通っていた場所には榎木樋が設けられていたことがわかる。この樋も新大和川の両岸に樋があり，南北の樋は「堀割砂関」によって結ばれていた。この樋は太田・木之本・六反・出戸・平野郷町など8か村が利用していた。「大和川筋図巻」に書かれた多くの樋のうち，このように左岸の樋から出た水を新川の中を横切って左岸に導ける構造であったのは，先にあげた井出口南北の樋とこの榎木樋だけであり，この二つの用水は従前からの強い権利を付替え以後にもある程度認められていたことがわかる。

6.4.4 狭山池流域の変化

狭山池用水の最古の状況を示すのは慶長17年（1612）の「水割符帳」であるが，これによると当時の水掛り高は80か村，約55,000石であった。その後の加入村の推移をみたものが表6.4.3であるが，やはり宝永元年（1704）の大和川付替えがその大きな画期となっていることがわかる。

この地域の用水形態に対する付替えの影響は大きく二つあるだろう。まず指摘できるのは，いうまでもなく新大和川以北の地域に狭山池の水が配水できなくなったことである。第二は新大和川のすぐ南側の村落では南から流れてくる水の排水が困難になり水害や耕地・集落の低湿化に苦しめられるようになったことである。以下この2点について，順にみていきたい。

新大和川以北の村落については，付替え後，狭山池をはじめとする南からの用水経路は遮断

表6.4.3 狭山池用水の加入村の推移

	狭山池西樋筋加入村の変遷 慶長17 1612	承応2 1653	延宝4 1676	元禄9 1696	寛延元 1748	明和4 1767	明和5 1768	天明元 1781	享和元 1801	文化3 1806	文化10 1813	文政元 1818	嘉永7 1854	安政3 1856	安政6 1859		狭山池中樋筋加入村の変遷 慶長17 1612	承応2 1653	延宝4 1676	元禄9 1696	寛延元 1748	明和4 1767	天明元 1781	寛政2 1790	文化3 1806	文化10 1813	文政元 1818	嘉永7 1854	安政3 1856	安政6 1859
丈六村	●	●	●	●	●	●	●	●	●	●	●	●	●	●	●	大井村	●	●	●	●	●	●	●	●	●	●	●	●	●	●
高松村	●	●	●	●	●	●	●	●	●	●	●	●	●	●	●	阿弥村	●	●	●	●	●	●	●	●	●	●	●	●	●	●
原寺村	●	●	●	●	●	●	●	●	●	●	●	●	●	●	●	菅生村	●	●	●	●	●	●	●	●	●	●	●	●	●	●
北村	●	●	●	●	●	●	●	●	●	●	●	●	●	●	●	平尾村	●	●	●	●	●	●	●	●	●	●	●	●	●	●
西村	●	●	●	●	●	●	●	●	●	●	●	●	●	●	●	小平尾村	●	●	●	●	●	●	●	●	●	●	●	●	●	●
南余部村	●	●	●	●	●	●	●	●	●	●	●	●	●	●	●	黒山村	●	●	●	●	●	●	●	●	●	●	●	●	●	●
北余部村	●	●	●	●	●	●	●	●	●	●	●	●	●	●	●	多治井村	●	●	●	●	●	●	○	●	●	●	●	●	●	●
大饗村	●	●	●	●	○	●	●	○	●	●	○	●	●	●	●	大保村	●	●	●	●	●	●	●	○	●	●	●	●	●	●
小寺村	●	●	●	●	●	●	●	●	●	●	●	●	●	●	●	真福寺	●	●	●	●	●	●	●	●	●	●	●	●	●	●
松原村	●	●	●	●	○	●	●	●	●	●	●	●	●	●	●	丹南村	●	●	●	●	●	●	●	●	●	●	●	●	●	●
瓜破村◎	●	○	○	○	○	○	○	○	○	○	○	○	○	○	○	丹上村	●	●	●	●	●	●	●	●	●	●	●	●	●	●
野遠村	●	●	●	●	●	●	●	●	●	●	●	●	●	●	●	河原城村		●	●	●	●	●	●	●	●	●	●	●	●	●
野尻村	●	●	●	●	●	●	●	●	●	●	●	●	●	●	●	宮村		●	●	●	●	●	●	●	●	●	●	●	●	●
金田村	●	●	●	●	●	●	●	●	●	●	●	●	●	●	●	郡戸村		●	●	●	●	●	●	●	●	●	●	●	●	●
大豆塚村	●	○	○	○	○	○	○	○	○	○	○	○	○	○	○	野村		●	●	●	●	●	●	●	●	●	●	●	●	●
南花田村	●	●	●	●	●	●	●	●	●	●	●	●	●	●	●	松原村		●	●	●	●	●	●	●	●	●	●	●	●	●
長曽根村	●	●	●	●	●	●	●	●	●	●	●	●	●	●	●	立部村		●	●	●	●	●	●	●	●	●	●	●	●	●
北花田村	●	●	●	●	●	●	●	●	●	●	●	●	●	●	●	阿保村		●	●	●	●	●	●	●	●	●	●	●	●	●
今井村	●	●	●	●	●	●	●	●	●	●	●	●	●	●	●	西大塚村		●	●	●	●	●	●	●	●	●	●	●	●	●
中村	●	●	●	●	●	●	●	●	●	●	●	●	●	●	●	東大塚村		●	●	●	●	●	●	●	●	●	●	●	●	●
河合村	●	●	●	●	●	●	●	●	●	●	●	●	●	●	●	一津屋村		●	●	●	●	●	●	●	●	●	●	●	●	●
田井城村	●	●	●	●	●	●	●	●	●	●	●	●	●	●	●	西川村		●	●	●	●	●	●	●	●	●	●	●	●	●
高見村	●	●	●	●	●	●	●	●	●	●	●	●	●	●	●	夙村		●	●	●	●	●	●	●	●	●	●	●	●	●
東代村	●	●	●	●	●	●	●	●	●	●	●	●	●	●	●	小川村		●	○	●	●	●	●	●	●	●	●	●	●	●
更池村	●	●	●	●	●	●	●	●	●	●	●	●	●	●	●	北島泉村		●	●	●	●	●	●	●	●	●	●	●	●	●
清水村	●	●	●	●	●	●	●	●	●	●	●	●	●	●	●	南島泉村		●	●	●	●	●	●	●	●	●	●	●	●	●
向井村	●	●	●	●	●	●	●	●	●	●	●	●	●	●	●	若林村		●	●	●	●	●	●	●	●	●	●	●	●	●
高木村	●	●	●	●	●	●	●	●	●	●	●	●	●	●	●	河辺村◎		●	●	●	●	●	●	●	●	●	●	●	●	●
丹北堀村	●	●	●	●	●	●	●	●	●	●	●	●	●	●	●	大堀村		●	●	●	●	●	●	●	●	●	●	●	●	●
我堂村	●	●	●	●	●	●	●	●	●	●	●	●	●	●	●	木本村◎		●	●	●	●	●	●	●	●	●	●	●	●	●
欠郡堀村◎	●	○	○	○	○	○	○	○	○	○	○	○	○	○	○	三宅村		●	●	●	●	●	●	●	●	●	●	●	●	●
前堀村◎	●	●	●	●	●	●	●	●	●	●	●	●	●	●	●	別所村						●	●	●	●	●	●	●	●	●
杉本村◎	●	●	●	●	●	●	●	●	●	●	●	●	●	●	●	瓜破村														●
我孫子村◎	●	●	●	●	●	●	●	●	●	●	●	●	●	●	●	喜連村														●
庭井村◎	●	●	●	●	●	●	●	●	●	●	●	●	●	●	●	平野村		●	●	●	●	●	●	●	●	●	●	●	●	●
苅田村◎	●	●	●	●	●	●	●	●	●	●	●	●	●	●	●															
池内村	●	●	●	●	●	●	●	●	●	●	●	●	●	●	●															
砂村	●	●	●	●	●	●	●	●	●	●	●	●	●	●	●															
城連寺村	●	●	●	●	●	●	●	●	●	●	●	●	●	●	●															
枯木村◎	●	●	●	●	●	●	●	●	●	●	●	●	●	●	●															
矢田部村◎	●	●	●	●	●	●	●	●	●	●	●	●	●	●	●															
住道村◎	●	●	●	●	●	●	●	●	●	●	●	●	●	●	●															
鷹井村◎	●	●	●	●	●	●	●	●	●	●	●	●	●	●	●															
湯屋嶋村◎	●	●	●	●	●	●	●	●	●	●	●	●	●	●	●															
平野村◎	●	○	○	○	○	○	○	○	○	○	○	○	○	○	○															
河辺村◎	○	●	●	●	●	●	●	●	●	●	●	●	●	●	●															
三宅村	○	●	●	○	●	○	○	○	○	○	○	○	○	○	○															

注) ◎は主集落が新大和川以北の村

されるために，その代替となる用水源が必要とされた。大半の地域では新大和川の北堤に樋を伏せることで対応したと思われる。先にみた「大和川筋図巻」をもとに作成した表6.4.2によると，15の若林村字王子丸の樋から33の庭井村字西樋の樋までが旧来の狭山池灌漑範囲に関連する樋である。これらの樋から従前は狭山池用水を引くためのものであった水路に水が取り入れられたものと考えられる。

しかしながら現実的には，この新大和川の樋が計画通りに機能しなかったケースもみられた。たとえば現在は大阪市住吉区に含まれる我孫子村・庭井村・苅田村・杉本村などは狭山池用水に含まれる依網池という大きな溜池の水を利用していたが，付替えによって狭山池用水はこなくなり，しかも依網池の中心を新大和川が通ることとなったために，池の面積が従来の約3分の1になってしまった[7]。しかし池の北側については残存するため，新大和川に樋を設けてそこから依網池に引水することとなった。ところが新大和川が完成し実際に水を取り入れようとしたところ，このあたりは地形や北側が少し高くなっており，新大和川の水位が低いために水が十分取り入れられない。そのため地元の農民たちは，依網池の池底を掘り下げさせていただきたいという請願を出している。

また別の史料では，農業の時期になると上流の村落がみな水をとってしまうので，依網池のあたりでは水が少しも流れてこないということも記されている。このため依網池の灌漑機能は大幅に減少し，享保年間には，残された池の一部分が新田開発され，またそれまで共有であった池の敷地も村落ごとに分割されるなど，二次的な変化を余儀なくされることとなった。このように新大和川に樋を設けることが許されたものの，実際にはそれほど機能せず，北側の村落については付替えの影響は甚大なものとなった。

新大和川以南の灌漑施設についても，付替えの影響をうけた例があるので少し触れておきたい。この地域では地形は南から北に傾斜するために，溜池などは自分の村落よりも南側に設けることが普通である。したがって新大和川以南に所在しても，その水利権を持つ村が以北にあれば，その溜池は不要となる。野中池は三宅村（現松原市）にあった溜池であるが，西瓜破村が利用する溜池であった。付替えによってその灌漑範囲の多くが新大和川の敷地となったために，享保年間に一部を除いて開発され新田となった。また同じく今日では松原市に含まれる城連寺村にもいくつかの溜池があったが，そのうち中ノ池は灌漑範囲が川敷となったため付替え後に半分が新田開発され，また平松池は西瓜破村の溜池であったために宝永元年（1704）に廃池となっている[8]。

2点目にあげた排水の問題は，大和川の計画段階から当然予想されており，新大和川南堤防のすぐ南に落堀川という排水路が設けられた。しかしながら，大雨の時などにはその排水能力は十分ではなく，新大和川の南側に所在する村落はその排水の処理に苦しめられることとなった。城連寺村は現在の松原市に属する村落であるが，延宝検地では470石あった村高のうち，311石が新大和川の敷地となってしまった[9]。そのうえ付替え後には雨が降ると田畑や屋敷地が一面水没してしまうので，大雨のときには老人や女性・子供などは他所の村に避難させなければならないような状態となった。そのため宝永6年（1709）には新たに西除川の跡地に開発された富田新田に集落を移転する願いが出されている。城連寺村は地形的にももっとも被害

が大きかった地域のひとつと思われるが，同様の影響は他地域でもみられたものと思われる。

注
1) 個人蔵，八尾市立歴史民俗資料館『大和川つけかえと八尾』所収，2004年。
2) 個人蔵，「大和川付替え予定地絵図」八尾市立歴史民俗資料館『大和川つけかえと八尾』所収，2004年。
3) 『八尾市史』史料編，1960年。
4) 個人蔵，八尾市立歴史民俗資料館『大和川つけかえと八尾』所収，2004年。
5) 『八尾市史』史料編，1960年。
6) 堺市博物館蔵，堺市博物館『大和川筋図巻をよむ』所収，2004年。
7) 大和川付替えと依網池の関係については以下の拙稿を参照されたい。
　　市川秀之「大和川付け替えと依網池の変容」大阪府立狭山池博物館研究報告，2，2005年。
8) 『松原市史』第1巻，1985年。
9) 長谷川家文書「村方盛衰帳」寛保3年，『松原市史』第3巻所収，1978年。

6.5　交通形態の変化

6.5.1　大和川付替えによる街道の変化

　現在人の感覚からすると，河川は水資源供給の場であり，農業用水や工業用水，飲料水などの面での利用に主に着目されることとなるが，近世にはそれに加え交通手段として河川は大きな役割を果たしていた。河川交通は時に農業用水など他の利用との間で矛盾をきたした。また陸上交通の面からみると河川はそれをさえぎる存在であり，陸上交通と河川交通も局地的に利害が一致しないこともあった。大和川の付替えに関しては治水面に注目が集まることが多いが，それが河川交通や陸上交通にも大きな影響を与えたことはいうまでもない。以下，大和川付替えに伴って交通形態がいかに変化したのかを述べていくこととしたい。

　まずは旧大和川流域における陸上交通の変化についてみていきたい。近世前期，17世紀中ごろに作成されたと思われる「摂津河内国絵図」（石川家所蔵）は，当時の街道や河川，堤防などの様子を詳細に記した絵図であるが，この絵図には大坂の町から生駒山脈をこえて大和に抜ける街道が2本記されている（図6.5.1）。これは北側がくらがり越，南側が十三越を示している。ともに奈良街道と呼ばれることがあるので，以下，くらがり道，十三道と表記することとしたい。また十三道と平野で分岐して久宝寺川に沿って南東に進み亀の瀬の地峡を抜けて大和に至る道も記されている。これも奈良街道の一つであるがここでは亀の瀬道と呼んでおこう。この道は大和に入ってから幾本かに分岐するがそれは築留以東でのことであるのでここでは触れない。この3本の街道は大坂と奈良を結ぶ主要道であり，河内平野を南東から北西に流下するいく筋かの旧大和川水系の河川とは何か所かで交差していた。

　玉造から出発するくらがり道は，まず平野川に出会うが，この場所に橋がかけられていたことが「摂津河内国絵図」にも描かれている。くらがり道は高井田で久宝寺川，御厨で楠根川，

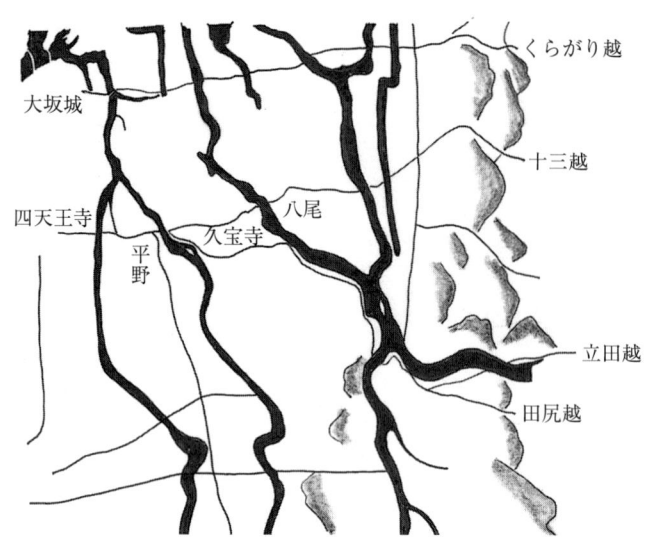

図 6.5.1 「摂津河内国絵図」に描かれた主要街道

　菱江で菱江川，松原宿の手前で吉田川，水走で恩智川を横切る。「摂津河内国絵図」にはこのうち楠根川にのみ橋が描かれている。つまりくらがり道の場合，平野川・楠根川のような中小河川には架橋されていたが，旧大和川の本流については橋がなかったことになる。これはもちろん川幅が大きく架橋が困難であったためであろう。また正保元年（1644）に作成された「正保国絵図」には，高井田（久宝寺川）の部分に「歩渡川巾一町」，同じく御厨村（楠根川）に「橋長7間」，菱江村（菱江川）に「歩渡川巾四拾間」，松原村（歩渡川巾三拾五間），松原村（恩智川）「橋長八間横二間」という記載があり，旧大和川については渡し船もなく徒歩で渡っていたこと，平野川・楠根川のほか恩智川にも橋がかかっていたことなどがわかる。
　次に十三道は桑津で西除川，平野の町の北側で平野川（絵図にはむしろ東除川が強調して描かれている），八尾・久宝寺間で久宝寺川，万願寺で玉櫛川，そのすぐ東で恩智川を横切っていた。このうち「摂津河内国絵図」に橋が描かれているのは西除川と東除川だけであり，旧大和川本流の久宝寺川や玉櫛川は橋の記載はない。再び「正保国絵図」を参照するとこちらには久宝寺村（久宝寺川）に「歩渡川巾九拾七間」，万願寺村（玉櫛川）に「歩渡川巾八拾二間」，同じく恩智川に「歩渡川巾九間」と書かれている。また平野で十三道と分岐した竜田道はすぐに橋で平野川を渡り久宝寺川にそって南東方向に進む。その後築留付近で石川，亀の瀬の手前で大和川を横切っているが，こちらにはもちろん橋は描かれておらず徒歩での渡河であった。「正保国絵図」には船橋村（石川）に「歩渡川巾八拾五間」，青谷村（大和川）に「歩渡川巾六拾間」の記載がある。このようにして見ていくと，近世前期には川に橋を渡すことは非常に困難なことであったことがわかる。
　付替えによって大和川本流は廃川となり，河川敷は大半が新田として開発されたが，旧川道の中心部には農業用水として築留用水の水路が設けられた。この水路は築留付近で幅太い場所でも10間，細い場所では3間程度であり，100間以上もあった旧大和川の幅とは比べるべくもなかった。これらの用水路には付替え後それぞれ橋がかけられたものと思われる。

194

以上は旧大和川の影響下にあった街道の変化であるが，もちろん新大和川の新設も陸上交通に大きな影響を与えている。新大和川によって河内平野を南北に走る街道は遮断されることとなった。新大和川に架橋されたのは紀州街道の大和橋だけであったので，熊野街道，下，中の高野街道などは渡し船を利用するしかなかった。

「大和川筋図巻」には新大和川の様子が詳しく描かれているが，中高野街道の場所には「船渡場」という文字が書かれている。またこの絵図には正式な橋として描かれているのは大和橋だけであるが，そのほかに「野通橋」という記載が3か所みられる。「野通橋」と書かれているのは，若林村・川辺村大堀村立会・枯木村であるが，野通橋とは新大和川によって村領が南北に分かれた村などで耕地に行くための橋を架けたものであろう。もちろんこれは，洪水の際には流されるような簡易の橋であったと思われる。

6.5.2 平野川と柏原船

近世，淀川や大和川には多くの川船が往来し，水の都大坂の繁栄を支えていた。平野川には柏原船が運航していたが，その消長は大和川の歴史と深く関連している。

平野川は平野より上流を了意川と呼ばれていたが，これは久宝寺の安井了意が船運のために開削したことによると伝承され，いくつかの「柏原船由緒書」にもその旨が記されている。ただし了意による船の運航は長続きせず中止されたと言われている。

元和6年（1620）5月に大和川は大水害に襲われ，柏原村は大きな被害を受けた。当時の代官末吉長方は新町を建てて商人を集め，彼らに柏原船を経営させて柏原の復興を計った。長方は舟運に通じた京都の商人角倉与一にこの新航路の調査を依頼したが，結局この時にはこの計画は実現しなかった。

寛永10年（1633）8月ふたたび大和川を洪水が襲い，柏原では40～50軒の家が流され36人が死亡した。また田畑への被害も甚大であった。末吉長方は大坂町奉行久貝稲葉守に，再び柏原の町の再開発と柏原船の運航許可を依頼した。久貝はこの大災害に際して，ついに柏原新町の建設と柏原船の営業を認めるに至った。長方は大井村庄屋の九右衛門および治右衛門，柏原村庄屋の清兵衛の3名に通舟の準備を命じた。3名の庄屋は寛永12年（1635）より水路を掘って船の運航を準備し，翌寛永13年より大坂と柏原を結ぶこととなったのが柏原船である（図6.5.2）。当初は柏原船の惣数は40艘であったが，のちに70艘となった。柏原船は柏原と大坂を結ぶ舟運であったが，大坂にはもともと上荷船・茶船などの荷船があり営業を行っていた。これと新たに登場した柏原船の間で営業範囲などを巡って争論が生じたが，寛永17年（1640）に解決をした。末吉長方のあとをついだ長明が柏原船に下した定書には，5月と8月は大坂の上荷船・茶船が平野川で営業を行うが柏原船はこれを妨げないこと，柏原船は大坂においてはどの浜で荷物を積んでもよいが，上荷船・茶船の荷物を取ってはいけないことなどを定めている。

柏原船の営業は当初より好調であったが，その当初の目的であった柏原の町の再興はなかなか進まなかった。先の3人の庄屋は大坂の商人車屋四郎兵衛・小橋屋四郎右衛門に依頼し，その仲間を柏原に移住させるとともに，これまでの船に30艘を加えて運航させることにした。代

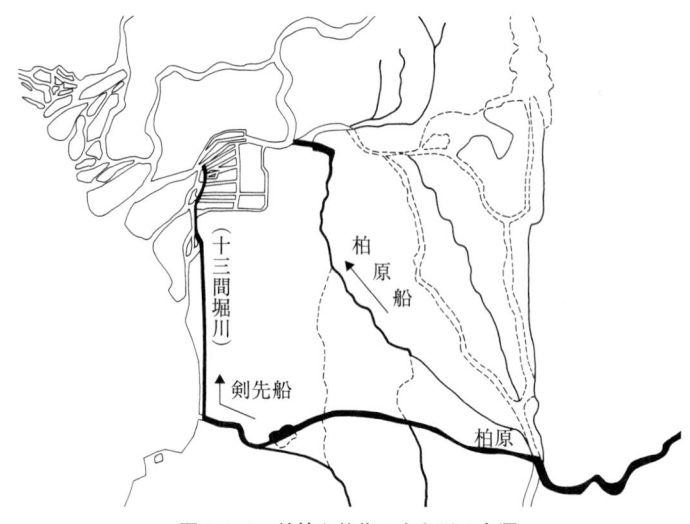

図6.5.2 付替え前後の大和川の舟運

官の末吉長明もこれを認め，この時参入した14人は大坂組と称した。

柏原船が通った了意川はもともと現在の柏原の町の北側で旧大和川から水を取り込んでいた。しかし大和川の付替えによって平野川は新しい青地樋を築留の少し下流に設けて用水源とするようになった。後に述べるように剣先船が新大和川を通るようになったために，柏原船は大坂と柏原を結ぶ最短の航路となり繁栄した。明治40年（1907），関西線の開通にともなって柏原船はその歴史を終えている．

柏原船の大きさは「柏原船覚書」には長さ7間4尺5寸，横幅7尺とある。「船極印方」には長さは同じであるが，梁間（巾）は1間2尺と5尺長く書かれている。また宝暦11年（1761）に発刊された船の百科事典とでも言うべき『和漢船用集』には，二人の船頭が柏原船を操っていたことが記されている。

6.5.3 剣先船

旧大和川には近世以前から多くの川船が往来したことと思われるが，寛永15年（1638）に船改めが行われ，以降これらの川船は剣先船と呼ばれるようになった。この名称はもちろん先端が尖った形状によるものと思われる。近世の大和川では大坂から亀の瀬までは剣先船が運行し，亀の瀬から上流の奈良盆地内については魚梁船と呼ばれる船が荷物を運んでいた。

寛永15年に船改めを受けた剣先船は古剣先船と呼ばれ，元禄3年（1690）に長さ11間3尺，巾1間1尺2寸，深さ1尺4寸とその大きさが定められた。古剣先船の営業範囲は京橋から亀の瀬までで，石川は喜志まで遡っていた。また寝屋川・恩智川などの旧大和川支流ともいうべき河川でも古剣先船は活動していた。ただし京橋より下流については大坂市中で活動していた上荷船・茶船の営業を犯すために認められていなかった。寛永の船改め当時，剣先船は大坂150艘，古市村8艘，石川筋の諸村18艘の合計176艘であった。また現在は柏原市に含まれてい

る国分村は寛永年間に荒地の再復興を行った褒美として正保元年（1644）に大坂城代より35艘の船の築造を命じられ，正保3年には船改めを受け営業を始めた。この35艘も古剣先船の中に含められている。国分村にこのように船の築造・営業が認められたのは，旧大和川を利用した舟運の需要が相当大きかったためであろう。

　剣先船は河内や大和の村落と商業都市大坂を結ぶ重要な機能を担っていた。農村部からは米をはじめとする農作物が運搬されたが，近世中期になると畿内農村では綿の生産が盛んになり剣先船の重要性が増大した。このような需要の増大もあって延宝2年（1674）には大坂の豪商尼崎又右衛門が新たに100艘の営業を認められた。この100艘はそれ以前からあった剣先船と区別するために新剣先船と呼ばれた。古剣先船という名称も当然，この100艘の追加以後称されるようになったものと思われる。

　付替え以前より存在した剣先船はこれまで述べた古剣先船・新剣先船のほかに，在郷剣先船と呼ばれるものがあった。これは若江・河内・讃良・茨田の4郡の村々が村の用事や深野池などの渡船のために使ってきた船で，特に公儀による船改めも受けていなかったため，延宝8年（1680）に停止を命じられた。しかしこれが停止されると洪水時に諸村が困窮することもあって，貞享元年（1684）に再び吟味が行われ，23か村に船株の所持が認められた。これを在郷剣先船とよび，おもに渡船などに利用されていた。

　宝永元年（1704）の大和川付替えによって剣先船は大きな影響をうけた。剣先船の主要な働き場であった旧大和川は廃川となったため，剣先船は新大和川を航行することとなった。新大和川の河口近くには海岸線と併行するように新たに十三間堀川が掘られ，剣先船はこの十三間堀川から新大和川というルートを経て大坂と亀の瀬を結ぶこととなった（図6.5.2）。なお十三間堀川が新大和川に合流する場所は海にほど近く，海の干満の影響で水位の変動も激しかったために，合流点の手前に戸関が設けられ，水位の調整を行っていた。

　新大和川は大雨の時以外は水量が少なく，上流からの土砂の堆積のために水深も浅かった。そのため剣先船の運航には，川底を掘りながら運航するなどさまざまな苦労があった。広い川のすべてを掘削し船の運航に必要な水深を確保することは困難であったため，新大和川の内部に仮設の堤を作って，安定した船の通路を作ることも行われていた。先に紹介した「大和川筋図巻」にはこのような水路が描かれている。この川の中につくられた水路ともいうべき仮設航路はいずれも右岸で，川辺～東瓜破，枯木～庭井の2か所に描かれている。

　旧大和川の跡地の大半は新田開発されたが，灌漑のため旧河道の中心付近に用水路が設置された。かつて旧大和川が通っていた中河内の村々では付替えによって洪水の憂いからは解放されたが，米や肥料などの運搬に難渋することとなったため，宝永2年（1705）10月に10石積みの小船を新たに敷設された用水路に運航させることを願い出て認められた。これは井路川剣先船と呼ばれている。

6.6 堺港の港湾機能の変化

6.6.1 堺と堺港

(1) 堺の地形と海岸線
① 堺の地形

金剛山地から和泉山脈の前面に丘陵と台地群が広がり，これを河泉丘陵とよぶ。その西側の西除川と槇尾川に挟まれた区域が泉北丘陵である。この丘陵の北部に泉北台地があり，上町台地へと続く。両台地の西側に南北に長い砂堆が形成されて沖積低地へと連続する。このように丘陵と台地から砂堆と低地にかけた一帯に現在の堺市が立地している。

市街地の中心部は台地と砂堆にあり，その間にラグーンのような地形もあった。この東側に中世の環濠が作られ，砂堆の中央部に南北方向の大通りが設けられた。海に面した砂堆の先端には西側の環濠が作られ，また，北部の砂堆の凹地にも濠が作られた。中世から近世にかけての堺市街地は，このような地形のところに発達した。

② 新大和川筋の地形

新大和川の流路は，柏原から東除川付近までは沖積地（表土）を通り，そこから洪積台地（固い砂礫層）を横断する。浅香山あたりの開析谷を経て段丘下にある砂堆から沖積層を通過して海岸に出る。新川として開削された流路の標高は，柏原から瓜破の区間は10〜15mであるが，瓜破から下流の約2.5kmにわたっては10m以下となり，台地を横断する区間では最も低い地形にある。ここから上町台地を横切って砂堆に出れば，その先に海岸があり，ここに河口が設けられた。

③ 堺の海岸線

大阪市から堺市にかけての現在の海岸線は，古代の形状とは大きく違っている。それは近世における新田開発と近代から始まった港湾埋立てによって陸地が大きく海域へ延びたためである。中世末における海岸線は砂堆の西端にあり，この砂堆は湾岸流などの作用によって形成されたもので，大阪から堺へと連続する微高地である。近世初期の堺は，こういった丘陵と台地の下に広がる砂堆に海岸線を有し，その一角に堺港があった（図6.6.1）。

新大和川の河口は堺港の北にあり，この付近は古代に「住吉の浅香の浦」と『万葉集』に詠われたように海が内陸へ入りこんでいた。このような地形のところに新大和川の下流部と河口が作られた。なお，現在の河口は新田開発と埋立てによって，新川の開削された当時からみると海の方向へ約4.8kmも延びている。

(2) 自治都市・堺

① 堺の発達

　近世の堺は，摂津国住吉郡，和泉国大鳥郡の二つの国郡にまたがる。摂津と河内の国境は，今の大阪市と東大阪市の境界を北から南へ下り大和川を越えて松原市天美我堂で西に折れ，長尾街道にそって堺の海の方向へ延びた線上にある。この線は堺の市中では大小路となり，これを境界にして北側が摂津国住吉郡，南側が和泉国大鳥郡となった。なお，東西の境界線の途中に河内と和泉の国境があり，南の方向へと延びる。

　大和川付替えによって多くの村域が分断され，そのため新川を挟んで南北に同じ村が存立することになった。その主なものを上流からあげると，河内国丹北郡若林村，同川辺村，摂津国住吉郡庭井村，同遠里小野村，同七道村があった。とくに堺の属する住吉郡では新川の流路が地形の関係で大きく曲流し，南北に分断された村はそのまま近代を迎えた。明治4年（1871）の廃藩置県にともなって河川中心線をもって郡界が変更され，北側が大阪府住吉郡，南側が堺県大鳥郡となった。現在でも大和川を挟んで遠里小野という同じ町名があるのはこのような経過があったからである。

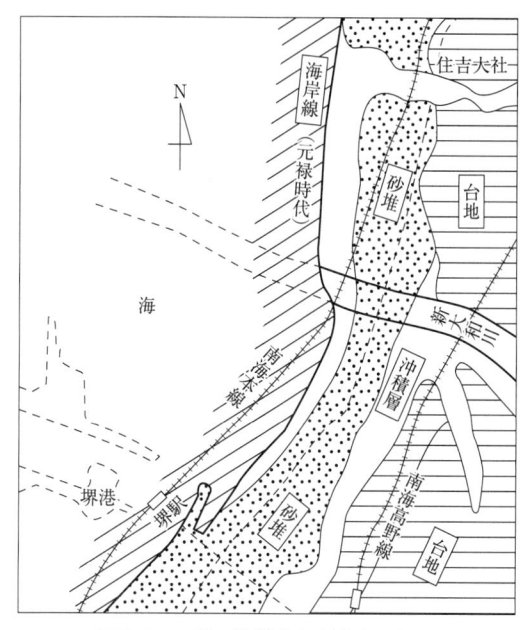

　また，堺は古代から住吉大社との結びつきが強かった。新川が開削されると同時に河口に近い熊野街道（紀州街道）に公儀橋が宝永元年（1704）9月に架けられた。橋は堺奉行の管理となり「大和橋」と命名され，長さ70間（138m），幅3間（6m）を有した。しかし，陸続きであった地域が新川によって分断され，堺の北半分を社領としていた住吉大社と堺との関係が薄くなった。現在では，住吉大祓神輿還幸という神事が残る。これは風輩や神輿を中心に騎馬や長い行列を組んで繰り出し，堺の宿院にある頓宮に行って大祓をする。なお，『摂津名所図会』には大和橋あたりの様子が描かれている。これによると大和川と橋との連絡は水平ではなくて段差がある。当時は橋台を設けて架橋したようだ。

② 堺港の誕生

　堺は古代から大和王権との結びつきが強く，百舌鳥古墳群にもその跡が見られる。「茅渟の海」と称された堺の海は古代から魚の宝庫であり，王族や貴族への食を提供する場ともなった。そのため堺には王家や朝廷が必要とする物資を調達する供御人がいた。

　平安後期になると河内国16郡の一つである丹南郡（その中心は堺市美原区大保）に鋳物師（いもじ）の集団が住みつき，梵鐘や灯篭などを製作して諸国に販売するようになった。製品を遠方へ運搬するために堺津から出る廻船が利用された。つづく鎌倉時代には王家領・摂関家

領・寺社領などの荘園が各地にでき，京都などへ物資を輸送するために堺港が使われた。その後，戦国時代に入ると鉄砲の普及とともに鋳物の要求が増大し，ますます堺港の比重が高まった。このようにして中世の堺は堺浦を中心とした港湾都市となった。

③ 日明貿易と遣明船

応永8年（1401）に室町幕府（将軍・足利義満）は明との通交を始め，以後，約150年間に84隻の貿易船が寧波などに派遣された。第1回目の遣明貿易船は応永8年に出帆し，翌年に帰国した。貿易の形式は，日本国王（将軍）から明の皇帝に表文と貢物を献上する朝貢船であったが，第3回目の応永11年（1404）からは，明から日本の入貢船に与えられた「勘合」（通交証明書）が用いられた。これを所持しているのが「勘合船」であり，日明貿易が勘合貿易といわれるゆえんである。勘合船は，幕府の料所のある兵庫港から出発し，瀬戸内海を西進して博多で準備を整えて五島列島に行き，そこから季節風を待って東シナ海を横断して寧波付近に向かった。帰路はその逆のコースをとった。

遣明船は第19回目まで続き，最後の船が出発したのは天文16年（1547）であった。同19年（1550）に帰国し，これ以降の日明貿易は中止された。

④ 大和川付替え以前の堺港

堺の海岸には砂堆が広がっており，元来，良港となりにくい条件にあった。また，海岸の近くに一ノ洲や二ノ洲といわれた暗礁が多かった。

寛文4年（1664）8月に海中から突然，半島状の島（東西110m，南北330m）が出現した。これは瀬戸内海の海退現象によるとも海底地震によるともいわれる。この時にできたのが戎島であり，ここに戎社が勧進されて元禄期（1688～1703）の堺港ができた（図6.6.2）。この場所は現在では内陸となっており，南海本線堺駅のすぐ北東にあり，その位置から港の変化が知られる。元禄2年（1689）頃には「堺大絵図」に描かれている戎島の新港工事が完成した。しかし，元禄6年頃には戎島近くにある亀甲石堤は埋もれてしまい，難破船が続出し，諸国の廻船がよりつかなくなった。

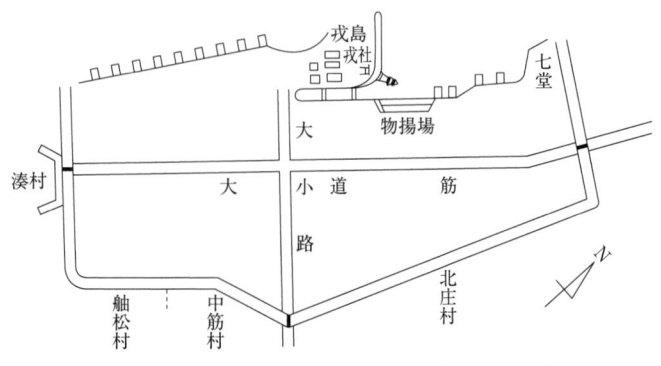

図 6.6.2 大和川付替え直前の堺港（元禄5年頃）
（『堺市史』第1巻より）

(3) 堺の発展と圧迫
① 遣明船と堺港

　遣明船の第12回目の帰国にあたって，瀬戸内海における海賊の横行と応仁の乱（応仁元～文明 9 年〈1467～77〉）によって兵庫港に帰れず，そのため四国の土佐沖を廻って堺港へ入ることになった。これが遣明船の堺港へ現れた最初であった。

　当時の瀬戸内海では海賊の横行によって航路が封鎖されていた。この航路を往来する「商人等は瀬戸内の海賊の頭目，備後國因ノ島の村上氏に一種の海上保険料とも称すべき駄別安堵料を支払ひ，その保護によって海上襲撃の危険を免れることが出来た」（『摘要堺市史』p. 34による）。それとともに応仁の乱によって幕府の料所がある兵庫港は大内氏によって占領され，大内氏に対抗する幕府船や細川船は瀬戸内海に入ることができなくなった。これ以降，堺港から発着した遣明船は次のように 5 回といわれる。

　第13回目は文明 8 年（1476）に堺から三艘出帆し，10年に帰国した。これが堺から出発した遣明船の第 1 号である。第14回目は文明15年，極冬の堺を三艘出帆し，翌夏に寧波府に着き，同17年に帰国した。第15回目は明応 2 年（1493） 3 月に堺から三艘出帆し，同 5 年に帰国した。第16回目は永正 3 年（1506）10月，住吉浦から三艘，出帆し，同10年に帰国した。第17回目は永正17年（1520）に出発したが，帰国したのは不明である。この日明貿易によって堺商人が貿易の実権をにぎり，繁栄をもたらし，堺は日本の代表的な都市として発展した。その後の日明貿易は細川氏と結びついた堺商人から大内氏と結びついた博多商人へと移行していった。

② 南蛮貿易と堺の街区

　天文18年（1549）にザビエルが鹿児島に上陸し，ポルトガルやスペインの南蛮船との間に貿易が行われるようになった。すでに堺は自治都市として重要な市場となり，その上，貿易の拠点でもあった。堺（沙界，Sacay）は京都とともに，わが国を代表する都会であった。

　文禄 2 年（1593）に堺商人・納屋助左右衛門（呂宋助左右衛門）が琉球と呂宋に渡り，翌 3 年に帰国したこともあって堺港は日本の中心的な市場の観があった。当時の街区は，現在の土居川で囲まれた範囲よりも南北東の三方とも内側にあり，政所のおかれた南荘は北荘よりも繁栄していた。また，三方の濠は応仁の乱後に開削されたと思われ，環濠には満々たる水が湛えられ，有事の際には出入り口の木戸が閉ざされて外敵を防ぐ役割をもった。

③ 堺への圧迫と打撃

　自治都市として繁栄した堺は軍事上も大きな役割をもっていた。しかし，織豊二氏によって圧迫され，その上，慶長元年（1596）の大地震によって大きな被害を受けた。すでに対明貿易の廃止によって堺は大きな打撃を受けたが，それにも増して織豊二氏によって自治都市としての自由を奪われたことが響いて衰退の兆しを見せ始めた。

　永禄11年（1568） 9 月に堺は本願寺とともに矢銭（軍用金）を賦課され，いったん拒絶したものの，結局， 2 万貫文を支払うことになった。それでも信長が天正 5 年（1577） 9 月に堺へ来た時は，堺は依然として畿内の玄関口であった。しかし，秀吉は大坂の建設を推進する上で

武装した堺の存在を不必要とし，巨商を大坂に移すと共に堺の三方を囲っていた幅8mの環濠を天正14年に4mに埋めてしまった（『堺の歴史』p.105による）。

その後，文禄5年（慶長元年，1596）にマグニチュード7.5の直下型地震が畿内に発生し，これによって伏見城の天守が大破し，石垣が崩れて圧死者約500名を出した。この時，堺でも死者600名余を数えるほどの被害が発生し，大きな打撃を受けた。

6.6.2 大和川付替えと堺港

(1) 堺と大坂
① 近世初期の堺

上町台地の北端に構えられた大坂城は南方が開けていた。そのため堺港は関東方によって軍港とされ，元和元年（1615）の大坂夏の陣によって堺と住吉は「二萬の家屋は火に嘗められた」といわれる。その後，堺の市街地が復興され，環濠が東側に移されて，ほぼ幅10間に再掘された。その内側に通路・土居・干場が設けられ，農人町がつくられた。東側が広くなったために1,200石の耕地が取り込まれ，また，南北ともに両端の町が拡大された。

市街地は長方形に整然と区画された。寛文8年（1668）には新たに南北3町半，東西20～60間の町割が行われ，のちに北組に所属した。市街地の全長は南ノ橋より北ノ橋に至るまで南北24町余，東西の長さは大小路筋で7町余，狭い所では4町余とされた。堺の復興が一段落した元和9年（1623）に将軍秀忠が堺を訪れて，地子銀の永代免除が行われた。南北の組に分かれた市街地の町数は，延宝末頃（1680年頃）に434町，享保頃（1716～35年）に444町となった。

② 大坂の台頭

豊臣期に発展した大坂の町は徳川期に入っても次々と拡大され，また市中に多くの堀川が開かれた。それとともに淀川の河口である安治川と木津川の二大河口が市内の堀川と結ばれて，水運による物資の輸送が盛んになった（図6.6.3）。また，市内河川と堀川の沿岸には諸藩の蔵屋敷が建てられ，その数は延宝年間（1673～81）で91か所，元禄16年（1703）で95か所，天保年間（1830～44）で125か所にのぼった。二大河口における水運による賑わいは「出船千艘，入船千艘」とも「天下の貨七分は浪華にあり，浪華の貨七分は舟中にあり」（広瀬旭荘の九桂草堂随筆）ともいわれた。

(2) 大和川付替えによる堺港への影響
① 河川からの土砂流出

大和川付替えによって堺港の近くに河口ができ，そのために多量の土砂が流出して堺港に堆積することになった。土砂の流出状況は一般的に，地形，地質，森林などの土地条件と降雨特性などの要因によって左右され，次のような過程を経由する。

・降雨によって地表面の土壌が侵食され，移動を始める。
・流れは渓流から山地河川～平地河川となって土砂が輸送される。

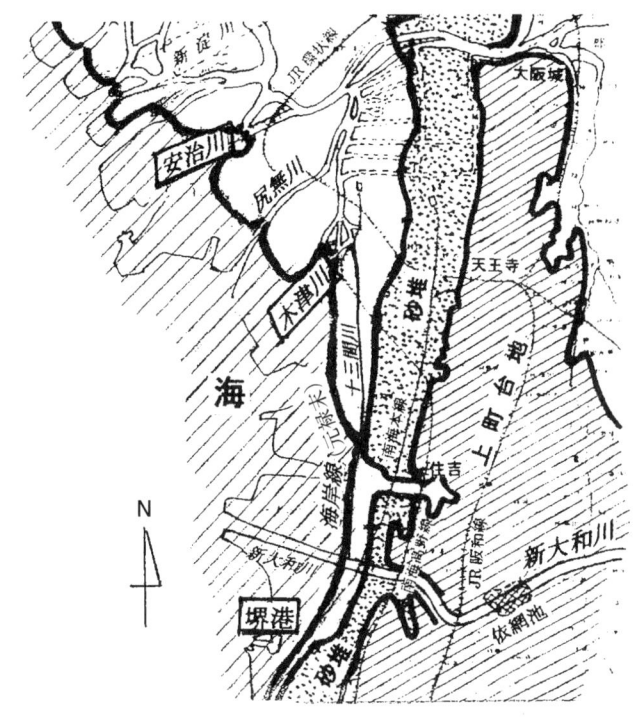

図 6.6.3　堺港と大坂の二大河口

・河川内における土砂の堆積は土粒子と流速に左右される。土粒子によっては，いったん堆積しても洪水によって再浮上して下流へと掃流され，移送され，ふたたび堆積する。

　日本の河川は，河床の侵食速度，土砂輸送力，流送土砂量のいずれも大きく，その上，上流域の山地のハゲ山化によって土砂の流出が一層，促進される。また，土壌の侵食量は 5 分間降雨強度に比例するので侵食現象の大半は年間に数回しか降らない豪雨によって生じ，山腹面における土砂の移動量は，荒廃地の表土であれば年間に 20～40mm の深さになるといわれる。

〔補記〕土砂流出量の推定
　現代の河川工学では次のような方法がある。
a.　洪水時における流出土砂量
　　この算定式として，$D=K'(A \cdot Rd \cdot I_{200})^2$ の式がある（『水理公式集』）。ここに D＝流出土砂量（m³），K'＝は定数，A＝流域面積（km²），Rd＝最大日雨量（mm），I_{200}＝対象地点から標高差 200m の区間の河床勾配をいう。また，流出土砂量と土砂輸送能力との関係を示す図があり，大和川の例として A＝1,000，R_d＝200，I_{200}＝1/500 とすると，AR_dI_{200}＝400 となり D＝10^6～10^7m³ をえる。
b.　河川流域の侵食速度
　　河川が一定の期間に流送した土砂量を，流域面積とその年数で割った値を侵食速度といい，その値は中部山岳地帯や関東山地では大きいが，西南日本では外帯山地で 200～400 m³/km²・年，内帯山地で 200m³/km²・年以下といわれる（高橋 裕『河川工学』）。大和

川は内帯山地に属するから比較的少ない部類にはいる。
  c. 計画流出土砂量
    「河川砂防技術基準（案）」には10km²の掃流区域からの1洪水あたりの土砂流出量として、花崗岩地帯では4.5〜6万m³/km²/洪水の値が挙げられている。流域面積が標準の10倍の場合には土砂流出量は0.5倍となる。
  d. 年間比流出土砂量
    年間の単位面積あたりの土砂流出量を算定する方式として、$q_s = KA^{-0.7}$ の式がある（『水理公式集』）。ここに q_s ＝年平均比流出土砂量（m³/km²・年），K ＝定数，A ＝流域面積（km²）をいう。流域面積が大きいほど比流出土砂量が小さくなる。これは流域が大きくなるほど生産土砂が流域内に貯留される機会が多くなることや土砂生産の少ない平地部が増加するためである。大和川の例として，$A = 1,000$ km² とし，定数 K を流出量の比較的少ない群の値を採用して相関図より判別すると q_s は100m³/km²・年くらいになる。

② 新大和川からの土砂流出と堺港
　大和川の付替えによって新川から堺港へ大量の土砂が流入し、堆積することになり、これが堺の衰退につながったと従来から言われてきた。そのために大和川付替えという世紀の大事業が事実以上に悪く扱われてきたきらいがある。はたして大和川付替えは堺港へどの程度の影響を与えたのであろうか。
　大和川付替えに対する当時の堺における反応を『堺と三都』（堺市博物館，1995年）では次のように推察している。
  ・堺の港は遠浅であり，中世以来，大型船は沖で停泊して小舟に積み替えて荷揚げしていた。それで新大和川ができても支障は少ないと思われた。
  ・堺港は，新大和川の河口から1.5km以上も離れているので港口が土砂で埋没することは予想できなかった。
  ・新大和川を利用して，新たな舟運路が開けることを期待した。

　堺から大阪への海岸線をたどると，洪水時における河川からの土砂流入は新大和川ばかりではなく淀川水系からもあった。大和川付替え以前の淀川は大坂城の北で旧大和川と合流し，そのまま西流して安治川と木津川に分流していた。したがって，当時の大阪における二大河口にある港でも土砂堆積の点では堺港以上に悪い条件下にあった。そのため数多くの土砂浚渫の記録が残されている。
　また，大阪湾の潮汐流などの作用が働いて南北に伸びた台地の西側に連続した砂堆が形成され，堺港は新大和川からの土砂流入を直接に受けたほか，湾岸流や吹送流によって移動する土砂の流入もあった。

③ 湾岸流などによる土砂の堆積
　堺港における土砂の堆積は次のような自然現象によっても促進された。
  a. 大阪湾の恒流——大阪湾は紀淡海峡によって外洋とつながり，明石海峡によって瀬戸内

海と連絡している。そのため湾内には一定の流れがあり、これを恒流（湾岸流）といい、次の要因によって起こっている（『大阪湾の自然』）。

- 瀬戸内海全体における西から東の方向への海水の移動。
- 大阪湾東北部における淀川や大和川などの河川水流入による水の移動。
- 大阪湾上の卓越風によって引き起こされる吹送流による海水の移動。

これらの要因によって大阪湾内には右回りの恒流が生じる。すなわち、明石海峡から東向きに流れて大阪市から堺市の沿岸を南下する時計回りの流れである。大和川河口に堆積した土砂はこの流れによって堺港のある南方へ移動させられた。

b. 潮汐流（潮流）——潮汐流とは潮の干満によって繰り返し起こる現象であり、大阪湾における海水の動きは、潮汐流の方向によって異なる。明石海峡を定点にとり、その地点における潮流が西流と東流の場合の大阪湾内における海水の流れをみると、次のようになっている（『南大阪湾岸整備事業に係る環境影響評価書』）。

- 西流の強い時……紀淡海峡から淡路島の東側を北上する主流があり、一方、大阪府内の沿岸を南から北上する潮流は泉南沖から湾中央部へ反時計回りに流れて主流と合流する。
- 東流の強い時……主流は淡路島の東側から紀淡海峡へ流れ、一方、神戸沖を東進する潮流は湾奥部から時計回りに流れ、泉南沖では沿岸にほぼ並行して流れ主流と合流する。

c. 吹送流——大陸に高気圧が発達し、アリューシャン方面に低気圧が発達するようになると日本は西高東低の冬型気圧配置となり、北ないし西の季節風が吹く。大阪府は東西にのびる瀬戸内海の東端にあるので西の季節風が強く、同じように堺市でも毎年、12月から2月にかけて強風が吹く。2年間の記録（1979年4月〜81年3月）によると堺で6m/s以上の強風の吹いた日数は105回あり、そのうち、12月が14回、1月が26回、2月が14回となっている。この3か月で合計54回もあり、年間の強風の51％が12月から2月にかけて吹くことになる（『大阪の気象百年』）。これによって堺市の海岸には西北西の卓越風が吹きよせ、これが吹送流となって堆積した土砂を海岸線にそって北から南へと移動させる。新大和川の河口においても、このような作用が働いたと考えられる。

(3) 堺港の機能変化

堺は日明貿易で繁栄し、京都とともに日本の代表的な都市となった。それが大和川付替えによって堺港へ土砂が堆積し港湾機能を低下させたため、堺の衰退につながったと言われ、従来から大和川付替えを主因として論じられる傾向が強かった。

一般的には堺に衰勢をもたらしたのは、例えば『堺市史』第三巻に次の四点を中心にして原因があげられている。

- 「相接近して勃興した大大阪の発達につれて、自然の勢いを以てさびれて行った」
- 「大和川の附換が港湾を埋没せんとする悲運に会った」
- 「港として大阪は勿論のこと、尼崎、兵庫にさへも退けをとるようになった」

・「市民の活動心が頗る衰へてゐた」
ここでは，これまで記述した内容にしたがって，堺港の立地条件や社会情勢の推移からみて，以下の要因が重なった結果であると考える。

① 地理的要因
a. 堺港の立地条件——大阪湾の東岸は砂海岸であり，天然の良港にはなりにくかった。堺の海岸線にも砂堆が連続しており，それが湾岸流などの作用によって土砂が右回りに移動しやすい地形にあった。そのため砂堆の先端に建設された堺港への土砂流入と堆積は避けられなかった。
b. 大和川付替えによる土砂流入——大和川は亀の瀬峡谷で洪水をいったん受ける流況にあるが，上流域の山地は花崗岩の風化したマサ土から成っており，土砂流出の起こりやすい地勢であった。そのため新大和川河口から排出された土砂は湾岸流の作用もあって南側に立地した堺港へ流入し堆積することになった。

② 社会的要因
a. 貿易の時代的変化——中世の堺港は貿易港となり，堺は京都とともに日本の大都会となったが，日明貿易の中止による遣明船の廃止や寛永16年（1639）のポルトガル船渡来禁止によって貿易の拠点が長崎へと移り，交易船舶が減少し，堺港の役割が低下した。
b. 大坂の台頭——近世に入ると大坂城とその城下町が建設され，中世に繁栄した堺にかわって大坂が経済の拠点となった。西に瀬戸内海，東に淀川水系を制して水運に恵まれた大坂は国内の経済流通の中心地となった。そのため堺に影響が及んで堺港も打撃を受けるところとなった。

6.6.3　新田開発と堺港の修築

(1) 河口新田の開発
新大和川河口部に多くの新田が開発されて近世末には海岸線が沖の方向へ約2.6kmも延びた。現在では，さらに2.2km延びて，付替え当時からみると4.8kmも大和川が長くなった。

① 堺の新田開発
河口南部の堺地域には次の七つの新田が開発された（図6.6.4）。
・南島新田……最も早くに開発された新田である。享保8年（1723）に開発を願い出て，翌年に許可を受けたが，同13年に大坂の加賀屋甚兵衛と丹北郡油上村の土橋弥五郎に開発権が委譲され，同15年に開発予定の25町歩を新大和川をはさんで二分し，南側を土橋弥五郎，北側を加賀屋甚兵衛の請負とした。宝暦元年（1751）に南島新田として12町余となり，さらに開発されて嘉永2年（1849）には総反別15町4反余となった。なお，天保郷帳（1834年）では高24石余であった。

- 弥三次郎新田……延享3年（1746）に土橋弥五郎が着手し，安永7年（1778）に19町9反余の検地を受け，弥五郎の長子の名前をとって命名された。
- 松屋新田……堺の松屋（竹中）作右衛門が延享2年（1745）に開発に着手し，宝暦2年（1752）から嘉永6年（1853）にかけて34町4反余を完成した。新川からの土砂によって埋まった河口の州に開発された。
- 山本新田……延享元年（1744）に堺の山本茂兵衛が開発に着手し，宝暦2年（1752）までに12町6反余を開発した。以後も開発は進められ，天保郷帳では高46石余となっている。新川からの土砂によって埋まった付州（つけす）に開発された。

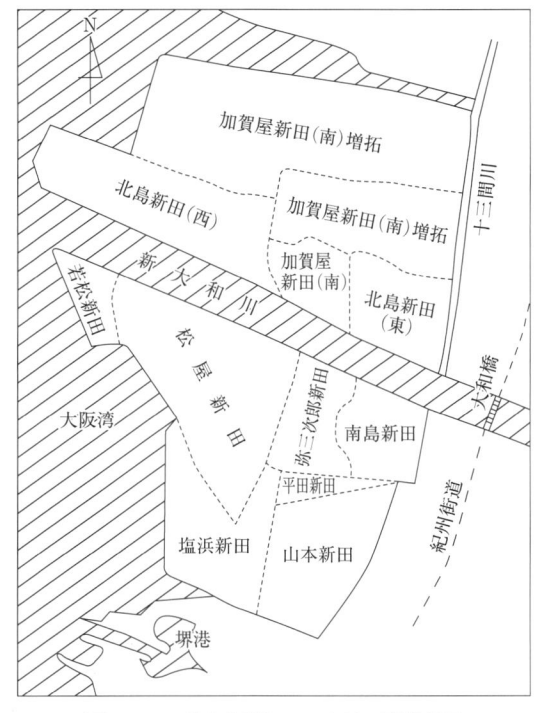

図 6.6.4　新大和川河口における開発新田

- 平田新田……明和2年（1765）に大坂の長浜屋（板倉）原右衛門が1町6反余を開発し，さらに1町開発されて天保郷帳では高4石余となった。
- 塩浜新田……文化2年（1805）に仮堤防が築かれ製塩が始められた。その後，権利の移譲があり，弘化4年（1847）に20町9反余の検地を受けた。
- 若松新田……堺では最後の新田であり，嘉永元年（1848）に北花田の住人が開発に着手し，同6年までに7町6反余の検地を受けた。鶴松新田が未開に終わり，その後を受けたので若松新田と名づけられた。

② 大坂の新田開発

河口北部には次の二大新田が開発された（図6.6.4）。

- 北島新田……享保9年（1724）に開発許可を受けたが，その後，開発権の移譲があり，元文2年（1737）までに7町8反余の検地を受けて北島新田と名づけられた。もともと享保15年に25町歩を二分して北側を加賀屋甚兵衛が，南側を土橋弥五郎が請負ったものの一つである。延享3年（1746）には12町4反余が完工し，村高54石5斗余となった。宝暦9年（1759）に西側の付州が開発許可を受け，高67石9斗余の西新田ができた。北島新田は東西の二か所に分かれたため，東北島新田と西北島新田と通称し，あるいは北島新田（東）と北島新田（西）と書いて，合わせて121石6斗余となった。
- 加賀屋新田……延享2年（1745）に開発許可を受け，大和川北岸に沿って宝暦5年（1755）に6町7反余を開発して検地を受け，加賀屋新田と命名された。その後，同13

年から享和2年（1802）にかけて次々と増拓され，天保末年（1843）には105町3反余，高305石8斗余の大新田となった。なお，天保2年（1831）から北方にも加賀屋新田が開発されたので，加賀屋新田は南と北に分かれた。明治15年（1882）に北加賀屋新田村と南加賀屋新田村となったが，同22年の町村制によって双方とも敷津村となった。

(2) 堺港の修築と発展

① 大和川付替え直後の堺港

宝永7年（1710）に港の常浚えを繰り返したり，埋没した亀甲石堤（防波堤用）を修復し延長したが，これも埋没した。このような状況によって入港船は堺を避け，大坂の両川口や尼崎および兵庫の港へ廻船しだし，堺港への利用は減少していった。

その後，享保12年（1727）に沖合に石堤（防波・防砂堤）を再築して港への土砂流入を防ぐ工事と港の経営の権利を布屋（田中）次兵衛が願い出たが病没した。それを引き継いだ谷善右衛門の出資と努力によって同15年に150間の石堤が完成した。しかし，土砂流入の勢いをとめることができず，また石堤も災害にあって破損した。

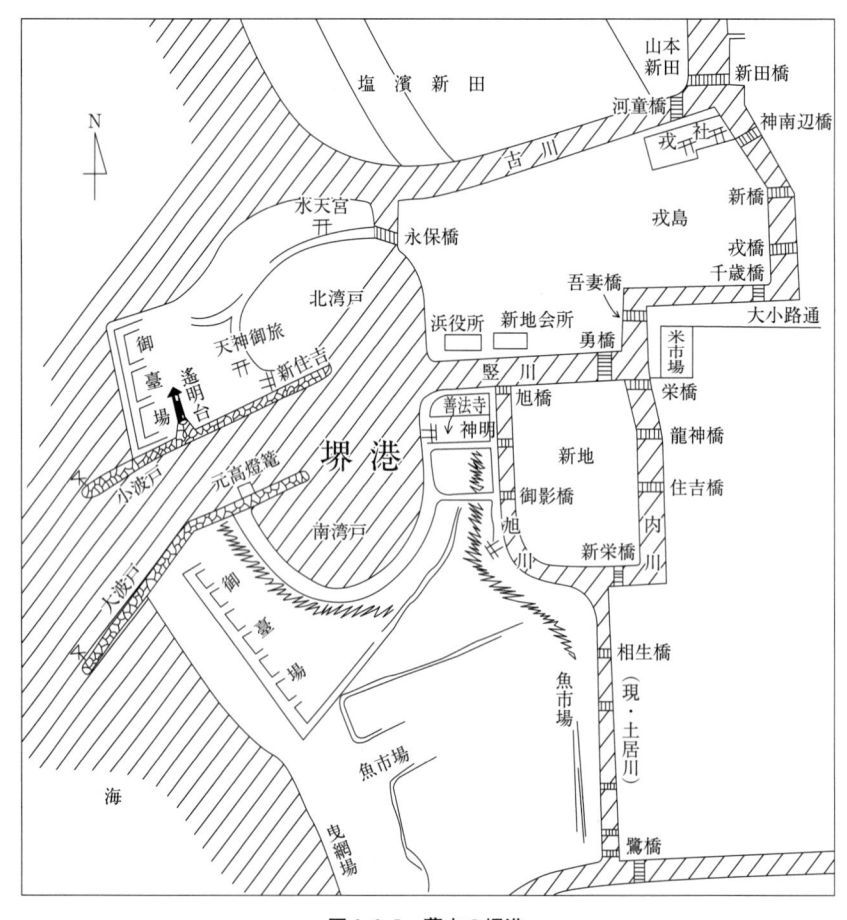

図 6.6.5　幕末の堺港
（参考図；文久改正堺大繪圖（文久3年〈1863〉）

② 寛政期の修築と堺港の原型

奈良から江戸へ材木を輸送するのに堺港が必要であるとして，江戸の商人・吉川俵右衛門が天明8年（1788）に堺奉行に直訴し，長さ150間，幅10間の波止（波戸）を計画した。寛政2年（1790）に着工したが8月の海嘯（津波）によって工作物が流された。同4年に工事が再開されて10年に大波止と小波止が完成した。その内側を港とし，ここに寛政期の港，すなわち堺港の原型（現・旧堺港）ができ上がった。船舶の出入りは復活したが土砂の堆積は続き，海岸付近には付州とよばれる陸化が進み，のちに新田に開発された。

③ 幕末頃の堺港

文化・文政年間（1804～29年）に堺港の南半分の一部が完成し，これによって港の中心が戎島の北側から南側へと移った。また，奉行が港湾の浚渫と新地の開発を行ったが，付州の増加と港の埋没があって天保期（1830～43年）に波除石堤や風除高堤などの修築工事が行われた。さらに旭川が開削されて竪川南側にある新地への橋が架けられた（図6.6.5）。その後，安政2年（1855）に北方小波戸の港が完成し，続いて4年に大坂開市と堺開港が決定した。しかし，翌年になって堺開港が取り消しとなり，兵庫開港となった。

④ 現在の堺泉北港

昭和32年（1957）に大阪府が堺泉北臨海工業地帯として立案し，33年に堺港湾は重要港湾の指定を受け，35年に港湾計画が正式に決定された。43年には堺港と泉北港を統合して堺泉北港

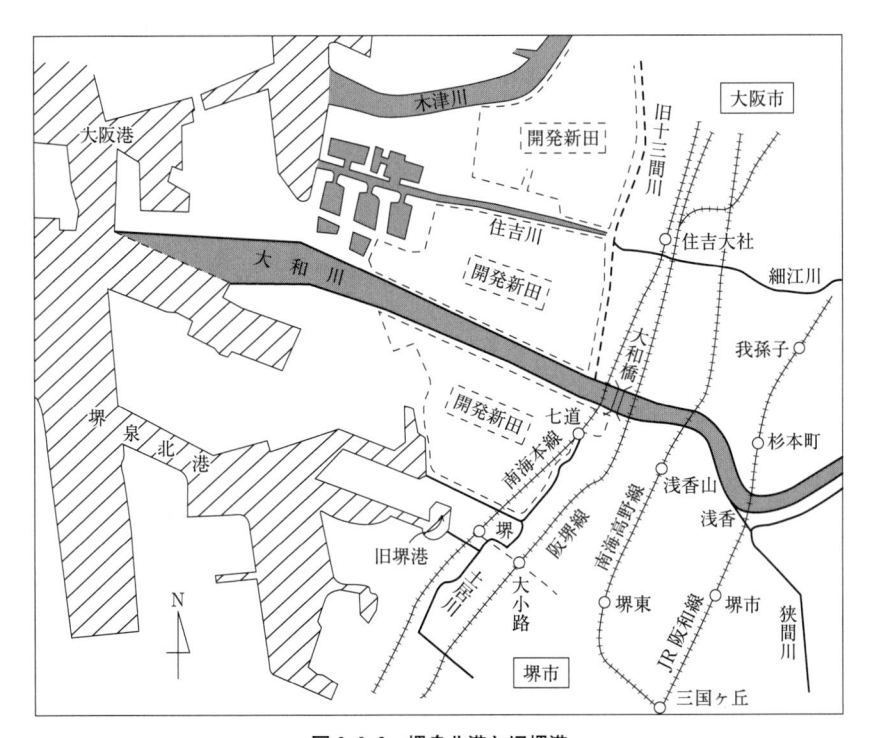

図6.6.6　堺泉北港と旧堺港

となって今日に至っている（図6.6.6）。港湾地帯の範囲は，堺市・高石市・泉大津市にまたがる。

参考文献
『堺市史　第1巻，本編第1』1950年。
堺市役所『堺市制百年史』1996年。
堺市博物館『堺と三都』1995年。
朝尾直弘ほか『堺の歴史——都市自治の源流——』角川書店，1999年。
土木学会『水理公式集』1985年。
建設省（現国土交通省）『河川砂防技術基準（案）』
大阪管区気象台編集『大阪の気象百年』日本気象協会関西支部，1982年。
大阪市立自然史博物館『大阪湾の自然』1986年。
大阪府『南大阪湾岸整備事業に係る環境影響評価書』1986年。

6.7　旧大和川跡の地形と土地利用の現況

6.7.1　はじめに

　ここでは，旧大和川跡地の人口，用途地域，歴史と風景などを紹介する。旧大和川の跡地としては「久宝寺川」「玉櫛川」「吉田川」「新開池」「深野池」の3河川と2池（以下「三川二池」と呼ぶ）および「平野川」とするが，平野川については大和川付替え前後での川幅の変化も少なく，開発された新田も太田新田，川辺新田等，15haほどでもあるので，歴史と風景を記載するに止めている。
　なお，旧河川，池の範囲の設定は，地盤高図および現在の字界，道路形態等を勘案して想定したものであり，地盤や学術的な検討は加えていない。また，区画整理や宅地造成により従前とは明らかに土地の形状が変わっていると思われる場合は，前後の区域設定線から補完して決定している。

6.7.2　旧大和川の面積と現住人口

　表6.7.1に旧大和川跡における面積・用途・人口を示した。面積は上記によって設定した区域を計測して求めた。また人口については，三川二池の範囲に含まれる町丁別人口に基づき算出した。（範囲の内外に跨る町丁については，面積按分により決定した。）なお，関連市は，柏原市，八尾市，東大阪市，寝屋川市，四条畷市，大東市としているが，公表されている人口が大東市のみは住民基本台帳人口，その他の市は外国人登録を含むいわゆる登録人口となっているため，概数としてご理解願いたい。
　表に示すとおり，三川二池全体の面積は1,505ha，人口は139,129人となっており，ほぼ大

表 6.7.1　旧大和川跡における面積・用途・人口

		面積(ha) 住居系	商業系	工業系	無指定	計	人口 各川池	人口密度	市人口	割合
東大阪市	久宝寺川	101.0 (79%)	17.3 (13%)	10.2 (8%)	0.0 (0%)	128.5 (100%)	15,637	121.7	515,961	3%
	玉櫛川	56.0 (65%)	18.1 (21%)	12.0 (14%)	0.0 (0%)	86.1 (100%)	7,545	87.6		1%
	吉田川	31.4 (56%)	0.3 (1%)	24.0 (43%)	0.0 (0%)	55.7 (100%)	4,005	71.9		1%
	新開池	181.9 (51%)	33.6 (9%)	142.9 (40%)	0.0 (0%)	358.4 (100%)	31,808	88.8		6%
	深野池	8.4 (60%)	0.0 (0%)	5.5 (40%)	0.0 (0%)	13.9 (100%)	398	28.6		0%
	小　計	378.7 (59%)	69.3 (11%)	194.6 (30%)	0.0 (0%)	642.6 (100%)	59,393	92.4		11%
八尾市	久宝寺川	102.4 (62%)	12.1 (7%)	51.5 (31%)	0.0 (0%)	166.0 (100%)	18,407	110.9	274,448	7%
	玉櫛川	111.3 (86%)	10.0 (8%)	0.0 (0%)	7.5 (6%)	128.8 (100%)	12,466	96.8		5%
	小　計	213.7 (73%)	22.1 (7%)	51.5 (17%)	7.5 (3%)	294.8 (100%)	30,873	104.7		12%
柏原市	久宝寺川	37.5 (55%)	11.6 (17%)	19.2 (28%)	0.0 (0%)	68.3 (100%)	6,804	99.6	77,693	9%
	小　計	37.5 (55%)	11.6 (17%)	19.2 (28%)	0.0 (0%)	68.3 (100%)	6,804	99.6		9%
大東市	新開池	44.1 (97%)	1.5 (3%)	0.0 (0%)	0.0 (0%)	45.6 (100%)	6,654	145.9	126,142	5%
	深野池	254.9 (68%)	17.1 (5%)	59.8 (16%)	40.3 (11%)	372.1 (100%)	30,307	81.4		24%
	小　計	299.0 (72%)	18.6 (4%)	59.8 (14%)	40.3 (10%)	417.7 (100%)	36,961	88.5		29%
四條畷市	深野池	9.0 (100%)	0.0 (0%)	0.0 (0%)	0.0 (0%)	9.0 (100%)	1,553	172.6	57,446	3%
	小　計	9.0 (100%)	0.0 (0%)	0.0 (0%)	0.0 (0%)	9.0 (100%)	1,553	172.6		3%
寝屋川市	深野池	50.4 (69%)	0.0 (0%)	0.0 (0%)	22.5 (31%)	72.9 (100%)	3,545	48.6	248,796	1%
	小　計	50.4 (69%)	0.0 (0%)	0.0 (0%)	22.5 (31%)	72.9 (100%)	3,545	48.6		1%
合　計	久宝寺川	240.9 (67%)	41.0 (11%)	80.9 (22%)	0.0 (0%)	362.8 (100%)	40,848	112.6	1,300,486	3%
	玉櫛川	167.3 (78%)	28.1 (13%)	12.0 (6%)	7.5 (3%)	214.9 (100%)	20,011	93.1		2%
	吉田川	31.4 (56%)	0.3 (1%)	24.0 (43%)	0.0 (0%)	55.7 (100%)	4,005	71.9		0%
	新開池	226.0 (56%)	35.1 (9%)	142.9 (35%)	0.0 (0%)	404.0 (100%)	38,462	95.2		3%
	深野池	322.7 (69%)	17.1 (4%)	65.3 (14%)	62.8 (13%)	467.9 (100%)	35,803	76.5		3%
	小　計	988.3 (65%)	121.6 (8%)	325.1 (22%)	70.3 (5%)	1505.3 (100%)	139,129	92.4		11%

注）人口は大東市のみ住民基本台帳人口，その他は登録人口。いずれも平成15年度末。

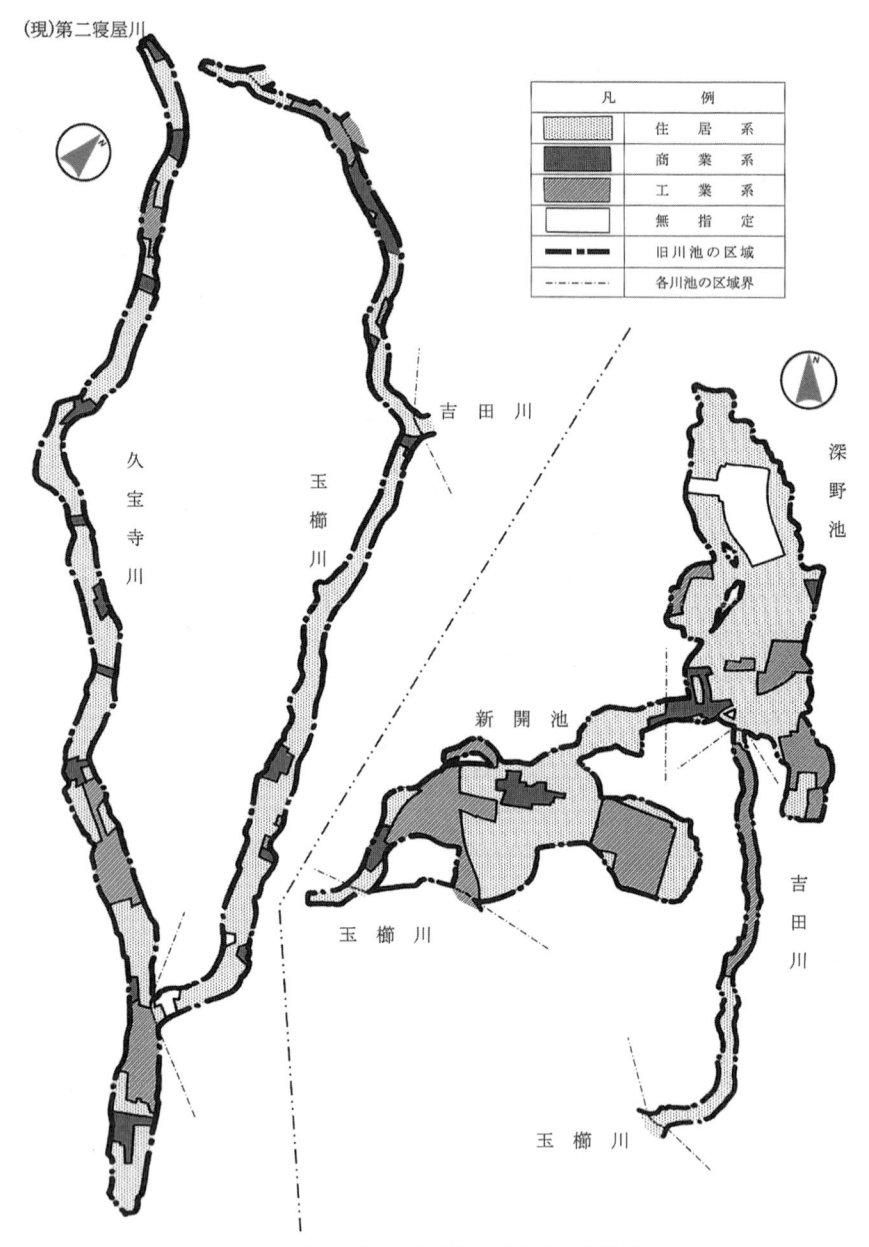

図 6.7.1　旧大和川跡地の範囲と用途地域

東市の人口に匹敵する．また，関連 6 市の合計人口130万人に対し11％を占めている．三川二池のうち，面積で最も多くを占めるのは深野池であるが，人口が多いのは久宝寺川であり，人口密度も久宝寺川が 112.6人/ha と最も都市化が進んでいると言える．次いで玉櫛川と新開池が人口密度95人/ha 前後，吉田川と深野池が同 75人/ha 前後と低くなっている．吉田川は東大阪市が施行した中部区画整理事業地内の土地が多く含まれており，当該地域は倉庫工場，農地が多く残っているため，また深野池は南端が工場と農地，北部には後述する深北緑地（約63ha）を含んでいるためと考えられる．

次に川池別の状況をみると，久宝寺川は東大阪市，八尾市，柏原市とも同程度に人口が密集している。玉櫛川についても，久宝寺川ほどではないが人口が比較的多い。玉櫛川は八尾市域で水利用されているが，川の両岸は上流域を除いて宅地化が進んでいる。吉田川は前述のとおり人口は少ない。これとは対照的なのが二池である。新開池は比較的人口が密集しているのに比べ，深野池はそれほど都市化の進展が進んでいないことがわかる。

三川二池と市域との関係では，東大阪市，八尾市，柏原市の三市では各市域人口の1割程度を占めており，大東市は3割が旧深野池の人口が占めているのに比べ，四條畷，寝屋川の二市は数％を占めているに過ぎない。旧大和川付替えによって市勢（人口）の恩恵を受けているのは，東大阪，八尾，柏原，大東の四市であると言える。もっとも，単に付替えによって生み出された土地に居住する人口だけでなく，旧の大和川の氾濫原であったこれらの都市が今日の栄をみたのは，大和川付替えにより洪水の危険が減少し，安心して生活を営むことが出来るようになったことが大きく影響しているのであることは言うまでもない。

6.7.3 旧大和川の都市計画

表 6.7.1 に示した用途地域をみると，全体面積 1,505ha のうち，住居系が65％を占めており，傾向としては住宅地としての土地利用が推進されている。次いで多いのが工業系であり22％，商業系は8％となっている。

三川二池を個別にみると，久宝寺川と深野池は全体と同様の傾向であるが，玉櫛川は住居系が78％を占めており，住宅地としての計画地域が多くなっている。特に八尾市域ではこの傾向が顕著である。土地利用の現状をみても，近鉄恩智駅～第二寝屋川の間の住宅地としての利用促進が印象的である。

これと比べ，吉田川と新開池は住宅系が56％に対し工業系が平均すると39％を占めており，他の川池と比べて工業系の割合が高くなっている。ただし，新開池の傾向は大東市と東大阪市で大きく異なっており，大東市では97％が住宅系であるのに対し，東大阪市は住宅系と工業系の比率がそれぞれ51％，40％となっている。

深野池は無指定地域が13％を占めているが，これは深北緑地の面積である無指定を除外すると住居系が8割となり，玉櫛川と並んで，住居系の割合が高いことが見て取れる。

商業系は総じて比率が少ないが，そのなかでは久宝寺川と玉櫛川の二川は他に比べて多くを占めている。次いで多いのが新開池である。この理由としては，鉄道駅の有無によるところが大きいと思われる。二川に含まれる鉄道駅は次の通りである（カッコ表記のないものはすべて近畿日本鉄道）。久宝寺川……柏原南口駅・（JR）柏原駅・柏原駅・（JR）志紀駅・（JR）八尾駅・久宝寺口駅・弥刀駅・長瀬駅・（大阪市交通局）高井田駅，玉櫛川……恩智駅・高安駅・山本駅・花園駅・荒本駅。

このとおり，14駅が存在し，各駅の周囲には人口が密集している状況にある。特に久宝寺川には9駅が存在し，6.7.1で述べた同川の人口密度を押し上げる理由となっている。

6.7.4 各川池の歴史と現況

(1) 長瀬川（写真 6.7.1〜6.7.5）

久宝寺川は現在「長瀬川」と呼ばれている。長瀬川の河床跡には，安中新田，新喜多新田等が開発され，その面積は283haに上る。

長瀬川は柏原市築留で大和川から取水しており，新田及び周辺田畑への灌漑用水供給を目的として，長らく用水路としての機能を果たしてきたが，昭和20年代以降の沿岸地域の都市化により，家庭排水，工場排水の流入による水質汚濁や雨水流出量の増大による溢水被害が生じるようになった。この対策として昭和30〜34年度（1955〜59）にかけて両端を排水溝，中央部を

〈左；上から下へ〉
写真 6.7.1　3川分離構造の長瀬川
写真 6.7.2　アクアロードかしわら
写真 6.7.3　いきいき水路モデル事業
〈右から下へ〉
写真 6.7.4　安中公園
写真 6.7.5　金岡公園

用水溝とする3川分離構造とする改修計画が立案され，昭和31年度より工事に着手，総事業費2億8900万円あまりをかけて昭和37年度に完成をみた。

　その後，水辺環境に関する機運の高まりを受けて，長瀬川も新たに再整備されることとなり，柏原市域については平成4年度～7年度（1992～95）にかけて「アクアロードかしわら」として環境整備が実施された。また，八尾市域～東大阪市の近鉄奈良線までの区間については平成5～14年度にかけて長瀬川総合整備事業「いきいき水路モデル事業」として整備され，東大阪市域の残区間（近鉄奈良線より下流区間）については，平成15～19年度にかけて整備を進めているところである。

　事業内容としてはいずれも，排水溝を覆蓋し上面を遊歩道として整備，あるいは化粧護岸と沿道の修景整備，治水目的の貯留施設を兼ねた公園広場の整備，沿道の緑化等，水辺環境や景観に配慮した整備が行われており，整備区間についてはジョギングや散歩をする人々で賑わっている。なお，長瀬川の土地は河川としての法的な位置付けはなく，法定外公共物（水路敷）となっている。

(2) 玉串川（写真 6.7.6～6.7.12）

　玉櫛川は現在「玉串川」と表記される。玉串川は八尾市の二俣で久宝寺川から分かれ，八尾市～東大阪市に灌漑用水を供給していた水路である。玉串川の河床跡には，山本新田，柏村新田等が開発され，その面積は146haに上る。

　玉串川も久宝寺川と同じく灌漑用水として長く利用されてきたが，昭和30年代ころより東大阪市（当時の布施市）の稲田地域の浸水被害の発生が懸案となってきた。これは付替え以後の玉串川の幅員が，八尾市域では幅員3～5m程度であることに対し，下流では幅員1.8m程度であることに起因してのことと考えられた。この対策として，用地買収を行い楠根川（現在の第二寝屋川）へ放流する流路を新たに開削するとともに，玉串川改修事業が実施されることとなった。

　工事期間は昭和34～36年度（1959～61）にかけて流末区間約740mが都市下水路事業として実施され，昭和36～44年度にかけては現在の東大阪市域の残区間約5,300mが普通河川事業として改修工事が実施された。玉串川の改修は長瀬川改修と異なり，比較的工場排水の流入が少なく田畑への影響も問題にはなっていなかったことや，用地に余裕が無かったこともあり，用排兼用の一川として整備された。

　その後，東大阪市域においては，用水利用が激減したことや沿線の都市化が進んだことなどにより排水路としての機能しか無くなったことによる水質の悪化に伴い，公共下水道管渠の埋設工事による暗渠化が図られ，現在は水の流れは見られず，わずかに荒本地区で旧水路の面影を残すのみである。暗渠化された上面は一部の区域（府道八尾枚方線～大阪枚岡奈良線及び荒本地域の一部区間）は遊歩道として整備されている。

　ただし，東大阪市域においても最南端の玉串東町では現在も用水利用が図られており，第二寝屋川を渡る水路橋が設置されている。

　これと対照を成すのが八尾市域の玉串川である。八尾市域は現在も用水として利用されて，

〈左；上から下へ〉

写真 6.7.6　二俣分水状況（手前が長瀬川）
写真 6.7.7　玉串川改修事業（昭和50年代撮影）
写真 6.7.8　荒本に残る玉串川の面影
写真 6.7.9　玉串川跡地の遊歩道

〈右から下へ〉

写真 6.7.10　第二寝屋川水路橋（右奥が玉串川の放流口）
写真 6.7.11　山本球場前の玉串川
写真 6.7.12　昔の面影を残す玉串川

石積の護岸が現在も生きている。昭和63年度（1988）からは「玉串川沿道整備事業」が開始され，玉串川を軸にした環境整備（四阿，植栽，遊歩道整備等）がされている。また，春には沿道の市民が植栽した桜並木がとても美しい景観をみせており，春の桜の花びらが一面に映る川面だけでなく，夏の藻に咲く白い花も劣らず美しい。

玉串川の土地も長瀬川と同様，河川としての法的な位置付けはなく，法定外公共物（水路敷）となっている。

(3) 吉田川（写真6.7.13〜6.7.14）

吉田川は東大阪市の花園で玉櫛川から分かれ，深野池にそそいでいた水路であるが，河床跡は川中新田等が開発され，その面積は46haに上る。

吉田川は幹線用水路としての機能はなく，河床跡はほぼすべてが新田開発され，川は無くなってしまっていることが長瀬川や玉串川と異なっている。吉田川の流れていた今米村は，大和川付替えの功労者である中甚兵衛が住んでいたことでも有名であり，今も甚兵衛ゆかりの川中屋敷林は「今米緑地保全地区」に指定されている。

吉田川の河床跡が大きく変わるのは昭和47年（1972）に東大阪市で事業決定された「中部土地区画整理事業」によってである。20余年の歳月をかけ平成7年度（1995）に完成をみた393haに及ぶ区画整理事業によって，東大阪市東北部には吉田川の名残を残す土地形態のほとん

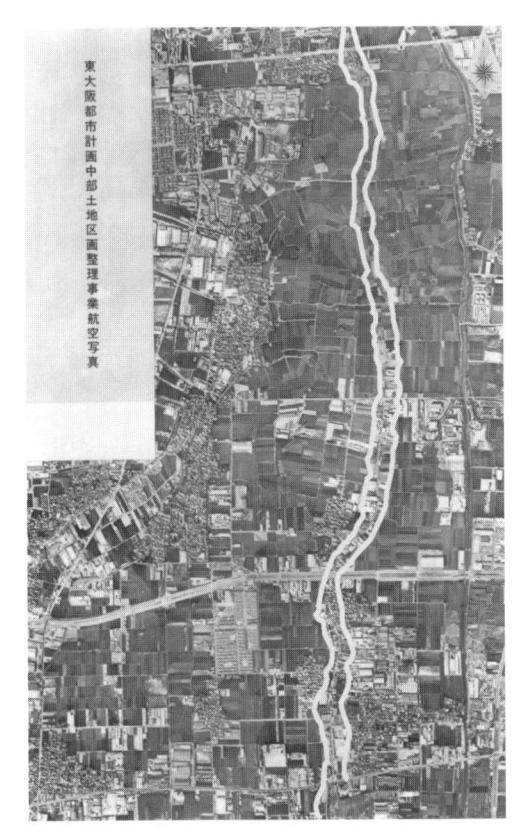

写真 6.7.14 川中屋敷

写真 6.7.13 吉田川の跡（太線の範囲，昭和47年撮影）

写真 6.7.15　五個水路・六郷水路　　　　　　　写真 6.7.16　鴻池の四季彩々とおり

どが失われてしまった。現在の吉田川跡は道路と住宅となっている。

(4)　新開池（写真 6.7.15～6.7.16）

　新開池は東大阪市の北部のほとんどを占め，鴻池新田，三島新田等が開発され，その面積は216haに上る。

　特に鴻池新田は大阪今橋の豪商・鴻池善右衛門が開発した旧大和川筋でも最大の新田として有名であり，JR学研都市線「鴻池新田駅」南にある「史跡鴻池新田会所」がその名残を留めている。鴻池新田会所は平成7年（1995）に解体修理が完了し，現在は春と秋に一般公開され，多くの人々が訪れている。

　鴻池地区は近年まで多くの田園風景の残る土地であり，現在も六郷水路，五個水路等の幹線水路が灌漑用水供給の役割を担っている。五個水路は平成7年度より水路沿いの景観整備事業が行われている。また，もう一つの幹線水路であった鴻池水路は周辺宅地化の進展で灌漑用水利用がされなくなったため，平成8年度より下水処理水を有効活用したせせらぎ水路と緑道として整備され，平成16年2月に「鴻池四季彩々とおり」として通水式を行った。このせせらぎ水路の全長は約3kmにわたっており，下水処理水を利用したせせらぎ水路としては全国でも最大規模である。現在は早朝からジョギングや散歩，子供たちの遊び場として日々賑わいを見せている。

　その他の地域の現況としては，稲田地域は現在ほぼ全域が宅地化されているが，三島地域は未だ耕作地があり，昔の田園風景を残している。

(5)　深野池（写真 6.7.17～6.7.18）

　深野池は現在の東大阪市と大東市の一部を占め，干拓された土地は深野新田，河内屋南新田等でその面積は295haに上る。従前はこの深野池に流れ込んでいた寝屋川，恩智川等の川は，干拓後現在の川筋になったものである。

　深野池跡地で興味深いのは，この池跡に点在する治水施設であり，この土地が旧来その地形上必要とされてきた役割をいまに伝えている感がある。

写真 6.7.17 深北緑地   写真 6.7.18 深野ポンプ場

　まず，深野池の流出口にあたるのが，現在の恩智川と寝屋川の合流地点であるが，この地点は昭和47年（1972）まではJR学研都市線「住道駅」の北で中ノ島と呼ばれる中州を挟んで流れる未改修区間があった。昭和47年の7月及び9月の集中豪雨では大東市域の約1/3が浸水被害を生じるほどの大水害が起こり，これを契機として中ノ島の用地買収を含む河道改修が実施さることとなり，合流部分の改修は昭和48年度には掘削を終え，その後，護岸工事等を実施し昭和56年度に完成した。これによって流下能力は大幅に向上することになった。

　深野池の南端に位置するのは，大阪府寝屋川南部流域下水道「深野ポンプ場」である。同ポンプ場は東大阪市と大東市の一部，概ね旧深野池の南域を流域としており，雨水排水量は約22m³/sである。平成5年（1993）に建設に着手し平成12年に一部完成，供用を開始している。

　そして北端に位置するのが，寝屋川治水緑地である。大東市と寝屋川市に跨る寝屋川治水緑地は寝屋川の遊水地として建設されたもので，貯留量146万m³，最大130m³/sの流量をカットすることで，寝屋川下流域の洪水を防ぐ役目を担っている。寝屋川治水緑地は，平常時は「深北緑地」として公園利用されており，住民に親しまれている。

(6) 平野川

　平野川は柏原市古町の大和川青地樋から取水している。平野川は灌漑用排水路と雨水排水を兼ねた水路であるが，旧平野川は屈曲部が多く氾濫が多く発生していた。このため主として，雨水排除能力を高めるための河道改修が実施され，現在の形になっている（図6.7.2）。

　大規模な改修は，大正8～12年（1919～23）にかけて現在の大池橋から丸一橋までの蛇行区間（2.9km）を2.1kmの直線河川として改修したことである。この時には旧河道は埋め立てられ，ほとんどが道路となっている。これより上流区域については，主に河道の拡幅と部分的な直線化により改修され，昭和56年度（1981）に完成している。

　平野川は長瀬川や玉串川と異なり，一級河川として指定され，現在も八尾市と大阪市東部における治水に大きな役割を担っている。

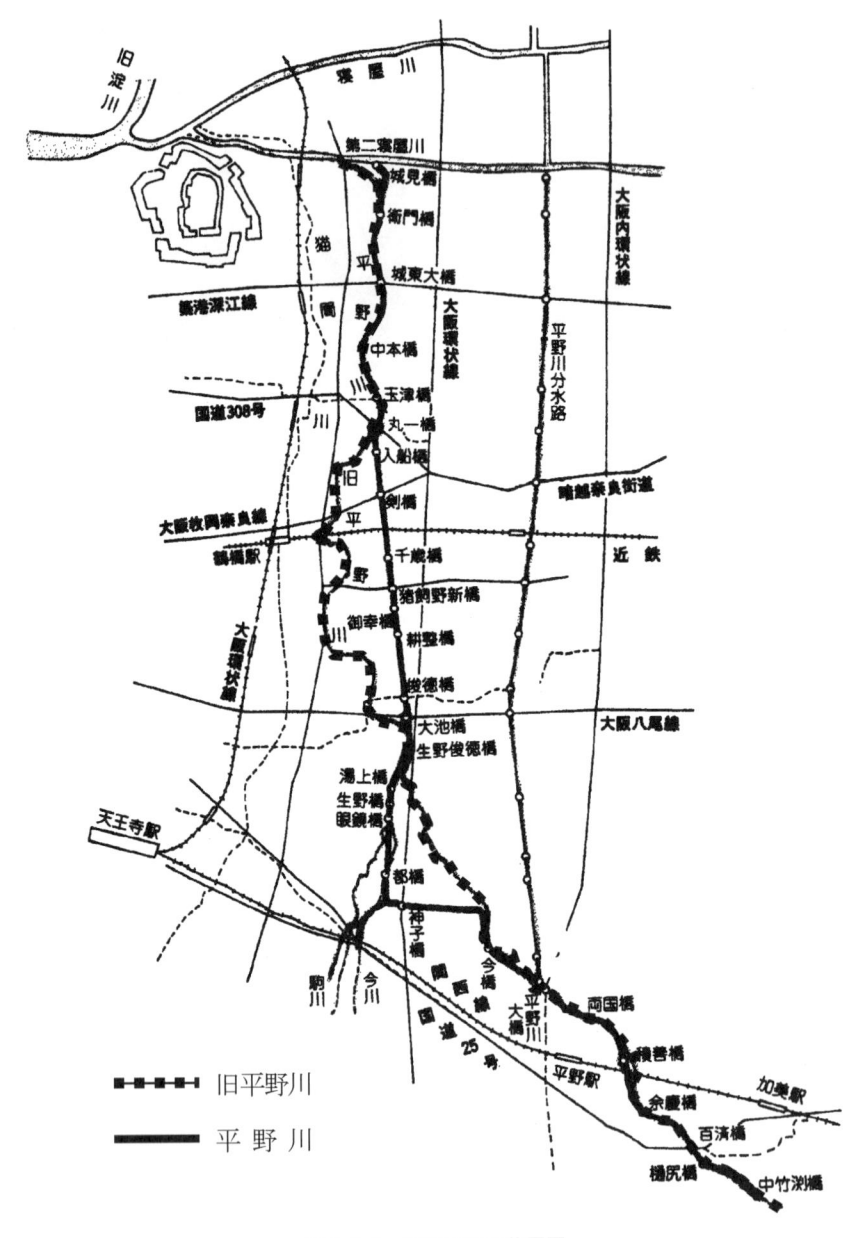

図 6.7.2　旧平野川の位置図

6.7.5　おわりに

　大和川の付替えでは新川筋における潰地が274町に対し新田1,063町が開発され，付替えの収支は黒字であったといえる（注：前述の1,505haには現在の河川，水路の面積や通路，宅地等を含むため合致しない）。また，本稿前半部分でも述べたように，現在の東部大阪の発展は大和川の付替えによるところが大きい。

下水道の整備の進捗を受けて，平野川と深野池の一部を除いては，旧の三川二池は治水の役割を失いつつある。また，都市化の進展による灌漑用水利用も失われつつある。このように治水・灌漑という従前の「川・池」に求められていた機能を都市が必要としなくなった時に，江戸時代には農地となり，大正～昭和50年代までは車の通ることのできる道路となり，そして昭和60年代～平成は遊歩道やせせらぎ水路となっており，時代の違いによってこれらの跡地がどういう運命を辿ったかということには，その時々のニーズが反映されていて非常に興味深いものがある。

参考文献
三井　勇『下水道をみる――東大阪市下水道のれいめい時期――』p.37，1986年。
大和川付替二百五十年記念顕彰委員会『治水の誇里』p.27，1955年。
吉田喜七郎『寝屋川水系改修事業について』p.29-33，1979年。
大阪府・大阪市『平野川改修事業の歩み』大阪都市協会，1986年。

6.8 ま と め

　河内平野を数百mの川幅をもって流れていた旧大和川水系は，平野中央部の低地に向かって流集していた。ここには淀川左岸地域からの河川と水路も流れ込んでいた。このような低湿地を広く持ち，洪水に見舞われる恐れを常に抱きながら河内平野における生活が営まれていた。これが大和川付替えによって大きく変貌するところとなった。
　第1に，大和川の旧河道と旧池床のすべてが開発新田に姿を変えたことを論じた。新大和川を掘るのに潰地を生じたがそれに4倍する大きさの新田が開発され，これが河内平野の地理を一変させた。大和川付替えは河内平野の農業と産業の発達を推進し，ひいては現代における都市化の基盤ともなった。
　第2に，排水状態の変化について論じた。付替えによって河内平野に流入する河川はすべて絶たれ，旧大和川水系による洪水被害はなくなったが，反対に新川左岸地域では旧来の河川と水路がすべて遮断されたために排水状態は悪化することになった。そのために付替え工事と同時に排水路が掘られ，二つの河川が付替えられたが，新川による洪水は下流の堺で発生するところとなった。なお，河内平野では旧大和川による洪水はなくなったが，淀川堤防の決壊による洪水が発生し，さらに現代においては都市型水害の問題を抱えている。
　第3に，用水状態の変化について論じた。農業用水に関しては，新川左岸地域はほとんど影響を受けなかったが右岸地域では旧大和川水系からの水源が絶たれ，また狭山池からの用水路が遮断されたために大きな変化を生じた。そのため旧河道に用水路が設けられ，また新川右岸に取水樋門が作られたが，用水の不足する地域が出た。
　第4に，水陸交通路の変化と地域の分断がある。南北を結ぶ陸上交通路が新川によって分断されたが，橋の架けられたのは最下流の大和橋だけであり，残りの交通路は渡し船で代行されることになった。また，河内平野における舟運路が水量減のために制約され，それに代わって

新大和川を中心とするルートが繁栄した。

　なお，新大和川の流路は村々の境界を考えて選定されたであろうが，いくつかの村では村域の内部を通過することになり，そのため一つの村が南北に分断された。現在までに行政区域の変更が行われたのは，住吉郡が明治4年（1871）の郡界変更によって大阪と堺に分かれ，丹北郡の若林村・大堀村の川北部が昭和39年（1964）の市域境界変更によって八尾市に編入されたことがある。その他の地域は現在まで当時の境界を継承している。

　第5に，新川が堺港に与えた影響について論じた。新川の河口が堺港の近くに設けられたために港への土砂堆積が加速された。しかし，堺港の衰勢は外国貿易の変化と大坂の台頭によって大きく左右された。すなわち，大和川付替えだけでなく地形条件と社会経済条件の両面から考えなければならないことを論じた。

　最後に，古代から河内平野と深くかかわってきた旧大和川が，付替えによって河内平野から姿を消して3世紀を経過した。しかし，旧大和川は付替え後から農業用水路として生きつづけており，また，現在では都市の貴重な水辺空間として活用され，市民生活に潤いを与えている。このような旧大和川の現状を紹介した。

第7章

大和川関連絵図

7.1 はじめに

　宝永元年（1704）に付替えられた大和川は，古くから舟運や灌漑用水として利用され，河内国では主要な河川のひとつであった。そのため，近世初期から目的に応じてさまざまな絵図に描かれてきた。ここでは，付替え前後の大和川を描いた絵図から，大和川の変化をたどることを目的とする。

　大和川関連の絵図は，付替え関係のものを中心としてこれまで紹介されることが多かった。特に2004年度は大和川付替えから300周年であったため，流域の博物館・資料館では大和川水系ミュージアムネットワーク事業として，大和川に関する展示が行われた。本章で取り上げる絵図は，これまでの大和川研究の成果によるところが大きい。

7.2 旧大和川の流域

　① 河内国絵図（図7.2.1）
　近世初期の景観が描かれた絵図である。作成年代は不明ながら，図中に大坂城の天守が描かれていることなどから，寛文5年（1665）の大坂城の天守焼失以前の景観を描いたものであると考えられる。また，この図は河内国全体を描き，村の名前や寺社，河川，山など，近世初期の河内国のようすが詳細に描かれている。

　② 摂津河内国絵図（図7.2.2）
　近世初期に描かれたもので，淀川・大和川を中心とした河川の様子が詳細に描かれている。凡例に堤防の長さが記されるなど，河川管理を目的として作成されたのであろう。この絵図の成立について渡辺武氏は，17世紀前半の成立であるとしている[1]。

　本絵図の描写で注目すべき点は，河川の様子が非常に詳細に描かれていることである。ことに堤防の表記があることが注目される。淀川・大和川・石川は，河川敷の幅が記されるとともに，実際の流路や中洲が詳細に描かれている。大和川に注目すると，石川と合流して北流し，

図 7.2.1　河内国絵図（土屋家蔵，写真提供　大阪府立狭山池博物館）

図 7.2.2　摂津河内国絵図（石川家蔵，写真提供　大阪城天守閣）

玉櫛川と久宝寺川に分流する地点付近に，2か所の二重堤防が描かれている。大和川付替え関係史料にも右岸に二重堤防が見られるが，この絵図には，他の絵図には描かれていない対岸の左岸にも二重堤防が描かれている。河川管理を目的として作成されたものであるため，堤防の状況も詳細に描いたのであろう。

また，旧大和川から分流し，了意川を経て平野へ流れ込む平野川は，平野郷の環濠へ流れ込む様子は描かれているが，久宝寺川からの分流の様子は描かれていない。了意川は河川として認識されていなかったため描かれていないのか，もしくはこの絵図の成立が了意川開削以前のものであるためなのかはわからない。

③　八尾八ヶ村外島絵図　元禄11年〈1698〉（図7.2.3）
旧大和川のうち，久宝寺川と玉櫛川が分流する二俣以北の状態を描いた絵図。川には用水樋

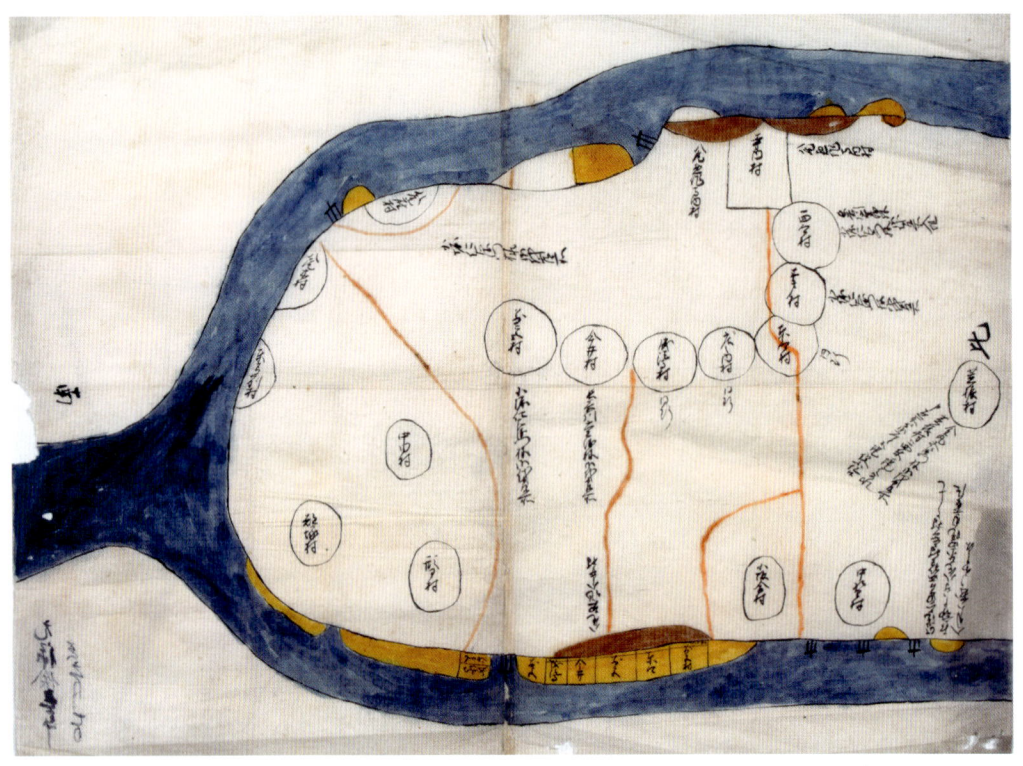

図7.2.3　八尾八ケ村外島絵図（小川家蔵，写真提供　八尾市立歴史民俗資料館）

の場所とともに，土砂が堆積してできた外島が多く描かれている。付替え以前の大和川の土砂堆積のようすを示す図のひとつである。

④ 久宝寺村絵図（図7.2.4）
　画面に記された「大和川」は久宝寺川を指しており旧大和川から取水した水路の状況を描いたものである。久宝寺村の水利が久宝寺川の樋から取水する水に依存し，環濠にもその水が入っていたことがわかる。図中の「河原畑」とは堤防内に土砂がたまった場所で畑作をしていたことを示している。

⑤ 河州高安郡恩智村堤切所絵図（図7.2.5）
　恩智川の堤防が決壊した状況を描いた絵図。恩智村付近では恩智川と旧大和川（玉櫛川）の流路が接近しており，恩智川の洪水の影響が旧大和川東堤防付近まであったことを示している。

⑥ 太子堂村領平野川筋絵図（図7.2.6），亀井村領平野川筋絵図（図7.2.7）
　いずれも平野川の流路のみの絵図であるが，河道が蛇行し，土砂が堆積しやすい状態であったようすが描かれている。この河川形態から見て，亀井付近までの平野川は自然河川で，それより上流が了意によって整備された了意川であると思われる。また，亀井村領平野川絵図では

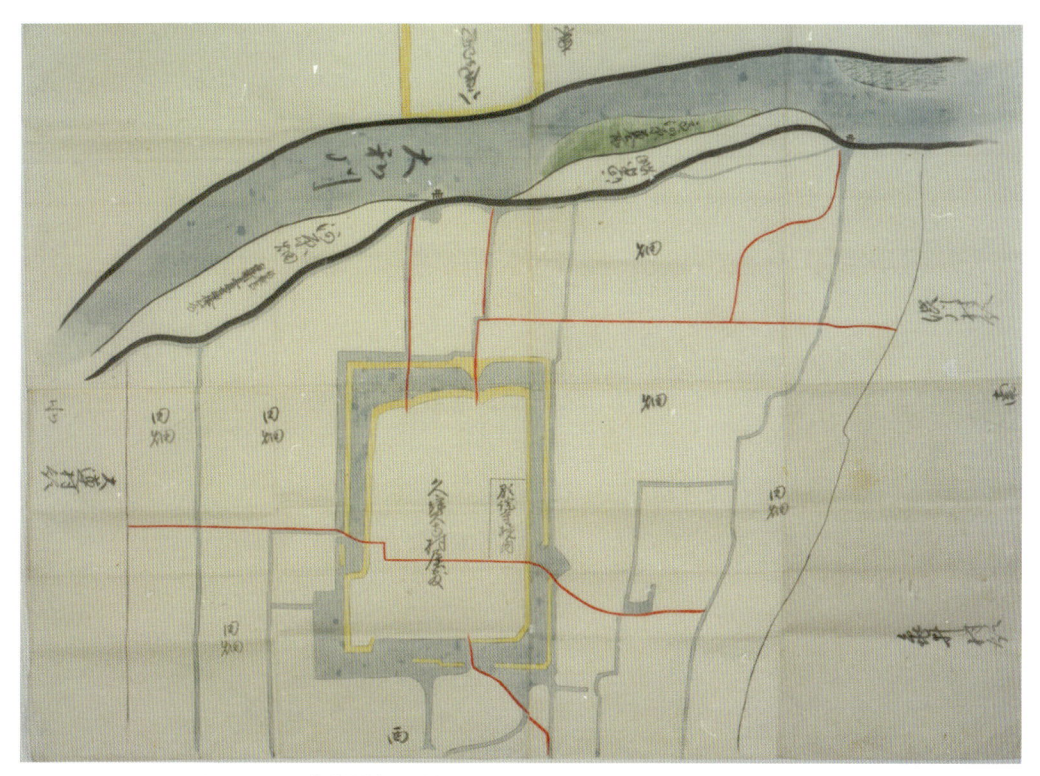

図 7.2.4　久宝寺村絵図（高田家蔵，写真提供　八尾市立歴史民俗資料館）

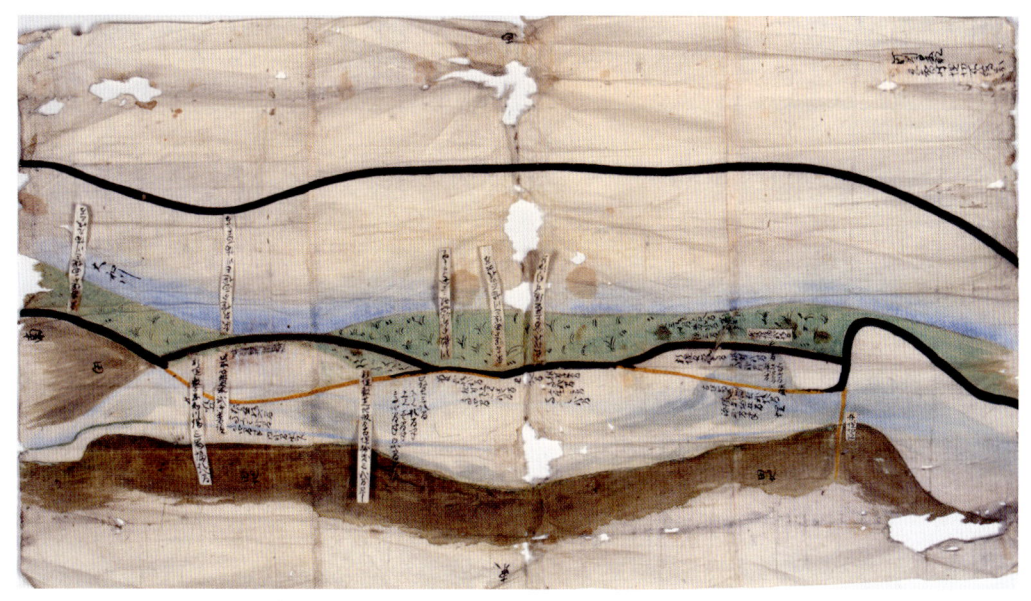

図 7.2.5　河州高安郡恩智村堤切所絵図（大東家蔵，写真提供　八尾市立歴史民俗資料館）

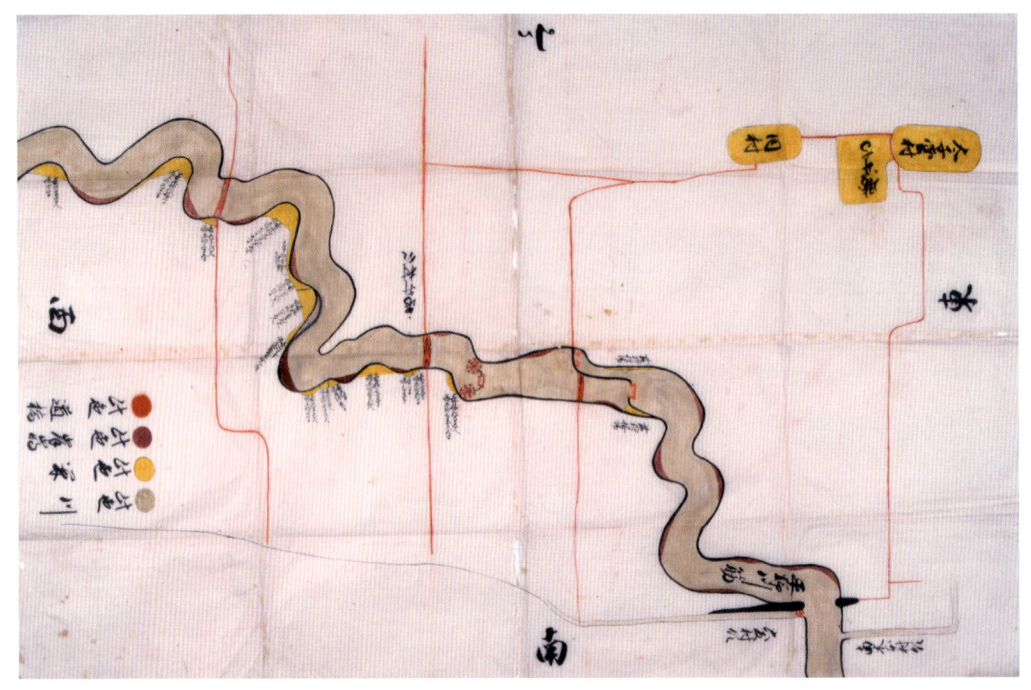

図 7.2.6　太子堂村領平野川筋絵図（八尾市立歴史民俗資料館蔵・写真提供）

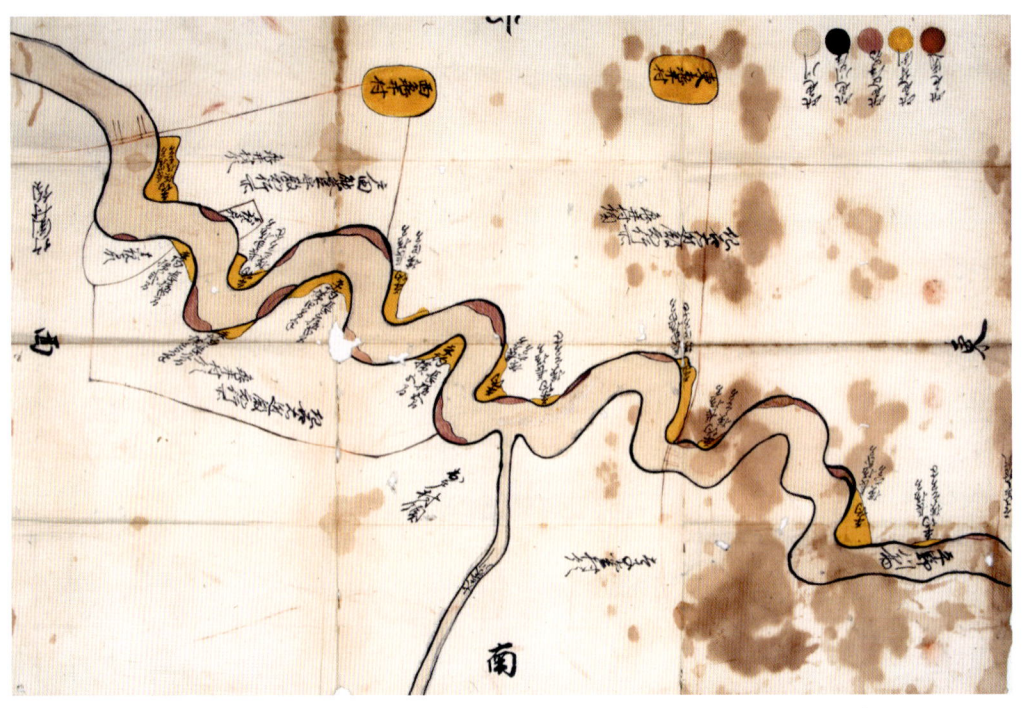

図 7.2.7　亀井村領平野川筋絵図（林家蔵，写真提供　八尾市立歴史民俗資料館）

羽曳野丘陵から北流してくる大乗川が平野川に合流しているようすが描かれ，付替え以前の平野川のようすを示している絵図である。

7.3 付替え運動と工事

① 堤切所付箋図　貞享 2 年〈1685〉（図 7.3.1）

貞享 4 年（1687），玉櫛川及び深野池・新開池周辺の五つの郡が大和川の付替えを願い出た願書とともに幕府に提出した絵図である。紙面に貼られた付箋は 5 色に色分けされており，それぞれ「寅ノ年（延宝 2 年・1674）洪水六月十四日五日」，「卯ノ年（延宝 3 年）洪水六月五日」，「辰ノ年（延宝 4 年）洪水五月十五日六日」，「辰ノ年洪水七月四日」，「酉ノ年（延宝 9 年＝天和元年・1681）洪水八月中時分」とかかれている。図中に貼られている付箋の凡例にあたる。この付箋は 5 回の洪水で堤防が決壊した場所を示している。その他に「亥ノ年切所」と記された付箋もある。

法善寺村前の赤い線は，前出の「摂河国絵図」に示された二重堤防の場所と同じ場所に描かれている。この箇所の付箋には「寅ノ年切所」とある。二重堤防が延宝 2 年に決壊し，それ以後大和川の水が玉櫛川により多く流れ込むようになり，玉櫛川の下流の吉田川や深野池・新開池あたりで洪水が多発したことを示している。

② 堤防比較調査図　延宝 3 年〈1675〉（図 7.3.2）

延宝 3 年（1675）頃の，大和川の堤防の状態を描いた絵図。堤防に沿って記された線は村の境界線で，村ごとの堤防の長さを記録している。その他にも 50 年間で堤防がどの程度高くなったか，特にこの 10 年間でどの程度高くなったかを詳細に記述している。例えば二重堤防がある法善寺村の内容を例に挙げると，「堤長六百拾三間　法善寺村／五拾年以来川筋壱丈高罷成ル／内拾年此間五尺高成ル／田地より川四尺高ク／寅年堤水越切レ」とあり，法善寺村分の堤の長さが 613 間，川床の高さは 50 年で 1 丈高くなり，この 10 年で 5 尺高くなった，そして田より川が 4 尺高くなって天井川になったことが書かれている。また，寅年（延宝 2 年）に洪水で堤防が切れたことも記している。その他の村々の箇所でも同様の記録がされており，いずれも 50 年間で 7 尺から 1 丈 3 尺，10 年間で 3 尺から 7 尺高くなっている。

③ 大和川違積り図（図 7.3.3）

大和川付替え案が複数記されている絵図である。図中の大和川が石川と合流し，久宝寺川と分流して玉櫛川となったあたりには，付替えに至った理由が記されている。

「此川凡九里廻リ海ヘ落申候，土砂大分流レ出新開池・深野池川々大坂川口海辺迄埋リ［　］川々も本田より大分高ク罷成段々水滞リ拾五万石余水損仕候［　］埋リ申候」とあり，大和川に土砂が流入して，田地より高くなってしまっていることや，水害によって 15 万石の田が埋ま

図 7.3.1　堤切所付箋図（中九兵衛氏蔵　N-070305，写真提供　大阪府立狭山池博物館）

ってしまったことが書かれている。この図に記されているとおり，大和川は実際に付替えられるまでにさまざまな流路が検討された。もっとも北のルートは阿倍野より北を流れるルートであったが，実際には瓜破の南，依網池の真ん中を通って堺へ流れるルートに決定した。

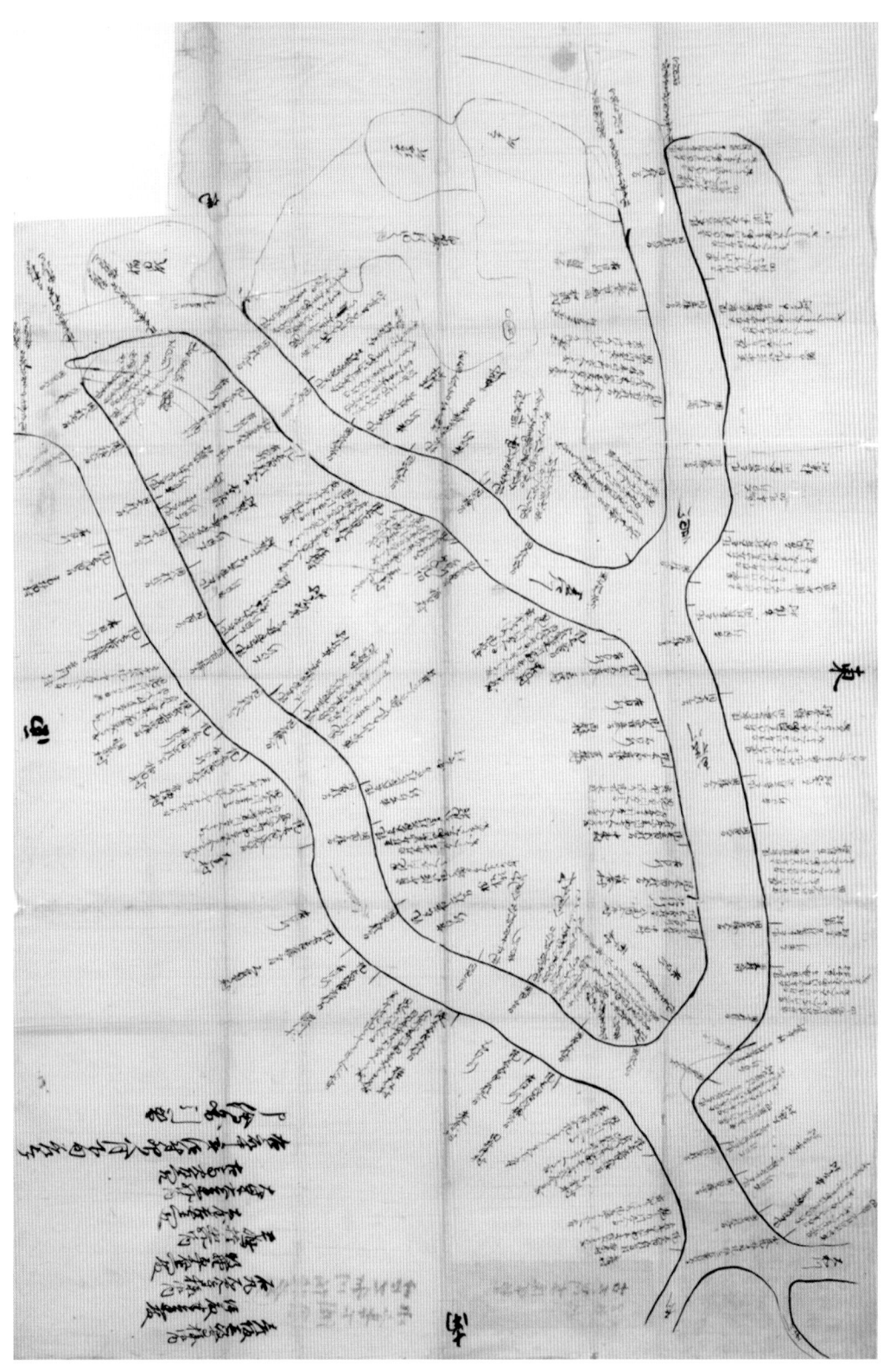

図 7.3.2　堤防比較調査図（中九兵衛氏蔵　N-070306，写真提供　大阪府立狭山池博物館）

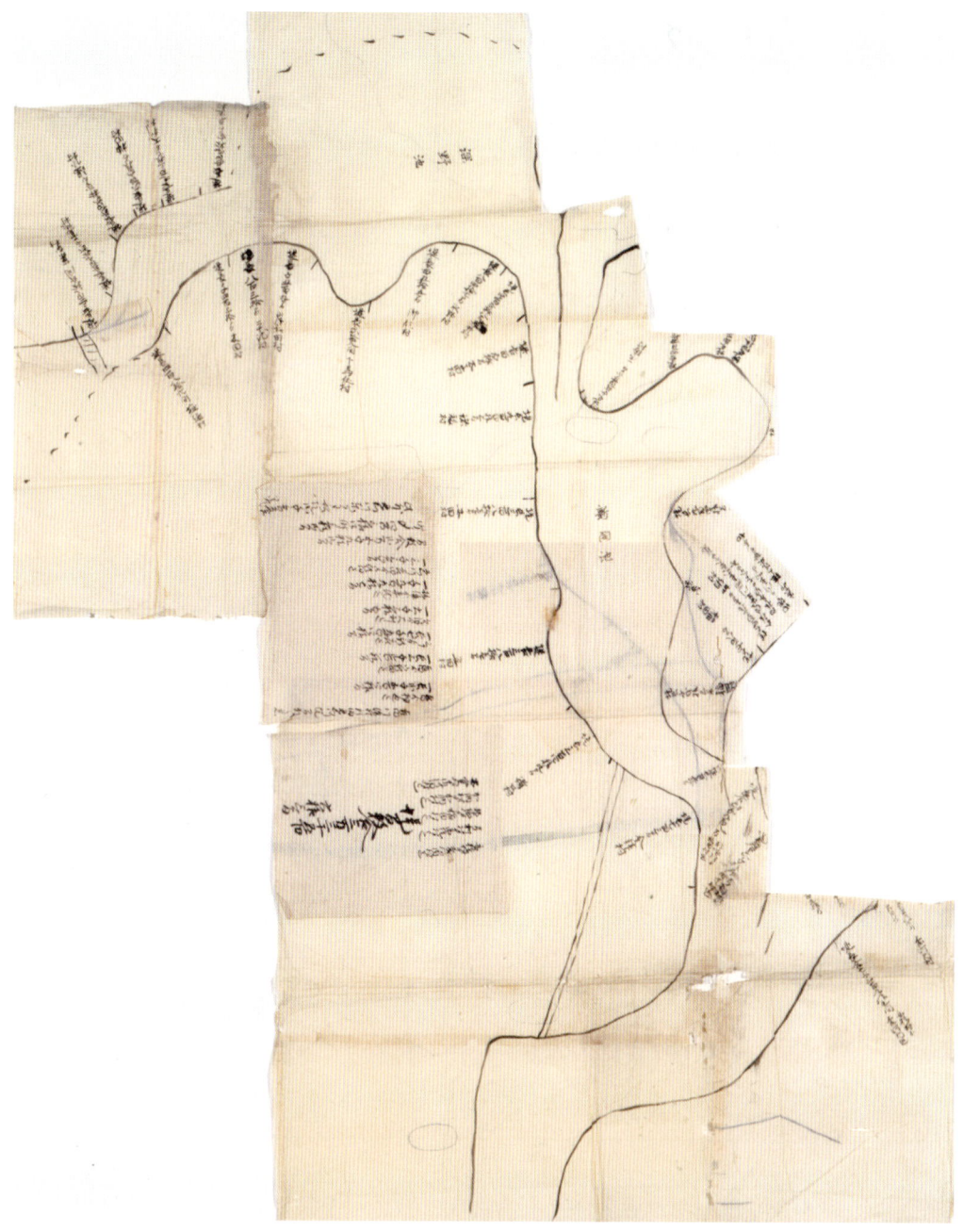

図 7.3.2（つづき） 堤防比較調査図

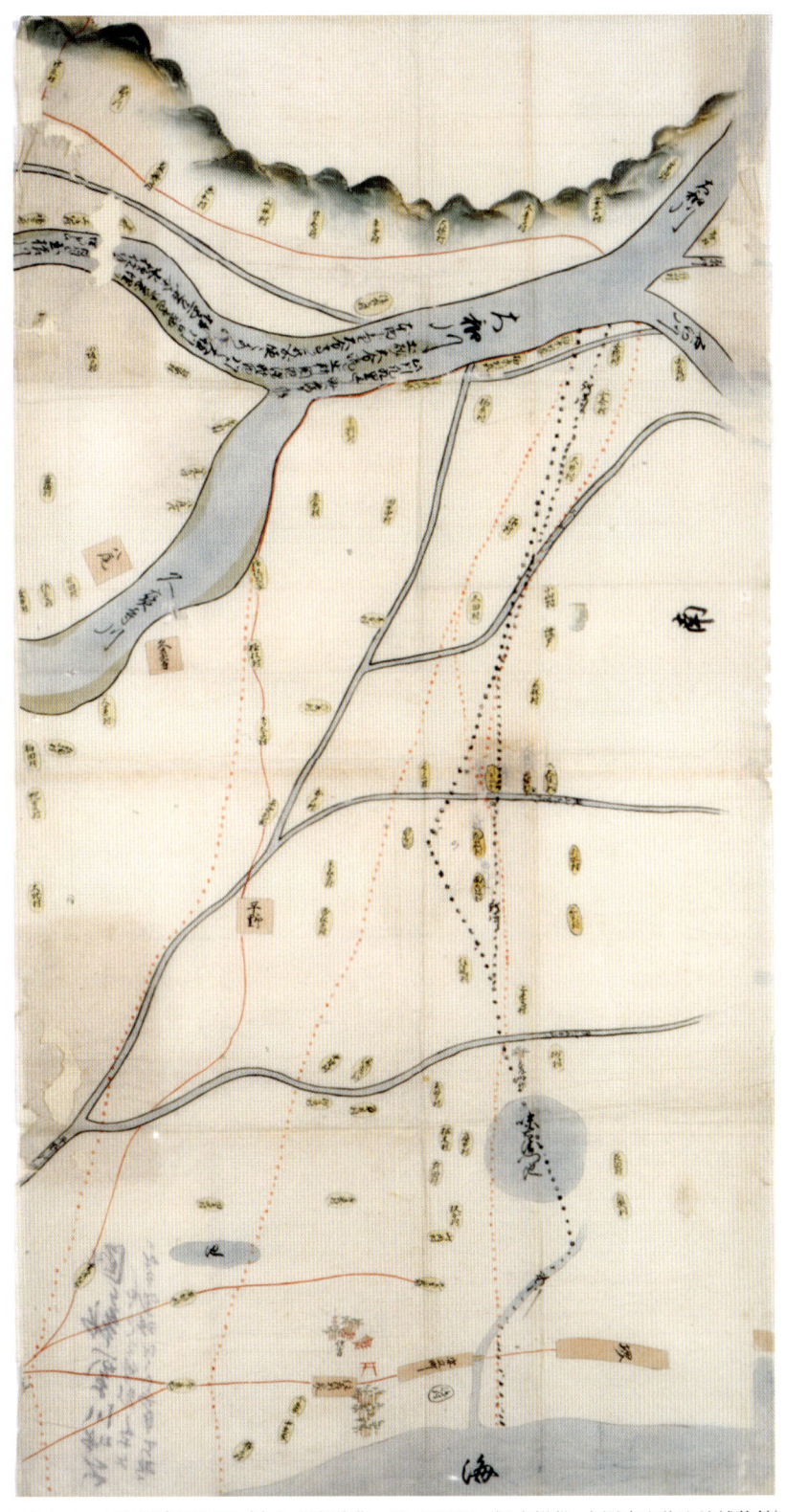

図 7.3.3　大和川違積り図（中九兵衛氏蔵　N-070307，写真提供　大阪府立狭山池博物館）

7.4 新大和川の流域

① 淀川大和川筋之絵図　宝永5年〈1708〉（図7.4.1）

　大和川付替えの後に作成された絵図で，淀川や旧大和川など，大和川付替え以前の河川の状態が描かれたものである。付箋には，付替え以前の絵図を，付替え後堀川が多くできたため，あらたに写したものであると記されている。新大和川流路は他の川とは別の色で示され，付替えによって狭山池から流れ出る西除川・東除川が分断されたようすや，新川によって大半が

図7.4.1　淀川大和川筋之絵図（大阪歴史博物館蔵）

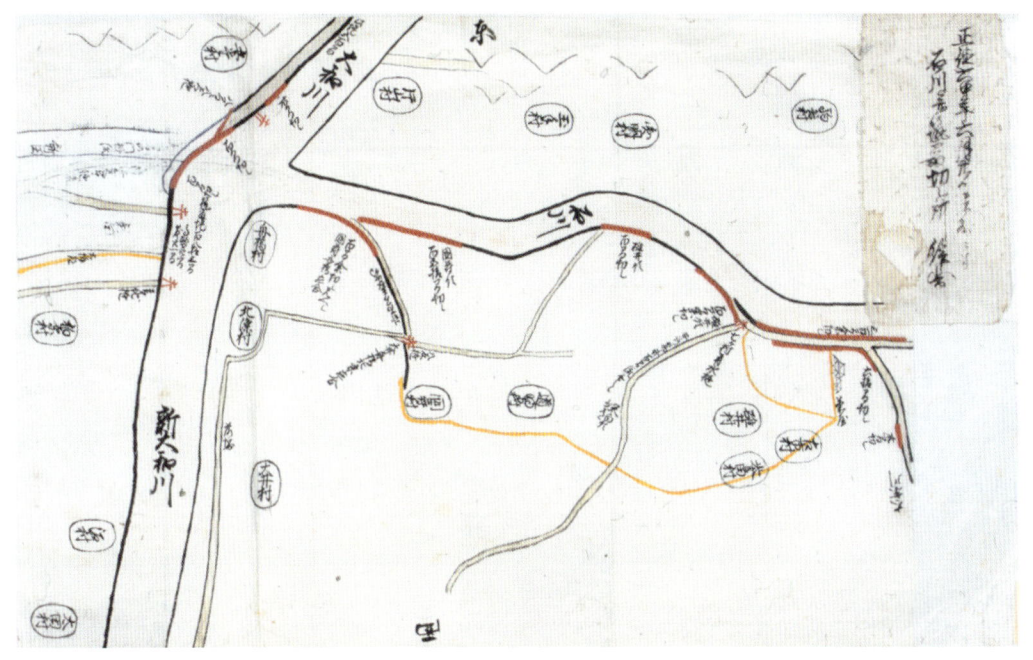

図 7.4.2　石川并築留切レ所絵図（大阪府立中之島図書館蔵，写真提供　八尾市立歴史民俗資料館）

失われた依網池のようすが描かれている。また，新大和川の流路の中には，付替えの事情とその後の状況が書き込まれている。全文を紹介すると次の通りである。

> 此川此度川違ニ付大和川之水かしわらより堺安立町はつれの橋迄それより■迄新川出来候此通まっすぐニ水筋付候故今迄之此近在川々久宝寺川・玉櫛川・菱江川・吉田川・恩智川・深の池此通つぶれ田地ニ成，其上流作水づきの在々，此度水はき能罷成候，尤此川筋ハ在々不残よけて一所と川中へハ成不申候川の両ワキニ成候川の左右ニ成候在の違ハ可有候，味右衛門が池ハ川の真中ニ成堺のほとりニあさか山有，是ヲほり貫川ニ成申候，それより少し北へかわゆがミ安立町はつれへ川筋成，海迄川付申候也

内容は，旧大和川流域では，田の水はけがよくなったため新田となったこと，新川流路の中には分断された村があること，依網池の中央，浅香山を経由して北へと曲がって安立町のはずれから海へ流れ込んでいる，といったことである。

また，付箋には大坂市中の堀川の幅も記され，淀川以南，新大和川付近までの河川の規模が詳細に記録されている。

② 石川并築留切レ所絵図　正徳6年〈1716〉（図7.4.2）

付替えからまもないころの大和川と石川の合流点を描いた絵図である。この年の6月20日から大雨が降り，南河内では各地で洪水が起こっている[2]。図中に見られるとおり，石川も大きく決壊しているが，新大和川は石川との合流点付近が大きく決壊したことがわかる。

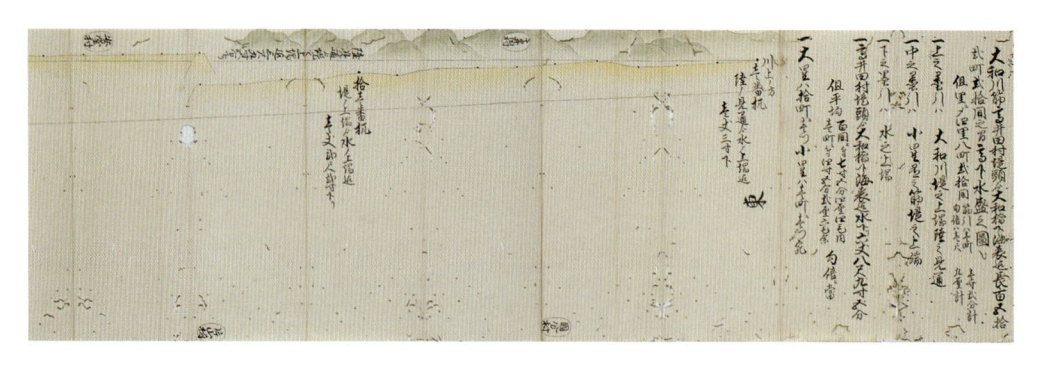

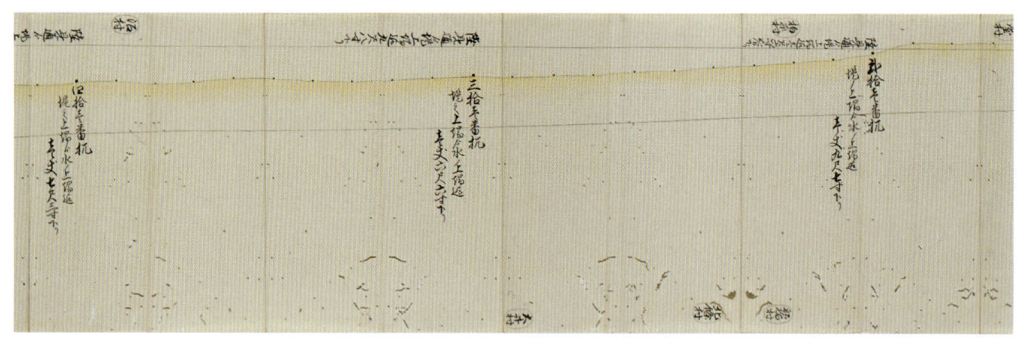

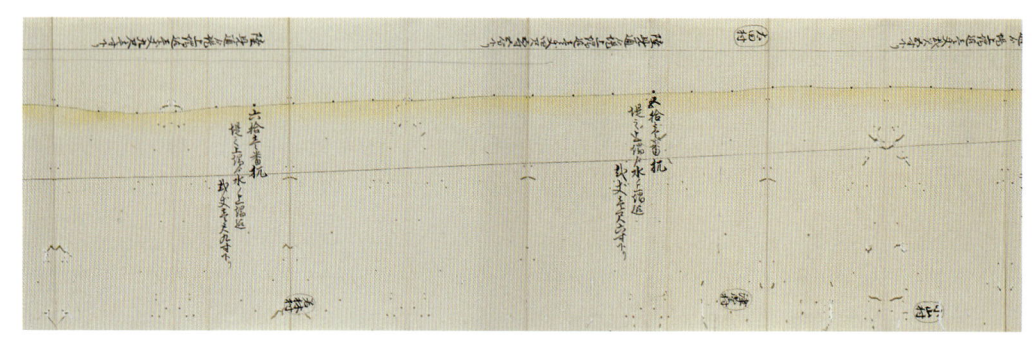

図7.4.3　新大和川筋高井田村堤頭から大和橋海表まで堤高下水盛絵図（大阪歴史博物館蔵）

③　新大和川筋高井田村堤頭から大和橋海表まで堤高下水盛絵図　享保3年〈1718〉（図7.4.3）

あらたに付替えられた大和川の距離と勾配を記した図。巻首には表題と絵図の凡例と勾配が記される。

　　大和川筋高井田村より大和橋下海表迄長百五拾
　　弐町弐拾間之間高下水盛之図
　　　　但里ニして四里八町弐拾間〈筋引ハ壱町　壱寸弐分計／勾倍ハ壱尺　九厘計〉
　　一上之墨引ハ　大和川堤之上端陸之見通
　　一中之墨引ハ　小星有之筋堤之上端
　　一下之墨引ハ　水之上端
　　一高井田村堤頭より大和橋下海表迄水下リ六丈八尺九寸五分

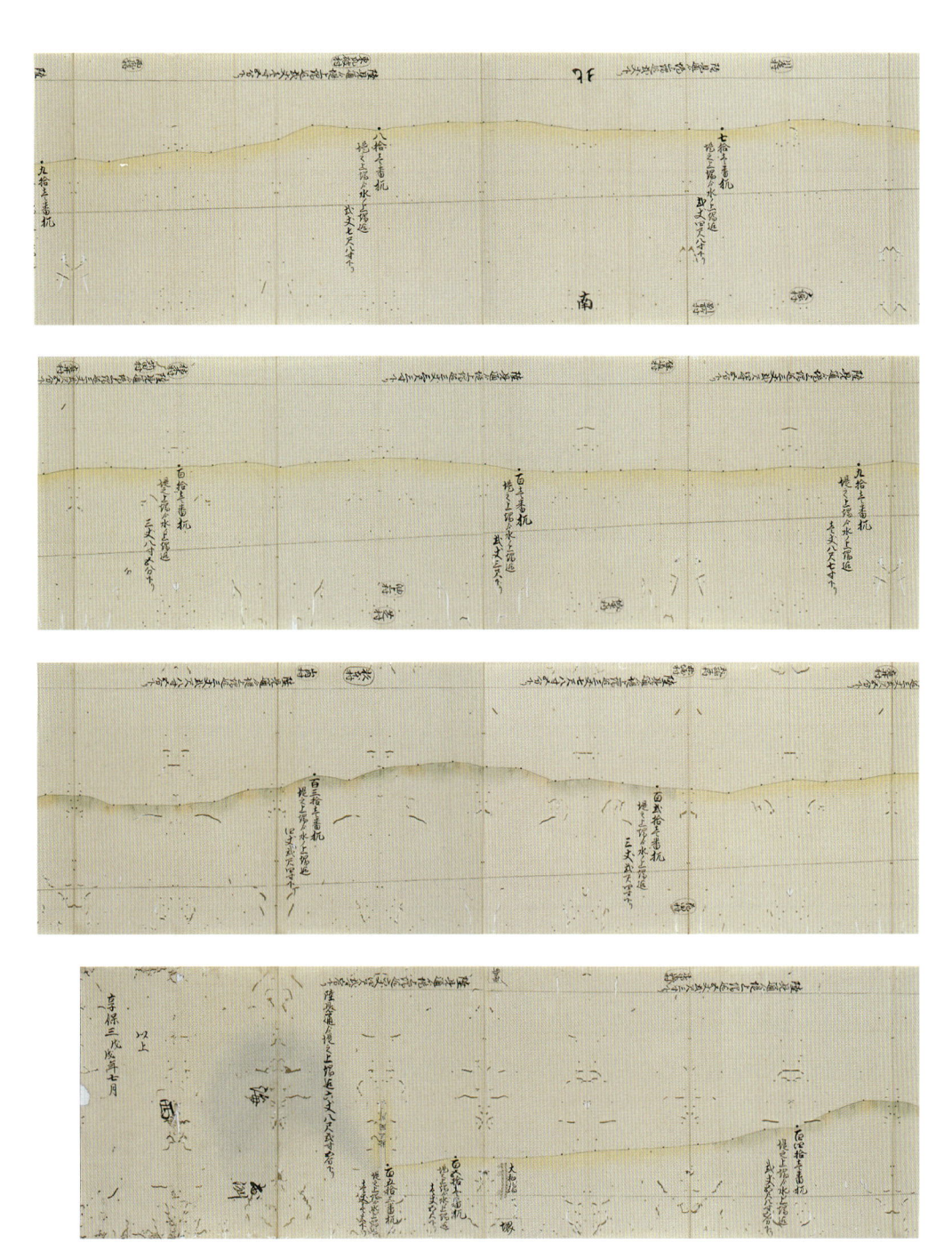

図 7.4.3（つづき） 新大和川筋高井田村堤頭から大和橋海表まで堤高下水盛絵図

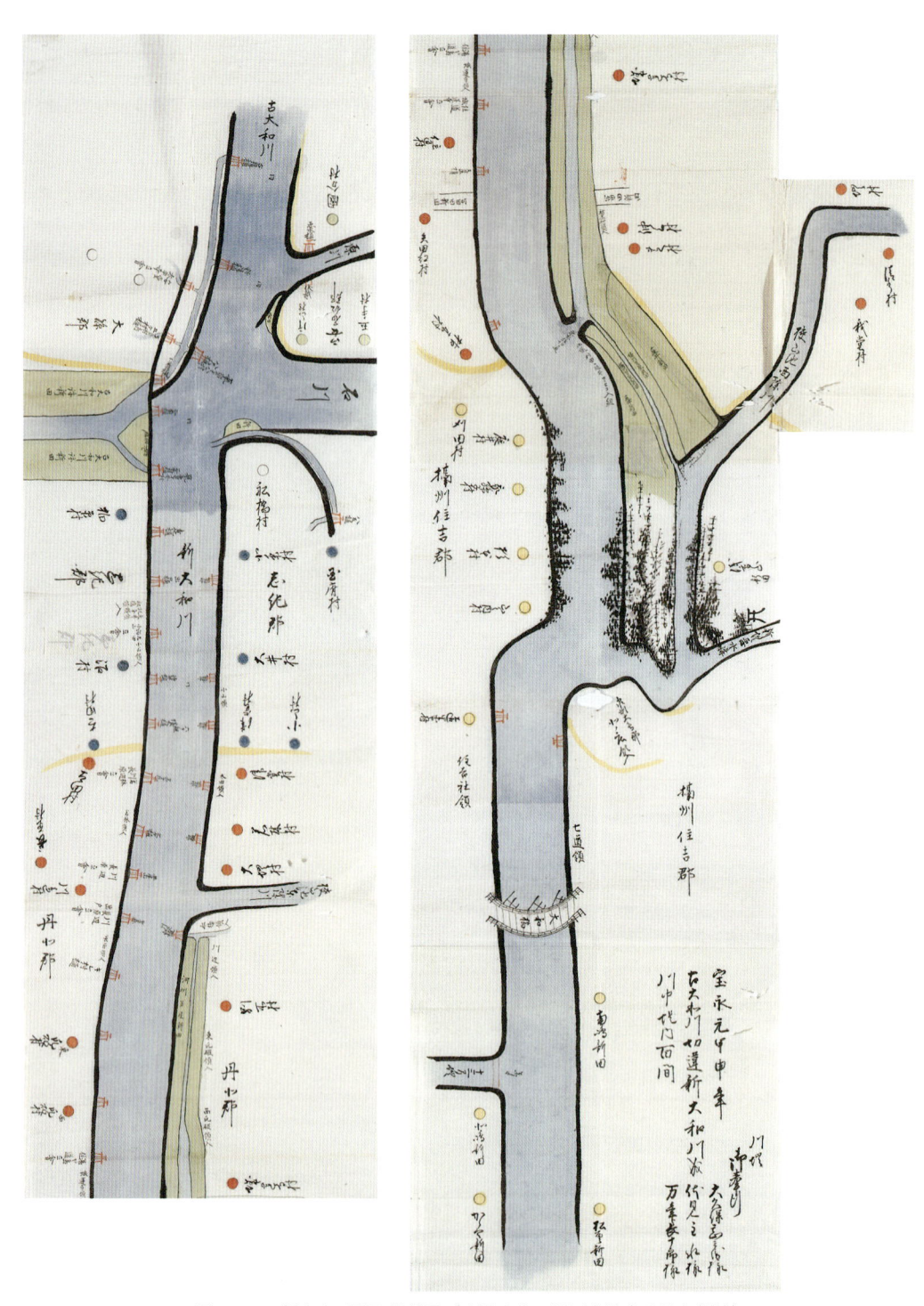

図 7.4.4　新大和川引取樋絵図（妻屋家蔵・松原市教育委員会保管）

但平均百間ニ付七寸五分四厘四毛間／壱町ニ付四寸五分弐厘六毛余勾倍ニ当
一大星ハ拾町ニ壱つ小星ハ壱町ニ壱つ宛

図中には，南北両岸の村名を俵型の丸でかこみ，高井田・国分両村の東を基準点として，1町ごとに小さい点を，10町ごとに大きな点を付けて，基準点からの距離を記している。また，基準点から堤防の高さや，堤防天端から水面までの高さも記されており，新大和川の平均勾配が算出されていたことがわかる。

④ 新大和川引取樋絵図（図7.4.4）

大和川付替え直後に石川から河口部の新大和川の流路を描き，付替え後の大和川以北の用水樋を記したものである。成立年代は明らかではないものの，河口部に「加賀屋新田」の名称がみられることから，加賀屋新田の開発が開始された延享2年（1745）以降の作成であることがわかる。

この絵図の特色は，新大和川から農業用水の取水樋を，上流は白坂樋から，下流は遠里小野村付近まで，すべて書き上げている点で，大和川右岸の用水樋はもちろん，対岸の「向樋」も詳細に記入されている。水が少ない時には川の敷地の中に溝を掘り，向樋を用いて南側からの水を，大和川の北に導くことも行われていた。

⑤ 大和川筋図巻（図7.4.5）

付替え後の大和川流路を描いた絵図で，作成された年代は，図中に記述された年代から明和7年（1770）以降であると考えられている[3]。ここに描かれているのは，大和川付替え地点より上流で，国境を越えて大和国に入った立野村付近（奈良県三郷町）から，大和川河口部までの範囲である。

描かれた内容は川幅や流域の景観はもちろんのこと，取水樋・悪水樋といった水利施設，堤防の長さ，刎杭・乱杭といった水制工も詳細に描かれている。また，堤防のうち，国役普請の部分を黒く示しており，国役堤防を把握するために作成されたものと考えられている。

新大和川より北の村は，新川によって水利が分断されたため，新たな水源が必要となった。そのための用水樋の場所が，川の北に描かれている。樋には樋の大きさや，どの村の用水樋かが描かれている。

付替え以前の大和川の水運を担っていた剣先船は，付替え後，通船ルートを新大和川へと変更した。図中に「剣先船通りスジ」と記されているのは，新大和川は通常水深が浅いため，船の通行ルートを確保したものである。

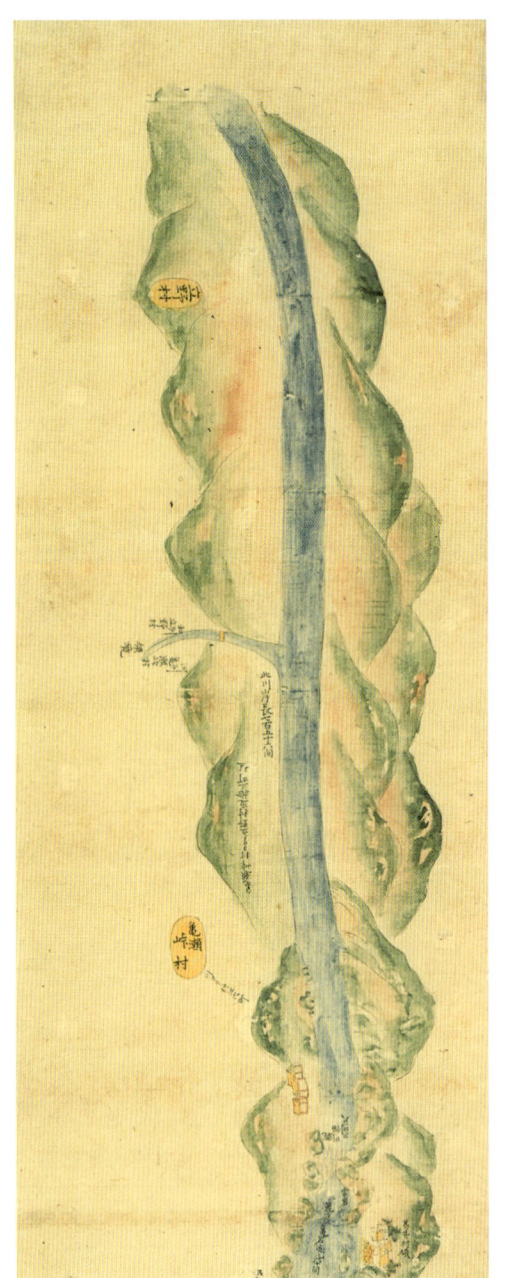

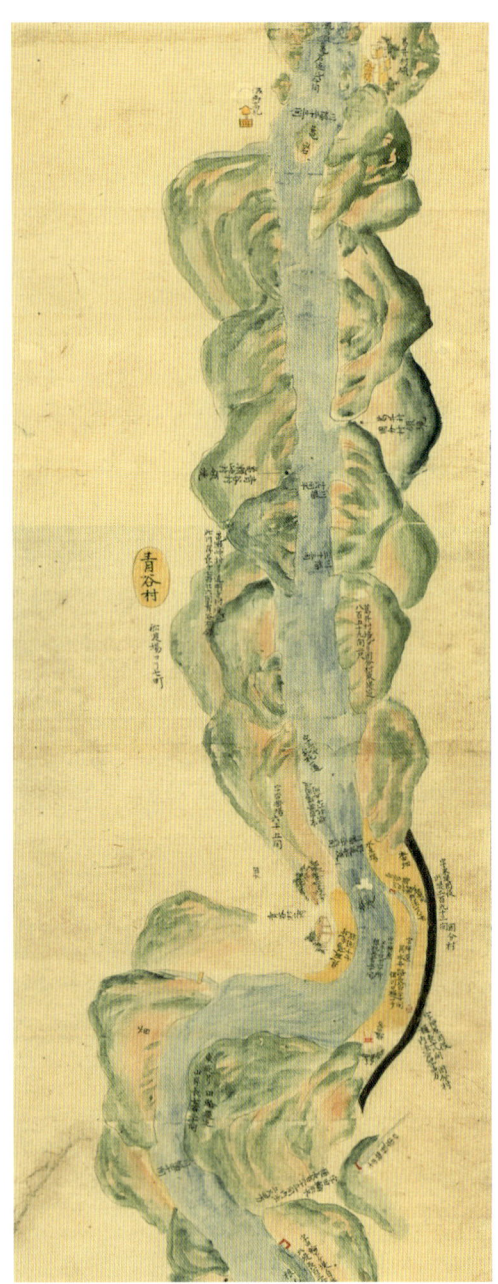

図 7.4.5 大和川筋図巻（堺市博物館蔵・写真提供）

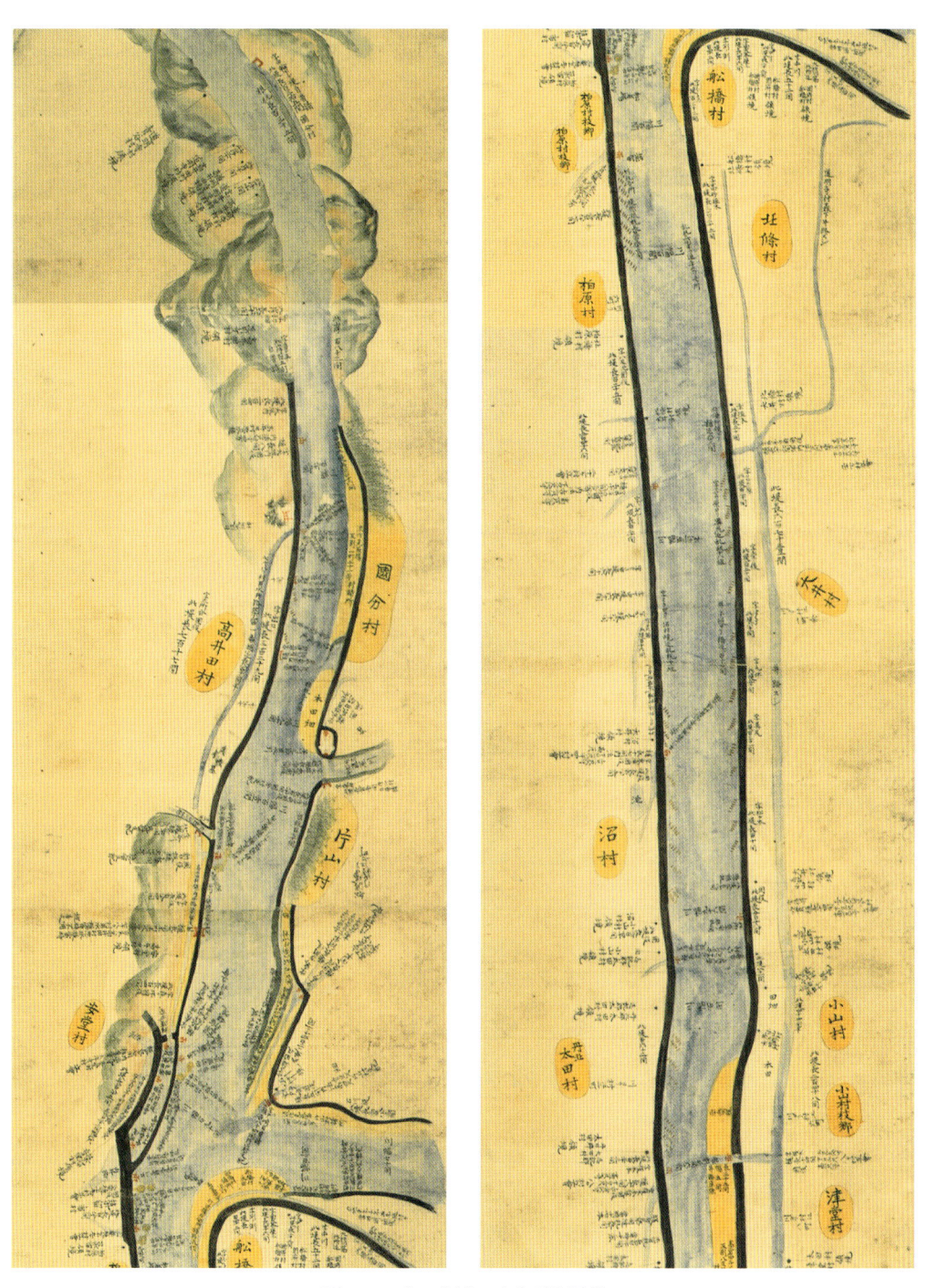

図 7.4.5（つづき） 大和川筋図巻

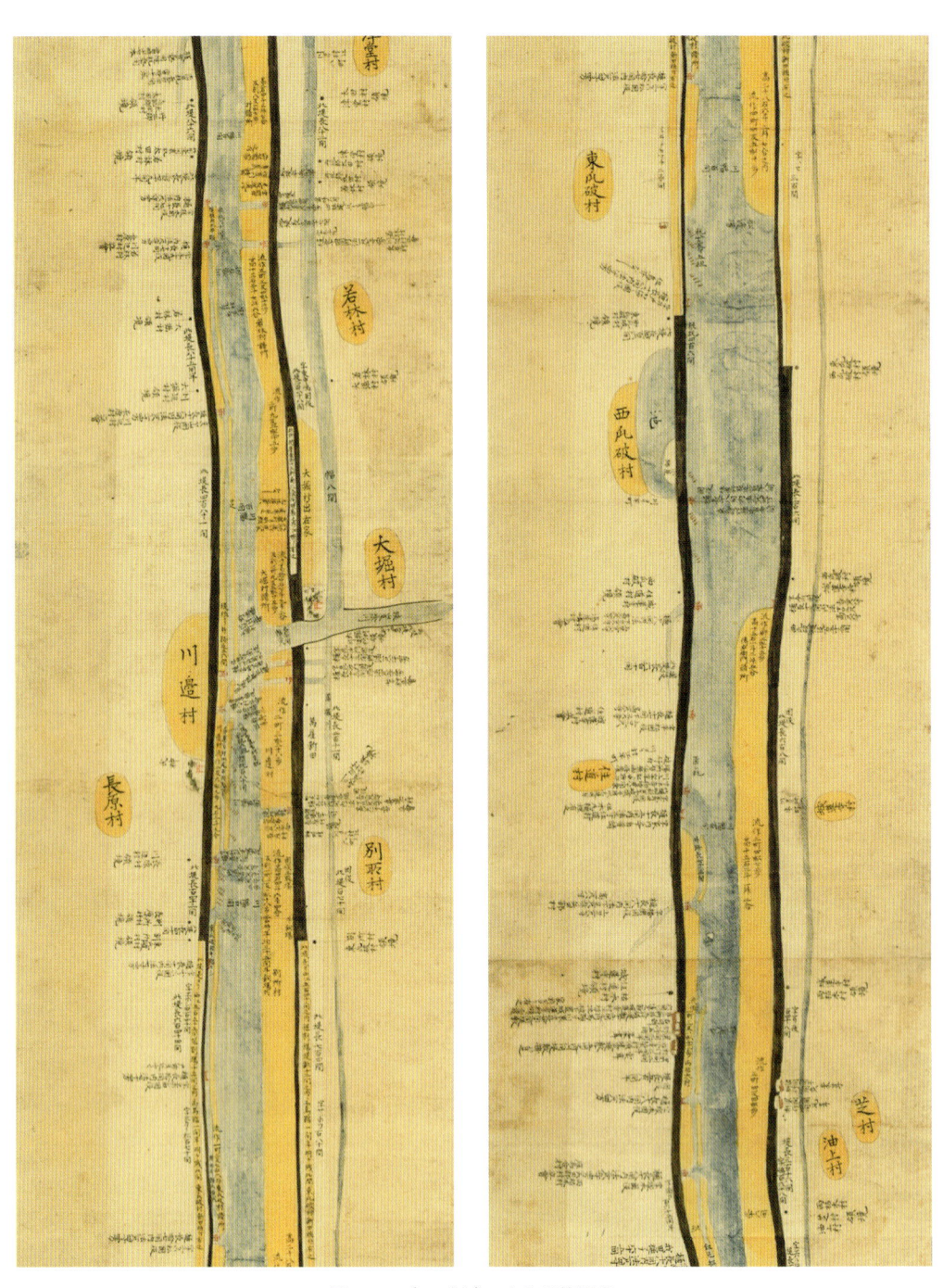

図 7.4.5（つづき） 大和川筋図巻

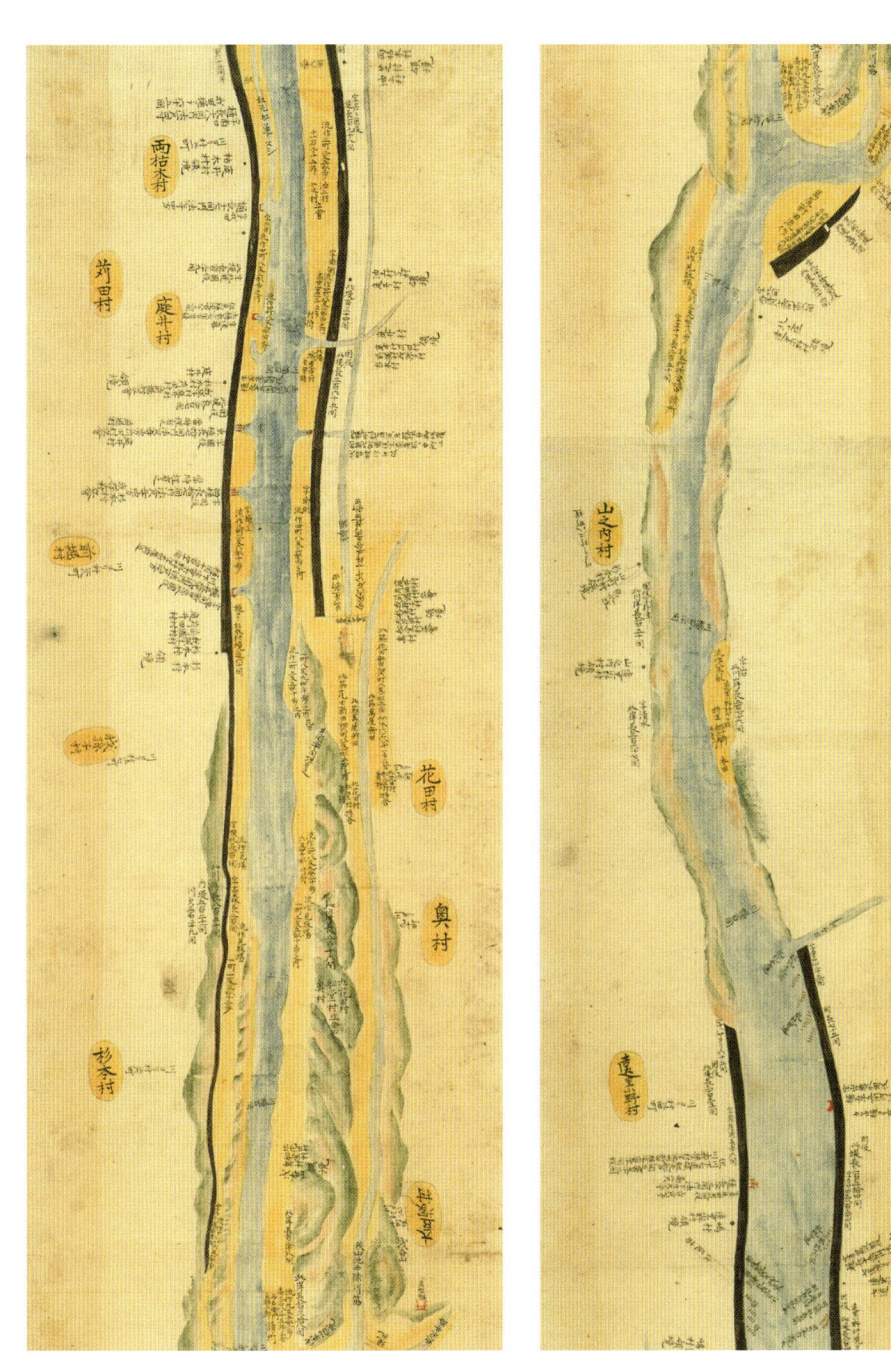

図 7.4.5（つづき） 大和川筋図巻

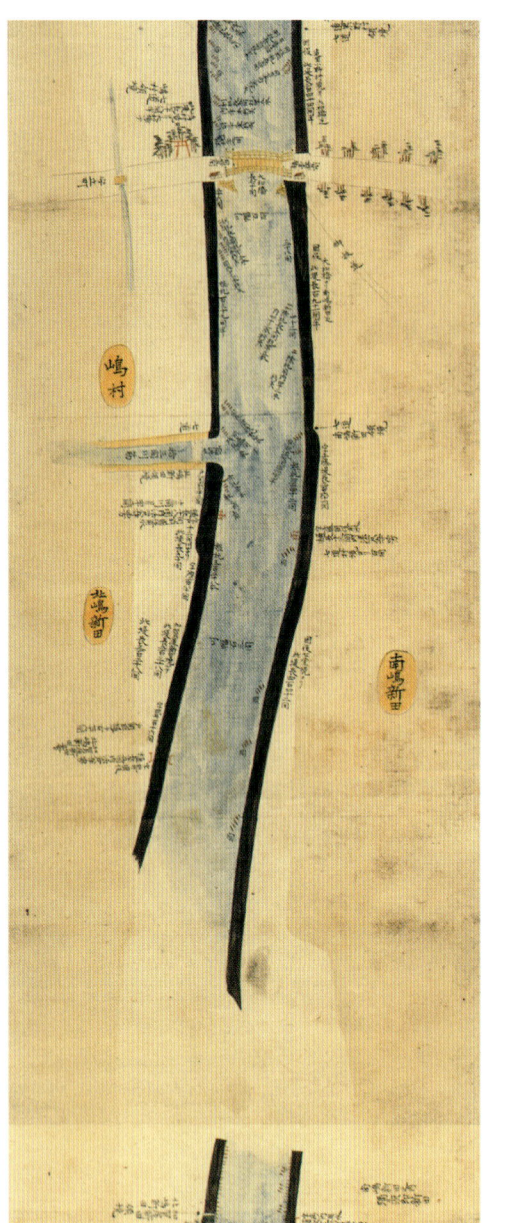

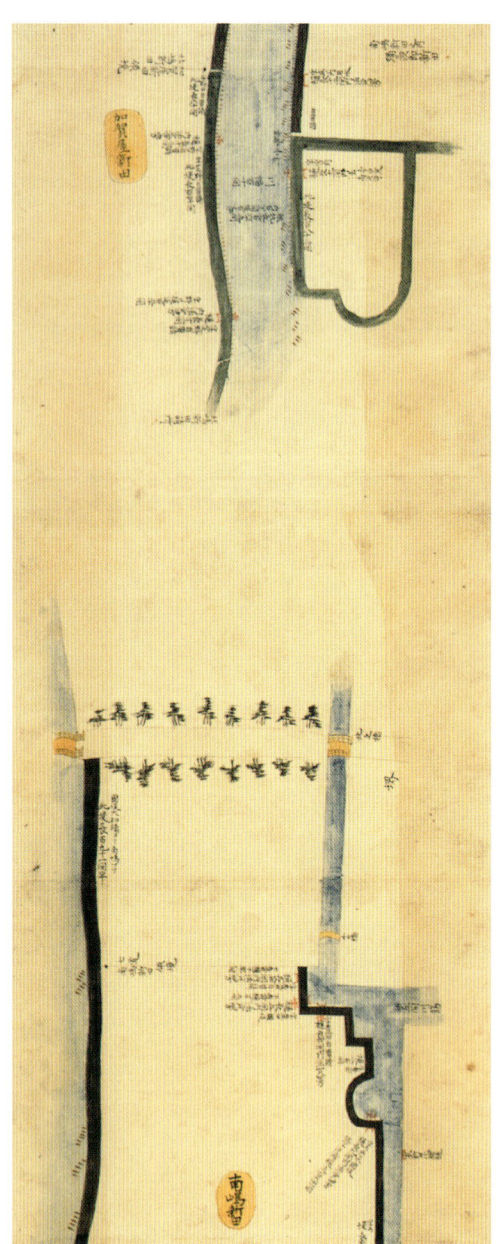

図 7.4.5（つづき）　大和川筋図巻

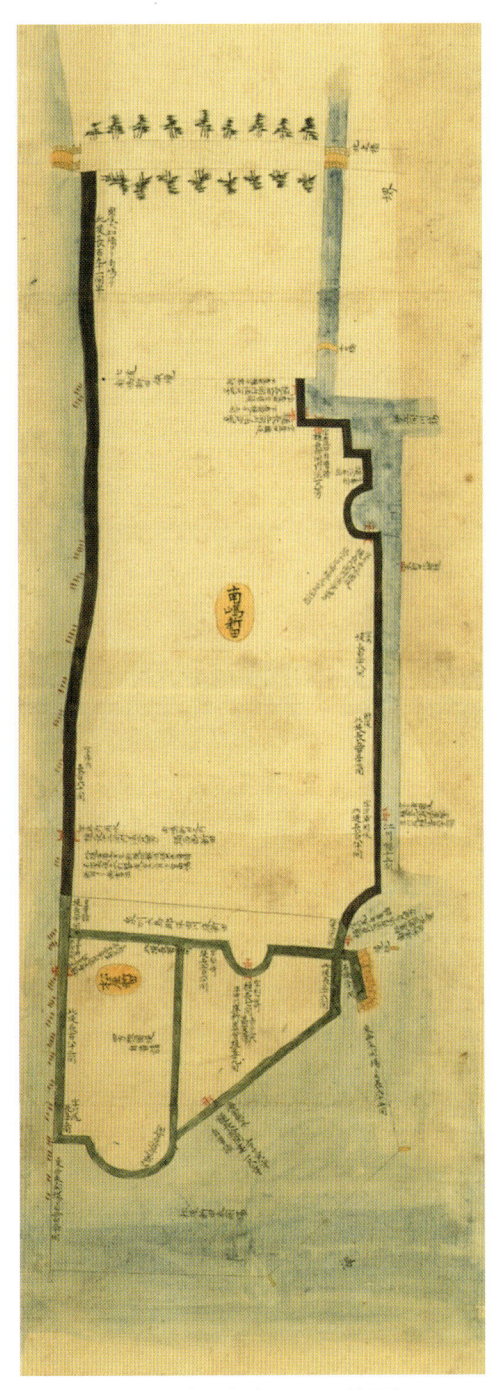

図 7.4.5（つづき） 大和川筋図巻

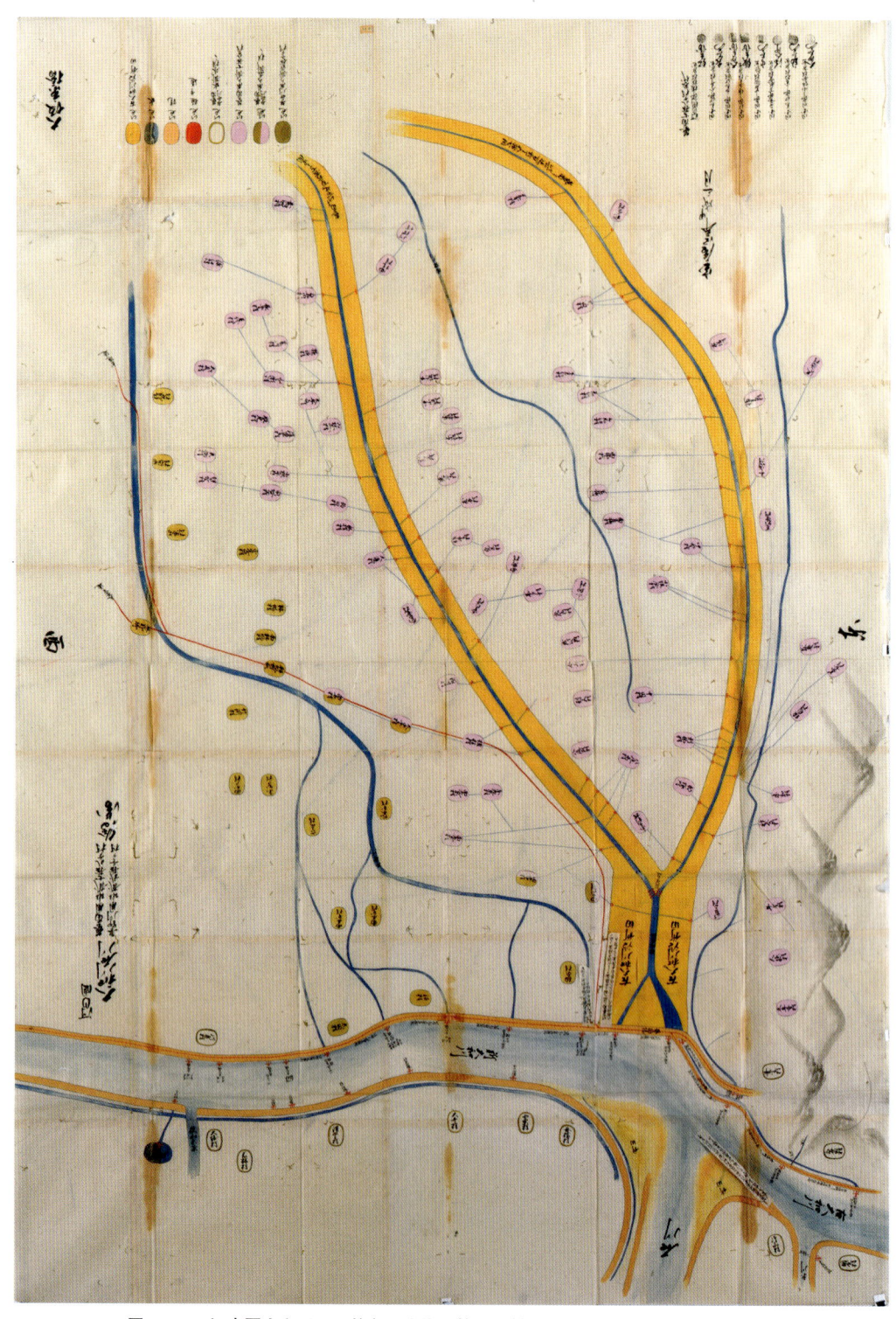

図7.4.6 河内国大和川石川築留用水掛七拾八ケ村・平野川用水掛弐拾壱ケ村絵図
（小川家蔵，写真提供 八尾市立歴史民俗資料館）

⑥ 河内国大和川石川築留用水掛七拾八ケ村・平野川用水掛弐拾壱ケ村絵図　宝暦4年〈1754〉（図7.4.6）

　旧大和川筋および平野川筋の村々の付替え後の取水状況を描いた絵図である。樋の場所と水路を模式的に示している。付替え以前の樋の場所と変わらない場所に新規に樋が設けられたのであろう[4]。

⑦ 平野川筋絵図（図7.4.7）

　大和川の付替えによって平野川も若干の付替えがなされた。付替え以前の平野川は，旧大和川から分流し，平野郷の北東を経て北流していた。新大和川の築留のすぐ下流にある青地樋から取水し，平野川筋へと流れていった。

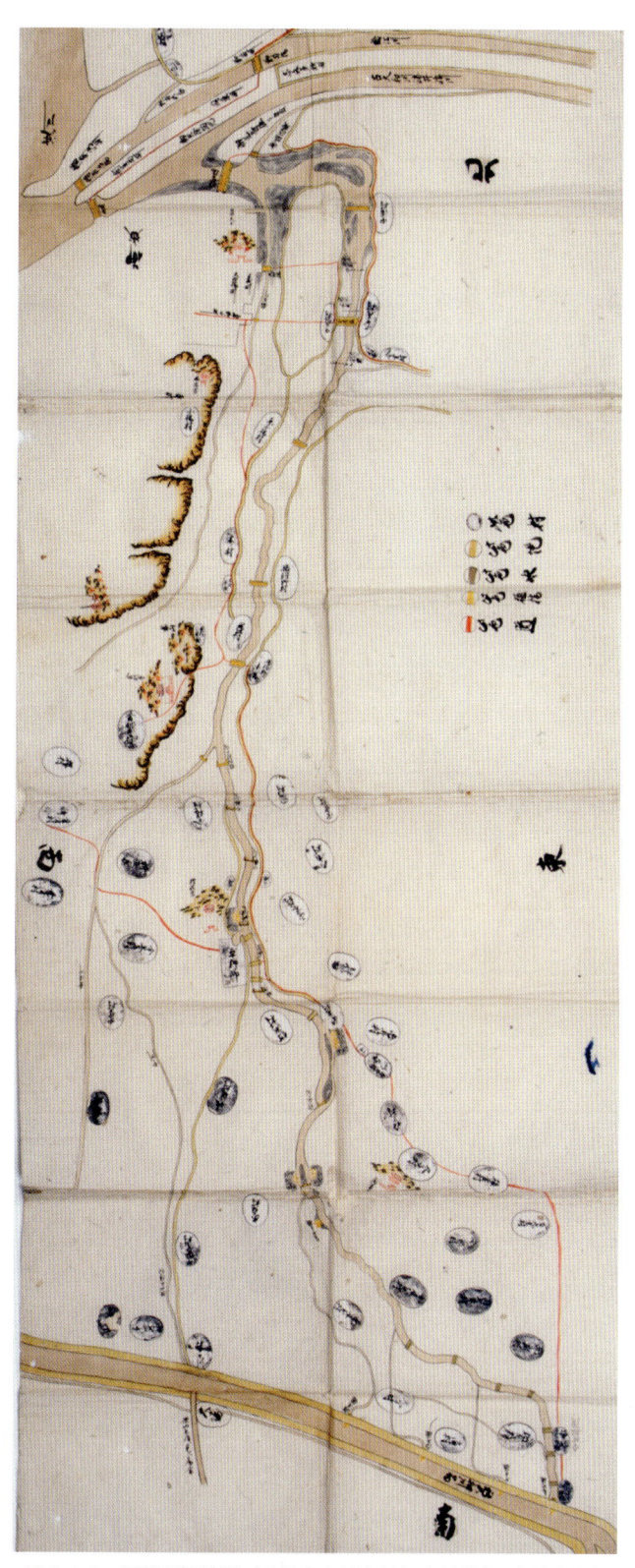

図7.4.7　平野川筋絵図（八尾市立歴史民俗資料館蔵・写真提供）

7.5 ま と め

　大和川は，絵図の作成目的によってさまざまな描かれ方をしている。絵図からは，河川様態や用水事情や舟運などさまざまな情報を得ることができるが，その作成目的を十分考慮して復元などに用いることが必要とされるだろう。

注
1）渡辺　武「新出の摂河絵図について」きょうどしいくの，12，1988年。
2）たとえば，河内国丹南郡岩室村庄屋の記録には，「六月廿日　大雨大水ニ而狭山除つふれ」とあり，洪水によって狭山池の除も決壊したことが記録されている（「累年村方日記」『狭山池　史料編』所収）。
3）堺市博物館『大和川筋図巻をよむ』2004年。
4）詳細は本書6章5節参照。

参考文献
大阪狭山市教育委員会『絵図に描かれた狭山池』1992年。
大阪府立狭山池博物館『近世を拓いた土木技術』2004年。
柏原市立歴史資料館『大和川──その永遠の流れ──』2004年。
堺市博物館『大和川筋図巻をよむ』2004年。
狭山池調査事務所『狭山池　史料編』1996年。
中　好幸『大和川の付替　改流ノート』1992年。
中　九兵衛『甚兵衛と大和川』2004年。
八尾市立歴史民俗資料館『絵図が語る八尾のかたち』1999年。
八尾市立歴史民俗資料館『大和川つけかえと八尾』2004年。
渡辺　武「新出の摂河絵図について」『きょうどしいくの』12，1988年。

第 8 章

大和川関連歴史年表

　ここで示した年表は，これまで刊行されてきた研究論文や市町村史の記載，あるいはそれらに掲載された史料などをもとに作成したものである。大和川の場合，付替えを取り上げた研究が多いために，近世を中心としたものとなったが，ことに近代以降の事項についてはさらに追加の必要があるだろう。また本来であれば原史料にあたり各書の記載を確認すべきところであるが，史料が膨大であり，ごく一部しかそれを果たせなかった。したがって年表の各項目において内容が不統一な箇所もみられる。あくまでも現時点での成果として活用されることを望みたい。本年表がある種の索引として利用されることを想定して出典を掲載したが，一般的な事項については多くの書籍・論文に登場するため代表的なもののみを掲載している。

年　　代	西暦	事　　　　項	文書群	史　　料	出　典
仁徳天皇11年		宮北の郊原を掘り南水を引いて西海に導く		日本書紀	
仁徳天皇14年		感玖大溝を掘り石川の水を引く		日本書紀	
和銅2.5.20	709	河内・摂津など5国で雨が続き、稲の苗を損なう		続日本紀	
天平勝宝2.5	750	大雨のため伎人堤・茨田堤など決壊		続日本紀	
天平宝字6.6	762	長瀬川決壊		続日本紀	
神護景雲4	770	志紀・渋川の大和川堤などの護岸工事に延べ2万2千人を要す		続日本紀	
宝亀3.8	772	河内国茨田堤6か所、渋川堤11か所、志紀郡5か所の堤防決壊		続日本紀	
延暦3.9	784	河内国茨田堤15か所決壊		続日本紀	
延暦4.9.10	785	河内国洪水被害を訴願、使者を派遣		続日本紀	
延暦4.10.27	785	河内に洪水、堤防30か所が破損		続日本紀	
延暦7	788	和気清麻呂、河内和泉の堺に川をほり、荒陵の南より河内川を導き西海に通じる計画、失敗		続日本紀	
延暦18.4.9	799	河内国で洪水のために苗が腐る。貧民の巡見、救済		日本後紀	
大同1.10.18	806	河内摂津両国の堤が定められる		日本紀略	
弘仁3.7.26	812	河内国などに新銭230貫を与え、利子を堤防用に充てる		日本後紀	
弘仁6.6.16	815	河内国で水害、困窮の戸が賑貸を受ける		日本後紀	
弘仁11.2.12	820	河内国で水害、困窮の戸が賑救される		類聚国史	
天長9.8	832	河内摂津で大雨、堤決壊		大日本史・日本紀略	
承和12.9.19	845	難波の堀川の草木を刈らせ、大和川の水利を図る		続日本後紀	
嘉祥1.8.5	848	大雨のため茨田堤切れる		続日本後紀	
嘉祥1.8.8	848	使者を河内・摂津両国に派遣、被害者に倉庫を開き賑給する		続日本後紀	
嘉祥1.9	848	朝廷、藤原嗣宗らに茨田堤の修復を命じる		続日本後紀	
貞観12.7.2	870	藤原良近、築河内国堤使長官に任ぜられる		三代実録	
貞観12.7.20	870	大僧都彗達らを河内国につかわし築堤を視察させる		三代実録	
貞観12.7.22	870	河内の水源である大和国の神に奉幣し築堤の成功を祈る		三代実録	
貞観17.2.9	875	橘三夏、築河内国堤使長官に任ぜられる		三代実録	
長承3	1134	畿内で洪水		三代実録	
宝治2.9.8	1248	畿内で洪水		百練抄	
寛正1	1460	畿内で洪水			
文明15.8.22	1483	畠山義就、大場、長瀬川の植松付近で堤を2丁切り、河内洪水となる		大乗院寺社雑事記	
永正7.5	1510	この月畿内に雨多く洪水おこる		管見記	
天文2.5.5	1533	洪水で植松堤が切れ、渋川神社と植松村が流出	林家文書		八尾市史
天文8.8.17	1539	洪水で河内国で流される村70あり			中好幸『甚兵衛と大和川』
天文13.7.9	1544	畿内洪水、摂津河内両国で被害甚大		皇年代略記	
永禄6.8.5	1563	この日より雨が続き1万6千人死亡		江源武鑑	
文禄4.6.7	1595	京都・大坂大雨洪水		言経卿記	
慶長10	1605	片桐且元、角倉与一の協力で亀の瀬を開く。そのため上流からの土砂流出がはなはだしくなる			布施市史
慶長13.2	1608	暴風雨が続き摂津河内両国洪水。処々の堤防決壊		凶荒誌	中好幸『甚兵衛と大和川』
慶長13.8.1	1608	畿内洪水		凶荒誌	中好幸『甚兵衛と大和川』
慶長15.1	1610	片桐且元、角倉与一の協力で亀の瀬を開き安村右衛門信安に命じて魚梁船を造らせる	保井文庫	「延宝7年3月12日付、覚」	肥後和男「近世における大和川の船運」
元和6.5.20	1620	大和川氾濫、柏原の堤防決壊、2万4千石余りの土地が荒れる	大阪市立中央図書館蔵	河州志紀郡柏原村荒地ヲ開新町取立大坂より船上下致候品様子書	八尾市史
元和6	1620	大和川の洪水の復旧のため、志紀郡代官末吉孫左衛門長方、新町の新設と、平野川の浚渫、通船を企画するが認可されず			八尾市史

第8章　大和川関連歴史年表

年　代	西暦	事　項	文書群	史　料	出　典
元和8	1622	代官末吉長方の質問に対し、志紀郡の村々柏原船の通船を歎願する			柏原市史
寛永3	1626	このころ、大和川筋はいまだ天井川化せず	中家文書	堤防比較調査図	
寛永8	1631	このころ堤奉行（大坂代官兼任）置かれる			大阪市史
寛永10.8	1633	大和川で洪水、堤防が切れ、36人が水死			八尾市史
寛永10.8.10	1633	大和川石川が氾濫、柏原堤300間、舟橋村堤30間、国分堤50間が流失、柏原村民家50軒流され、136人の水死者、2万石余りの土地が荒廃	大阪市立中央図書館蔵	河州志紀郡柏原村荒地ヲ開新町取立大坂より船上下致候品様子書	八尾市史
寛永12春	1635	洪水、国分・船橋・柏原・弓削の堤防を破損			八尾市史
寛永12	1635	代官末吉長方、大井村庄屋九右衛門・治右衛門・柏原村庄屋清兵衛に、5隻の剣先船で平野川筋を猫間川まで浚渫させる			八尾市史
寛永13.秋	1636	大坂町奉行久貝因幡守正俊、柏原船を許可し、大井村庄屋九右衛門・治右衛門・柏原村庄屋清兵衛ら船仲間を組織し40隻で積荷を始める（柏原新町のはじまり）			八尾市史
寛永13	1636	大坂天満太右衛門、柏原船の積み残しを積んで通船、1駄につき2分の上前銀			八尾市史
寛永14	1637	大坂天満太右衛門、柏原船の積み残し分の通船に対する上前銀を拒否、訴訟となる			八尾市史
寛永15	1638	吉田川氾濫、1か所決壊	中家文書	堤切所之覚	八尾市史・八尾市史史料編
寛永15	1638	大和川船改め、この時から剣先船と呼ばれる、大坂150隻・古市8隻・石川筋諸村18隻	栗山家文書	船数集極印之訳書	布施市史
寛永16.春	1639	上荷・茶船平野まで遡り柏原船監視者とけんか			柏原市史
寛永16	1639	国分村八丁縄手に新町をたて、船28隻を新造し国分船を始める		河州志紀郡柏原村荒地ヲ開新町取立大坂より船上下致候品様子書	柏原市史
寛永17.9.19	1640	柏原舟仲間の定できる	末吉文書	柏原船仲間定書	
寛永17.9.25	1640	大坂組14軒の柏原船への参加のため、代官船数30の増大を認め総数70隻となる			三田章「柏原船」
寛永17.9.29	1640	柏原船、従前の3人に加え14人が参加、新町に屋敷を設けることを定める		柏原船定之事	柏原市史
寛永17.10.2	1640	柏原船仲間の定を作る		定	柏原市史
寛永17	1640	上荷・茶船が平野まであがり柏原船とのあいだで争論。この後、5月・8月のみ平野までの積荷が認可			八尾市史
寛永18.春	1641	柏原船を残らず平野に集め焼印をおす	大阪市立中央図書館蔵	河州志紀郡柏原村荒地ヲ開新町取立大坂より船上下致候品様子書	
寛永19.春	1642	末吉長方、柏原船年寄5名をつれ、小堀遠州・五味備前守に謁見、由緒を説明	大阪市立中央図書館蔵	河州志紀郡柏原村荒地ヲ開新町取立大坂より船上下致候品様子書	
正保1.12	1644	国分船35隻となる			柏原市史
正保1	1644	末吉長方、柏原船年寄5名を召して、3年以内に柏原本郷の再開発を命じる	大阪市立中央図書館蔵	河州志紀郡柏原村荒地ヲ開新町取立大坂より船上下致候品様子書	
正保2.2.25	1645	安村家、長谷寺造営の用木を載せた船を亀の瀬でとめる	保井文庫		肥後和男「近世における大和川の船運」
正保2	1645	剣先船と上荷・茶船争論、申合が成立し、剣先船は京橋より上で働くこと、積みには油粕・干鰯などに限ることなど決まる		剣先船仕置之事	布施市史
正保3	1646	国分船に大坂町奉行から極印与えられる			布施市史
正保3	1646	大坂の上荷船・茶船仲間、大坂町奉行に剣先船の請願、認められる		諸川船要用留	八尾市史・布施市史
正保3	1646	古剣先船の数増える			布施市史
正保4	1647	洪水跡の再開発のため柏原村坂井町の集団移転を命じられる。（今町の始まり）			三田章「柏原船」

年　代	西暦	事　項	文書群	史　料	出　典
慶安3	1650	大和川氾濫、八尾木で決壊	中家文書	堤切所之覚	大東市史・八尾市史史料編
承応1	1652	吉田川決壊、1か所決壊	中家文書	堤切所之覚	大東市史・八尾市史史料編
明暦1	1655	新開池から排水用に徳庵井路ほられる			中好幸『改流ノート』
明暦2. 11. 24	1656	今米村庄屋川中九兵衛死去			八尾市史
明暦3	1657	大坂町奉行、剣先船が上流への荷物を積みこむ際にだけ、京橋より下流での積み込みを認める			八尾市史
明暦3	1657	中甚兵衛、江戸出訴を企てる			大阪府史
万治2	1659	これより少し前、大和川下流の百姓らはじめて幕府に付替えを訴え			中好幸『改流ノート』
万治3	1660	幕府は片桐石見守貞昌、岡田備前守を派遣して実地見分、測量・杭木打ちをするが、百姓の反対陳情のため沙汰やみ			八尾市史
寛文1	1661	新開池内に徳庵井路まで悪水を導く六郷村々の井路が掘削される			中好幸『改流ノート』
寛文2	1662	玉櫛川川口法善寺二重堤、洪水のため流失（以後堆積がひどくなる）	中家文書	堤切所之覚	八尾市史史料編
寛文5	1665	幕府、書院番安部四郎五郎政重、小姓組松浦伊右衛門信定を淀川筋の巡見に派遣		徳川実紀	大阪府史
寛文6. 2. 2	1666	老中の連署で「諸国山川掟」出される		徳川実紀	大阪市史
寛文6	1666	このころ大和川は天井川化し、田地より高い場所が現れる	中家文書	堤防比較調査図	
寛文6	1666	幕府、使番安部政重、書院番前田佐太郎直勝を淀川・大和川・木津川の堤防修築奉行に任ずる		徳川実紀	大阪府史
寛文10	1670	永井右衛門・藤掛監物が大坂川普請の奉行となる			中好幸『改流ノート』
寛文11. 3. 21	1671	幕府は永井右衛門、藤懸監物を派遣して実地見分、柏原村船橋村領内に杭打ちをする	柏原家文書	乍恐言上仕候	八尾市史・大阪府史
寛文11. 10	1671	永井右衛門・藤掛監物、川筋に杭打ちをする	長谷川家文書	城連寺村記録	松原市史史料編3
寛文12. 3	1672	川筋に打った杭を抜き植松村に川除杭として渡す	長谷川家文書	城連寺村記録	松原市史史料編3
寛文12. 4	1672	地元の反対のため付替えは中止			八尾市史
延宝2. 3	1674	中甚兵衛、江戸より生家に帰る			中好幸『改流ノート』
延宝2. 4. 10	1674	大雨、洪水			中好幸『改流ノート』
延宝2. 6. 13. 14	1674	玉櫛川・菱江川・吉田川・深野池・新開池が洪水、堤防決壊35か所	中家文書	堤切所之覚	八尾市史・大阪市史・八尾市史史料編
延宝2. 6	1674	洪水で玉櫛川の二重堤が決壊			中好幸『改流ノート』
延宝2	1674	東除川、洪水で水3尺あがる	小山村文書	乍恐奉願上候	藤井寺市史6
延宝2	1674	尼崎又右衛門、剣先船100隻の新造を願い出る		川船惣数並御仕置一件写・船極印方	八尾市史・布施市史・大阪編年史6
延宝3. 2	1675	尼崎又右衛門の剣先船100隻新造の願い認められる、新剣先船と称する		海部屋記録	八尾市史・布施市史・大阪編年史6
延宝3. 6. 3	1675	玉櫛川・菱江川・吉田川・深野池・新開池が洪水、堤防決壊19か所	中家文書	堤切所之覚	大東市史・八尾市史史料編
延宝3. 8	1675	大和川諸流はすべて天井川化し田地より3m程度高くなる。甚兵衛、堤防比較図を提出	中家文書	堤防比較調査図	
延宝4. 3	1676	大坂町奉行所の彦坂壱岐守・高橋又兵衛ら付替え検分実施			中好幸『改流ノート』
延宝4. 3	1676	船橋村など27村、新川に反対の訴状町奉行と江戸に提出	柏原家文書	乍恐言上仕候	東住吉区史、大阪府史、八尾市史史料編
延宝4. 4. 26	1676	玉櫛川・菱江川・吉田川・深野池・新開池が洪水、堤防決壊10か所			大東市史

第8章　大和川関連歴史年表

年　代	西暦	事　　項	文書群	史　料	出　典
延宝4.5	1676	玉櫛川・菱江川・吉田川・深野池・新開池で6か所の堤防決壊			中好幸『改流ノート』
延宝4.7	1676	玉櫛川・菱江川・吉田川・深野池・新開池で4か所の堤防決壊			中好幸『改流ノート』
延宝4	1676	幕府は奉行を河内に派遣			八尾市史
延宝4	1676	反対派の庄屋9人、江戸に登り訴訟	柏原家文書	取替し申一札之事	八尾市史史料編
延宝5.12.22	1677	藤井村庄屋庄兵衛らが、大坂天満尼崎又右衛門の船6隻をとりもち亀の瀬をあがるのをとめる	保井文庫		肥後和男「近世における大和川の船運」
延宝5	1677	付替えに反対して9人の代表者江戸に訴願		取替し申一札之事	八尾市史
延宝7.2.6	1679	京都角倉平次の船が亀の瀬を登るのをとめる	保井文庫		肥後和男「近世における大和川の船運」
延宝7	1679	河内27か村の剣先船の営業を停止し、堀溝村に剣先船14隻の営業を許可する		海部屋記録	大阪編年史6
延宝8	1680	大和川沿い23か村所持の在郷剣先船78隻は無免許のため禁止される			八尾市史
延宝9.7	1681	玉櫛川・菱江川氾濫、6か所で堤防決壊	中家文書	堤切所之覚	八尾市史・柏原市史・八尾市史史料編
天和3.2.18	1683	幕府、稲葉正休・彦坂重紹・伊奈半十郎・河村瑞賢などに川違い巡検を命じる		徳川実紀	大阪編年史6・中好幸『改流ノート』
天和3.2	1683	稲葉正休・彦坂壱岐守重紹・伊奈半十郎・河村瑞賢等川違い巡検	柏原家文書		八尾市史
天和3.3	1683	稲葉正休一行、京都にいたり、畿内の河川を巡検		畿内治河記	大阪編年史6
天和3.4.11	1683	巡検一行太田村を視察、農民等これに驚き宿所の中之島屋敷に訴訟			八尾市史
天和3.4.21	1683	巡見に際して、新川筋に杭打たれる	柏原家文書	乍恐御訴訟申上候	大阪府史
天和3.4.23	1683	船橋村など23村、巡見に際し杭を打たれたことに対して抗議の願出	柏原家文書	乍恐御訴訟申上候	東住吉区史・八尾市史史料編
天和3.4	1683	巡見一行、安立町と阿部野への2本の新川筋を示す			中好幸『改流ノート』
天和3.5	1683	柏原船由緒書作られる	三田家文書	柏原船由緒書	三田章「柏原船」
天和3.閏5.25	1683	稲葉正休一行、江戸帰着		徳川実紀	大阪市史・大阪編年史6・中好幸『改流ノート』
天和3.6.23	1683	河村瑞賢、山城・河内の水路巡察を命ぜられる		徳川実紀	大阪市史・大阪編年史6
天和3.7.22	1683	大坂町奉行、淀川右岸天満川崎〜難波橋の間幅40間を御用地として召し上げる内示			大阪市史
天和3.9.5	1683	稲葉正休ら河村瑞賢を召して畿内治河を命じる		畿内治河記	大阪市史・大阪編年史6
天和3.年末	1683	河村瑞賢、江戸を立つ			大阪市史
天和3	1683	玉櫛川・菱江川氾濫、吉田堤7か所で堤防決壊	中家文書	堤切所之覚	大東市史・八尾市史史料編・柏原市史
天和4.1.9	1684	河村瑞賢、大坂に到着し、起工の準備をすすめる		畿内治河記	大阪編年史6
天和4.2.11	1684	河村瑞賢、九条島の工事開始、20日で終わる			大阪市史
貞享1.2	1684	藤堂伊予守・小田切土佐守直利、川筋支配仰せ付けらる	（町奉行旧記五）	川筋御用勤書	大阪市史史料42
貞享1.3	1684	山川掟之覚再び触れ出す			大阪府史
貞享1.7.28	1684	在郷剣先船25隻に極印をおす		川船惣数並御仕置一件写・海部屋記録	大阪編年史6
貞享1.8.28	1684	若年寄稲葉正休、老中堀田正俊を刺し、その場で討たれる			大阪市史
貞享1.8	1684	河村瑞賢、江戸に帰り、九条島の工事進捗状況について幕府に報告			大阪市史

年　代	西暦	事　項	文書群	史　料	出　典
貞享1.8	1684	御領・私料ともに土砂留奉行を置き、山検分の実施を義務付ける			中好幸『改流ノート』
貞享1.8	1684	淀川・大和川沿いの山々に植林し、奉行を設け山見分をする旨の覚が畿内諸大名に出される（土砂留）			大阪府史
貞享1.10.27	1684	河村瑞賢、江戸に帰り、工事の進捗を幕府に報告		畿内治河記	大阪編年史6
貞享1.11	1684	河村瑞賢、再び大坂で工事続行			大阪市史
貞享1	1684	在郷剣先船、剣先船並みの役儀を条件に許可される			八尾市史・布施市史
貞享2.1	1685	河村瑞賢、工事を終えて江戸に帰る。幕府に工事について説明			大阪市史
貞享2.10.15	1685	大和川淀川流域の村々に河村瑞賢の工事に洪水などの時は人足を出すように命令がでる	柏原家文書	覚	八尾市史史料編
貞享2.11.21	1685	河村瑞賢の工事に伴い、淀川大川筋深野池周辺の葦の刈り取りや流作の禁止、工事一行に船を出すことなどを命じる覚え、藤堂伊予守より代官末吉勘兵衛に届き、村々に命ぜられる	柏原家文書	覚	八尾市史史料編
貞享2.11	1685	河村瑞賢、京都で所司代土屋政直に謁す			大阪市史
貞享2.12.22	1685	河村瑞賢、堂島川の下流から溜まった砂を300丈にわたり除去する工事		畿内治河記	大阪市史・大阪編年史6
貞享3.3.7	1686	古川筋5郡百姓等、奉行に対し、楠根川中堤・法善寺前二重堤の普請などを請願	中家文書	乍恐御訴訟言上	八尾市史史料編
貞享3.3	1686	河村瑞賢、石川などの浅い所を深くし川道の曲流をただし、森河内～京橋間の川道を拡幅する工事を着工		畿内治河記	布施市史・大阪市史・大阪編年史6
貞享3	1686	玉櫛川・菱江川・恩智川3か所で決壊	中家文書	堤切所之覚	大東市史・八尾市史史料編
貞享3	1686	久宝寺川荒川村堤切1か所	中家文書	堤切所之覚	八尾市史史料編
貞享3	1686	淀川工事が竣工したので、新地を商人に貸与し、浚渫費にあてる		川方地方御用覚書・川筋御用覚書	大阪編年史6
貞享4.1	1687	老中より大坂町奉行あてに、今後川浚国役を行い、川奉行を設置し、新地を町割りすることなどを下知			大阪市史・大阪府史
貞享4.1	1687	大和川下流の村々、付替えを藤堂伊予守に訴える			中好幸『改流ノート』
貞享4.3.24	1687	安井九兵衛、安治川筋の新地などを検地		安井系譜・安井九兵衛書上	大阪編年史6
貞享4.3	1687	河内3郡の村々、町奉行に応急工事を訴える			中好幸『改流ノート』
貞享4.4.7	1687	推進派、過去の洪水書上を奉行に提出	中家文書	堤切所之覚	八尾市史史料編
貞享4.4.30	1687	推進派、法善寺前二重堤、放出新川、菱江川堤、吉田今津前関留、徳庵井路、寝屋川恩智川などの普請を請願			八尾市史史料編
貞享4.4	1687	付替え推進派、50年間の洪水記録を添え願書を町奉行に提出	中家文書	乍恐御訴訟	八尾市史・布施市史・中好幸『改流ノート』
貞享4.5	1687	河村瑞賢、工事を終えて江戸に帰る		畿内治河記	大阪市史・大阪編年史6
貞享4.6	1687	大坂町奉行より江戸に入札による河川浚渫など川筋支配に関する伺い		川筋御用覚書	大阪市史・大阪編年史6
貞享4.7	1687	老中、大坂町奉行に年々の川浚御普請は国役銀をあてることを命じる		川筋御用覚書	大阪市史・大阪編年史6
貞享4.8.25	1687	推進派、奉行に、二重堤・放出新川・徳庵掘り抜き、寝屋川・恩智川水通しなどの普請を請願	中家文書	乍恐口上書を以言上	八尾市史史料編
貞享4.9	1687	大坂町奉行、川筋御仕置の高札を建てる		川筋御用覚書	大阪市史・大阪府史・大阪編年史6
貞享4	1687	古・新剣先船仲間、在郷剣先船が貸船をしていると出訴			大東市史
貞享4	1687	万年長十郎、上方代官に			柏原市史
貞享4	1687	藤堂伊予守・小田切直利、川筋に禁令の高札建てる	（町奉行旧記五）	川筋御用勤書	大阪市史史料42

年　代	西暦	事　項	文書群	史　料	出　典
元禄2. 4. 15	1689	幕府、大坂町奉行に、摂河両国の土砂留を監督させる	(町奉行旧記五)	川筋御用勤書	大阪市史史料42
元禄2. 12. 7	1689	付替え推進派（河内・若江・讃良・茨田）応急の措置の願書を奉行所に提出	中家文書	乍恐御訴訟	八尾市史・布施市史・八尾市史史料編
元禄2	1689	貝原益軒、大和川付近を巡見			八尾市史
元禄3. 8	1690	大坂町奉行小田切直利、柏原船仲間に運上銀を命じる			柏原市史
元禄3. 12	1690	河内郡・若江郡・讃良郡・茨田郡の村々、河内の治水施設について再検討の請願			柏原市史
元禄3	1690	剣先船、この年から一隻につき年8匁5分の運上銀を納める			大東市史・布施市史
元禄3	1690	国府船の規模定められ、運上金を上納するようになる			柏原市史
元禄7	1694	竜田藩主片桐氏断絶。安村氏の川船支配権も消滅。代官竹村八郎兵衛の支配となる	保井文庫		肥後和男「近世における大和川の船運」
元禄8. 1. 25	1695	柏原船仲間、平野庄での水車の新設に対する反対の願出			柏原市史
元禄8. 3. 12	1695	柏原船仲間、既設の鞍作村の水車の撤去を同村領主戸田山城守役人に願出、認められず			柏原市史
元禄8. 3. 18	1695	柏原船仲間、太子堂村・鞍作村の既設水車の撤去および平野庄への水車新設の禁止を求める願出を再度だす			柏原市史
元禄8. 3. 23	1695	丹北・志紀郡の23村、平野川筋の水車の撤去を大坂町奉行に願出（川底の堆積が理由）			柏原市史
元禄8. 3. 25	1695	柏原船仲間、大坂町奉行所に召喚され、水車撤去の歎願却下			柏原市史
元禄8. 3. 28	1695	丹北・志紀郡の23村、大坂町奉行所に召喚され平野川筋水車の撤去の請願却下される			柏原市史
元禄8. 4. 28	1695	柏原船仲間、水車撤去を再請願するが、大坂町奉行松平玄蕃頭忠周は却下し、重ねての出訴を禁じる			柏原市史
元禄8. 5. 18	1695	丹北・志紀郡22村、水車撤去の件、大坂町奉行所に出訴するが却下される			柏原市史
元禄8. 6	1695	立野村百姓中、運上銀100枚で川船支配権の取得を願い出る。安村氏も同額で対抗	保井文庫		肥後和男「近世における大和川の船運」
元禄8. 8	1695	代官竹村八郎兵衛死去。川船支配権の請願の件は後任の辻弥五右衛門に引き継がれる	保井文庫		肥後和男「近世における大和川の船運」
元禄10. 12	1697	安村氏の川船支配の件は却下、立野村惣百姓の支配となる	保井文庫		肥後和男「近世における大和川の船運」
元禄11. 3. 9	1698	老中土屋政直は大坂町奉行永見重直を召し、河村瑞賢に残余の工事をさせる旨を命令	(町奉行旧記五)	川筋御用勤書	大阪市史史料42・大阪市史
元禄11. 3	1698	河村瑞賢ら工事の概要を報告、幕府に召されて御家人となる			八尾市史、大阪府史
元禄11. 4. 19	1698	老中、大坂町奉行・勘定奉行・京都町奉行を召し出し、河村瑞賢の指示に従うことを指示			大阪市史
元禄11. 4. 28	1698	九条島の新川を幕府、安治川と命名			大阪市史
元禄11. 4. 28	1698	河村瑞賢ら江戸をたって大坂にむかう		町奉行旧記	大阪市史
元禄11. 5	1698	河村瑞賢、二期工事（淀川上流・宇治川・大和川・堀江川開削）		川方地方御用覚書	大阪市史
元禄11. 5	1698	摂河両国の河川の新田開発希望者は名乗り出るよう触れ			中好幸『改流ノート』
元禄11. 9	1698	米倉丹波守、瑞賢の工事の見分	(町奉行旧記五)	川筋御用覚書	大阪市史史料42・大阪市史
元禄12. 2	1699	河村瑞賢の工事竣工			大阪府史
元禄12. 3	1699	河村瑞賢、江戸に帰る		寛政重修諸家譜	大阪府史
元禄13	1700	今米村太兵衛、江戸に陳情に下る			松原市史
元禄14	1701	江戸役人による水所検分実施、付替えも検討される			中好幸『改流ノート』

年　代	西暦	事　項	文書群	史　料	出　典
元禄15.3.5	1702	柏原船仲間、東亀井村など7村が屎船で荷物を運ぶことに対して禁止の訴願			柏原市史
元禄15.3.15	1702	東亀井村など7村の庄屋・年寄、連署して以後屎船には下肥以外は運ばないことを誓約			柏原市史
元禄15	1702	（尼崎新田）尼崎又右衛門、深野池の一部を新田とする			大東市史
元禄15	1702	（三島屋新田）若江郡三島屋新田完成し検地を受ける			中好幸『改流ノート』
元禄15	1702	万年長十郎ら大坂川口海表の新田の検地			大阪府史
元禄16.2	1703	幕府、若年寄稲垣対馬守重富、大目付安藤筑後守重玄、勘定奉行荻原近江守重秀らに畿内、長崎の巡見を命じる			大阪府史
元禄16.4.6	1703	稲垣重富、安後重玄、荻原重秀ら付替え予定地の実地見分			八尾市史
元禄16.4.6	1703	万年長十郎・小野朝之丞、柏原村〜住吉浦を巡見し、中甚兵衛に工事費用を質問	柏原家文書	覚	大阪市史・八尾市史史料編
元禄16.4.19	1703	付替え反対派、訴状と絵図を堤奉行に提出	柏原家文書	覚	八尾市史・八尾市史史料編
元禄16.5	1703	反対派、奉行所に訴願を提出	柏原家文書		大阪府史
元禄16.5.24	1703	万年長十郎、反対派の庄屋を召して絵図・訴状を返す	柏原家文書	覚	八尾市史・八尾市史史料編
元禄16.5.26	1703	反対派、奉行所に訴状絵図を再提出	柏原家文書	覚・乍恐川違迷惑之御訴訟	八尾市史・八尾市史史料編
元禄16.6	1703	志紀郡・丹北郡・住吉郡の百姓等、新川反対の願いを出す	西田勝治文書	乍恐謹而言上	志紀村誌
元禄16.10.28	1703	幕府、大和川改修の命を出し、本多忠国を助役、因幡重秀を堤奉行などに命ず		徳川実紀	八尾市史
元禄16.12	1703	反対派、江戸直訴を決定			中好幸『改流ノート』
元禄16	1703	（三島屋新田）茨田郡三島屋新田着工			中好幸『改流ノート』
元禄16	1703	（箕輪村新田）着工			中好幸『改流ノート』
元禄17.1.15	1704	新川筋村々の代表、陳情のため江戸に出立するが、荻原重秀に叱責される			松原市史
元禄17.1.15	1704	目付大久保忠香・小姓組伏見主水為信、普請奉行として江戸を出立		徳川実紀	松原市史
元禄17.1.18	1704	万年長十郎、江戸より帰り、新川筋の代表を召し出して、付替えの決定を申し渡す			松原市史
元禄17.1	1704	大久保忠香、伏見為信来坂し、萬年長十郎、本多忠国と喜連村で打ち合わせ（7920間、幅100間、両堤防、悪水井路4100間、川辺以東は公儀普請場、以西は御手伝普請場）			八尾市史
元禄17.2.13	1704	柏原で大和川付替えの起工式			大東市史
元禄17.2.15	1704	工事着工			大東市史
元禄17.2.18	1704	太田村に見通しの杭建てられる、太田村庄屋らこれに対して訴願	柏原家文書	差上ケ申一札之事	八尾市史・八尾市史史料編
元禄17.2	1704	万年長十郎に対して人足2人、馬5匹が与えられる			八尾市史
元禄17.2	1704	普請奉行大久保忠香・伏見為信、大坂に着く			中好幸『改流ノート』
元禄17.2	1704	喜連村に両普請奉行と万年長十郎の普請役所を置く			中好幸『改流ノート』
元禄17.3.4	1704	杭内の家に立ち退きの命令など出される	柏原家文書	差上け申一札之事	八尾市史・八尾市史史料編
宝永1.3.21	1704	御助普請担当の本多忠国が急死。工事頓挫			八尾市史
宝永1.4.1	1704	人足による風紀治安の乱れを考慮して関係村々より一札			八尾市史
宝永1.4.1	1704	幕府、岸和田藩・三田藩・明石藩・高取藩・柏原藩にお助け普請を命じる			八尾市史
宝永1.4.26	1704	城連寺村での普請始まる	長谷川家文書	城連寺村記録	松原市史史料編3
宝永1.5	1704	大坂城代土岐伊予守頼殷、住吉・柏原間を巡見			八尾市史

第8章 大和川関連歴史年表

年　代	西暦	事　　項	文書群	史　料	出　典
宝永1.5	1704	了意川筋の新樋が伏せられ、青地・井手口樋組が結成される。築留にも樋が伏せられ築留樋組が結成			中好幸『改流ノート』
宝永1.5頃	1704	堤の外の人足用道路5間を百姓に返還			八尾市史
宝永1.6	1704	新川普請にともなって沼・太田・小山三村の立合樋の願いだされる	小山村文書	新川普請につき沼村東浦立合樋間寸証文	藤井寺市史6
宝永1.6	1704	高取藩・柏原藩、お助け普請を命じられる			大阪市史
宝永1.7	1704	狭山西除川付替えなどの付帯工事を、高取藩・柏原藩に命じて着工			大東市史
宝永1.8	1704	大和橋の架橋をはじめる			八尾市史
宝永1.8	1704	大久保・伏見・万年、工事見積書をつくる			大阪市史
宝永1.9	1704	大和橋渡り初め			八尾市史
宝永1.9	1704	城連寺村が水除堤について訴願			中好幸『改流ノート』
宝永1.10.13	1704	全区間完成			八尾市史
宝永1.10.26	1704	旧川跡の水路に堰を設けることについて、船主らより訴訟	山本文書	井路川船諸色之留帳	八尾市史史料編
宝永1.10	1704	小山村の新川による潰れ地台帳作成される	小山村文書	御用地高指引之帳	藤井寺市史6
宝永1.11.12	1704	城連寺村より大和川渡船を認めるよう訴願	長谷川家文書	城連寺村記録	松原市史史料編3
宝永1.11.13	1704	大久保忠香・伏見為信、江戸に帰り、将軍に謁して金と時服を賜る			八尾市史
宝永1.11.15	1704	大久保忠香、大坂町奉行となる。浅香山谷口の稲荷社に灯籠を寄進する			松原市史
宝永1.11	1704	中甚兵衛に名字帯刀を許す			柏原市史
宝永1.11	1704	大坂の河内屋五郎兵衛が吉田川の新田開発の入札を行う			中好幸『改流ノート』
宝永1.11	1704	太田村、代官に救済を訴願			中好幸『改流ノート』
宝永1.11	1704	太田村庄屋から人夫その他入用の書附、代官に提出される	柏原家文書	乍恐口上	八尾市史史料編
宝永1.12.6	1704	奉行より旧川跡の井路川の通船について、尼崎又右衛門・剣先船仲間・柏原船仲間に不許可の達し	山本文書	井路川船諸色之留帳	八尾市史史料編
宝永1.12.7	1704	奉行より旧川跡の井路川の肥料・米などのみの通船について渋川郡25村に許可、村々の庄屋より連判提出	山本文書	井路川船諸色之留帳	八尾市史史料編
宝永1.12	1704	万年長十郎、幕府に新田開発を具申		古川筋床堤敷深野池并新開池新田大積帳	布施市史
宝永1.12	1704	(鴻池新田) 京橋の商人大和屋六兵衛・中垣内村長兵衛落札			
宝永1.12	1704	万年長十郎、新田開発の概算計算書を提出			中好幸『改流ノート』
宝永1	1704	旧了意川筋21か村、堤奉行に願い出て新大和川堤防に青地樋、井手口樋を新設			八尾市史
宝永1	1704	旧大和川筋25村、井路川船100隻の許可を願い出る			八尾市史
宝永1	1704	築留一番樋はじめて伏せる	畑中家文書	築留開発扣帳	八尾市史史料編
宝永1	1704	大和川付替えより、川奉行廃止	(町奉行旧記五)	川筋御用勤書	大阪市史史料42
宝永2.1	1705	このときより川浚えを中止する	(町奉行旧記五)	川筋御用勤書	大阪市史史料42
宝永2.2	1705	幕府、古大和川筋の新田開発を許可		大和川之古川床川筋新田ニ成可申場所之覚	布施市史
宝永2.2	1705	大和葛上・葛下郡の村々、大坂船問屋を相手取り訴訟			大阪市史
宝永2.3.11	1705	城連寺村雪池床開発地・西除川跡などの大縄	長谷川家文書	城連寺村記録	松原市史史料編3
宝永2.3.11	1705	(富田新田) 城連寺村より万年長十郎に川跡の見回りに協力する旨の差し出し出される	長谷川家文書	城連寺村記録	松原市史史料編3

年　代	西暦	事　項	文書群	史　料	出　典
宝永2.3.28	1705	(柏村新田)太田村庄屋柏原仁兵衛、開発人の特権を得る			八尾市史
宝永2.3	1705	潰れ地と同面積の代地を配分する			八尾市史
宝永2.3	1705	潰れ地の書上作成される	誉田八幡文書	大和川之川違ニ付潰地之御代地請取候反畝帳	大阪府史
宝永2.3	1705	城連寺村の庄屋、西除川跡などの新開地に万年長十郎手代を案内する	長谷川家文書	城連寺村記録	松原市史史料編3
宝永2.3	1705	(柏村新田)大縄検地行われる			中好幸『改流ノート』
宝永2.3頃	1705	新田の開墾開始			八尾市史
宝永2.4.28	1705	大井川川違のため潰れた樋の替りに新しい井路をつくる	林家文書	大井村新井路目録	八尾市史史料編
宝永2.4	1705	(鴻池新田)鴻池善右衛門・善次郎、新田の名義を譲り受ける			大阪市史
宝永2.4	1705	深野池の開墾のため、代官万年長十郎の手代が実測、境界を確定して工事開始			大東市史
宝永2.4	1705	(鴻池新田)新田開発着工			大阪市史
宝永2.5	1705	三郷町中より川浚えの願いがあるので吉田宇右衛門・由良助太夫に川浚字作法を仰せつける	(町奉行旧記五)	川筋御用勤書	大阪市史史料42
宝永2.5	1705	太田村の潰地所有の百姓代地を受け取る	柏原家文書	請取申御代地反畝之事	八尾市史史料編
宝永2.7.21	1705	城連寺村の替え地を太田村元右衛門らに譲り渡す	長谷川家文書	城連寺村記録	松原市史史料編3
宝永2.9	1705	太田村庄屋から代替地の年貢免除の請願	柏原家文書	乍恐口上書を以申上候	八尾市史史料編
宝永2.10.26	1705	古大和川筋25村、二俣から森河内までの通船を出願			
宝永2.11	1705	川奉行に下役同心4名を加え、計8人の同心で勤めるようになる	(町奉行旧記五)	川筋御用勤書	大阪市史史料42
宝永2.12.3	1705	太田村嘉右衛門、庄屋仁兵衛に代地を譲る	柏原家文書	もらかし申御代地之事	八尾市史史料編
宝永2.12.3	1705	太田村孫右衛門ら古川筋での代地を西弓削村儀兵衛らに譲る	柏原家文書	書附ニて御断申上候	八尾市史史料編
宝永2.12.7	1705	旧大和川筋25村、井路川船の許可を得る、運上金30枚			八尾市史
宝永2.12.20	1705	大和川渡船、城連寺村久右衛門ら12人に認められる	長谷川家文書	城連寺村記録	松原市史史料編3
宝永2	1705	(二俣新田)志紀郡弓削村市朗右衛門他2名、若江郡弓削村の太郎左衛門ほか5名ら開墾			八尾市史
宝永2	1705	(山本新田)山中庄兵衛、新田請負人となり、本山重英も参加して開墾			八尾市史
宝永2	1705	(市村新田)開発着手			柏原市史
宝永2	1705	築留二番樋・三番樋を初めてふせる	畑中家文書	築留開発扣帳	八尾市史史料編
宝永3.1	1706	剣先船仲間より50隻増船の願い、認められず			東住吉区史
宝永3.2.10	1706	剣先船仲間に在郷剣先船仲間より20隻が貸与			布施市史
宝永3.7.6	1706	太田村久左衛門、西弓削村での代地を仁兵衛に譲る			八尾市史史料編
宝永3.10.22	1706	井路川筋剣先船の株帳への印形、町奉行書で行われる	山本文書	井路川船諸色之留帳	布施市史・八尾市史史料編
宝永3	1706	(富田新田)開発はじまる、人夫延べ9000人、井戸80を掘る			松原市史
宝永3	1706	(丑改新田)湯谷島村庄屋左次兵衛、住道村年寄庄左衛門、城連寺村～浅香山谷の落堀川両岸の開発を願い出る			松原市史
宝永4.3.11	1707	立野村百姓と庄屋、徳用銀をめぐり争論、百姓ら万年長十郎に訴え出る	保井文庫		肥後和男「近世における大和川の船運」
宝永4.4.4	1707	(柏村新田)百姓を招集し、起工式			八尾市史
宝永4.6	1707	堤奉行、新川沿いの村々を呼び出して洪水時の水防対策を指示	柏原家文書・長谷川家文書	新大和川堀割由来書上帳	大阪市史・松原市史史料編3
宝永4.11.21	1707	橋樋の蛇篭工事行われる	小泉家文書	橋樋蛇篭入用帳	藤井寺市史6

第8章 大和川関連歴史年表

年　代	西暦	事　項	文書群	史　料	出　典
宝永4.12.12	1707	柏原船船持ら、井路川剣先船が大和、南河内で営業することについて訴願			
宝永4	1707	(尼崎新田)もと深野池の堤が尼崎新田の開発で不要となり開墾			大東市史
宝永4	1707	(富田新田)開発おわる			松原市史
宝永4	1707	神宮寺村、恩智川からの取水困難のため、築留用水への加入を請願	林家文書	恩地川用水組築留樋組水論	八尾市史史料編
宝永5.閏1	1708	大和の御領503村、川船の村方支配の不都合を南都奉行三浦備前守に訴える	保井文庫		肥後和男「近世における大和川の船運」
宝永5.閏1.26	1708	立野村庄屋・百姓和解、定書つくられる	保井文庫	和州立野村惣百姓之魚梁船定之帳	肥後和男「近世における大和川の船運」
宝永5.2.20	1708	(富田新田)検地終わる	長谷川家文書	城連寺村記録	松原市史史料編3
宝永5.2.22	1708	(柏村新田)検地、田畑屋敷あわせて17町余り			八尾市史
宝永5.2	1708	大坂の肥料問屋、川船の村方支配不都合を訴える		折りたく柴の記	肥後和男「近世における大和川の船運」
宝永5.2	1708	30村に対して落堀川の浚渫命じられる	長谷川家文書	城連寺村記録	松原市史史料編3
宝永5.2	1708	(市村新田)(柏村新田)検地			八尾市史
宝永5.2頃	1708	新田の検地			八尾市史
宝永5.3.24	1708	落堀川933間を2尺掘る工事を小山村が請け負うが土捨て場などをめぐって周辺村と争論	小山村文書	請負申子ノ春私領国役一札ノ事	藤井寺市史6
宝永5.3	1708	新川南堤小山村付近140間・180間の国役普請	小山村文書	請負申子ノ春私領国役一札ノ事	藤井寺市史6
宝永5.4.24	1708	落堀川掘り下げについて若林・川辺・長原三村より井堰に水がはいらないとて争論になるが解決	小山村文書	為取替申一札之事	藤井寺市史6
宝永5.8	1708	(深野池)検地を受ける			大東市史
宝永5.8	1708	(富田新田)検地帳を渡される	長谷川家文書	城連寺村記録	松原市史史料編3
宝永5.8	1708	城連寺村より落堀川に新樋普請の願書だされる	長谷川家文書	城連寺村記録	松原市史史料編3
宝永5.12	1708	(金岡新田)江戸の田中源兵衛・京都の丁字屋利右衛門による開発、竣工		開発願人之内落札之覚	布施市史
宝永5.冬	1708	上荷・茶組仲間、大坂町奉行所に、柏原船の大坂接岸の禁止を願い出る			柏原市史
宝永5	1708	勘定奉行荻原重秀等、川船の立野村方支配を認める	保井文庫		肥後和男「近世における大和川の船運」
宝永5	1708	(山本新田)検地、山本新田と称する			八尾市史
宝永5	1708	(鴻池新田)検地を受ける			大阪市史
宝永5	1708	(富田新田)検地を受ける			松原市史
宝永5	1708	大久保大隅守、支配の川筋巡見	(町奉行旧記五)	川筋御用勤書	大阪市史史料42
宝永5	1708	安治川口・木津川口など川浚え	(町奉行旧記五)	川筋御用勤書	大阪市史史料42
宝永6.4	1709	落堀川掘り下げ普請、大堀村三郎兵衛請け負う	小山村文書	請負申落堀普請一札	藤井寺市史6
宝永6.5.16	1709	安村家、代官万年長十郎に銀300枚の運上と引き替えに川船支配を願い出る	保井文庫	安村家記録	肥後和男「近世における大和川の船運」
宝永6.7	1709	(富田新田・丑改新田)万年長十郎、水附被害のため城連寺村屋敷の新田への移転と落堀川沿いの新田開発を認める	長谷川家文書	城連寺村記録	松原市史史料編4
宝永6.10	1709	立野村方、運上金を320銀とする願い			大阪市史
宝永6.11.11	1709	勘定奉行、川船支配は立野村方という決裁書を出す	保井文庫		肥後和男「近世における大和川の船運」
宝永6.11.24	1709	万年長十郎、安村家に川船支配は是まで通り立野村方と伝える	保井文庫		肥後和男「近世における大和川の船運」

年　代	西暦	事　項	文書群	史　料	出　典
宝永6	1709	（富田新田）城連寺村、新川堤のため湿地となったので、富田新田への移転、新田高を村高にいれることを願い出る			松原市史
宝永6	1709	（丑改新田）開発終わり、万年長十郎の検地をうける			松原市史
宝永7．3．5	1710	柏原船と上荷・茶船、柏原船が1年に1貫目の交付を条件に和談		相対仕候一札之事・相対和談取替証文	柏原市史
宝永7．3	1710	恩智川水下9村、水上5村と水論、訴訟となる	林家文書	恩地川用水組築留樋組水論	八尾市史史料編
宝永7．春	1710	庭井村領に城連寺村の悪水樋、国役で普請	長谷川家文書	城連寺村記録	松原市史史料編5
宝永7．4．10	1710	恩智川水下10村、築留の余水引水を奉行に訴える	林家文書	恩地川用水組築留樋組水論	八尾市史史料編
宝永7．6	1710	大和御料503村・大坂肥料問屋代表らが南都奉行三好備前守の江戸下向に際し、老中井上河内守正岑の裁断を願う申状を渡す	保井文庫		肥後和男「近世における大和川の船運」
宝永7．8．15	1710	川奉行を増員	（町奉行旧記五）	川筋御用勤書	大阪市史史料42
宝永7．閏8	1710	立野村方、大和503か村、大坂干鰯商人に勝訴		折たく柴の記	大阪市史
宝永7	1710	恩智川筋用水組、上下で水論			八尾市史
正徳2．2	1712	御供田・三箇・灰塚・諸福・御厨が連名で鴻池新田の検地面積が実面積と違うことを訴える			大東市史
正徳2．5．12	1712	大井村ほか新川沿いの村々25村、古川筋への船の許可への反対を願い出	西田勝治文書	恐乍言上	志紀村誌
正徳2．6	1712	恩智川筋14村のうち10村、築留67村を京都郡代・大坂堤奉行に訴える	林家文書	恩地川用水組築留樋組水論	八尾市史史料編
正徳2．7．1	1712	矢田部村、大和川へ用水樋を伏せる願書。対岸村より反対	長谷川家文書	城連寺村記録	松原市史史料編3
正徳2	1712	恩智川用水組、築留樋東用水組に加入			八尾市史
正徳2	1712	川辺村ら7か村、若林村の砂関を補強して新川の水を引くことを認められる	林家文書	差上申一札	八尾市史史料編
正徳2	1712	築留一番樋・二番樋伏替えして拡大	林家文書	乍恐御訴訟	八尾市史史料編
正徳3．1	1713	大坂天満御用船頭木屋弥兵衛に在郷剣先船から返上された7隻が下付			布施市史
正徳3．5	1713	安村家、川船支配について、竜田社修復を条件に、寺社奉行に願い出る	保井文庫		肥後和男「近世における大和川の船運」
正徳3．7．2	1713	安村家、評定所に出頭し、川船支配の決裁を得る	保井文庫		肥後和男「近世における大和川の船運」
正徳3．7	1713	落堀川大堀村の橋樋のところに連枠敷設の計画に対し、小山村より悪水が吐けないとて差し止めの訴状	小山村文書	乍恐以書付申上候	藤井寺市史6
正徳3．11	1713	安村喜右衛門、魚梁船が竜田明神滝祭にちなむという由緒を勘定奉行黒田豊前守に提出	保井文庫		肥後和男「近世における大和川の船運」
正徳3．12．21	1713	川辺村庄屋惣左衛門、拝領船の新造までの間、役儀・運上銀の免除を出願し許可			布施市史
正徳3	1713	（深野池）干拓が完了する			大東市史
正徳3	1713	安村家、川船支配権の半分を宇治の喜多立玄・北柳生村森吉左衛門に1500両で譲渡	保井文庫		肥後和男「近世における大和川の船運」
正徳4．1	1714	大坂町奉行、剣先船仲間に書類をわたし船賃の値下げを命じる		大和川筋剣先船通用之儀申渡覚	大阪市史
正徳4	1714	在郷剣先船のうち水走村など8村より返上された20隻分を川辺村庄屋権左衛門に下付			東住吉区史
正徳4	1714	（深野北新田）東本願寺、所有権を天王寺屋六右衛門に譲る			大東市史
正徳5．4．9	1715	落堀川橋樋の修復銀下付を橋樋29ケ村惣代願出る	小山村文書	乍恐御願上申候	藤井寺市史6
正徳5．6	1715	（深野南新田・平野屋新田）東本願寺、地主権を平野屋又右衛門に譲る			大東市史
正徳6．6．20	1716	洪水で大堀村の橋樋流出	長谷川家文書	城連寺村記録	松原市史・松原市史史料編3

第8章 大和川関連歴史年表

年　代	西暦	事　項	文書群	史　料	出　典
正徳6. 6. 20	1716	洪水で築留100間余、船橋国府村境80間余り切れる	小山村文書	乍恐奉願上候	藤井寺市史6
享保1. 6	1716	大和川と石川の合流点近くで洪水	小泉家文書	乍恐御願奉申上候	大阪市史・藤井寺市史史料編6
享保1. 6	1716	東除川が落堀川にかかる樋、洪水のために流出、その再建をめぐり川上、川下で争論	長谷川家文書	城連寺村記録	松原市史・松原市史史料編3
享保1. 12. 5	1716	澤田村ら10か村、奉行に東除・西除川の被害を見分の願い	小山村文書	乍恐御願上申候	藤井寺市史6
享保1	1716	（深野北新田）天王寺屋から鴻池に所有が移る			大東市史
享保1	1716	一番樋・二番樋の大きさを拡大			布施市史
享保2. 4	1717	勘定奉行伊勢貞勅、目付稲生次郎左衛門、上方川筋見分に派遣	（町奉行旧記五）	川筋御用勤書	大阪市史史料42・大阪市史
享保2. 5	1717	小山村で新大和川南北堤の腹附工事のための用地改帳作成	小泉家文書	大和川国役堤腹付敷御用地改帳	藤井寺市史6
享保2. 7	1717	木津川・新大和川の浚渫決定、柏原～太田村間の南北堤の補強、川中の粗柴も大坂土船仲間により撤去が決定		徳川実紀	大阪市史
享保2. 7	1717	新大和川堤かさ置き	（町奉行旧記五）	川筋御用勤書	大阪市史史料42
享保2	1717	落堀川－東除川の樋の再建のため、江戸より勘定奉行伊勢伊勢守が実地見分			松原市史
享保3. 2. 24	1718	町奉行、川筋に流作禁止、川中の木の取り払いなどの取締を命じる	（町奉行旧記五）	川筋御用勤書	大阪市史史料42
享保3. 3	1718	川中の流作の禁止、上流の土砂留めの命令	（町奉行旧記五）	川筋御用勤書	大阪市史史料42・大阪市史
享保3. 7	1718	淀川は川口まで大坂奉行、大和川・新大和川・石川は堺奉行の支配となる	（町奉行旧記五）	川筋御用勤書	大阪市史史料42・大阪市史
享保3. 8	1718	3月の禁令を緩和し、川筋の障害となる場所のみ流作を禁じる	（町奉行旧記五）	川筋御用勤書	大阪市史史料42・大阪市史
享保3. 8	1718	新大和川溢水、堺市中に浸水			山口之夫「大和川川違えの社会経済史的意義」
享保4. 5	1719	摂津・河内の元禄以後の新田をすべて検地（訴人検地）			大東市史
享保4. 7. 16	1719	（富田新田）再検地を受ける	長谷川家文書	城連寺村記録	松原市史史料編3
享保4	1719	（富田新田）再検地			松原市史
享保4	1719	（万屋新田）東除川より下流の落掘川の川はばを狭め、新田とする旨を関係村々に伝達			松原市史
享保5. 2. 29	1720	落堀川の川筋見分	長谷川家文書	城連寺村記録	松原市史史料編3
享保5. 2	1720	（万屋新田）入札実施、村々と大坂の商人万屋が落札			松原市史
享保5. 12. 24	1720	城連寺村渡船仲間に四人加わる	長谷川家文書	城連寺村記録	松原市史史料編3
享保5	1720	青地樋の樋の伏替え計画に対し、太田樋組・箕組が抗議（翌年より訴訟）			大阪市史
享保5	1720	青地樋が破損したので、3尺5寸四方の樋に伏替えるよう青地組22村より歎願			山口之夫「大和川川違えの社会経済史的意義」
享保6. 5	1721	（市村新田）（柏村新田）検地			八尾市史
享保6. 5	1721	（柏村新田）再検地、田畑屋敷あわせて20町4反余り			八尾市史
享保6. 5	1721	（安中新田）検地、47町あまりのうち22町が玉手山安福寺の所有			八尾市史
享保6. 5	1721	（顕証寺新田）検地、田畑屋敷あわせて1町4反あまり			八尾市史
享保6. 5	1721	（富田新田）検地帳渡される	長谷川家文書	城連寺村記録	松原市史史料編3
享保6. 5頃	1721	新田再検地			八尾市史
享保6	1721	（二俣新田）この頃、村高301石余り、面積33町8反4畝			八尾市史
享保6	1721	（山本新田）再検地、高648石、64町あまり			八尾市史
享保6	1721	大坂剣先船仲間、在郷剣先船が他村の荷物も運んでるとして出訴			大東市史

年　代	西暦	事　項	文書群	史　料	出　典
享保6	1721	京都奉行所より太田樋組・筧組に裁許の絵図渡される	林家文書	差上申一札	八尾市史史料編
享保7. 3	1722	幕府代官玉虫左兵衛茂喜、大川筋の村々に川中流作の希望ある村は出願するように通知	長谷川家文書	城連寺村記録	大阪市史・松原市史史料編3
享保7. 6	1722	京都町奉行、青地樋と太田樋・筧樋の争論に裁定			大阪市史
享保7. 9. 16	1722	川中流作の請負、全体を万屋善兵衛が落札したことを流域村々に言い渡される。村々はその後協議	長谷川家文書	城連寺村記録	松原市史史料編3
享保7. 10. 21	1722	和泉屋彦左衛門、川中流作場2町6反の請負を玉虫左兵衛に願い出る	長谷川家文書	城連寺村記録	松原市史史料編3
享保7	1722	（大和川川中流作場）玉虫茂喜、大和川堤内の開発を募り、城連寺村、中喜連村の伝右衛門に依頼し開発をおこなう			松原市史
享保7 頃	1722	（深野中新田）鴻池又右衛門に売却			大東市史
享保8. 2. 21	1723	柏原船の値上げに対し、沿岸村々より訴訟	林家文書	書留帳	八尾市史・八尾市史史料編
享保8. 3. 5	1723	柏原船が古来の通りの船賃にするよう、平野川筋22村より再訴願	林家文書	書留帳	八尾市史史料編
享保8. 5. 23	1723	立野村百姓ら代官角倉与一に川船支配を願い出る	保井文庫		肥後和男「近世における大和川の船運」
享保8. 7	1723	勘定奉行、奈良奉行に川船について調査を命じる	保井文庫		肥後和男「近世における大和川の船運」
享保8. 10. 28	1723	勘定奉行、奈良奉行に安村氏を江戸に出頭させる指示	保井文庫		肥後和男「近世における大和川の船運」
享保8. 11. 19	1723	安村氏、評定所に出頭し、正徳3年の訴訟について説明	保井文庫		肥後和男「近世における大和川の船運」
享保8. 11. 21	1723	安村氏、再び評定所に呼び出され、先祖のことなどを説明	保井文庫		肥後和男「近世における大和川の船運」
享保8. 12. 6	1723	松平相模守、安村家の川船支配について認める	保井文庫		肥後和男「近世における大和川の船運」
享保8. 12. 27	1723	大坂町奉行、大坂・在郷の剣先船間の訴訟について、大坂の営業を妨げない範囲で在郷が寝屋川・楠根・恩智川を運航することを認める			大東市史・布施市史
享保8	1723	川船をめぐる訴訟	保井文庫		肥後和男「近世における大和川の船運」
享保10. 6	1725	安村家、喜多家・森家と川船支配の権利についての契約更新、銀3貫目	保井文庫		肥後和男「近世における大和川の船運」
享保10. 6	1725	国府村等11か村、新大和川南北堤の腹附けを願い出る	小山村文書	乍恐書付ヲ以御願申上候	藤井寺市史6
享保10. 夏	1725	夏の長雨で水が新大和川の7, 8分に達し、堤の内側が崩れる			山口之夫「大和川川違えの社会経済史的意義」
享保10	1725	大和川北堤の腹附けを願い出る		平野郷帳覚帳	松原市史
享保10	1725	（顕証寺新田）この頃20軒94人が住む		宗門人別帳	八尾市史
享保10	1725	剣先船の船賃決定方法変更			大阪市史
享保10	1725	青地樋伏替え			山口之夫「大和川川違えの社会経済史的意義」
享保11	1726	築留東筋の村々定証文をかわす			大阪市史
享保12	1727	（菱屋東・中・西新田）越後屋治兵衛に入質			山口之夫「大和川川違えの社会経済史的意義」
享保13	1728	（山本新田）大坂長堀泉屋（住友）吉左衛門に所有が移る（昭和15年9月まで）			八尾市史
享保14. 12. 30	1729	城連寺村渡船仲間の定書できる	長谷川家文書	城連寺村記録	松原市史史料編3

第8章 大和川関連歴史年表

年　代	西暦	事　　項	文書群	史　料	出　典
享保15. 9	1730	中甚兵衛死去			柏原市史
享保17	1732	菱屋新田、三井家に所有が移る			布施市史
享保17	1732	築留下郷16村、上郷が水を止めるとして出訴	用水組合村々定証文		布施市史
享保19. 8	1734	このころ築留西井路の水懸高3万472石あまり	山沢家・牧野家・上田家	用水組合村々定証文	八尾市史
享保19. 8	1734	築留西筋54村で証文を取り交わす	浜沢家文書	用水組合村々定証文	布施市史・八尾市史史料編
享保20. 11	1735	八尾中野村、飲み水の竹樋について上流の山本新田を訴訟	門野文書	中野村呑水之儀ニ付取替証文	八尾市史史料編
享保20. 12. 6	1735	八尾中野村と山本新田の竹樋元井戸の争論決着	門野文書	中野村呑水之儀ニ付取替証文	八尾市史史料編
元文2. 7. 3	1737	伏見奉行・大坂町奉行・堺奉行、河川支配の仕様について相談、江戸より川除普請の仕様命ぜらる	（町奉行旧記五）	川筋御用覚書	大阪市史史料42
元文2. 10. 18	1737	喜多家・森家、川船支配に関する安村家の契約不履行を奈良奉行に訴える	保井文庫		肥後和男「近世における大和川の船運」
元文2. 12. 11	1737	奈良奉行、安村家と喜多家・森家に和談を命じる。未納金の半分を6年で払う内容	保井文庫		肥後和男「近世における大和川の船運」
元文4. 6	1739	亀井村が平野川に伏せた樋をめぐって太子堂村と争論	林家文書	乍恐書付以御願奉申上候	八尾市史史料編
元文4	1739	西郷村、井路川船の権利を返上			八尾市史
元文5. 8. 4	1740	洪水で新大和川堤防崩れかかる	長谷川家文書	城連寺村記録	松原市史史料編3
元文5. 8. 5	1740	新大和川溢水、堺市中に浸水			山口之夫「大和川川違えの社会経済史的意義」
元文5	1740	洪水で新大和川堤防5尺かさあげ	（町奉行旧記五）	川筋大意	大阪市史史料42
寛保1. 春	1741	新大和川堤防の嵩上げ、腹附けを願い出るが却下	長谷川家文書	城連寺村記録	松原市史史料編3
寛保2. 春	1742	新大和川堤防44間嵩上げ	長谷川家文書	城連寺村記録	松原市史史料編3
延享1. 4	1744	太子堂村が平野川に設けた船着き場をめぐって亀井村と争論	林家文書	乍恐書付以御願奉申上候	八尾市史史料編
延享1. 6	1744	太子堂村と亀井村の争論決着	林家文書	奉指上済証文之事	八尾市史史料編
延享2	1745	（平野屋新田）所有者が助松屋忠兵衛に			大東市史
延享5. 5. 27	1748	柏原船問屋ら鯰江川・寝屋川の悪水抜、掘り下げの願い出を提出	大阪市立中央図書館	乍恐以書付奉申上候	
延享5. 6. 5	1748	洪水で新大和川堤防崩れかかる	長谷川家文書	城連寺村記録	松原市史史料編3
寛延1	1748	築留三番樋、新樋を伏せたので、青地組と築留組5か村の間で争論			山口之夫「大和川川違えの社会経済史的意義」
寛延2. 春	1749	大和川堤の嵩上げを願いで、13村かかりで70間を普請	長谷川家文書	城連寺村記録	松原市史史料編3
宝暦6. 9. 17	1756	大雨のため東除川・石川の堤切れる	長谷川家文書・小泉家文書	城連寺村記録・乍恐御願奉申上候	松原市史史料編3・藤井寺市史史料編6
宝暦6. 11	1756	小山村から堤奉行に国府村請堤の普請を請願	小泉家文書	乍恐御願奉申上候	藤井寺市史史料編6
宝暦9. 4. 16	1759	喜連3か村と東瓜破・西瓜破、城連寺村らと大和川用水をめぐって争論	長谷川家文書	城連寺村記録	松原市史史料編3
宝暦10. 3. 7	1760	川辺村庄屋権左衛門、出願して船10隻を売却			布施市史
宝暦10. 12	1760	築留樋、青地樋の水論決着		指上申一札之事	八尾市史・八尾市史史料編
宝暦10. 12	1760	築留・青地樋間の争論に対し堺奉行裁決			大阪市史
宝暦11. 3	1761	喜連村が新川の樋前に砂堰を築いたため、瓜破・城連寺・住道・湯谷島などが訴訟、近在の庄屋の仲裁で以後番水となる	長谷川家文書	城連寺村記録	松原市史史料編3・大阪市史
宝暦12. 4	1762	堺奉行、新川沿いの村々に水利についての報告を求める			大阪市史

年　代	西暦	事　項	文書群	史　料	出　典
宝暦13. 8	1763	東成郡村々から御蔵の囲籾米を自船で運びたいとの請願、大坂町奉行から柏原船仲間に諮問			柏原市史
宝暦13. 12	1763	青地樋の大井・沼・田井中が新川の下へ落堀川への伏越樋の設置を計画、上下流村より争論、堺奉行から申し渡し	柏原家文書		大阪市史
明和2. 11. 21	1765	上荷船の遡上を発見し柏原船に荷物を積み込む			柏原市史
明和3. 2. 1	1766	柏原船仲間、上荷・茶船会所に営業圏の侵犯について談判			柏原市史
明和3. 2. 7	1766	上荷・茶船会所の寄合に、柏原船仲間呼ばれ、柏原船の営業圏を守るかわりに、京橋より下への柏原船の通船させない旨を申し入れる			柏原市史
明和3. 7. 25	1766	川辺村など、上流で大井村などが水を落とすとして訴訟	林家文書	差上申一札	八尾市史史料編
明和3. 8. 25	1766	川辺村などと大井村など対決するが決着せず	林家文書	差上申一札	八尾市史史料編
明和3. 12. 8	1766	上荷・茶船と柏原船の争い、大坂町奉行が、柏原船の大坂市中の浜への着岸など旧慣を認める裁定			柏原市史
明和3	1766	上荷・茶船が平野川玉津橋まであがることを認める裁決			東住吉区史
明和4. 5	1767	江戸町人伊右衛門、古大和川筋井路川の剣先船通船を出願			布施市史
明和4	1767	このころ井路川剣先船の数、上り株のため71隻に減少			布施市史
明和8. 5. 27	1771	江戸の商人伝右衛門より旧川筋の井路川の通船を求める願書だされる	小川家文書	通船願書留	八尾市史史料編
明和8. 6. 26	1771	旧川筋の村々より江戸商人伝右衛門の井路川通船に反対の返答提出	小川家文書	通船願書留	八尾市史史料編
明和8. 7. 13	1771	筧組川野辺ら9村、太田樋の太田村ら21か村を上流で水を取ったとして訴訟する	林家文書	差上申一札	八尾市史史料編
安永2. 9. 27	1773	古新剣先船、柏原船の大和向けの荷物の扱いの禁止を求めて大坂町奉行所に訴願			柏原市史
安永3. 5	1774	剣先船、大和向きの荷物は柏原船より早くから取り扱っていたので柏原船の搬送を禁止する願いを出すが、却下			東住吉区史
安永4. 5	1775	築留で洪水			中好幸『甚兵衛と大和川』
安永4. 12	1775	柏原船の荷物について請書だされる	末吉文書	柏原船積荷物ニ付申渡請書の写	
天明1. 12	1781	柏原船より平野川浚渫の仕法提出される	林家文書	平野川筋川浚一件	八尾市史史料編
天明2	1782	玉造の岸部屋弥兵衛ら3人より平野川筋の通船の願書出される、川筋村の反対によってその後願い下げ	林家文書	口上書乍恐口上	八尾市史史料編
天明3	1783	平野川筋の村々、河内屋良介からの平野川通船の願いに反対する訴願	林家文書	口上書乍恐口上	八尾市史史料編
天明4	1784	このころまでに井路川船のうち29隻が廃止			八尾市史
天明6. 6	1786	柏原船仲間、船を貸していた船乗仲間を上前金未払いとして大坂町奉行所に出訴			柏原市史
天明6. 10	1786	柏原船仲間から竹渕村など17村の村々城米俵荷主に対して、船賃の値上げ願いだされる			柏原市史
寛政3. 10	1791	柏原船仲間惣代から荷主へ船賃値上げの願書出される	林家文書	口上書乍憚口上	八尾市史史料編
寛政4. 2. 16	1792	柏原船仲間と船乗仲間の争論、決着し、船乗仲間より定だされる		定之事	柏原市史
寛政8. 2	1796	新大和川堀割由来書上帳できる	長谷川家文書	新大和川堀割由来書上帳	松原市史史料編3
享和1. 5. 15	1801	大和橋下流で堤防決壊、南島・山本・松屋新田流出			山口之夫「大和川川違えの社会経済史的意義」
享和1. 12	1801	国役堤が切れた場合の規則出される	（町奉行旧記五）	国役堤切所見分取計以来振合替候儀申合一件	大阪市史史料42
享和3	1803	（平野屋新田）所有者が天王寺屋八重に			大東市史
文化1. 8. 29	1804	大和川南詰堤決壊、堺洪水			山口之夫「大和川川違えの社会経済史的意義」

第8章 大和川関連歴史年表

年　代	西暦	事　項	文書群	史　料	出　典
文化2. 6	1805	安村家、喜多家・森家に未納金を支払う文書を出す	保井文庫		肥後和男「近世における大和川の船運」
文化2	1805	柏原船仲間、中浜村など5村に増賃願いを出す			柏原市史
文化3. 11. 25	1806	築留用水下流37か村、上流38か村を訴える	林家文書	乍恐御訴訟	八尾市史・八尾市史史料編
文化5. 5	1808	国役堤が切れた場合の規則出される	（町奉行旧記五）	国役堤切所見分取計以来振合替候儀申合一件	大阪市史史料42
文化6. 5	1809	船人惣代立野村久蔵・竹松、安村家の給分勘定に疑義ありとして代官に訴える	保井文庫		肥後和男「近世における大和川の船運」
文化6. 12. 9	1809	安村家、船人の所行を寺社奉行あてに訴える	保井文庫		肥後和男「近世における大和川の船運」
文化6	1809	川船をめぐる訴訟	保井文庫		肥後和男「近世における大和川の船運」
文化8. 6	1811	大和川南詰堤決壊、堺洪水			山口之夫「大和川川違えの社会経済史的意義」
文化12. 1. 21	1815	築留三番樋の付替えをめぐって、青地樋組より訴訟	林家文書	乍恐以書付御嘆キ奉申上候	八尾市史史料編
文政3	1820	（柏村新田）若林村伝右衛門、柏村新田を買い取る			八尾市史
文政5. 10	1822	浅香山稲荷神主、新大和川の浚渫を願い出る	大阪市立中央図書館蔵	河州志紀郡柏原村荒地ヲ開新町取立大坂より船上下致候品様子書	
文政5	1822	（柏村新田）大坂北久太郎町銭屋長左衛門、柏村新田を買い取る			八尾市史
文政7	1824	（平野屋新田）高松長左衛門、買い取る			大東市史
弘化3. 4. 12	1846	柏原船と川筋村の争論について乗方取締書できる	末吉文書	乗方取締書	
弘化3. 7	1846	（柏村新田）柏原伝兵衛、柏村新田を銀160貫で買い戻す			八尾市史
嘉永6	1853	遠里小野の清水で決壊			中好幸『甚兵衛と大和川』
安政4. 7. 24	1857	新大和川流域で洪水	永野家文書	村方洪水につき届書	藤井寺市史史料編6
慶応4. 5. 13	1868	豪雨で大和橋上流右岸決壊、安立町30戸流出			中好幸『甚兵衛と大和川』
慶応4. 5. 14	1868	新大和川流域で洪水、大井村で堤防決壊	永野家文書	諸事心得写	藤井寺市史史料編6
明治1	1868	大井・若林・遠里小野堤防決壊、安立町の人家流出			山口之夫「大和川川違えの社会経済史的意義」
明治2. 11	1869	築留樋組の規則改正される	田辺家文書	築留樋組東西立合改革規定式録	八尾市史近代史料編Ⅲ
明治8. 8. 3	1875	地租改正にともない築留樋組から書上提出される	大谷家文書	地租改正につき築留樋組よりの書上	八尾市史近代史料編Ⅲ
明治14. 12. 15	1881	築留樋組、年番を廃止し委員制となる	沢井家文書	築留樋組取締方法約定書	八尾市史近代史料編Ⅲ
明治16. 7. 1	1883	8郡郡役所より柏原船の鑑札16枚出される	三田家文書		八尾市史近代史料編Ⅲ
明治16. 9	1883	築留堤防に久保田翁寿碑建立される		久保田翁寿碑	八尾市史近代史料編Ⅲ
明治18. 1. 8	1885	富田林郡役所より柏原船新造船に対して鑑札7枚出される	三田家文書		八尾市史近代史料編Ⅲ
明治18. 6. 17	1885	洪水のため茨田郡伊加賀村で堤防決壊、摂津河内で浸水		大和川堤防修築碑	八尾市史近代史料編Ⅲ
明治18	1885	恩智川・平野川洪水			山口之夫「大和川川違えの社会経済史的意義」
明治19. 8	1886	大和川堤防修築碑建立		大和川堤防修築碑	八尾市史近代史料編Ⅲ

年　　代	西暦	事　　項	文書群	史　料	出　典
明治20．10	1887	大雨の為、築留第二堰破損		「永頼此利」碑	八尾市史近代史料編Ⅲ
明治20．12．4	1887	堤防改修工事開始		「永頼此利」碑	八尾市史近代史料編Ⅲ
明治21．3．25	1888	堤防改修工事竣工		「永頼此利」碑	八尾市史近代史料編Ⅲ
明治21．4	1888	「永頼此利」碑建立される		「永頼此利」碑	八尾市史近代史料編Ⅲ
明治22．2．15	1889	青地樋改修工事着工		大阪朝日新聞明治22．7．9	八尾市史近代史料編Ⅲ
明治22．6．5	1889	青地樋改修工事落成式		大阪朝日新聞明治22．7．10	八尾市史近代史料編Ⅲ
明治22	1889	大和川堤防28か所決壊			山口之夫「大和川川違えの社会経済史的意義」
明治23	1890	デレーケ大和川実地調査			中好幸『甚兵衛と大和川』
明治25．2	1892	柏原、王寺間に大阪鉄道開通	保井文庫		肥後和男「近世における大和川の船運」
明治29．9．11	1896	枯木・富田・住道の堤防決壊			山口之夫「大和川川違えの社会経済史的意義」
明治36．7．9	1903	大和川・西除川・東除川で堤防決壊、道路・橋の流出			中好幸『甚兵衛と大和川』
明治39．6	1906	畑中翁碑建立される			八尾市史近代史料編Ⅲ
大正2	1913	堺で大和川洪水、市内浸水			中好幸『甚兵衛と大和川』
大正3．11．17	1914	中甚兵衛に従五位おくられる（贈位記念碑建立）			布施市史
大正4	1915	「河村瑞賢紀功碑」が安治川国津橋に立てられる			大阪府史
大正6	1917	石川堤決壊、平野川氾濫			中好幸『甚兵衛と大和川』
昭和8	1933	亀の瀬地すべりに対して大和川応急工事着手			中好幸『甚兵衛と大和川』
昭和10	1935	大和川河口の潮止堰竣工			中好幸『甚兵衛と大和川』
昭和12．4	1937	内務省直轄の大和川改良工事始まる			中好幸『甚兵衛と大和川』
昭和27．5	1952	築留土地改良区発足			八尾市史
昭和29．10．13	1954	大和川付替え250周年の碑建立される			八尾市史近代史料編Ⅲ
昭和30．3	1955	大和川付替え250年記念碑序幕			中好幸『甚兵衛と大和川』
昭和57．8．1	1982	大雨、西除川で大被害、各地で浸水			中好幸『甚兵衛と大和川』

あ と が き

　日本の平野の中で河内平野ほど水とのかかわりの深い平野は少ない。そして，その主役を果たしたのが大和川である。大和川は，その名のとおり大和に源を発し，河内平野を潤し，そこに住む人々に利益と不利益の両面の関わりを持ち，政治，経済，文化の上でも長きにわたり活動の舞台を提供してきた。その関わりの歴史を実証的，客観的，総合的に描き出したのが本書である。
　まず，第1章では，本書の特徴と編集方針について述べ，つづいて，大和川の源流まで視野を拡大し，地名のおこり，流域の変遷のあらましをまとめ，過去の研究経過と，従来手薄であった歴史上の事象の実証的・客観的解明が重要なことを述べた。
　次に第2章では，大和川の流域形成の基本条件となった河内平野の地形，地質，地盤について論じ，地質構造の形成過程が大和川の流域形態を大きく支配していること，また，人工の加わる前の大和川の自然の姿を描き出している。すなわち，生駒山系の西麓を南北に走る断層と上町断層の活動が地形形成の主役をはたし，さらに，縄文海進による河内湾の形成，それに注ぐ大和川の土砂による埋立の進行が，まさに河内平野の形成過程そのものであることを示した。
　河内湾の埋立が進むにつれて，デルタや扇状地が発達し，その特性から河川の流路ははげしく変動しながら地盤を造成していった。そして，ある程度平地が形成されると人々はそこに定住し，農耕を始め，河川の水を利用するようになる。自然河川の流路がはげしく変わることは，住居や農地としては大変不都合なことで，おのずと，河川に堤防を築き流路を固定しようとする。
　しかし，もともと自由奔放に振舞う河川を固定すると，土砂が河川敷を埋めつくし，洪水時に被害を被るので，人々は提体のかさ上げで対処しようとする。そのことは，さらなる河川の天井化を招き，洪水被害を拡大する結果となる。
　このような，大和川の流路の変遷の実態については，最近の歴史地理学，考古学的アプローチによって次々と明らかにされて来た。本書にもそれらが盛られている。
　とくに，文献に述べられているように中世から近世にかけて，都市化，城郭の築造が盛んになった時代においては，多くの木材，石材が消費され，それは上流の山地の荒廃につながり，多量の土砂による河床の異常な上昇と天井川化に発展し，その影響が極限に達していたことは，現地の調査からも立証された。そして，これが，大和川付替えの大きな動機となったことは疑う余地はない。さらに，これをうけて，大和川の利水と治水の両面から，人々との関わりを論じた。
　第3章では大和川の付替えに至る歴史的経緯を多くの資料に基づいて論じた。そして，住民の付替え運動が度々，広範囲に行われることによって，付替えの重要性が認識され，付替えを

断行させる要因となったことは異論のないところであるが，付替えによって生れる新田の経済効果も重要であり，これが，むしろ幕府に付替えを決断させる大きな要因として働いたという見方も見のがしてはならない。この事実も，新しい資料の発見と実証的，客観的アプローチによって明らかにされた。また，付替えに対する住民の賛成と反対の主張は300年経過した現在，その是非についても検討すべき時期に来ていると考える。反対派の主張した項目の中には的中しているものもあればそうでないものもあり，これについても今後検証する必要があろう。

第4章では，主として，付替え前の旧大和川の河川様態を実証的・技術的に明らかにしたものである。この手法による論議は本書の核心をなす部分であり，この手法によって，長期にわたる予測の結果を客観的に評価することが可能となるものと考える。具体的には，既述の考古学的アプローチによる旧大和川流路の歴史的変遷過程の調査結果と現代土木技術としての測量技術，地盤工学的解析技術を融合させた，いわゆる文理融合の新しい試みが行われたことである。

その結果，断面形状，縦断勾配などの実測データによって旧大和川を精度よく復元することができ，これによって，付替え前の河床の異常な上昇が確認され，新大和川の設計の根拠や両者の技術的比較が可能となり，歴史上の記述を裏づけることができた。また，付替え前の大和川の排水状況，人工的改変，利水の状況についても客観的に論ずることが可能となった。さらに，久宝寺川の左岸堤防の一部とされる狐山でのボーリングによる地盤調査から，提体は高さ5m程度の比較的均一な砂質土で構築されていることが明らかとなった。

第5章では，大和川付替えに用いられた各種の土木技術について論考している。新大和川は柏原から堺までの131丁（14.3km）で，一定の標準設計基準に従って建設されたことが文献に記されている。この標準設計値は，最近行われた堤体の発掘調査によって確認され，高さは設計基準よりすこし低いが，大局的には設計条件を満足するよう築造されていることが判明した。そして，のり面の植生保護工や，基礎部に13間の幅で打ち込まれた木杭，斜めに配列した杭列など，提体の補強をねらった工法はとられているが，材料土や締固めについての特別の配慮は見られず，手近かの材料を所定の形状に盛り上げたものであることが明らかになった。これと，第4章で述べた旧大和川堤体を比較すると高さや断面形状の類似性，盛土材料も近くの入手しやすい材料を用いていることなどから，新大和川はある程度，旧大和川を模して構築されたのではないかと考える。しかし，細かな技術的比較は，基本物性その他の資料が不足しているので今後の課題として残されている。

第6章では，本書のもう一つのテーマである大和川の付替えによる河内平野の環境変化，すなわち付替えの効果と影響について論じた。

まず，利益としては，従来からいわれているように，長年の悲願であった旧大和川水系による洪水被害はなくなり，また，大和川旧河道の河床，池床のすべてが開発新田となり，これは新大和川による潰地の4倍にも達し，河内平野の農業，産業の発達に大きな効果をもたらす結果となった。

不利益としては，新大和川による旧河川，水路の遮断と排水条件の悪化，農業用水の確保の困難，さらに水陸交通路の分断による舟運の制約などが挙げられる。また，新川は，堺港への

あ と が き

土砂の運搬，堆積を助長し，その機能を失わせる結果となったことは，従来から指摘されているところであるが，当初どの程度予測されていたかが問題である。しかし，その反面，堺は土砂堆積によって大幅に農地が拡大したことも注目すべき点の一つである。

　第7章は，最近発見されたものを含め大和川関係の絵図をできるだけ多く収録したもので，読者の便利のために解説を加えた。

　第8章は大和川についての年表を示した。これは，研究会で明らかになった最新の資料をもとに作成したものである。

　このように，300年を経過した大和川の付替え事業を実証的，客観的，総合的に検討することによって，新たな知見が得られ今後の土木史の研究のあり方を示すとともに，これからの土木事業の計画，設計に何らかの示唆を与えることができるものと考える。

　本書は，専門分野を異にする17名の会員がそれぞれの立場で可能な範囲の情報を収集，整理し，新しい視点で論考を行う一方，現地調査の資料を中心に新しい知見を発掘し，それらを融合させ，従来手薄であった物証土木史の分野と取り組み，得られたいくつかの新しい見解をとりまとめたものである。

【謝辞】
　貴重な資料の提供を頂いた国土交通省大和川河川事務所，大阪狭山市，柏原市，大東市，藤井寺市，大阪府立八尾高等学校，大阪府立狭山池博物館，大阪府寝屋川工事事務所，大阪城天守閣，大阪歴史博物館，（財）大阪府文化財センター，堺市博物館，松原市史編さん室，八尾市立歴史民俗資料館，石川正己氏，小川貞夫氏，高田吉治氏，大東須賀氏，土屋　弘氏，妻屋　宏氏，中　九兵衛氏，林　紀昭氏に深甚の謝意を表する次第である。

人名索引

◆ア 行
朝日重章　132
尼崎又右衛門　197
新井白石　30,70,143
在原業平　14
安藤重玄　93
(徳川)家綱　101
井澤為永　130
市原実　31,40
稲垣重富　93,95,96,145
伊奈忠次　130
稲葉正休　85,91,98
伊奈半十郎　91
大岡清重　91
大久保忠香　96,145
大蔵永常　141
大津皇子　23
大伴家持　179
大畑才蔵　142
岡田善政　87
荻原重秀　93,96,100,145
乙川三郎兵衛　27
小野朝之丞　93
小野妹子　11,20

◆カ 行
貝原益軒　168,176
加賀屋甚兵衛　206,207
梶山彦太郎　31,40
片桐且元　75
片桐貞昌　87
河村瑞賢　68,70,91,98,100,114
　——による治水事業（工事）
　　68,70,98,114
北村六右衛門　100
久貝因幡守　195
久下重秀　96
熊澤蕃山　133
鴻池善右衛門　218

◆サ 行
ザビエル　201
三郎左衛門　86
聖徳太子　25
聖武天皇　125
舒明天皇　15
治郎兵衛　86,88
推古天皇　9
末吉長明　196
末吉長方　195

◆タ 行
高林又兵衛　88
谷善右衛門　208
忠右衛門　90
中将姫　23
天武天皇　10
藤堂良直　93
土橋弥五郎　206,207
豊臣秀吉　70,85

◆ナ 行
永井直右　87
中甚兵衛　27,78,86,93,217
中山時春　96,145
中好幸（九兵衛）　27,29

鯰江備中守　175
仁右衛門　27
能因法師　14,26

◆ハ 行
裴世清　11,20
畑中友次　27
彦坂重紹　88,91,98
広瀬旭荘　202
藤掛長俊　87
伏見為信　96,145
本多忠国　96,145

◆マ 行
万年長十郎　93,95,100,177
南渕請安　22
毛利定春　175

◆ヤ 行
弥次兵衛　93
安井了意　75,170,195
倭建命　15
山上憶良　11
弓削皇子　184
吉川俵右衛門　209

◆ラ 行
呂宋助左衛門　201

◆ワ 行
和気清麻呂　13,70,77,170

河川名索引

●大和川関連

大和川（注：古今の大和川本流）
　3,9,14,33,77,103,156,160,196,
　206,223,239
　——筋之絵図　234
　——と古代文明　9
　——の源流　3,19
　——の洪水　18,85
　——の呼称（名称）　14,160
　——の流れ　3
　——の水利用　6
　——の流域　3-5
　——の流量　6,166
古大和川（注：付替えより古い時代の名称）　50,52,54,118,160
旧大和川（注：河内平野における付替え前後の名称）　49,71,78,
　103,105,109,114,158,174,196,
　234
　——洪水被害　79-81
　——水系　103,106,107,109,
　221
　——の跡地　197,210-212
　——の河床勾配　135
　——の河川勾配　106,107
　——の堤体　120
　——の堤防　111-114
　——の天井川化　83
　——流域　185,223
大和川付替え（注：大和川付替えをめぐる諸活動）　86,130-132
　——運動　86
　——工事　8,139,145,146
　——正式決定　96
　——促進派　86,91-93
　——促進派訴状
　「乍恐御訴訟言上」（貞享4年）　82,92
　——反対派　86,88,90,96

　——反対派訴状　88-90,94,95
　「乍恐言上仕候」（延宝4年）
　88-90
　「乍恐川違迷惑之御訴訟」（元禄16年）　94,95
　——付帯工事　138,144
　——前の大和川　78
　——ルート　87,89,91,96,131,
　132,229,233
新川（注：付替えられた大和川）
　88,90,132-135,239
　——切り通し（通水）　145
　——工事の施工分担　145
　——筋　91,95
　——設計の要件　130,131
　——と計画川筋　147
　——と土工量　143,152
　——の河床勾配　134,135,236
　——の川幅　133
　——の規模　132
　——の計画河床線　134
　——の縦断面　135
　——の地形　134,135,198
　——の堤防（堤体）　136,149
　——予定筋（ルート）　87,89,
　91,96,132
新大和川（注：大阪平野における付替え後の大和川）　50,105,
　109,145,190,192,197,204,239
　——河口　205,206
　——基本高水流量　166
　——筋図巻　239-245
　——筋の地形　198
　——筋の堤高下水盛　236
　——堤体（堤防）　136,142,149,
　152-154
　——堤体の修築　154
　——の河川断面　111
　——の洪水　164
　——の治水　166
　——の堤防法勾配　136

　——の比流量　166
　——の流路　163,198,235
　——引取樋　238
　「——堀割由来書上帳」　86

●奈良県

◆ア　行
秋篠川　12,24
飛鳥川　10,21
痛足川　20
生駒川　14,25
率川　24
稲渕川　21,22
粟原川　21

◆カ　行
葛下川　23
葛城川　22
亀瀬川　14
紀ノ川　10,18
巨勢川　22

◆サ　行
佐保川　23,25
曽我川　22

◆タ　行
高田川　22
高取川　22
竜田川　25,26
龍田川　14,26
寺川　21
十津川　18
富雄川　25

◆ナ　行
奈良川　24
西堀河　10,24
能登川　24

271

◆ハ 行

初瀬川　3,19
初瀬川（大和川）　19
長谷川（初瀬川）　20
泊瀬川（初瀬川）　14,20
泊湍川（初瀬川）　20
東堀河　10,24
檜前川　22
広瀬川　14,23
冬野川　21,22
布留川　20
重阪川　22
平群川　14,25
細川　21,22

◆マ 行

纒向川　20
巻向川　20
南渕川　21,22
三輪川　20
百瀬川　20

◆ヤ 行

八釣川　21
大和川（初瀬川）　3
吉城川（宜寸川）　24
吉野川　10,18
米川　21

●大阪府

◆ア 行

赤川　117,172
赤川（楠根川）　72
赤川悪水井路　72
悪水落シ堀（落堀川）　138,164
明川　172
曙川　117,172
旭川（堺）　209
安治川　92,98,143
天野川　179
石川　4,71,74,168,180,235
石河　180
今井戸川　166,183
今川　171,179
今津・放出悪水井路　175

餌香川　180
衛我河　180
恵賀河　180
大川　13,78,81,117,118,156,158,
　　160,174
王水井路　181
王水川　74,181
大水川　74,181,188,190
息長川　171
落堀川　9,138,144,150,163,178,
　　182,192
恩智川　73,117,171,226
恩知川　171

◆カ 行

片足羽川　168,180
門真井路　175
亀瀬川　14
河内川　13,68
河内川（平野川）　162,170
北谷川　173
木津川　100,144
旧久宝寺川　169
旧楠根川　52,174
旧長瀬川　49,50
旧平野川　118,170,219
久宝寺川　50,61,62,71,103,107,
　　111,113,167,213
久宝寺川（長瀬川）　167
久宝寺川筋　79
久宝寺川本流ルート　53
旧淀川　156,159,172-174
楠根川　117,172,215
百済川　170
桑津川　119
顕証寺ルート　56
鴻池水路　218
五ケ井路　175
五個水路　218
五ケ村井路　174
古久宝寺川　52
古久宝寺川ルート　60
小阪合一萱振ルート　52,55,57
小阪合分流路　52
古平野川　52,56,60,66,118
古平野川ルート　53

駒川　171
巨麻川　171,179
権現川　176

◆サ 行

狭山西除川　177
狭山東除川　177
三郷井路　175
拾壱ケ村井路　174
十三間川　139,144,197
拾四か村井路　117
拾六ヶ村井路　175
十間井路　169
城東運河　171
新川（新大和）　159
新淀川放水路　172,175

◆タ 行

大乗川　74,90,138,164,181,190
第二寝屋川　117,160,169,174
竹渕川　170,177
タチ川　173
橘川　170
竪川　209
玉櫛川ルート　56,59,61,64
玉櫛川　50,53,60,62,63,71,82,
　　103,107,111,113,167,169,213
玉櫛川（玉串川）　169
玉串川　103,167,170,215
玉櫛川筋　79
玉串川用水路　106
天道川　157,179
天満川　81
土居川　201
堂島川　98
徳庵悪水井路　173
徳庵井路　92,93,173
徳庵川　160,173,174

◆ナ 行

長瀬川ルート　56
長瀬川　103,167,169,214
長瀬川用水路　106
中津川　69
中堀川　169
難波堀江　13,69,162

河 川 名 索 引

鯰江井路　92,93
鯰江川　160,175
西岩田分流路　52,55
西用水井路　169
西除川　75,119,138,164,179
西除川放水路　180
猫間川　170
寝屋川　103,160,172-175,177
　──水系の改修　160,173,174
　──水系の流量　162
　──流域　160-162
　──流域の浸水　162
　──流域の地下河川　162
　──流域の比流量　162
寝屋川（徳庵川）　175
襧屋川（祢屋川）　92,160

◆ハ　行
博多川　180
伯方川　180
狭間川　184
八ケ井路　175
放出新川　92,93
放出通川　14,
東用水井路　169,
東除川　54,119,164,177
東除川放水路　178

菱江川　53,62,103,169
菱江川暗渠　106
菱江川筋　92
平野川　54,56,60,118,158,170,
　　177,195,219,226,247
平野川分水路　160,171
平野川ルート　60
深野川　172,176
古川　70
傍示川　173
放生川　182
堀江　13,69

◆マ　行
三国川　69,70

◆ヤ　行
八尾八ヶ村用水悪水井路　72,185
矢作ルート　59,60
大和川久寶寺川　160
山根着川　171
横山西除ヶ川　177
横山東除ヶ川　177
吉田川　50,53,62,103,169,176,
　　213,217
吉田川筋　79
淀川　100,159,234

淀川（大川）　78
淀川筋　234

◆ラ　行
龍華川　167,170
竜華ルート　53,56,57,60
了意井路　170
了意川　75,170,225,226
六郷悪水井路　175
六郷井路　160,173,175
六郷川　175
六郷川堤添井路　175
六郷水路　218

●その他
旭川（岡山）　133
石上溝　17
釜無川　129
木曽川　130
紀ノ川　10,18
十津川　18
利根川　130
百間川　133
御勅使川　129
見沼代用水路　130

事項索引

◆ア 行

青谷村　194
青地樋　196,219,247
明石藩主　145
アクアロードかしわら　215
悪水　93,160,177
悪水井路　91,160,175
悪水落シ堀　164
悪水排水路　160
安積疎水事業　133
浅香の浦　132,163,180
浅香山　143
浅香山谷口　138,143,163,179
飛鳥　21
飛鳥浄御原宮　10
明日香村　21
天野山　179
網島　175
安堂村　188
安立町　91,235
いきいき水路モデル事業　215
育和水害　162
池島・福万寺遺跡　62
池守　75
生駒山地　34
生駒断層（帯）　39,42
井路（水路）　169,174
井路川　88
井路川剣先船　197
石堤　208
井関（井堰）　74,117,177
一軸圧縮強度　47
市村新田　168
稲葉遺跡　53,60,64
稲葉地点　103
稲葉村　169
犬走り　150
今井戸川合流点　183
今井戸川水系雨水ポンプ場　166, 183
今井戸川樋門　183

今米村　83,217
今米緑地保全地区　217
今里浜　21
今津村　92
今福五ヶ閘門　175
今福村　92,173
鋳物師　199
圦（杁）　144
圦樋　144
上町台地　32,34,134,163
上町隆起帯　40
植松　157
植松村　170
碓井村　182
馬見丘陵　16
瓜破台地　131,134,143,153,163
瓜生堂遺跡　52
瓜破村　88,95
鋭敏粘土　48
鋭敏比　47
江戸直訴　90,96
榎並荘　175
榎木樋　190
戎島　200
Ma12　37
塩分濃度　45
塩分溶脱現象　45
『鸚鵡籠中記』　132
王陵の谷　180
大坂川口　83
大坂川普請　93
大坂三郷　82,98
『大阪地盤図』　31
大坂城　202
大阪層群　37,39
『大阪府誌』　27
大阪平野　13,43
『大阪平野のおいたち』　40
『大阪平野の発達史』　31
大坂町奉行所　94
大小路　199

大津道　10,180
大鳥郡　199
大縄検地　157
大堀村　177,222
大神神社　20
御囲堤　130
「御徒方萬年記」　80
御勘定役　101
御手伝（大名）普請　145,146
大蓮村　169
遠里小野　95,145,199
恩智　171

◆カ 行

海食崖　42
海水準変動　39
海成層　37,39
海成粘土　47
開析谷　74,163,198
柏原藩主　145
替地　157
香ヶ丘　183
加賀屋新田　207,239
掛矢　141
笠守樋　151
柏村新田　169,215
河床勾配　134,135
柏原基準点　6
柏原地点　131,166
柏原築留地点　105,106
柏原船　118,195,196
柏原村　90
霞堤方式　130
「河川管理施設等構造令」　137
河泉丘陵　163,198
河川勾配　106,107
河川敷長さ　109
河川断面図　111-113
河川断面積　113
河川流路の変遷　50
葛下郡　23

事項索引

活断層　43
葛城　23
葛木水分神社　23
亀井遺跡　54,60,118
亀井村　170,177
亀の瀬（峡谷）　3,4,7,14,16,26,33,158,194,196,206
亀の瀬越え　14,26
亀の瀬地すべり　166
亀の瀬道　193
蒲生村　173
唐古・鍵遺跡　9,21
川合神社　23
河合町川合　23
河合町　15
河底池　13
河内大橋　148,168
川違（付替え）　86
「川違新川普請大積り」　142-144,146,152
河内湖　40,41,47
河内国府　10,168,180
河内潟　40,41
河内台地　34
河内低地　34
河内国　13
「河内国絵図」　223,224
河内平野　32,34,43,158,160
　　　——の遺跡　51
　　　——の河川流路変遷　50,54-64,103
　　　——の形成　40
　　　——の洪水　78-82,161
　　　——の地形　35
　　　——の地質（土質）　37,44,45
　　　——の治水事業（工事）　69,92,114
　　　——の地盤　43,47
　　　——の等高線図　34
河内木綿　157
河内屋北新田　177
河内屋南新田　218
河内湾　40,41,47
川中新田　169,217
川辺村　95,145,178
川俣村　172

『河村瑞賢』　30
河村瑞賢の治水事業　68,70,91,114
灌漑施設　192
勘合　200
環濠　201,202
勘合船　200
『関西地盤』　31
勘定奉行　101
早損場　138
関東流　130
紀伊水道　40
紀州街道　95,134,199
紀州流　130
岸和田藩主　145
季節風　205
木蛸　141
北島新田　207
木槌　141
狐山　108,120,121,126
『畿内治河記』　30,70,143
起伏堰　180
基本高水流量　162,166
旧堺港　209
旧深野池　213
久宝寺遺跡　9,52,56
久宝寺村　194
旧大和川跡地　210-212
旧淀川の水位上昇　159
強熱減量　45,47
京橋口　135,158,160,162
京橋地点　103,114
杭列　137,150,154
国役堤防　239
国役樋　190
国役普請　239
熊野街道　134,195,199
くらがり越え　193
くらがり道　193,194
蔵屋敷　202
鍬　140
鍬下年季　100,157
桑津村　171
郡界変更　199,222
計画河床線　134
計画高水流量　162,166,167

毛馬　158
毛馬排水機場　163
剣先船　196,197,239
遣隋使　11
検地　157
遣唐使　11
検分　87,91,93
遣明（貿易）船　200,201
個（流量の単位）　133
コアー（核）　142
公儀普請　145,146
甲州流　130
高津宮　13
洪水水位　111,133
洪水砂　148
洪水調節　167
洪水流量　162,166,180
洪積層　37
鴻池四季彩々とおり　218
鴻池新田　171,173,177,218
鴻池新田会所　157,177,218
後背湿地　37,158,181
合樋　187
高野街道　195
恒流　204
郡山城　12,24
護岸杭列　62
石高　157
国分村　197
古剣先船　196
小阪合遺跡　52
50％勾配　137
古白坂樋　117,185,188
古奈良湖　6
国府　181
巨摩廃寺遺跡　55
隠口の泊瀬　20
小山平塚遺跡　150,152,153
小山村　181,190
ゴンドラ　9

◆サ　行

在郷剣先船　197
最終氷期　40
堺　199,201
堺浦　8

堺開港　209	城連寺村　192	瀬割り堤　172,173
堺商人　201	新開池　83,92,103,158,159,169,	扇状地　158
堺泉北港　209	172,176,177,213,218	扇状地性低地　37
堺奉行　209	新川切り通し　145	泉北丘陵　163
堺港　198,200,201,204,205,208	新川筋　88,91,95	泉北台地　163,198
砂堆　163,198,204	新川筋の検分　87,91,93	促進派（付替え）　86,91-93,98
佐堂遺跡　59,61	新川予定筋　87,88,90,93	
佐堂地点　106,110,111	新剣先船　197	◆タ　行
佐保　25	信玄堤　130	大開発時代　85
佐保（・佐紀）丘陵　15,24	侵食速度　203	太閤堤　70
狭山池　74,166,177,190	『新田大積帳』　157	太子堂　53,170
『狭山池』　30	新田開発　98,100,101,157,168,	大長寺　159
狭山池ダム　167	176,177,206,207	大東水害　161,219
狭山池用水　75,190-192	『甚兵衛と大和川』　134,142	太満池　75
皿池　17	『新編大阪地盤図』　31	高井田村　188,193
三角州　158	「新大和川堀割由来書上帳」　86	高井田横穴群　9
三角州性低地　37	水位上昇　133,159	高木村　179
三箇村　159,171,176	水位と流量　132	高取藩主　145
三箇用水樋　151	水制杭　150	滝畑ダム　181
三川二池　210,212,221	水制工　137,239	卓越風　205
３川分離構造　215	吹送流　205	竹内街道　10,23
三田藩主　145	水損場　88,91,95,131,138,163	竹渕村　177
山麓扇状地　36	水面勾配　133,136,159,183	丹比道　10,180
市域境界変更　222	水利権　192	竜田神社　25
塩浜新田　207	水利組織　71	竜田大社　25
『地方の聞書』　142	水路巡見　91	竜田道　10,26,194
地方廻り代官　101	水路橋　215	竜田山　26
新喜多新田　168,173,214	水論　188	立野村　239
鴫野村　92	鋤　140	狂心の渠　9
敷き葉工法　66	杉本村　88	駄別安堵料　201
地子銀　202	住道駅　219	玉井新田　169
地すべり地帯　4,7	住道（地点）　106,160	玉櫛　169
自然堤防　35,37,42,117,118,157,	住吉郡　199,222	玉串川沿道整備事業　217
158	住吉大社　199	玉櫛川之川口　82
七道　134	住吉津　163	溜池　17,73,177,192
地盤考古学　2	住吉の浅香の浦　198	淡水成粘土　48
地盤沈下補正量　106	鋤簾　140	地下河川　162
舎利寺　179	堰　73	地殻変動　43
十三越　193	塞き上げ（現象）　159,173	近飛鳥　22
十三道　193,194	潟湖　39	築堤勾配　136
捷水路　180	潟湖性低地　37	地質断面　37
貞享の治水事業　10,70	石樋　138,164,178	地質断面図　44
条坊制　11	せせらぎ水路　218	治水工事　91,92
縄文海進　40	摂河両国水路巡見　91	治水事業　68
条里制　11	設計河川勾配　106	『治水の誇里』　27
条里地割　117,118	「摂津河内国絵図」　193,223,225	治水緑地　117

事項索引

地代金　100,101,157
茅渟の海　199
中世堤防　62
沖積層　37,45
朝貢船　200
手水橋　86,87,90,95
潮汐流　204,205
町人請負新田　98,101,157
直下型地震　202
貯留浸透　161
築出堤　175
築留　134,147,157,159
築留地点　134
築留一番樋　185,188
築留三番樋　185
築留二番樋　185
築留樋　117
築留用水　72,185,187
築留用水掛　246
築留用水樋組　188
付替え運動　86
付替え決定　96
付替え工事　139
付州　207,209
「堤切所之覚」　79,92,147
「堤切所付箋図」　79,147,229,230
堤敷　136
「堤高下水盛絵図」　236
堤奉行　93
海石榴市　11,20
椿海の干拓　101
潰れ地　157
坪　11,142
強熱減量　45
鶴嘴　140
釣瓶　141
『堤堰秘書』　133,141
低水路部　105
堤体　152,153
堤体の修復　150,154
堤体の断ち割り調査　149
「堤防比較調査図」　83,84,229,
　231
天井川　12,37,91,169,229
天井川化　44,83
天満砂礫層　47

天理ダム　20
胴突　141
徳庵　174
土工量　143
都市型水害　221
都市下水路事業　215
土砂の流出　202
土砂流出量　203
土木考古学　2
遠飛鳥　22
友井東遺跡　55
豊浦宮　9
寅年洪水　80
富田新田　192

◆ナ　行
内水排除問題　160
勿入渕　172,176
内湾　39,40
長尾街道　10,90,199
『中河内郡誌』　27
中家文書　28,83,129,146,169
中高野街道　195
中仕切り堤防　175
長瀬　167
長瀬堤（隄）　77,167
中堤防　173
中ノ池　192
長原遺跡　151
長原古墳群　9
中樋　75
中百舌鳥古墳群　180
なにわ大放水路　163
難波津　13
難波長柄豊碕宮　10
奈良街道　193
奈良丘陵　15
奈良口　12
奈良口の川違　24
奈良盆地　14-16,18
奈良盆地の降水量　6
平城山　25
南部地下河川　162
西岩田遺跡　55
西大阪地域　39
西大阪平野　45

西樋　75
弐重堤　82
二重堤　87,92,105,111,169
二重堤防　225,229
二上山　16,23
西除　179
西除口　179
西除ケ川違　179
日明貿易　200
仁和寺堤　81,87
2割勾配　136
寝屋川治水緑地　177,219
寝屋川水系の改修　160,173,174
寝屋川流域の浸水　162
寝屋川流域の地下河川　162
野田村　159
野通橋　195
野中池　192
法勾配　136

◆ハ　行
排水門樋　173
鋼土　142,153
蛇草樋　187
ハゲ山化　203
幕府検分　87,91,93
狭間谷　184
箸尾遺跡　22
長谷寺　3,20
畑新田　157
八尺樋　188
初瀬ダム　20
八反樋　74,188
八反樋用水　190
波止（波戸）　209
放出地点　103
放出村　92
羽曳野丘陵　10,71,163
馬踏　111,136,137
反対派（付替え）　86,88,90,96,
　98
樋　72,144,189
非海水成粘土　47
東除　177
樋口　187
微高地　35,37,158

277

菱江　193	古市古墳群　9,10,144,180	「八尾八ヶ村用水悪水井路図」　71, 185
菱江川筋　92	文禄堤　70	
菱屋中新田　172	平城京　10	弥三次郎新田　207
菱屋西新田　168	勝示杭　87,91	安中新田　168,214
菱屋東新田　169	法善寺前二重堤　82,147	矢銭（軍用金）　201
備前島　175	防潮水門　163	矢田丘陵　16,25
日損場　88	法定外公共物　169,215	魚梁船　196
備中鍬　140	北部地下河川　162	矢刎樋　187
姫路藩主　145	堀割砂関　190	山賀遺跡　55,58
樋門　144,170,183	翻車　143	大和　14
『百姓伝記』　136,137,140	本庄遺跡　25	大和王権　9,15
兵庫港　201	盆地河川　16	大和川下流流域下水道　166,183
平田新田　207	盆地底　4	大和川関連歴史年表　249
平野川改修　170,219		大和川舟運（水運）　10,13,95
平野川水害　162	◆マ　行	「大和川新川之大積リ」　181
「平野川筋絵図」　226,228,247	曲川町　22	大和川水害　183
平野川用水掛　246	巻向山　20	「大和川筋図巻」　190,195,239-245
平野郷　170,225,247	マサ　6,12	
平松池　192	マサ化　12,16	「大和川筋之絵図」　234
比流出土砂量　204	松本浜　21	大和川断層　6
比流量　162,166	松屋新田　207	「大和川違積り図」　147,229,233
広瀬神社　23	万願寺村　194	『大和川付替工事史』　27
琵琶湖疎水事業　133	茨田堤　69	大和川の呼称　14
笛吹橋　3,19	政所　201	『大和川の付替　改流ノート』　27
深北緑地　212,213,219	味右衛門池　143,180,235	大和川水系ミュージアムネットワーク　29
袋井宿　96	御厨村　172,193	
畚　140	三島新田　218	大和高原　15
深野池　83,92,103,158,159,169, 172,176,177,213,218	水かえ桶　141	『大和志』　14
	水掛高　187,190	大和三山　16
深野新田　218	水走　194	大和国　11,14
深野ポンプ場　219	水走遺跡　53	大和橋　134,145,195,199
深野南新田　177	水盛　134,236	大和平野　18
伏越樋　175	水割符帳　75,190	大和盆地　15
藤井地点　166	みそぎ川　25	『大和名所記』　14
藤原京　10	美園遺跡　58	山之内村　88
普請奉行　96	南島新田　206	山のねき　81
付帯工事　138,144	三室山　26	山の辺古道　20
二俣　14,158	三輪山　3,20	山の辺の道　15
二俣地点　103,111	向樋　239	山本新田　169,207,215
船形埴輪　9	目視観察　121	山本樋組　188
船橋遺跡　148,150,152	百舌鳥古墳群　10,199	有効土被り圧　47
船橋村　138,145,194	モッコ（畚）　140,151	遊水機能　159
船橋地点　107	森河内　14,158,173	遊水地　161,219
舟曳道　173		弓削の川原　14
『夫木和歌抄』　14	◆ヤ　行	用水樋　138,239
踏車　141	「八尾八ヶ村外島絵図」　225,226	除　177

除ケ口　177
横川　8,88,90,95,138
依網池　75,131,132,143,163,171,
　　180,192,235
吉田　62
吉野川分水　18
余水吐　177
淀川大洪水　159
淀川低地　34
淀川の水位　136,159
「淀川大和川筋之絵図」　234

◆ラ　行
リーチング　45,48
陸成層　37
流域界　4,159
流域基本高水流量　162
粒径加積曲線　123
竜華地区　57
竜骨車　141,143
流水断面積　133
粒度特性　123
流量　132,133

流路固定　37,130
量水標　133
六郷　175

◆ワ　行
若林村　222
若松新田　207
湾岸流　204

【執筆者一覧】(50音順)

市川 秀之	滋賀県立大学人間文化学部	日本民俗学	1.3, 2.6, 6.4, 6.5, 8
井上 啓司	元関西地盤環境研究センター	環境地盤工学・土木史	2.3, 4.4, 5.1, 5.5
小野 諭	中央開発株式会社	環境地盤工学	2.5, 5.2
金岡 正信	大阪産業大学工学部	地盤工学・土木史	2.3, 4.2, 4.4
北川 央	大阪城天守閣	日本史学	3.1, 3.2, 3.3
吉川 邦子	野洲市歴史民俗博物館	日本史学	7.1, 7.2, 7.3, 7.4, 7.5
阪田 育功	大阪府立狭山池博物館	日本考古学	2.4, 4.1, 4.3, 4.5
佐野 正人	中央開発株式会社	地質学	2.2
玉野 富雄	大阪産業大学工学部	地盤工学・土木史	1.3, 2.1, 2.3, 2.7, 4.2, 4.4, 5.3
中山 潔	大阪府立三国丘高等学校	日本史学	3.4, 3.5, 6.2, 6.6
中山 義久	関西地盤環境研究センター	地盤工学・土木史	2.3, 4.4
西形 達明	関西大学環境都市工学部	地盤工学・土木史	2.3
西田 一彦	関西大学名誉教授	地盤工学・土木史	まえがき, 1.1, 2.3, 4.4, あとがき
松川 尚史	関西地盤環境研究センター	地盤工学・土木史	2.3, 4.4
森 克巳	東大阪市経営企画部	下水道工学	6.7
安村 俊史	柏原市立歴史資料館	日本考古学	5.4
山野 寿男	元大阪市下水道局副理事	下水道工学・土木史	1.2, 2.5, 5.2, 5.3, 6.1, 6.3, 6.6, 6.8

【監修者略歴】

西田 一彦（にしだ かずひこ）

1934年徳島県生まれ．1950年京都大学大学院理学研究科修士課程修了．京都大学助教授，関西大学教授，同工学研究科長を経て，現在，関西大学名誉教授，関西地盤環境研究センター顧問．工学博士．その間，地盤工学会理事，同関西支部長，同遺跡の保存技術委員会委員長，および土木学会土木史研究委員会委員などを務める．地盤工学会名誉会員．1989年地盤工学会功労章，2007年同関西支部社会貢献賞を受ける．専門分野は地盤工学・土木史・遺跡の保存技術．主な著作として「狭山池における古代技術の発掘と保存」，「峯が塚古墳の施工法」，「城郭石垣断面形状の設計法とその数値表示法」ほか，地盤工学に関する論文・著書多数．

【編者略歴】

山野 寿男（やまの ひさお）

1937年大阪府生まれ．北海道大学工学部衛生工学科卒業．元大阪市下水道局副理事・元大阪産業大学非常勤講師．専門分野は下水道工学・土木史．
主な著作として『近世三都の水事情〈大坂・江戸・名古屋〉』（日本下水文化研究会）ほか，河内平野における悪水対策や洪水・治水に関する論文など．

玉野 富雄（たまの とみお）

1948年大阪府生まれ．名古屋大学大学院工学研究科修士課程修了．現在，大阪産業大学工学部都市創造工学科教授．工学博士．専門分野は地盤工学・土木史．
主な著作として『土留め工の力学理論とその実証』（技報堂出版，共著）ほか，土留め工の力学や近世城郭石垣に関する論文など．

北川 央（きたがわ ひろし）

1961年大阪府生まれ．神戸大学大学院文学研究科修了．現在，大阪城天守閣研究副主幹．専門分野は織豊期政治史・近世庶民信仰史・大阪地域史．
主な著作として『大阪城ふしぎ発見ウォーク』（フォーラム・A），『おおさか図像学』（東方出版，編著），『肖像画を読む』（角川書店，共著），『シリーズ近世の身分的周縁2　芸能・文化の世界』（吉川弘文館，共著），『戦国の女性たち　16人の波乱の人生』（河出書房新社，共著），『漂泊の芸能者』（岩田書院，共著），『大坂・近畿の城と町』（和泉書院，共著）など．

書　名	大和川付替えと流域環境の変遷
コード	ISBN978-4-7722-8502-5　C3021
発行日	2008年10月15日　初版第1刷発行
監修者	西 田 一 彦
	©2008 NISHIDA Kazuhiko
発行者	株式会社古今書院　橋本寿資
印刷所	太平印刷社
発行所	古今書院
	〒101-0062　東京都千代田区神田駿河台2-10
電　話	03-3291-2757
ＦＡＸ	03-3233-0303
ＵＲＬ	http://www.kokon.co.jp/
	検印省略・Printed in Japan

いろんな本をご覧ください
古今書院のホームページ

http://www.kokon.co.jp/

★ 500点以上の**新刊・既刊書**の内容・目次を写真入りでくわしく紹介
★ 環境や都市, GIS, 教育など**ジャンル別**のおすすめ本をラインナップ
★ 月刊『**地理**』最新号・バックナンバーの目次&ページ見本を掲載
★ 書名・著者・目次・内容紹介などあらゆる語句に対応した**検索機能**
★ いろんな分野の関連学会・団体のページへ**リンク**しています

古今書院
〒101-0062　東京都千代田区神田駿河台2-10
TEL 03-3291-2757　FAX 03-3233-0303
☆メールでのご注文は order@kokon.co.jp へ